建筑·城规设计教学前沿论丛

主动式建筑

Aktivhaus

从被动式建筑到正能效房

Vom Passivhaus zum Energieplushaus

【德】 曼弗雷德·黑格尔
Manfred Hegger
卡洛琳娜·法弗洛克
Caroline Fafflok
约翰内斯·黑格尔
Johannes Hegger
伊萨贝尔·帕西格
Isabell Passig

曲翠松 译

同济大学出版社

译者序

当我们还在对“被动式建筑”啧啧称奇，对如何实现它不得要领的时候，西欧和北欧一些在建筑节能领域一直处于领先地位的国家已经开始大力推进“主动式建筑”。

“主动式建筑是当前建筑能量标准的发展方向，它建立在能量损失和建筑内部能耗最小化以及通过建筑自身直接（被动地）利用太阳辐射能量的基础上。”正如曼弗雷德•黑格尔（Manfred Hegger）教授在其主编的《主动式建筑：从被动式建筑到正能效房》一书中所描述的，“主动式建筑不仅可以节能，还可以通过建筑外围护结构、与土壤接触的建筑部件，以及它的周围环境额外地产生能量。主动式建筑充分利用了周围环境自给自足的潜力”。可以说，主动式建筑是基于被动式建筑上的发展，目前已经建成或正在建设的主动式建筑都体现出这一点。主动式建筑的设计首先要遵循被动式建筑的设计原则，即降低建筑本身的能耗；其次，主动式建筑利用太阳能、地热、废水热能回收、生物能、风能等措施，想方设法使建筑产生更多的能量。经过30多年的发展，主动式建筑技术已经十分成熟，并且从全生命周期角度衡量，业已成为当今建筑适用性技术。建筑可以通过这些产能功能来覆盖自身的能耗，并达到能量的平衡，因而不必再像以往一样，一味“被动”地被节能措施所束缚，这为来自各个领域的建筑参与者们拓展了其施展能力的空间。

然而，正如被动式建筑发展初期一样，在这个阶段缺乏正确专业知识的掌握与普及。对于那些从事这个行业的专业人员，首先需要一套完备的指导手册来帮助他们排除认识上的误区，以便其在作决策时知道应该如何操作。基于在建筑领域的丰富经验，曼弗雷德•黑格尔教授及时地在2013年完成并出版了《主动式建筑：从被动式建筑到正能效房》一书——引导业主、建筑师、工程师从被动式建筑走向主动式建筑。作为专业基础，这本书涵盖了从高能效建筑的一般原理到适应未来发展的建筑标准，从对当下有关专家不同立场的讨论到规划设计过程中详尽的辅助工具等极为宽泛的内容；因此，出版至今，这本书一直在德国高校教学和建筑从业人员实践中广为使用。

本书的翻译与出版正逢中国的全面发展步入新阶段。在物质生活水平已经得到极大提高的今天，人们对于环保、能源、建筑品质及其能耗都有了一个新的认识和要求。在新的发展形势和政策框架下，衷心希望我们的高校师生和广大专业技术人员能够充分认识到本书的价值并加以充分利用。

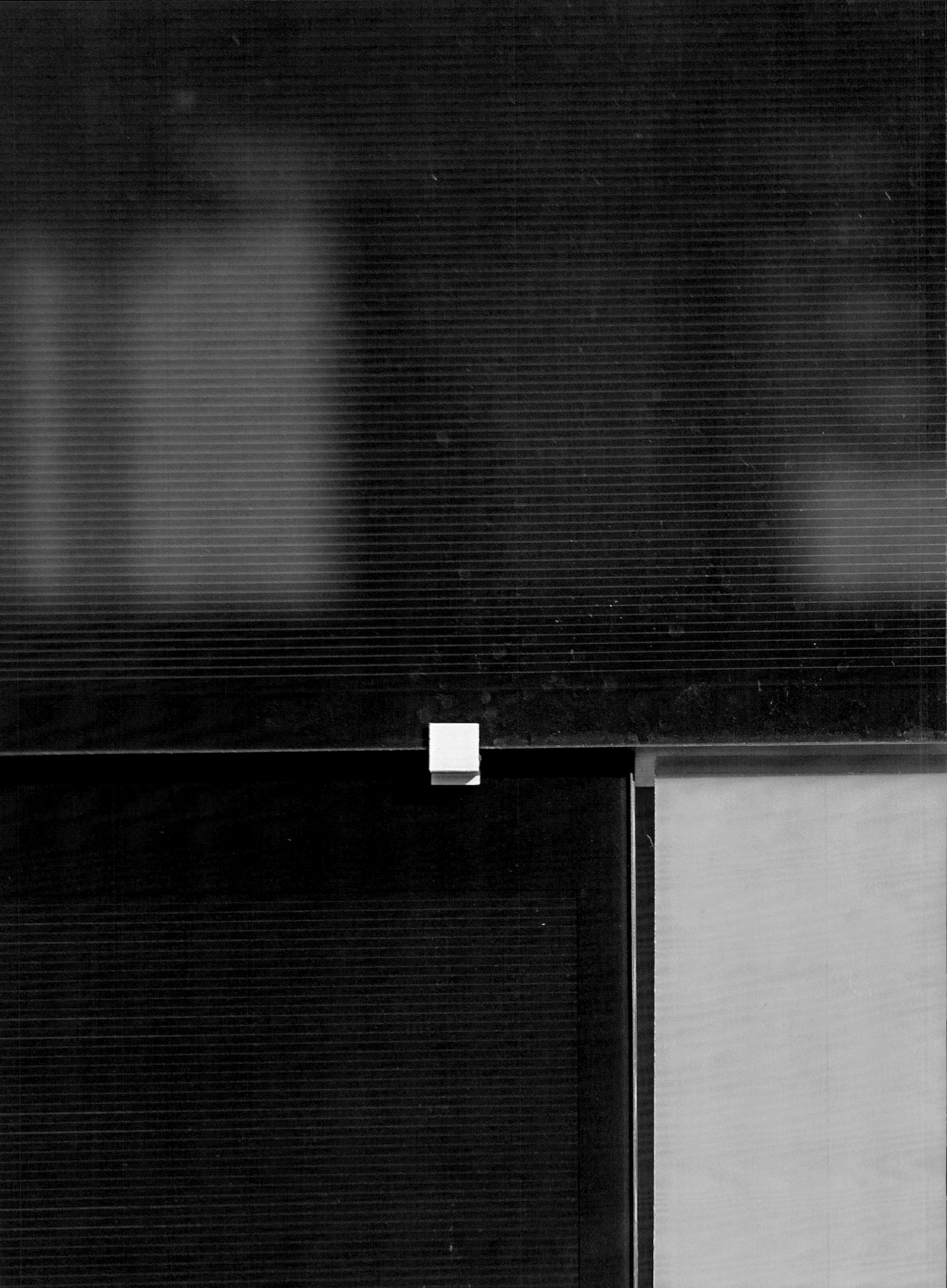

目录

前言

在欧洲中部以及其他很多地方，建筑能耗占全社会总能耗的 40% 以上，这在今天已经是一个众所周知的事实，而与之对应的是给建筑供暖、制冷、通风、照明以及供电对环境造成的负荷。当我们要在生活中的一些其他领域对环境问题产生的根源作出弥补或为之付出代价的时候，至今为止却并未涉及建筑及其使用者。不过，这一点正在逐步改变。德国《节能法》要求，住宅要自己生产一部分用于满足自身使用需求的能量，尽管目前这个比例还很低。新的《欧盟建筑法规》（2020）的要求就明显提高了——能量自给自足，这是政治上对未来建筑提出的要求。这个标准要在不远的将来得以实现，公共领域应该率先起到示范作用。

目前用于指导实践的准确的法规要求还未出台，也并非所有的建筑项目现在就能完成“能量自给自足”这个雄心勃勃的目标；但是，要建造特别节省能量，抑或是在很多情况下产能大于自身能耗的建筑所需要掌握的方法、技术和工具都是现成的。这本书将对此一一进行介绍，并展示在这个领域走在前沿的一些项目。

建筑与其他一些消费品相比，天生具有独立的特性，正是由于这些特性才能实现建筑向气候零影响的转变。建筑保护人类不受外部自然气候的侵袭，而有效率地进行保护是使建筑不依赖于外部能量输入的第一要务。巧妙的造型、仔细斟酌过的开放和封闭、透明和实体部分以及保温性和热存储性的比例关系都十分重要。这是必须要走的第一步——利用建筑和它的外围护结构能提供的所有被动的属性。被动式建筑标准和相应的科技已经创造了根本的前提条件；但是，最基本的硬性参照点对建筑任务差异的考虑却不够充分，导致其结果可能是强制性的，影响居住或工作氛围，或是运营费用过高而没有经济效益。比如墙过厚、像盒子一样的窗，影响舒适度的取暖系统或是其他一些负面属性。

这里需要发挥主动式的潜力。因为建筑是独立在外的，所以它可以利用所有的自然能源——它所矗立的土地、它四面吹过的风、包裹它的日光等。建筑可以直接利用周围一直就有的可再生能源，日照、环境热、风流或者地热可以被转换成热能和电能。与我们传统的能源相比，这些能源不花一分钱，并且将来也不会枯竭，利用这些能源的科技也会越来越便宜。从全方位来看，建筑生产可再生能量的经济性会越来越好，而相比之下那些被动式措施的竞争力则会逐渐减弱。

主动式建筑是当前建筑能量标准的发展方向，它建立在能量损失和建筑内部能耗最小化以及通过建筑自身直接（被动地）利用太阳辐射能量的基础上。

主动式建筑不仅节能，它还通过建筑外围护结构、与土壤接触的建筑部件和它的周围环境额外地产生能量。主动式建筑有着利用周围环境自给自足的潜力。

对于建筑师来说，这是一个新的挑战，有创造力的设计过程通过能量的维度得到新的推动力。一个地方的风俗或特色、建筑任务的场所关联性和特有的程序都拓展到要巧妙地处理好特别的环境关系、风化和供给条件。以往首要解决的问题是如何对这些影响加以保护，现在则要将这些变成对用户有利的因素，让他们觉得更舒适、更安全，并且通过降低运营费用减小他们在经济上的压力。

规划设计标准的复杂性由此提高。这里没有标准的解决方案。更切实际的是寻找适合场所的、经济性的解决方案，需要建筑师和工程师紧密配合——这就意味着不能再像以往那样随意做设计，而是要从一开始就一起寻求答案。工程师不应该最后再过来算一算，而应该是建筑师的富有创造力的伙伴。新的挑战要我们与过去几十年形成的行为模式、标准和安全壁垒等告别，这个改变是不可避免的。能源转换、气候保护和供给安全要求我们必须做到这一点。

这本书引导业主、建筑师、工程师从被动式建筑走向主动式建筑。作为专业基础书，它涵盖了从高能效建筑的一般原理到适应未来的建筑标准、从对当下的关于不同专家立场的讨论到规划设计过程中详尽的辅助工具等极为宽泛的内容。

可持续性和保护资源型建筑的意义是什么，主动式建筑理念所起的作用又是什么，以及德语国家和地区的相关法规准则等同样会在本书中得以阐述。

“如何设计规划一幢主动式建筑”，以及“被动式和主动式之间的依赖性有哪些”是“主动式建筑的生成”一章的主题。通过一幢实际建成的新建建筑和一幢更新改造建筑的实例逐步介绍如何完成整合设计：从概念提出开始，到建筑体量和外围护面积的生成发展，再到通过主动式系统的能量供给。这两幢建筑的规模均较小，便于全面了解。

之后承接前一章的内容对“工具”和“单一技术及其使用”进行描述，除了能量保留和被动式获取能量之外，主要介绍主动式系统是如何收集、转化、存储可再生能量，并最后由建筑合理地利用。

“项目篇”中列举的 14 个项目实例都位于欧洲中部地区，就像这本书一样研究的是温和性气候区。这些实例记录了如何将前文阐述的理论合理地结合在一起。项目涵盖独立式住宅、多户住宅与非居住建筑，既包括了新建建筑，也包括现有建筑的更新改造。建筑规模有小有大，显示出主动式理念适用于各种建筑规模。

“前景”一章揭示更多的发展可能。除了建筑标准的进一步发展，建筑在城市层面的关联性成为焦点。城市建筑形成能量联盟，相邻建筑群、甚至是整个城市的能量自给自足，显示出崭新的令人惊奇的未来城市愿景。

附录中提供了齐全的专业术语索引，使本书更适合于作为专业参考书使用。提供详细信息的目的是为了更多的人能够跟进。

我们之所以编写这本书是想展示出，通过可持续性和高能效的建筑，通过将生产能量的建筑构件进行技术和美学的整合，可以为实现能量转换作出根本性的贡献。建筑和它的使用者可以从纯能源消耗中解脱出来，成为自产自用的产能者。这需要新的使建筑更加丰富的解决方案，将建筑经济从它保守的声誉中解放出来。这个解决方案显示了建筑学和建筑行业又可以重新担负起社会的责任，拾回引领者的角色——为推动可持续的社会发展和能量转换献力。

曼弗雷德·黑格尔（Manfred Hegger）
教授，达姆施塔特工业大学

立场篇

立场篇

在深入进行当前的专业探讨之前，本书的作者团队将通过短篇、专业文章和访谈录等形式展示高能效建筑的不同方面。除了太阳能建筑先驱这一最根本的出发点外，这些文章还阐述了高能效建筑最新的发展状况。

基于气候变化和能量转换所涉及的领域甚广，作者团队不局限于建筑师、城市规划师和工程师，还有企业家以及政治领域与社会学方面的专家，同时文献内容也有交叉和跨界。如瑞士和澳大利亚的专家同时展现高能效建筑在国际层面的重要性，不仅从建筑层面上讨论高能效，还上升到城市层面，如正能量城区以及用户行为等。

政治和社会学方面的文献明确了论题的社会意义，除了联邦政府的职责以及能源方面的政治问题以外，还探讨了居住的精神物理学方面的问题，注重高能效建筑使用者的个人感受。

所有的文章均从中心议题的不同角度出发，探讨如何将未来的建筑任务贯彻到所有参与者的日常生活和意识中去。

高能效建筑和住居的支持政策

——彼得·拉姆绍尔 博士

资源保护型设计和建造是当今社会的共识和义务，节能建筑实践领域的创新成为建筑和建筑文化的印记；但我们仍然处在建筑能源政策时代的初期。这是能量转换的标记。

独立的小型动力站：正能效建筑

在我的政治责任范围内有两个中央行动领域——交通运输和房地产行业，它们决定了能量转换的成败。这两个领域涵盖输出能量的 70% 和碳排放量的 40%，所以通过不同措施有的放矢地实现环保和节能的潜力极大。早在 2010 年 9 月，联邦政府就通过一个环保和面向未来的能源概念制定了指导方针。2011 年，创下灾难记录的福岛核电站事故促使联邦政府加速向可再生能源的转变。毫无疑问，我们的目标既是雄心勃勃又是极其必要的，建筑、住宅和城市发展政策的问题因而也变得十分重要。建筑、居住与交通运输属于个人和全社会的基本需求和中心议题。

在经济金融危机期间，房地产行业被证实是德国保证经济富裕的支柱产业，对此领域内环保节能的潜力的重视是发展长期智能型能量转换策略的关键点。联邦政府在房地产领域设立了宏伟的目标：2050 年，所有的既有建筑都要达到对气候零影响；2020 年，所有的新建建筑实现该指标。越是靠近这个目标，我们距离成功的可持续能量计划就越近，而有意识地保护有限资源、智慧和创新地结合居住与出行则是做到这一点的前提。因此，我作为联邦交通、建筑和城市发展部部长，把主要着眼点放在建立一个实用的政策框架上。

一个重要步骤是在德国法律环境下贯彻欧盟的建筑路线。我们和联邦经济与科技部一起，执行节能法规。至今为止，距离最新一版修正案出台仅过了三年，因此再次严格修正的空间不大。实用的政策框架对我来说意味着在技术合理、经济可行和能量政策的愿望三者之间寻求平衡，其中经济性是最基本的支撑点，要鼓励投资而不是强迫更新。太严格的规定会阻碍生产力，会抑制对高能效建筑的投资，联邦政府作为公共项目的甲方起了很好的示范作用。对我们来说，节能法规不仅是规范，而且是促进力，要做得更多。如 2011 年，我们作为第一个政府投资项目的业主，强调并执行了节能法规里的各项要求。

在建筑业中，政策规定的要求是环保和节能的基础，鼓励投资方比规定的要求做得更多是同等重要的；因此在“要求”的同时，我们有意识地给予经济上的“援助”。有目的的投资援助有极大的促进力，能够帮助房地产行业在可预见的未来提高能效。基于建筑更新 25 年为一个周期，我们必须更好地把握改建和新建建筑的时机。我的部门和德国发展银行都及时给予了经济上的援助，2012—2014 年间，联邦政府每年为高能效建筑以及改建项目提供 15 亿欧元的资助。这些资助的效果十分明显，政府每资助 1 欧元，就会吸引 12 欧元的民间资本投入。这些投资降低了住宅的公用事业费，并且每年创造 30 万个就业岗位。每年通过高质量的建筑可以减少 480 万吨碳

正能效住宅整合了居住和电动汽车出行

在新乌尔姆市既有建筑被改造成正能效建筑：由哥本哈根市BMVBS与新乌尔姆市住宅建设公司联合举办的两个竞赛中的一个获奖方案

排放，这相当于规模如柏林的城市一年的碳排放量，而节能总量相当于两个核电站的产能量。德国发展银行项目能够成功的决定因素在于它们的灵活性，在出现新的变化时可以进行相应的调整。例如保护建筑，适合气候转变要求的城市改建更加要关注独特的城市风貌是否能够保存，以及如何谨慎地进行开发。面目全非和不顾历史的方案不能维持“特征”和“故乡感”。针对被保护的建筑，特别是值得保留下来的建筑元素，节能型保护建筑项目证实了如何找到恰当的解决方案。我们通过城市的能量更新项目探索出一条援助的新路，这个项目在一个较宽泛的城市建设基础上推动了社区的高能效建设。

如果我们想要创造未来适用型房地产，就需要创造力和创新。我坚信，未来属于居住和交通出行的智能联网。新的科技和建筑材料对更高的能效来说是重要的催化剂，但更进一步，它们也为建筑经济提供了极大的机会和潜力。在我部提出的“未来建筑”的研究倡议中，从2006年起就绑定实现了许多项目。2011年起，我们开始通过一个原本的扶持基点，支持作为正能效实现能效标准的样板房建设。我们打算让好的想法尽快成为现实，为此我们需要市场化的，并且首先是适合于日常生活的产品。一个非常卓越的实例是“支持电动出行的正能效住宅”，它作为创新的科研和示范项目在柏林赢得了广泛的社会关注。在“我的房子，我的加油站”大标题下所展示的既是前瞻的、信息的和学习的对象，同时也是测试用的实验室。这个住宅为保护资源而建，为协同作用的合理利用以及出行和家居的智能联动而建。因为这个建筑的产电量大于其自身能耗，多余的电量可以为电动汽车充电或是输入电网。易拆除性、所有使用的材料均可再利用、无障碍、便于用户操作使用、改建时的最高灵活性以及建筑审美度——这些只是这幢住宅有指导性的属性中的一部分。正能效住宅的电动出行证实它是适用于日常生活的：一个四口之家已经住进去一年，并且在专业人员的帮助下记录了他们的使用经验。要让这个有榜样作用的、各方面要求都极高的主动式建筑先锋在实践中取得更大的反响，还有很多工作摆在我们的面前。

我们将来要用的建筑大部分已经建成，因此对现有建筑提高能效的研究显得尤为重要，并且高能效最好还要能负担得起。

我非常感谢和高校以及实践领域的领跑者在高能效建筑方面以及我们共同的项目中有极好的合作。教育和再教育、科研、知识和信息的获得权、经验的分享是将能量转换置入设计和建筑的自觉性中、智慧地发展并将其变为现实的基础。建筑文化和建筑学在能量转换中的特征是什么？如何树立其特征属性并使之被接受？必须持之以恒地保持质量，同样也要有新一代的设计、规划和建造。在建设高能效的适应未来的建筑的过程中，只有每个人在需要自己作出决定的领域都能负起责任来，能量转换才能成功。

德国联邦部长彼得·拉姆绍尔（Peter Ramsauer） 博士，早年参加磨坊师傅培训并结业。之后就读于慕尼黑路德维希·马克斯米利安大学经济学专业，并获得商学硕士学位。1985年攻读博士学位。1990年起，成为德国联邦议会成员。1998—2005年是德国联邦议会中基督社会联盟党议员团团长。从2008年起，彼得·兰姆桑尔博士成为基督社会联盟党代首领。自2009年起，出任德国联邦交通、建筑和城市发展部部长。

主动式建筑原理

——E. H. 沃纳·索贝克 博士教授

主动式建筑是当今节能建筑的标准科技，即便如此，其中还隐藏着由系统导致的缺陷。从结果上看，正是这些缺陷促进了主动式建筑继续发展。通过主动式建筑技术可以弥补被动式建筑技术的不足之处。

20 世纪 70 年代初期，特别是第一次石油危机以及那之前发布罗马俱乐部的第一期报道 [001] 之后，人与环境之间的关系就在较为广泛的层面上发生了前所未有的变化——自然环境越来越不被看作是可以任由人类剥夺的资源了。人们越来越意识到，人类只不过是一个复杂的、即便是科学也不可能看穿的庞大系统的一部分而已。对生命极其重要的资源和原材料（如原油）被承认是有限的，工业发达国家（如德国）对能源进口的依赖性也成为一个明显的问题。这些对燃烧煤炭、原油和天然气给气候带来改变的认知使法律制定者在随后的几年里采取措施以降低能耗和与之相关联的碳排放量。在建筑领域里引起的变化是《节能法》的引入。现在回过头看，这是极为重要的，也是正确的措施。

主动式建筑对比被动式建筑

建筑界对这种发展或多或少有些惊讶，这也表明，在引入《节能法》的时候并没有全面的、可以贯彻实施的对建筑提出要求的方法。在时间等各方面的压力下，对于解决方案各方查找的结果首先是所谓“被动式”技术的发展。被动式技术的基本特征是建筑绝对的气密性和如此一来必须要有的通风、极厚的外保温以及降低热损失表面积（较典型的即为减小开窗面积），目前它可以作为建筑节能的典型技术。被动式建筑技术的成功基于一系列第一眼看上去有道理，但再看却有碍创新的法律和补贴措施。无论是建筑工业，还是法律制定者，尤其是设计者都没有认识到一

D10，乌尔姆南部，这幢主动式建筑显示出可持续建筑是如何与美学紧密相连的

F87，柏林， 此建筑用可再生能源生产的电能足够满足所有的使用功能，包括给电动汽车充电

R128，斯图加特，此建筑为世界上第一幢三重零消耗建筑，2000年，通过它展示了舒适度和能效控制系统的潜力

个被动式建筑是由它的系统方式所决定的，一直都不能把它评定为最理想的。其根本原因是：被动式建筑必须具有一个固定的，即不可变更的物理属性。它既不能对外部的变化（如一天里的或某个季节的日照强度、温度变化、降水和风的情况）作出反应，也不能对内部发生的变化（如家里有没有人）作出反应。基于这种批评的认识在20世纪90年代末导致了主动式建筑技术的发展。最初实现的项目为斯图加特的R128建筑［002］。

主动式建筑技术是与所采用的控制以及调节系统相联系的。这些系统当然也可以被停用，这样随时都可以像使用一个传统建筑那样来使用主动式建筑；但在通常情况下建筑的日常运营是有一套控制和调节系统的，用户只应该对其进行有限度的影响。采用控制以及调节系统也意味着高质量地整合感应器和执行器，目前在居住建筑中较为典型的也会通过建筑自动化系统来实现整合。建筑自动化系统在居住领域内的应用遭到设计者、施工单位和用户的反对，虽然这种反对在逐渐减少。一方面，这是由于担心使用以前从未使用过的、细部上尚未理解的，并且通常还不够结实和低造价的、尚未发展成熟的技术；另一方面，是害怕人们的日常生活世界被俗话所说的“空间里的电脑”所掌控。第二个原因在当前这个对私人数据环境渗透日益加剧的时代来说是完全可以理解的。比如政府以“反恐战争”为由的运作，或者提供所谓的社交网络或类似的企业持续不断地汲取、被扩散和出让私人数据，越来越强地侵入私人生活的领域。在对于个人数据空间私密性被侵犯的讨论中还有对居住范围内一些熟悉元素损失的忧虑，这在“佐贝克感应器还是维特根施泰因把手”［003］的讨论中有深刻体现。

有意义的能量投入

对被动式建筑技术的批评还不只是关于外围护结构不变的物理属性和它对于室内外不断发生的变化无法作出反应。另外，一方面还有建筑在它的全生命周期初期、使用过程中和末期的能量消耗之间的关系，另一方面是为了生产被动式建筑所必需的资源消耗和被动式建筑的可循环利用性——这两方面至今都尚未被法律制定者和建筑研究者给予充分的考量和讨论。特别是在建筑生命周期初期的能量投入规模与建筑在使用过程中的能耗之间的比例关系格外值得关注。在德国，20 世纪 80 年代所建造的住宅，其建成所包含的能量消耗比它们 20 ～ 30 年里总的取暖能耗还要大。当现代的建筑在使用过程中能耗越来越低时，这种比例关系就变得越来越大，直至无穷大。如此一来就要提出一个问题，现在的能量生产基本上还是以消耗化石能为基础，使用更多的保温材料是否还有意义？因为所投入的大部分能量在房屋投入使用之前就已经被消耗了。或者是不是更应该要求生产建筑所投入的能量总量、在使用过程中的能耗，以及建筑生命周期末期的能耗都最小化？除了在建筑全生命周期的维度使总能耗需求最小化是唯一可以接受的科学方法外，通过更进一步的考量还可以得出，这也是对国民经济唯一有意义的方法。在从化石能经济向太阳能经济转化的过程中，应该将能量消耗的时间段推后，因为在太阳能时代，人们不再会有能量的问题。

将用于生产保温材料所消耗的能量与通过使用这种保温材料在较长的时间内所节省的能量相比较可以得出：生产保温材料所消耗的能量通常高于它短期内所节省的能量。也就是说，应该使用灰色能较低的保温系统，而今天对保温的要求已经太高了。这里还有一个需要考虑的方面：目前越来越多使用的一体化保温系统不仅大部分由原油基础材料构成，它们通常由于不同材料层间的无法分离在今天乃至将来会制造出很多特殊的垃圾。后一个问题虽然不全是应用被动式建筑技术的后果，但由于没有其他适合的技术和由此增加的被动式建筑数量以及相应的被改造的既有建筑，这种现象会发生得越来越频繁。

通过主动式建筑技术可弥补被动式建筑技术的缺陷。目前较为广泛的考量方式在这里也同样要求建筑全生命周期的总能量消耗最小化，而且还需要使用那些能够降低耗材总量的建造方式，并且能够保证通过技术的或自然的方式可以彻底拆除和循环利用所使用的全部建筑材料 [004]。建筑 F87 就是这样的一个建筑实例，它是本文作者及其工作人员受联邦政府委托基于正能效房加上给电动汽车充电的要求，于 2001 年在柏林建成的 [005,006]。

F87 的地板构造： 极佳的保温和隔声性能，并且所使用的建筑材料完全可以循环利用

沃纳·索贝克（Werner Sobek）

博士教授，建筑师和顾问工程师，斯图加特大学轻质建筑设计和结构研究所负责人，芝加哥伊利诺科技大学密斯·凡·德·罗教席。1992 年成立设计公司，目前已有 200 多名员工，设计所有类型和材料的建筑。公司为跨国企业，在斯图加特、迪拜、法兰克福、伊斯坦布尔、开罗、莫斯科、纽约和圣保罗设有分公司 。从 2007 年起沃纳·索贝克成为德国可持续建筑公司的董事会成员（DGNB）。

建筑学与责任

——托马斯·赫尔佐格教授访谈录

林茨设计中心玻璃顶带有反向反射的遮阳屏面（与施拉德、斯杜格米勒合作，1989—1993）

赫尔佐格教授，您是《太阳能宪章》（下文简称“宪章”）的起草者之一，这是欧洲建筑与城市规划的宪章，在1996年为未来的太阳能建筑奠定了基础。您今天怎样看待当时的发起？从今天的情况出发您会做些改动或者补充吗？

赫尔佐格教授：宪章的构架和理念基本上是由我构思的，但是在1996年柏林大会上以相同的名称成为官方正式文件之前，共同参与起草的一些人提出了根本性的补充和修正。后来验证了，努力做一个有长期效力的宣言是正确的。对于符合目前技术系统认知状况的产品和解决方案，我在此不做发言。由于宣言具有国际上的效力，不取决于单一气候区的特殊性，关于在使用环境能量下的气候转换方面，我们可以将同样的文本在10年后再次出版而无须修正其内容。

不过，借此机会宪章一共被写成10种语言，这样一来它对全球的意义就更明确了。只有一些自以为更聪明的人给出了批评，说只要有英文的翻译就足够了。

我们，也就是说当时柏林大会的召集人——克劳斯·托普夫教授和我，以及其他一些支持者们主要是想通过这种形式和多语言的手册使其文本和内涵产生世界性的影响。因而，这个文本就成为一个团结的时刻、一个跨越民族和文化界限的主题（手册出版后，几个月内就被拿取一空而需要补印）。

然而今天需要考虑的是，在那些正在向发达国家方向挺近的发展中国家里有快速生长的超大城市，并且这些国家都不是在欧洲，而是处于其他地区。这两种情况人们都要慎重考虑，还有关于运输、存储以及电能和热能的自用问题。

早在25年前您就在慕尼黑建了一幢主动式建筑，可以通过外围护结构将太阳能转化为家用电能。另一个在韦德贝尔格的项目为建筑运行生产热量。为什么要这么久才能贯彻这些想法并找到建筑上成功的解决方案？

建筑师的首要任务是按照技术现状建造出无缺陷的、符合项目要求的建筑。作为高校教师，我有义务掌握所负责的专业领域里的科研和发

从室内看向玻璃采光顶

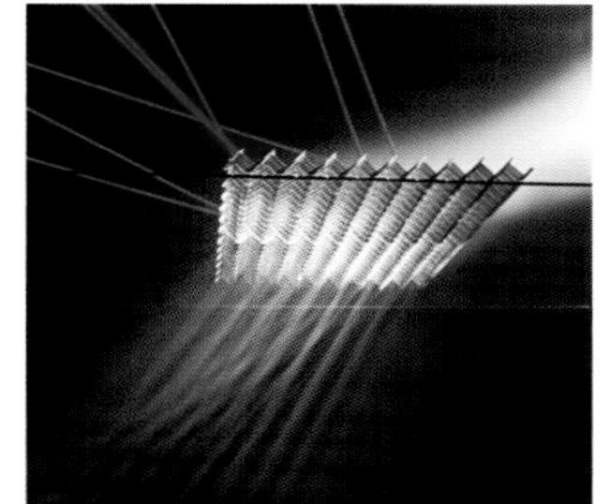

与克里斯蒂安·巴尔滕巴赫一起研发的遮阳和导光屏面只允许来自北半球的天光进入

展，并将工作成果公之于众，而且我也愿意这么做。这样就产生了一系列首次应用的样品，实现它们是令人激动的，并且还能够显示哪些在一定时间段内是可以实现的。这既涉及建筑整体概念，也关系到发展和首次尝试使用利用太阳能的新产品。这是在和弗莱堡的弗劳恩霍夫公司的太阳能系统研究所共同合作下取得的成功。

因而与同行业界主流相比，我的情况是不同的。对于他们一开始的犹豫和回避，我认为有如下原因：

因为对建筑总体的组织机制没有一个总览，只是或多或少地添加传统的建筑系统和组件，所以对于主题经常出现的评论是“这不值得”。经过了几十年才达到目前产品普遍的使用安全性、寿命和能效的保障。主要是极大的不安全感。人们常常恐惧相比之下较高的风险，毫无经验，还常常伴随对技术和物理之间相互关系的一知半解。即便工程师早就是建筑技术的合作伙伴了，他们中的大多数还不能算是能量专家。此外还有较差的产品保障所带来的对成本增加的担忧以及一些其他事项。

目前的情况与这一点显示出了极强的对比。比如 2013 年可持续建筑国际奖项在世界范围内已经颁发到了第 10 次，这其中不乏建筑上也很出色的作品，它们来自世界各地并且展示了建筑所有领域的应用。只有少数几个，有些也是相当成功的案例来自德国。

即便如此，我还是希望在确定舒适度条件上的要求放宽，也更开放一些。以我个人观点来看，我们在操作时太缺乏灵活性。目前由于形式上的死板越来越趋于过分强调技术，这已经与必需的效果不成比例。

经常会出现景观和城市面貌由于后加的太阳能光伏板而被破坏的情况，好的太阳能建筑实例很少。为什么会这样？有什么解决的办法吗？

太阳能小区的首批社会住宅建筑，林茨 / 匹西令。平板集热器作为建筑部件的组成部分（合作伙伴：施拉德、斯杜格米勒，概念形成：1995 年，建成：2005 年）

带有内部阳台的交通空间

不假思索、粗暴地致使文化景观中美好的历史建筑形象被破坏，的确是非常可惜的；但是应该允许人们有对保护环境作出贡献的意愿。不管角色是用户还是安装的人，不应该责备他们在建筑造型方面因为没有受过专业培训而做出一些不对的举措。

有相应培训任务的高校和重要的公共机构太少了。比如造型的原则，可以举出人们在急于应用时正面和负面的实例，并且说出根据。因为如果所谓的“以生态为导向”的建筑经常缺乏美感或者在改建既有建筑时太粗暴，这完全可能会吓退其他人，所以这种需求并非少见。

随着能量转换，能效和拓展可再生能源成为政府项目，从根本上来说，建筑也应该往这个方向走。在政治上，建筑师的职业状况和教育机构都应该做些什么，以便促进太阳能建筑向广度发展？

在能量转换的目标下，需要区分地上建筑的类别：只有一少部分是新建建筑，95% ～ 98% 是既有建筑。既有建筑同样种类繁多，因此需要对取暖系统和热水供应能耗的降低进行着重考虑。

建筑外围护结构是一个很大的话题，以其立面领域意义最为重大，所有的立面合起来共同决定了公共空间的质量。建筑外围护结构常常意味

青年旅社，韦德贝尔格修道院，早期应用半透明的保温材料和真空管集热器的实例（与 P. 本费克，W. 格茨合作，1987—1991）

着对由建筑外部形象主导的环境氛围进行干预，并且常常要持续上百年。同样起决定作用的还有产权所属关系，这限制了和投资与回报相关的干预权。

令人遗憾的还有对系统考量极为有限的广度。到处都在“悲叹”电网有限的容量。已经要求无条件地对其扩容和更新投资几十亿的资金，这里要求对电力供应管理有明显的灵活性改善以及原则上的多重可选项，例如在使用通过太阳能获得的电能情况下，敦促将现有的天然气网的使用与电解相结合作为正式的和更便宜的可选项。至于德国大型电力供应商的可信度，这些企业在2012年上半年就已经赚取了几亿欧元的利润，这是非同小可的！

您决定在中国设计建筑，并且取得了极大的成功，肯定也会对我们的环境起到更大的杠杆作用。太阳能建筑在中国的情况怎样？我们会在不远的将来见到很多积极的发展吗？

我多年来这样做的原因不外乎是想要洞察这个国家无论是在能量消耗还是对于燃烧排放的作用方面的意义。那里所做的不管是对还是错，都有比在我们这些欧洲国家发生同样的事情要高出好多倍的作用。

什么时候才会出现具有真正成功的、可以作为参考榜样的大型实例，这我不敢预言。每个项目都必须要有一个优化的过程，对这一点的理解还太少。从地方上的情况来看，这些都还需要一个密集的时间；但实际上却经常是为了在短期内能赚更多的利润而驱使步子加快，找专家只不过是能够更有效地达到这个目的。非常遗憾的是，

韦德贝尔格修道院，从东南侧看向建筑群，前面为新建的青年旅社建筑

这会产生一系列的技术风险以及美学上的不当。

然而，中央政府的相关领导人对绿色宣言给予了很高的优先权。如我们所知道的，在亚洲已经可以找到主动式技术中如集热器和太阳能光伏的产品。成千上万的产品安装正在进行，但对于现代造型的认同却一直缺失。另外，认知和交流与西方相比更多地是以图像为导向的，这样通常就会在项目开始的阶段要求有全面的质量极高的图像表现（室内外效果图，有时候是动画），而必要的设计和深化工作却都还没有做。此外，至少是到目前为止，外国人在中国尚未被允许进行施工图和细部设计。在那里一开始是很困难的，但近十年的发展显示，适应和调整是非常迅速的，人们经常是在极大的时间压力下高效地完成所提出的要求。

据统计，目前中国的人均能耗仅仅是西方国家人均能耗的一小部分，这个话题也正因如此而威力十足。这不仅是指经常受到指责的美国，而且还包括那些经常自以为有资格教育别人的欧洲人，我们德国人当然也包括在内。

不过这也给出了整体启动的讯号，不断地要求提升和改善。只可惜建筑在有引导性的大城市里却成为一种活动、一场秀，一些国际大牌的表演舞台。和业主委托方一样，他们常常把建筑外形的独特性看作是更重要的，把侵入式的建筑造型作为他们的基本职责和可能来发展，其中当然也会使用太阳能技术，毫无疑问这种做法很费力。因为大多数中国大城市都位于比意大利和开罗还往南的纬度内，应用的可能性是非常巨大的。

您今天会给年轻的建筑师和建筑专业的学生提些什么建议？

要把精力集中到我们职业的核心上，它关系到有社会重要性的公共任务的作用。要让自己清楚，当你对一大笔钱承担责任，对委托方、用户和公众都起作用时，这个任务是多么巨大并且多样。

这涉及创造空间——需要对此有深入的了解，这也涉及当一项全套的新技术需要进一步发展时，当环境技术通过它变成建筑能量预算核心的组成部分时，不仅要认识材料、结构和技术，还要对其有专业性的掌握。当你打算通过所使用的方法创造具有较高美学质量的建筑时，这便是一个不可缺少的前提条件。只有坚实地掌握技术的人才能告诉别人要做什么和怎样做，才有机会实现艺术价值较高的作品。

电子世界并非是以上这些的替代品，它本质上是一种操作工具。发展高价值和使用寿命长的建筑，本质上就是要从它每个单独的方面着手进行。它们应该是尽可能非破坏性的，能尽量适应不同的需求，并且大多数由可再生能量覆盖对能量的需求。要积极主动地去做这些，不要让自己局限在仅仅把房子包裹起来，从而使它们的结构秩序由于这层厚厚的外套而消失殆尽。

建筑不是图画，它事关空间创造。我们在三维空间里体验它，用身体从内部到外部，并且不是以 1:100 的比例，而是 1:1 去体验它。

托马斯·赫尔佐格（Thomas Herzog）卓越荣休教师，德国联邦建筑师。慕尼黑工业大学建筑学专业毕业，1972年在罗马大学攻读博士学位。意大利费拉拉大学荣誉博士。1965—1969年在慕尼黑为彼得·C. 冯塞德莱教授工作，1969—1973年在斯图加特大学从事教职助理工作。1972年起，托马斯·赫尔佐格开始经营自己的设计公司。曾任卡塞尔综合大学、达姆施塔特工业大学和慕尼黑工业大学的教授（2000—2006年担任建筑系系主任），曾任洛桑联邦理工学院、哥本哈根丹麦皇家科学院、宾夕法尼亚大学的客座教授，从2003年起，担任清华大学的客座教授。

太阳能建筑的开创性成就

——罗尔夫·迪施访谈录

弗莱堡追随日光转动的太阳能光伏装置

迪施先生，您在20世纪80年代就已经认识到在建筑中利用太阳能光伏的意义，并率先将其作为安置在您住宅屋顶上的构件，之后又整合进屋顶平面。是什么促使您这么做？您对这种方式的自信是从哪里得到的？

罗尔夫·迪施：在往我的住宅屋顶上安装太阳能光伏板之前，我们已经在一些屋顶上安装过大型的光伏设施，比如在弗莱堡的巴腾报社、弗莱堡的SC足球场或者欧分堡的汉斯格洛公司的工作大厅等。我们还在居住区做了这样的安装，使建筑在理想情况下有可能通过太阳能光伏设施被改造成正能效建筑或者已经是正能效建筑了。此外，对我来说还有重要的一步是建一个可以使用太阳能的出行装置。这个可以追随日光转动的太阳能光伏装置一共被安装了三次：一次是在我的自用住宅上；一次是在汉斯格洛公司的访客中心上；还有一次是用于拜仁的十项技术实验室。

我的出发点很简单——建筑一直消耗着我们总能量的40%，所有的建筑师都有责任改变这一点。我本人在反核能运动中为反对这种能量系统而抗争过；但是，仅仅拒绝一种东西是不行的，我们必须找出另外的解决方案。通过正能效建筑，产出的能量多于其自己消耗的，这就是解决方案。“太阳能十项”的成功带动了新类型的令人愉悦的增长，光是我们就已经做了20年。所有这一切的市场早已成熟，可以广泛地使用于住宅和小区建设、商业和办公建筑建设，等等。

以您的理解，为什么这种可持续的想法要这么久才能被贯彻？

很长一段时间是由于政治的框架条件不满足

要求造成的。通过可再生能量法，为不同的能效规范和一些补助方针创造了条件，在屋顶上安装太阳能光伏板以及整体的正能效建筑对于业主才有经济性。目前需要担心的是这些条件又会被撤回，被一个尽管在宣传能量转换却不积极推动，甚至是部分拖后腿的政治挖窟窿。

不过，这不只是政治的原因，市场的流动性也不强。很多承建公司极不情愿对新的专门技术进行投资，以及对其企业进行相应的培训。他们就做他们习惯做的生意，直到不行为止。也许他们会实施一个示范工程，但是我们早就已经过了这种需要“指路灯塔”的时代了，这已经不再让人信服了。对于业主来说，要先支付一个正能量建筑在建造时额外增加的成本，如果他们金融上规划得好的话，从第一年起就可以有更多的钱可以用。即便如此，通常好像也还是很困难的事。在某些地方对发放贷款的机构来说，还是难以做到给予援助。

也许排除您的自用住宅，太阳能建筑本身一直是以简单、简约为导向，以满足最基本的需求为目标。

如果您也像我一样，把光线充足的空间、全部是健康的建筑材料和一个有治愈性效果的空间气氛、一个基本上没有行驶和停放的汽车，因而是儿童的、交流友好型的、有很多绿化的社区当作是基本需求的话，我几乎同意您的描述。此外，目前有效的是：形式追随能量。这也就是说，比如出于能效的考虑，要放弃前凸、退进以及那些装饰性的花饰。尽管如此，总体设计和细部当然还是要极为慎重地按照较高要求来进行。

与您类似的问题也总是由来自俄罗斯、中国、非洲或者拉丁美洲的代表团提出。对于来自这些国家的政界人士和建筑师或者建筑公司的老总们来说，弗莱堡的太阳能居住区建筑好像十分简单和简约。这里有一个社会组成成分的原因。在德国和整个欧洲中部，中间层次是社会中驱动可持

从空中俯瞰施利贝尔格太阳能居住区，弗莱堡

在佐能施夫商业建筑里的楼顶跃层住宅，施利尔贝尔格的太阳能居住区，弗莱堡

续性运动的主力，而对于俄罗斯、中国、非洲或者拉丁美洲的人们来说，这种建筑只能是给上层阶层建的——豪华和费用高昂，加上可持续性作为另一个豪华元素。在这里也不过就是为适合的、开放的客户来建造第一批建筑，例如像弗莱堡的行列式联排住宅。当然，建筑形象上也可以是另外一种。

您顺利地找到业主，很早就能实施很多项目。与之相对，大多数建筑师一开始是保持距离的。这有令您感到受伤吗？

我们找到的私人业主都很容易接受，但机构业主在较长时间里都较难接受；所以，我们为弗莱堡太阳能居住区这个开创性项目建立了自己的承建公司，并且自己实施金融、建造和市场运作，例如借助于德国第一个太阳能房地产基金的帮助。承建方和银行等当时都持怀疑态度，没人打算为此项目出资，那就只好自己动手了，并且我们现在还像当初一样有机会就这样做。现在有两个正能效房居住区项目正在做，在格兰扎合－威纶，靠近巴塞尔城区边界。

叔本华写道：“一个新想法一开始会不断被嘲笑，然后被抵制，最后被模仿。”你如果脸皮太薄的话，最好就别干这个了。第三方的怀疑是固有的，直到今天都是。但几乎每天都有人给我们写信，全世界年轻的建筑师和学生都过来参观，想对我们怎么做到的有个更详细的了解。好在他们自己国家也这么做，这让我感到高兴。

据我们了解，您的工作一直集中在您的家乡——弗莱堡地区，您为此很好地利用了弗莱堡作为太阳能谷的良好声誉。您将来是要以邻里建筑师的角色带有更多的地方锚点和责任感，还是让现在的运作更全球化一点？

联系代际关系的住区设施，创意样板项目，柏林穆克尔克次

您的了解不完全正确。我们之前也已经在德国的其他一些地方实施过项目；不过，对于开创性的建筑来说，当然先从家门口开始是比较简单的。我们认识要求较高的手工企业、决策者和管理层，我们还可以很容易地对施工进行监控。这些对很多新东西的实施是起决定性作用的。

我是弗莱堡人，愿意为城市和区域的发展作出我的贡献。两年前，我们给全德国 11 000 名市长写了封信，想让他们信服正能效建筑的优点。反响是很大的，第一批项目在不同城市和乡镇正在运行和规划。比如，我们目前正参与柏林科罗茨贝尔格的穆克尔克次正能效项目，总使用面积大约在 50 000 平方米；在哥廷根，我们的一个设计项目是建造 8 层高的正能效住宅建筑；在法国布尔公德，我们正在实施法国第一幢正能效建筑，并且在第一期是作为一幢保护性城市住宅的改造项目，在第二期加建一幢共有 12 个居住单位的新建筑。我的工作人员和我自己一直在全德国和国外跑，做报告、开研讨会、进行培训等，还有亚洲、非洲和拉丁美洲的项目也在谈。

太阳能建筑的大多数实例都能把人吓走——成千上万的谷仓和老建筑的屋顶被粗糙地安装了太阳能光伏板，破坏了景观和地方性形象。妥善整合了太阳能系统的建筑很难找到。这怎么解释呢？

直到现在，很多人才开始不把太阳能光伏板只当作技术设施，而是当作一种可以用于造型的材料来看待。过不了几年，太阳能光伏就可以成为非中央地生产的最便宜的电能，我们也会愿意充分利用屋顶和立面面积的太阳能潜力。为了不至于走向这个发展的对立面——已经有反对的趋势了——不能没有建筑设计者的参与，而简单地让做太阳能的去做，这一点对开创性项目的确是十分重要的。我想，建筑师必须通过我们不同的协会和组织与安装行业进行沟通，在这一点上必须建立起对美学的觉悟。对于建筑更新改造或者新建建筑的高能效立面设计也是同样的。否则的话，对美学的保留意见会和旧的利益层联手反对能量转换，而这将是一个强劲的对手。

那要改变什么呢？

德国可持续建筑公司、德国能源署、行业联盟、建筑师协会要联起手来与手工业协会一起

格兰扎合－威纶太阳能居住区总平面，格兰扎合－威纶

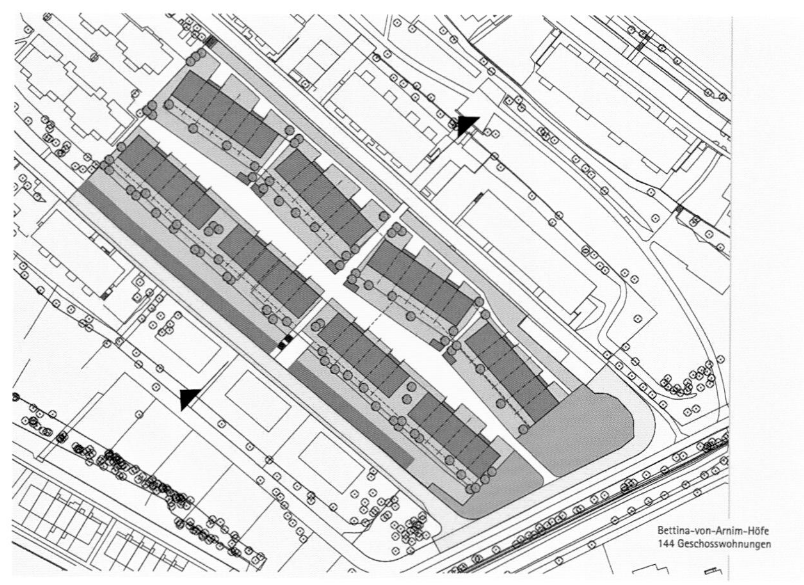

贝缇娜－冯－阿尔尼姆台地总平面 ，哥廷根

合作。政治需要有项目行动起来，要设立高额奖项。建筑业的地方和联邦层面管理部门可以给出信号，政府公共项目在招投标的时候必须要作出相应的标准要求。

如果我们想在内城利用太阳能光伏设施，我们必须要和城市规划和建筑保护部门一起进行概念和项目的发展。建筑保护者要动起来，我们要和他们在各处建立联盟并说服他们。我们通过太阳能光伏设施和对现状的更新改造同时提升了能量和造型的质量，而不会使其受损。通过新的可能性，我们还可以提升其经济性，以此为我们在以后的几十年里保留和继续使用既有建筑提供帮助。在已经提到过的在法国的项目里，我们与一家巴黎的知名公司成功地进行了合作。他们的专长是对要求较高的老建筑进行改造和历史建筑的功能转变，这在那里并非偶然。

另外还需要更多的有说服力的建筑实例，其中建筑师和投资方必须共同合作。比如说，为了保留弗莱堡火车总站附近跨越铁轨的城市火车站大桥，我们设计了一个太阳能光伏屋顶，保证桥梁不受气候侵蚀并进行现状保护，同时为城市入口设置了一个明显的太阳能标志。对弗莱堡豪斯贝尔格·绍因兰德的上山缆车站（此造型古老的建筑按今天的标准已无法承受雪荷载），我们还是建议做一个自承重的太阳能光伏板屋顶。目前我们正在做一个特别棒的项目——弗莱堡剧院。它的屋顶将会被改造，屋顶的外表皮将由一层金色的透明的太阳能芯片构成。这将像童话一样美不胜收—— 一个有着金色屋顶的剧院！

我们还给社区做咨询，帮助他们走向气候中性。我们定期提出如下建议：制定一个屋顶改建的计划书，要考虑使用联邦和州里的补助措施。屋顶的能量改造应该与屋顶的太阳能光伏利用结合起来，合适的话，这还可以与屋顶改善和加层相结合。通过内部的密封性处理，在生态上就已经是值得的了。不是因为这样就不需要在外部对数不清的屋顶交错构造做改动，而是因为这样可以减少相交，并且可以从整体上通过技术设施来设计。通常这可以作为整个建筑改造的第一步、一期工程和第一期投资。

另外还有一个有趣的发展。一段时间以来，我们接触了一个印度的石材立面构件制造商。这

模块化建造方式的正能效建筑

个公司提供大理石、花岗岩等。他们找到我们，是因为他们的客户越来越多地询问“是否可以做同样好的太阳能立面”。这个公司销售的材料是关于建筑外部形象的，而通过太阳能光伏立面或者其他的材料组合可以塑造一个更好的形象。在屋顶和立面上安装太阳能光伏设施，除了可以解决在印度经常发生的断电问题外，业主还可以得到一个极好的造型和绿色的形象。就像有人说的，“我没有专利配方，但是有一千种可能性。”

随着能量转换，能效和拓展可再生能量成了政府项目，从根本上来说，建筑上也应该往这个方向走。为了促进太阳能建筑向广度发展，在政策以及建筑师的职业状况和教育机构等方面都应该做些什么？

联邦建设部的确设立了第一个用于支持正能量建筑的项目，但还需要对开创性建筑以外的项目继续给予经济援助。根据我们目前所知晓的联邦政策，在推进能量转换方面还缺少以下内容：

首先，要对能量系统的非中央转型有一个明确的计划。我们不需要海岸风力发电站那样的巨型基础设施，这只能让老的能量供应系统继续被使用，能量转换会继续被延迟。大家都知道，这永远也不能实现经济性。我们更不需要位于撒哈拉沙漠的巨型太阳能发电站为欧洲供电，这是一种幻觉。在那里可以非常便利地为非洲供电，并且有可能支持新政府发展经济，但肯定不是欧洲和德国的解决方案。我们得作出决定，并集中精力在最根本和最靠前的技术上——区域技术而不是沙漠技术！城市能源站必须作为能量的服务器在其新老功能中进一步得到加强。

其次，我们需要给予非中央热电联动系统经济援助计划，就像燃气发电系统在初期获得的一样。高能效地、非中央地使用燃气发电和供暖是能量转换唯一行得通的转接技术。这里，燃气要逐步通过生物燃气和剩余电量生产的水元素以及风能和太阳能燃气来取代。

再次，要持续不断地执行已经推出的《欧洲建筑法》（EPBD 2010），它已经是法律。从2020年起，所有的欧洲新建建筑应该是低能耗建筑，并且超出被动式建筑。此外，所有的建筑必须在其基地范围内生产可再生能量。这个法律的贯彻执行将是令人激动的。至少在南欧和东欧国家要这么快地转变还缺乏前提条件，联邦政府可以借此降低要求和延迟行动，以保护对我们建筑工业的更新，抑或它可以成为真正的激励者。

为了对未来有足够的准备和设计适合未来的建筑，当前您会给业主、建筑师和工程师提些什么建议？

要跟踪，尤其是要跟踪那些在能量消耗规则方面目前正在发展的创新技术。高能效的建筑外围护结构、仅靠可再生能源生产的能量、建筑作为动力站——这些我们在20年前就在做了。这是最先进的，谁跟不上正能效建筑的步伐，那就只能怪自己了。现在还有新的东西，是由世界各地的工程师队伍发展的：智能电网、智能城市、智能家居和电动出行。对此着迷吧，但不要全部相信。要自己去发展可操作的、尽可能不复杂的、用户友好型的解决方案。

在把手中这本书仔细读完之后，您就了解了目前建筑界正在进行的讨论。为了对还会发生什么有初步印象，您要拓展视野。下一步去读一下杰瑞米·里夫金的《第三次工业革命》，之后，您就会明白正在发生的事，也就是信息技术和能量控制的相互交融。我们正在帮助弗莱堡的弗劳恩霍夫太阳能系统研究所研发具体的实施概念。

再往后，可以去读赫尔曼·舍尔斯的《能量自给自足》。您会读到，那些对能量转换绝对必要的事情是不会自动发生的。重要的是，每个建筑师都要努力争取做正确的事，因为对手很强大。

我的建议：搞清楚您是想成为问题的一部分，还是解决方案的一部分。因为您今天就得作出选择，再没有借口犹豫不决了。

罗尔夫·迪施（Rolf Disch）

1963—1967年，在康茨坦茨攻读建筑学。之前，从家具木工技校毕业，并做过泥瓦工培训。1969年建立罗尔夫·迪施太阳能建筑事务所。1993年，由他提倡在弗莱堡的SC体育馆率先实施了德国第一个社区太阳能设施。1994年，罗尔夫·迪施通过太阳能追光器建成了世界上第一幢能量平衡为正的建筑。1998年他接受了卡尔斯鲁厄公立大学造型学的客座教授职位。

为了未来的十项奋斗

——阿内特－莫德·约平 教授

可持续建筑需要有责任的塑造者。很少有一个职业与能源利用有这么大的关联。有什么比实际做一个项目能让大学生对此作出更好的准备呢？在国际“太阳能十项”竞赛中，这些未来的建筑师为整合设计过程和适应未来的建筑实践找到了一片理想的试验田。

2010 欧洲“太阳能十项”竞赛，伍珀塔尔山地大学队，室内空间中的厨房，朝向东侧平台的打开的玻璃推拉构件

1972 年，罗马俱乐部首次向世界公开发布了其调查结果——“生长的局限”，为剥夺自然原材料的储备和通过环境污染摧毁生存空间拉响了警报；1992 年，发布了更新版“超出生长的局限之外——全球崩溃或者可持续的将来”；最后是 2004 年的“30 年更新版”，展示了从 1972 年到 2002 年间全球负面的发展。

尽管罗马俱乐部——这个非商业机构的调查结果借助于世界上不同做法的模型非常明确地展示出“如果不去做根本性的改变，将会危害到人类未来的生存”，一开始并没有引发十分有目的的行动。无论是从政治上还是经济上都没有要为保障我们在地球上的生活进行可持续的计划倡议，对建筑学及其相关专业也同样如此。20 世纪 70 年代后期出现的生态建筑的支持者更多是被看作建筑领域走偏门的人物。社会上、经济上和政治上在较长时间之后才开始更多地谈论到“绿色”，十分希望可以有一个正面发展。很多活动家主要是基于绿色产品的市场经济成就层面而行动，他们更多地是以经济为导向而非出于生态的和社会的动机。

建筑学张力区

近年来公众对建筑能量效率的认知主要集中在两个方面：节能和保温。术语“被动式”至今没有正面的意义 ，更多是代表放弃和逃避的态度。被动式建筑被很多业主认为投资太昂贵、对外太严实，因而是十分被动的，生产率较差。此外在目前的情况下，即便背景信息很容易得到，本来就缺乏效力的法律法规框架条件大多被认为是不公平、不经济和强制性的。所以，从被动式建筑向主动式建筑的跨越不仅表现了专业和全球方面的推崇以及接受意愿，还把活动家们从规避者转向了塑造者。单单从这个概念的心理学方面——“主动的”而不是“被动的”去解决能量问题，就已经以主动的方式在刺激和鼓励了。

在建筑生产能量的愿景里，有机会使人们关注适合所有人的、生态和经济的整体联系，其中能量几乎是自给自足的建筑具有未来导向的属性。但是，怎样能将这个新的计划和它现行的尖峰模型——正能效建筑“置入”那些不动产经济、私人和公众项目业主、建筑工业、经济和政治决策者的脑中，直到它成为日常生活的一部分并且被习以为常？

这里能找出不同的影响领域，可以支持通往能量自给自足的建筑文化之路。一个领域是市场本身，它常常出于经济原因拒绝实施创新的能量项目。只有当不动产世界里对正能效建筑产品的需求增大了，才会有供应。为了使主动式建筑对投资者和业主更有吸引力——理想的吸引力只是一些特例，首先要在政治和法律制定方面下功夫，他们得先创造相应的框架条件。在实践中持续建造的前提应该由建筑师、参与的专业工程师和建筑工匠创造，因为成功的实施是最好的广告和最有效果的复制。

在这个张力区，建筑师的传播角色有很大的意义，因为在每个建筑项目初期，他都得为打算建造此项目的业主作出全面的阐释，使其能够对主动式建筑的理念信服。到目前为止，法律规定的标准作为起点并没有经过充分讨论，所以并不

2010 欧洲“太阳能十项”竞赛，伍珀塔尔山地大学队，室内浴室，“小巧盒子”及整合的紧凑通风设备（左图）

室内空间，从厨房操作台看向“小巧盒子”和 LED 发光顶（右图）

2010 欧洲“太阳能十项”竞赛，伍珀塔尔山地大学队，南侧立面安装了多晶硅和单晶硅的太阳能光伏构件，西侧平台的左侧墙壁中整合了真空管集热器

一定能代表技术的合理解决方案。它不过是所有参与的党派、议会和协会艰苦谈判的折中结果。如果我们要贯彻和实现创新的和有未来导向的概念，不仅需要谈判技巧和说服力，还要有非常扎实的专业知识。因此，建筑师的职能是双重的，既是主要的活动家，也是传播者。这类似一个在未知领域寻找路径的开拓者，要在不认识周边情况的条件下，通过艰辛的道路一步步探索整个区域。同时，还要求在第一次探路尝试时就以地图和导游资料的形式表达完全的真实性。有一点对所有的参与者来说都是毋庸置疑的——没有回头路。

我们的职业能力和专长构成另一个影响面：它由许多有学习和发展能力的建筑师组成，目前只能认识到这种新的设计要求的粗略轮廓。设计工具，比如全生命周期考量、灰色能评估、不断改变的法规以及无法认读的工业标准变得越来越复杂，设计过程中参与的专业也很多，一个十分有把握的操作简直难以做到。

因此，为已经在执业的这一代建筑师定义其设计过程中的可持续设计和建造的基础是非常重要的。要为所有的层面开发设计提供帮助，并将其不断更新，甚至需要做一本绿色设计参考手册。设计过程中的透明度是向外界有说服力地展示可持续建筑讨论的前提条件。

建筑师面向未来的角色是传播自给自足建筑学的知识，这些实践的专业能力需要通过有目的的再培训来获得。大学、研究机构、高校和建筑师协会成为重要的节点，因为它们的目的是把基础信息和科研成果带到实践中去。近年来，“将可持续性整合到建筑中去”这个目标极大地改变了教学状况。在教学中，需要把建筑学的整体义务和行动范围进行专业化，在内容上建立起清晰的构架，在教学方法上对其进行塑造和传播。一个设计的质量在今天已经通过生态的、经济的和社会文化方面的整体可持续性的实施质量来衡量。在设计概念的一开始就要将可持续性整合进去，这是教学和科研的任务和要求，并且是对建

2010 欧洲“太阳能十项”竞赛，伍珀塔尔山地大学队，建造过程，马德里太阳能谷 2010，屋顶太阳能光伏构件（上图）和建造过程，马德里太阳能谷 2010，24 小时之后的建筑主体毛坯（下图）

筑学作为复杂的、绝非孤立的专业来理解的前提，也是从里到外完全理解建筑学的前提。

建筑师将未来的主动式建筑中所有重要的功效相互配合到一起。虽然很多主动式的措施纯粹是技术性的，并且由专门的工程师专业完成，但是需要由建筑师将其整合到整个设计当中去。具备整体性的思维和操作方式，也就是说单独发展各个方面时要顾全整体，成为设计过程中的通才，这是建筑师原本的使命。建筑师要掌握所参与的专业设计者和公司的基本知识并且做好在一个多学科的团队里以伙伴身份一起工作的准备，这对整个使命来说很重要。

“太阳能十项”

在建筑学的教学里一个核心任务是对整合设计的传播，这在传统的教学里只有局部性的模拟，而不做整体尝试。在这种情况下，国际“太阳能十项”竞赛的要求是让大学生们完全自己来设计和建造一幢能量自给自足的建筑，这给整合设计提供了一个理想的试验场。因为这种以实践和应用为导向的研究形式是有抓手和联结性的：最终会建成一幢可以使用的、一起设计的房子。这些经验使学生对建筑学重要的、富有责任感的未来使命有更透彻的理解。这个职业的责任如此重大，因为它会极大地影响我们生活的世界，并且深入地触及自然资源。

仅这一点就能作为参加“太阳能十项”的动机了。这是一个国际性项目，对可持续性也提出了建筑文化方面的讨论。要发展有未来引导作用的居住空间理念，研究高效的建筑系统，把智能的建筑技术整合到建筑概念中去。在 2008 年，当得知伍珀塔尔山地大学成功入选 2010 年欧洲“太阳能十项”竞赛的参赛队伍时，城市和地区就动起来了。到 2010 年夏季要建成一个百分之百靠太阳能运营的未来建筑，通过一个由 40 名来自建筑学、结构、电气、工业设计、机械制造和经济学专业的学生组成的团队来建造，这个挑战让不同职业和不同年龄段的人群感到振奋。这个关系到未来的课题——零排放且产能，触及所有人，在发展的过程中就已经在公众和经济、政治领域里引起了极大的反响。

除了来自于联邦经济技术部和北莱茵威斯特法伦州的官方支持外，总费用的 75% 都来源于捐助和援助。工业、经济以及私人对材料准备和设计以及建造所需要的费用的参与是其中的几个方面。

创新的建筑理念构成了所有兴趣的基础。建筑的主导思想是建立内外相互流动的空间以及经典现代主义含义的高度通透性，这其中被动式与主动式的能量措施自然而然地交错在一起。如此产生一幢欧洲住宅，可以做少量的建筑以及技术的适应性调整即可在欧洲不同的气候区将其实施，由此来证明其特殊的效能。

赞助者对不同专业组成的学生大组表示出特别高的评价和热情，这些学生准备好了对未来负责并且主动去实施它。这促使我们的合作伙伴将他们的能力、手段和想法传递给年轻的团队来积极支持他们的愿景。此外还显示了一个趋势：接收团队的能量，继续发展它，改变自己产品和活

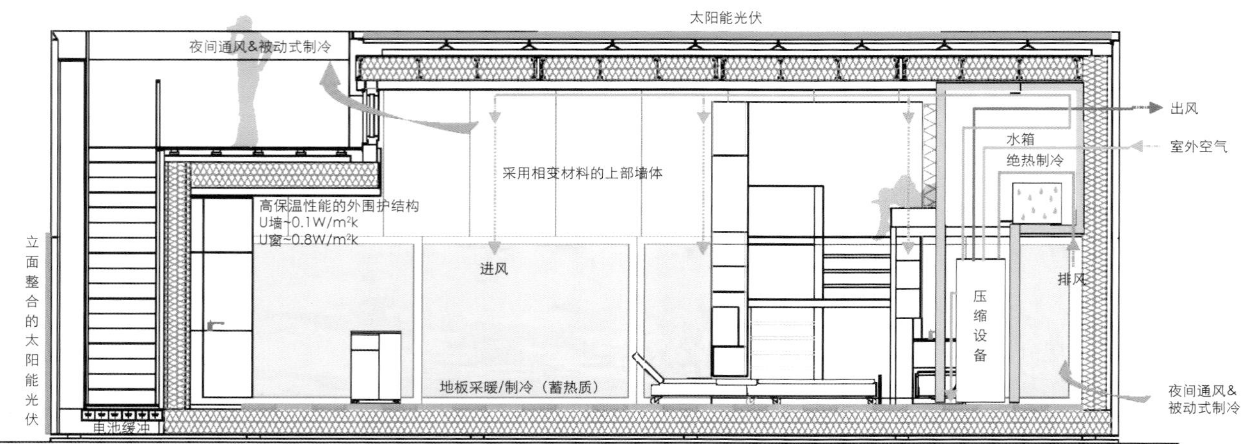

2010 欧洲“太阳能十项”竞赛，伍珀塔尔山地大学队，剖面图解，能量和技术概念

2010 欧洲“太阳能十项”竞赛，伍珀塔尔山地大学队，北侧墙壁的细部照片，采用丙烯酸树脂板，上面印制着所有团队成员和制造商照片

2010 欧洲“太阳能十项”竞赛，伍珀塔尔山地大学队，在马德里施工完成后的伍珀塔尔队团体照

动的远景。对所有人来说一个很大的激励是比赛的国际维度，共有 19 支来自世界各地的大学团队参赛。比赛的评分标准十分严格，可以与奥林匹克的十项全能相匹敌。

实施网络

在寻找有实力的合作伙伴前，我们先对所需要的产品性能、工作绩效、设计要求等做好了精确的定义，之后在作出选择之前进行密集的市场调研和分析。赢得合适合作伙伴时的第一次会谈十分重要，要提示题目的跨学科维度和明确项目内部的潜在能力。

团队由一些专门的来自相关专业的有混合型能力的成员组成，在项目过程中与外部合作伙伴密切交流，这极大地丰富了设计和工作过程，并提升了创造力。学生们及早地认识到建筑师作为设计团队的指挥角色、可持续性为导向的项目的工作和责任深度，在学习阶段就已经为以整合为导向的思维和行动方式做好了接驳。

参加的学生是能量自给自足建筑知识重要的复制者，并保障这些知识在未来的设计和建造中继续得以发展。这样在学校不同专业之间、工业之间、研究机构之间，乃至政治和经济领域之间围绕着项目逐渐地形成了一个专业的、个人的网络，相互联结起来并在我们的社会中对扩散能量自给自足建筑这个主题给予支持。学生们将团队和一百多个项目伙伴的头像印在建筑北侧立面的丙烯酸树脂板上，以展示对在项目过程中不断壮大起来的凝聚力。

“太阳能十项”竞赛的国际维度要求建立和完善国际网络，要求开放、宽容和主动交流。承担对未来的责任，找寻全球和世界共同问题的解决方案，平等对待不同文化。不同国家的学生和教师与他们在工业和经济领域里的合作伙伴一起追随一个共同的目标，在世界范围内传播他们的想法与热情。

阿内特-莫德·约平 (Anett-Maud Joppien) 教授，硕士，建筑师，联邦建筑师。2011 年起，担任达姆施塔特工业大学建筑设计与建筑技术教研室教授；2003—2011 年，担任伍珀塔尔山地大学建筑结构和建筑设计专业教授；1998—2000 年，为达姆施塔特工业大学和汉诺威工业大学客座教授。1989 年起，约平教授与阿尔伯特·迪茨领导自己的设计事务所——迪茨 + 由聘建筑师股份公司，公司位于法兰克福和波茨坦。

用能量站取代浪费大王

——施特芬·雷曼 博士教授

未来城市至少要生产其自身所消耗能量的一半，没有零能耗和正能效建筑办不到这一点。这是目前技术的形势，现在要进入下一步：城市自身成为能量站。通过非中央的自己生产能量的城市片区，一个关于源源不断的清洁能源的旧梦将会成真。供给安全的可再生能量和城市更新对我们的社会来说将成为现实，这在世界范围内成为规划的基本重点。为了实现这个梦想，需要政治、能量供应商、高校和社会付出同样的努力。

悉尼巴兰嘎鲁南部新城区，达令港口的一部分，2018 年完工。这个城区给出了非中央地获取能量和建筑制冷的新的参照尺度

世界在变化。我们今天所认识的城市是否能满足未来的需要？一个整合的以能量和气候为重点的城市发展必须与政治一同起到关键性角色的功能，以急剧降低我们城市的能量和资源消耗。要把“城市”这个概念继续思考下去，直到正能量城市诞生。城市由此获得新的任务和行动领域，这会对城市向所谓的“低碳”“低排放”城市转型作出决定性的贡献。这个需要产生结果的挑战我称其为“后工业化”的一部分。今天我们有些萎缩的、不流动的和发展力度不够的城市区域，其投资额度有限，基础设施老化，旁边就是迅速增长的和动态转型的区域。为了在将来能够更好地应对人口和结构变化，我们需要全方位的策略。

气候和能量公平的城市

尽管澳大利亚、亚太地区、美国和欧洲的文脉各不相同，但挑战和行动的必然性对全世界所有的城市有同等效力。一个气候和能量公平的城市看起来应该是什么样的？这个问题今天在各地都提出来了［007］。亚洲区域正处在快速增长和城市化过程中，与此相关联的移民运动因此成为问题的焦点。在美国和澳大利亚，要发展应对不可持续的城市分离和对汽车出行的巨大依赖性；在德国和其他欧洲城市，其重点首先是既有建筑对能量标准的适应性、优化材料和能量使用，因为新建建筑占比仅为2%。

怎样才能更有效地完成向实现后工业化正能量城市的过渡？“绿色城市主义”是未来正能量城市的整体理念，其基础是坚持不懈地保护资源，保护性地对待能量、土地、水、绿地、材料和出行；其长期的目标是零排放、零垃圾和避免材料浪费。要通过低碳城市这个中间阶段达到这个目标，其中还是要支持社会的和生态的可持续城市区域与住区。类似的原则已经在城区，如

布莱斯高的弗莱堡市的瓦欧班、斯德哥尔摩的哈马百－肖斯塔特以及哥本哈根成功地得以体现。走捷径的城市是能满足未来要求的样板，它们在世界范围内被效仿。

我们的城市在未来仍旧会需要越来越多的能量［008，009］，消耗大部分的原材料和生产垃圾，城市的大尺度同时也给我们带来使可再生能量盈利的可能性。怎样才能做到这一点呢？因为城市的能量消耗是巨大的，我们的能量和交通系统必须快速转型，其大部分或者至少 50% 能够由本地的可再生能源来生产供应。在这里，能量的混合应该考虑成本和技术的可用性。电能生产和本地自产的能量能通过一个智能电网来纳入并进行分配。在零排放城市，城市的片区从能量消耗者转变成能量生产者。它们成为本地的动力站，充分利用太阳能光伏、太阳能光热和太阳能制冷、风能、生物质、地热、小型水力发电站和其他一些清洁能源技术。大型能量供应商的角色也必须改变：从大型的独家供应商变成很多小型的非中央的生产者和消费者。在这样的片区内部，单独建筑组群之间技术的配合是起决定性作用的。此外还需要新的基础设施概念（如热电联动）用于远程供热或者制冷以及对新的出行方式的整合（如汽车共享、自行车站和提升电动汽车比例）。能量的小区群组也是这个概念的一部分，这里面单一的建筑通过智能的电力配送和联网并借助于用来回收废水中余热的炯原则相互支持。建筑自己生产的电能的自用部分被优化，这样整个城市片区即可不依赖于公共电网的能量供给。电动出行可以减少二氧化碳排放量和城市街道的噪声，并且让我们能够给城市进行自然通风。这样就又可以把阳台设在朝向街道的一面，而不是像以往那样只能朝向内院。

我们这样即便姑且可以解决能量问题，现代城市还需要其他的大量资源［010，011］；因此，零垃圾理念是另外一个重要方面。它包含了在生产过程中停止材料浪费和百分之百的资源回收［012］。垃圾被看作有价值的资源，不应被烧掉或埋掉，而是应该被完全再利用，如果必要的话则通过“城市采矿”。材料消耗需要与经济增长脱钩。零垃圾，即零浪费，在产品研发和生产过程中就应该要考虑。这需要工业和建筑造型把建筑预制构件进行组合，使其之后能够毫无问题地被分解和再次利用。首先，城市的材料支出和一个城市材料用量的投入产出模型十分重要。举例来说，可以推荐使用本地产的木材以维持建造对环境尽可能小的负荷。木制建筑构件应该进行适当的设计和制造，使其无须处理，使用寿命较长，

巴兰嘎鲁南部新城区的可持续愿景。重点是水资源利用、零垃圾、碳排放中性和社区舒适，需要实现减少建筑垃圾和更新城市系统的想法。

从生态的和经济的层面都可以凭借较少的损失而被有效地拆解和分离、用于循环利用或者用于获得热量（考虑“设计为拆卸－设计为循环利用”的原则）。

带有可持续价值体系和社会创新的城市更新

光有清洁的技术是不够的，还需要可持续的消费和减少浪费行为，即我们价值体系和消费行为的转变［013］。在亚洲城市中——尤其是在中国——消费增长特别迅速，不可持续的消费是一个极大的未解决问题，要迅速着手解决这个问题，以避免可能的供给性灾难。

在现代城市的转变中，市民需要整合其需求，参与更新对城市居民来说是决定性的。整合城市发展的活动家也需要来自政治和管理层面的全力支持才能够实现“明日之城”的理念。政治受到了快速行动的召唤，要为正能量城市片区的实现创造框架条件［014］，要在当地找到活动家并且鼓励他们参与更新。其中一个重要的目的是让城市重新成为对充满活力的各阶层民众有吸引力的生活空间，成为生活整合的场所，这也包含给正在变老的群体创造更好的服务设施。我们看到，一段时间以来，在美国和澳大利亚越来越多地把重点放在社区价值和创造场所（个性化的公共空间）上。这样一来，城市居民就从被动的消费群体变成了积极的有参与意识的市民群体。

科学对于城市的转变起到非常重要的作用，它可以讨论关于能量和社会更新以及对普遍知识的要求，不需要着重考虑私人业主的利益。城市的能量改造和与之相关联的新任务要求完善专业层面和政治层面的能力。技术的专门技能要推广，能力要发展。为此要进行密集的经验交流和加强高校的科研，要给可持续城市设立新的研发中心，要借助最佳实践实例开发，用于评价城市生态功效能力的工具和指标以及研究改善这些功效能力的可能性。大学作为思想工厂，能够扮演一个城市能量转型中较为重要的角色［015］。

为了达到保护气候的目的，需要有比建筑能量更新更多的措施。战略性的规划手段用于适合未来的、可持续的城市改建，用于低碳城市和零垃圾城市，这会长期地、一步一步地引导到零排放和材料的最高效率。我们为将来的可持续城市总共制定了 15 条原则［016］，其中十项原则和能效在二氧化碳中性城市中的重要角色需要着重提出，它们不仅涉及降低能耗，还会涉及生活质量的提高。筛选出的核心原则是：

• 整合的城市发展作为气候保护、包括电动

巴兰嘎鲁南部：碳排放中性的策略

立面和透视图，阿德莱德洛布尔公园的绿色村庄的正能效建筑，阿德莱德，2012 年

出行的加速器

• 非中央系统用于利用当地可再生能量资源，生产气候友好型的能量；借助主动式屋顶和立面使建筑成为能量生产者

• 对政治领导和城市管理进行适应性调整

• 通过发展绿色经济保障绿色城市

• 文化传承、保留身份特征以及建筑整合

• 既有城市区域升级、混合和加密，包括适应老龄化的既有建筑改造

• 快速应用新科技，创造正能量城区

• 消费行为和价值体系转变（行为转变）

• 零垃圾城市——避免产生垃圾和物质百分之百循环利用，坚持就地回收资源（即无垃圾焚烧或处置，或仅焚烧无法循环利用的木材垃圾）

• 促进知识和能力完善，建立智库

阿德莱德的样板设想

在阿德莱德洛希尔公园建造的零排放住宅建筑是一个多学科的竞赛成果，它是为了鼓励多加效仿 2012 年政府的先创项目而形成的。这幢二层的正能效建筑所生产的能量多于其自身所需能量。屋顶的太阳能光伏板通过澳大利亚强度很高的日光生产能量，用不了的能量被输入电网。对于这样的太阳能设施，主动式屋顶面积至少要有 20 平方米。

悉尼的样板设想

在关于可持续性这点上，独立的高能效建筑不可能比一个内城中被后续加密的片区更有优势。不从城市环境分离来考量这些单一的正能效建筑，在评价这些建筑时需要综合使用它所必须消耗的能量。比如一幢远离城市的正能效建筑，对于联系基础设施、距离购物点或是进行其他一些日常生活所需要的活动要走很远的路等，这些消耗加起来就使它的整体能效越来越低 [017]。因为是资源保护性的，所以住在后续加密的内城里其优点会越来越明显，特别是当城市片区通过可再生能量给自己供应大部分电量时。

至今为止，尽管澳大利亚的前提条件很理想（太阳、风和生物质），但仅有 10% 的总消耗电量被可再生能量覆盖。政府对可再生能量占比的提升意愿还不够强烈，化石能的拥趸还太强大。但是这已经在开始改变了。在悉尼内城的港口区巴兰嘎鲁南部，目前正在建造一个正能效城区，由英国建筑师理查德 • 罗杰斯设计。到 2018 年，那里将建成一个混合功能的小区，其大部分能量均通过太阳能设施和热电联动（三联动技术）自己生产。总面积为 22 公顷的小区中一半的用地面积由公共空间使用，带有一个公园和一个水上出租车站。新港口区的公共交通连接非常便利，将会容纳 23 000 居民。

零排放住宅建筑，技术数据

• 业主：南澳大利亚政府，通过土地管理合作代理

• 居住面积：130 m^2 二层

• 达到碳中性 :32 年后

• 设计：未来合作团队，2011—2012 年

• 建筑造价：250 000 欧元，土地费用未计入

概念：

• 按照被动式建筑标准的高度保温的外围护结构

• 雨水收集和灰水系统

• 屋顶上安装 3000 W 太阳能光伏设施

• 通过植被进行遮阳

• 按照严格的生态和能量的要求进行材料筛选

• 单一构件的模块化预制，扩建简单易行

• 碳排放参数值按照软件 eTool 计算：

• 建造所消耗的碳排放：784 kg CO_2 e/ 年 / 每个居民

• 建筑运营的碳排放：1043 kgm^2 e/ 年 / 每个居民，在平均每户 2.5 人、50 年建筑使用寿命情况下计算得出

施特芬 • 雷曼 (Steffen Lehmann) 博士教授，建筑学硕士，阿德莱德南澳大利亚大学可持续造型专业教授 (UniSA)，UNESCO 亚洲和太平洋地区可持续城市发展教研室负责人，UniSA 可持续设计和行为研究中心 (sd+b Centre) 的负责人。从 2006 年起，他是《绿色建筑》杂志出版人。在 20 世纪 90 年代，他参与了柏林的波茨坦广场、哈克士市场以及法国大使馆的设计工作。他的研究重点是亚洲城市的快速城市化进程和向低碳城市的转型。

资源的可持续利用

——罗兰德·施度尔茨

尽管气候转变和资源短缺，我们的社会还是持续地显示出对原材料越来越多的需求。可持续建筑和越来越多地利用可再生能量为界定全球资源浪费提供了一个极大的杠杆，而瑞士“2000 瓦社会”这样的模型和瑞士低能耗建筑标准对其实施提供了帮助。

可持续建筑给好的建筑师留下很大的造型空间，但是“2000 瓦社会”的规则需要从一开始就整合进建筑师和专业工程师的设计中去

60 年的经济增长留下了足迹——气候转变以及世界海洋里到处飘荡的塑料垃圾和越来越昂贵的自然资源。尽管设备、汽车和建筑的利用效率被改善了，可还是发生了所有这些情况。仍在增长的资源浪费有个名字——回弹效应。“回弹”是指当汽车和设备的效率越来越高时，我们还是消耗越来越多的资源。这 60 年内，人均居住面积翻了一倍；家用电器设备的数量翻了四倍；互联网用于传输大得不着边际的数据量所消耗的电能翻了上千倍；汽车的质量翻了一倍，数量翻了十倍。由于有效的法律规定和创新的技术结果，现在新建居住建筑显示了一个令人喜悦的趋势，其能量消耗比既有建筑低十倍，LED 照明比白炽灯的能耗低十倍。尽管有回弹效应，正能效建筑生产的能量比居民所消耗的还多。这里正在悄悄地发生一场变革，其他生活领域要以此为榜样。

“2000 瓦社会”

在过去的 15 年里，“2000 瓦社会”在瑞士从一个科学研究变成了国家的能量政治计划和市场要素。“2000 瓦社会”的目标是可持续地利用资源及其在全球的公平分配。“可持续”是说不允许有全球能源消耗的增长，此外还需将温室气体排放降低 80%。“在全球的公平分配”是说全球居民有同样多的不可再生能量配给。“2000 瓦社会”的目标最迟到 2100 年将得以实现。

在欧洲中部，人们生活在一个人均 6500 瓦的社会，而在北美人均高达 12 000 瓦，这种对能量的饥饿主要是由不可再生能源填饱的。南半球的国家需要通过 300 ～ 2000 瓦的能量生活，这是越来越多的爆炸性国际紧张局势的根源。“2000 瓦社会”打算将工业发达国家的生活水平和发展前景提供给地球上所有的地区。对可持续的、正确的资源需求尺度为 2000 瓦，相当于目前的全球平均能量需求。2000 瓦功效需求相当于每年能耗 20 000 度，等于 2000 升取暖燃油的能量值。

“2000 瓦社会”首先是从不会枯竭的储能站获取能量：如果要实现可持续和公平分配能量的未来愿景，同时气候转变要被约束在一个对于下一代可容忍的尺度内的话，太阳、风、水、生物质和地热起到中心作用。在可预见的未来，必须

2000瓦都被用来做什么？

生活领域	目标值（瓦）	目前瑞士的消耗值（瓦）
居住	200	1550
出行	200	1450
食品	450	850
消费	750	2100
公共消费，基础设施	400	550
总计	2000	6500

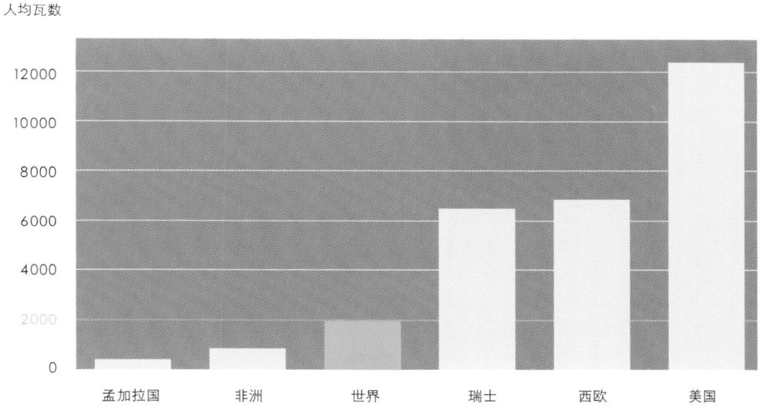

发展中国家、世界和工业化国家的人均能量需求地区差距极大：在发展中国家、亚洲和非洲只有几百瓦，在瑞士为 6500 瓦，而在美国对能量的需求则高出 20 倍

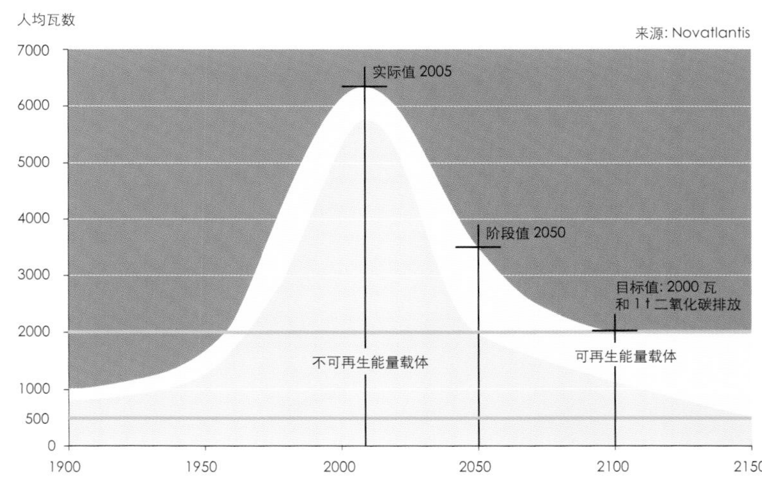

对能量的需求应该逐步地降低：到 2020 年从人均 6300 瓦降到 5300 瓦， 到 2035 年降到人均 4400 瓦，到 2050 年降到人均 3500 瓦。与此同时，二氧化碳排放量也需要从人均每年 8 吨降到 1 吨。这个目标适合瑞士的气候政策和欧盟相关的目标。由此为社区和城市的可持续建筑设定了一个坚固的政治框架，支持设计者和投资人在建造时作出更多的可持续性的决定

用可再生能量载体覆盖所有能耗的四分之三才能使二氧化碳排放量从目前的人均每年 8 吨降到 1 吨。碳排放中性的电能生产在此起到决定性的作用：高能效的建筑将会越来越多地通过热泵取暖；街道上的交通将会越来越多地通过电能无排放运行。瑞士联邦参议院的能源远景强调指出，“2000 瓦社会”对能量供应的可持续转变是一个重要的贡献。

瑞士低能耗建筑标准和正能效建筑

建筑经济必须对“2000 瓦社会”作出超常尺度的贡献。首先，因为它在技术上可以做到；其次，因为同其他生活领域对资源消耗的降低相比要困难和昂贵许多。挑明了说，未来属于正能量建筑！如果我们想要将二氧化碳排放量降低 8 倍，必须要将建筑运营所需的能耗完全由可再生能量

苏黎世附近的力西提区是一个 2000 瓦城区，它由总包企业阿尔利亚建成。500 多个租赁和自有住宅，共有 1200 名居民。底层有大约 12 700 平方米的商店面积，6 幢 20 米高的围合建筑体块，5 层上下对齐的住宅加一层有退台的屋顶层。高质量的公共空间，带有中央广场、拱廊、单侧林荫大道和内庭院小公园

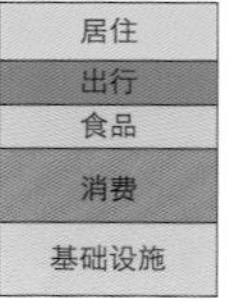

在单一消费领域的初级能量个人需求模型：实际值为人均 6300 瓦（左侧图形）与目标值人均 2000 瓦之间的比较（右侧图形）

覆盖。用于建造建筑的能量——所谓的灰色能，也需要尽可能地做到二氧化碳中性。正能效建筑正在通往这个目标的路上。由此，我们碰到了可持续建筑的认证标签和证书这个问题，LEED, DGNB, BREEAM 和许多其他的证书在国际上是被知晓的，却仅占了新建建筑的 1% ～ 2% 这样非常有限的份额。

一个成功的模型是瑞士的低能耗建筑标准，它是 20 年前由苏黎世发展出并成为不动产市场鲜明的指导性指数，在瑞士共颁发了 23 000 多个证书。这之所以成为可能，是因为瑞士低能耗建筑标准已经成了居住舒适度、低能量费用和长期收益的代名词。由此，瑞士低能耗建筑标准就成为私人业主和能量法规的标尺。今天瑞士省级的能量规范目标值与目前低能耗建筑标准的目标值相近，这在十年前还属于比较高的要求。

有雄心的投资人已经把目标转向瑞士低能耗建筑标准 -P、生态或低能耗建筑标准 -A，这些都相当于正能效建筑标准。建筑除了对气候产生负荷，它还会引发人的出行。为了对这些都能作出评价，瑞士建筑师和工程师协会提出了所谓的“SIA 效率途径”作为可选项和对瑞士低能耗建筑标准的补充。这都是以“2000 瓦社会”为导向的。

从建筑到小区

单一的建筑只能为可持续发展作出有限的贡献，很多可持续性的方面只有在小区或者区域的层面上才能被涉及，如出行、社会和团体的措施、生物多样性以及一些其他方面。目前总包企业、项目发展人、建筑联合体和私人按照可持续的标准发展了相当数量的新建区域，他们认为这具有长期效应的多重价值。很多此类项目代表 2000 瓦区域，并且把自身看作在社区扎根的“2000 瓦社会”的一分子。在 SIA 效率路径的基础上，还发展了一个为2000瓦区域颁发证书的评估工具。与之相平行，对于既有区域也有很全面的工具供使用——可持续性区域 Sméo（Sméo 为用于可持续城市和建筑设计与实施的工具，可从官网 http://www.smeo.ch 免费下载。——译者注），其中所有的可持续性方面（社会、经济、环境）都被勾画出来，在设计的各个阶段可以使用。这样，投资人和设计者在建筑的每个阶段就都有了决策辅助和工作工具。

动态更新三倍化

1985 年前建成的建筑是很大的挑战，也就是说，80% 以上的既有建筑，它们的能量消耗必须减少因数 3 到 5。为了达到这个数值，建筑物需要分阶段改造，然而每年只有其中的 1.5% 被改造，只有 0.7% 做了能量的改善！因此改造的节奏必须要加快，并且从每个建筑进行改造时起，能量消耗立刻就得减少 30% ～ 80%。很容易看出，这对国民经济和企业经济都是一个巨大的挑战：一方面要保证广大民众支付得起居住和工作空间；另一方面投资也要有一定的回报；此外，建筑经济在今天就已经满负荷了，并且还在不停地寻找有专业能力的后继之人。改造节奏的加快因此取决于政治对此的意愿和相应的经济上的刺激政策以及全方位的培训和再教育计划。这样，在建筑领域才能产生对工程师、建筑师、顾问和手工匠人有吸引力的、可持续发展的工作岗位。

可持续性的生活方式

迄今为止，我们在可持续性方面的讨论几乎都是涉及技术方面的，这种方式的作用是有限的；因此，我们不由得要提出“适度的充裕”，也就是我们的生活方式的问题。我们已经完全陷入了一个消费社会；然而，最终只有一个问题算数——在所有这一切里，究竟是什么让我们真的感到满意？我们真的需要人均居住面积 100 平方米并且可以随意出行吗？如果答案是肯定的，我们就得在其他方面限制资源消耗。这是一个非常有挑战性的任务！

为了不至于让我们对此无法胜任，我们需要从相比之下花费较少，以今天的技术可能性已经可以作出改善的地方下手，例如在建筑领域。可以这么说，对于我们每一个市民都有一个可用的资源配额，谁如果不想或者不能放弃较长的飞行旅程的话，为了平衡，必须考虑在哪个其他的生活领域有什么可用来优化的。今天就已经有为数众多的样板实例显示出，如何把通向可持续的未来之路与生活的快乐与舒适相结合——那就是“2000 瓦生活方式”。

罗兰德·施度尔茨（Roland Schloss）
硕士，工程师，1970 年在苏黎世理工大学结束建筑学学业。至 1980 年在欧洲和美国做建筑师和空间规划师，之后成立了因特普能量、环境、建筑学股份公司并担任负责人。1999 年与阿姆斯泰 + 瓦尔特尔特股份公司合并，直至 2009 年，他在合并后的公司作为管理董事会成员和公司业务负责人。2001—2011 年，罗兰德·施度尔茨为研究项目“诺瓦特兰提斯——苏黎世区域的可持续性”的负责人，从 2010 年起，他是“2000 瓦社会”专业职位的负责人。

居住的心理物理学

——贝尔德·韦格纳 博士教授

在一幢高能效的住宅里，舒适度可以被科学性地量化吗？对居住舒适度的研究还处于起步阶段，对“光的主动房”项目在社会科学和居住心理物理学方面的研究应该能够提供新的认识，关于高能效的住宅里舒适度的主观性指标因而能够被记录并反馈给建筑学。

建筑的主观性方面研究主要涉及住房偏好问题（housing preferences）[018, 019]、美学和建筑心理学方面的调查 [020, 021]，另外还要考虑那些确定的、被设定为对居民有良好作用的建筑物理参数 [022]。几乎完全没有研究过的是所涉及的用户在住宅或建筑中的舒适感觉。尽管已经有很多关于居住行为、居住方式、住宅设置和相关偏好方面的调查 [023, 024, 025, 026]，但是就像人们对这个领域可以作出的描述那样，居住的舒适度研究还处在起步阶段。与之相应，可持续的居住如何影响居民的舒适度，为此他们会发展什么样的设置，这些问题都还没有被提出来。

通过本文应该可以为可持续的、高能效的建筑中的舒适度勾勒一个经验性的轮廓。出发点是“光的主动房”2020 样板家居项目社会科学方面的伴随性研究，这对高能效住宅多学科的舒适度研究有引领的作用。此案例研究示例性地显示，要记录高能效的建筑中舒适度的主观性指标并反馈给建筑学，都有哪些途径需要描述。

居住的舒适度研究可以从方法上和概念上借鉴经济领域里的福利研究和参照对测量主观福利功能的问题讨论。这个讨论可以追溯到 18 世纪

楼梯间区域有近 5 米长的外窗，向花园方向敞开视野，这样一来在室内也能感知日夜和季节的交替

加建建筑的设置十分灵活。用家具来分隔空间，为起居、烹饪和就餐区创造场所，并且保障最大程度的可变性和使用功能的自由度

拉瑟、伊丽娜、菲恩和克里斯蒂安·欧尔登多夫（从左往右）在威卢克斯“光的主动房”里进行为期两年的建筑体验的试验，并且在网站www.lichtaktivhaus.de上对他们在改良过的迁居者住宅中的生活进行汇报

杰瑞米·本塔姆关于如何进行人际间舒适度可比性的测量。依据这个根本的讨论，测量舒适度可以分为需要进行经验性处理的五个问题，即选择的问题、感知的问题、评估的问题、权重的问题和聚合的问题。

选择问题

如果关系到舒适度的可操作性，我们应该观察哪些维度？这种选择是舒适度研究规范的核心，需要透明度和反复讨论。探索性的研究支持选择的进行，其中需要所涉及的对象能够自己来描述。也就是说，确定相关的维度需要参与和所涉及的对象的反馈过程。

感知问题

生活、居住的世界会被我们感知，它只作为由主观感知的意识形象存在，我们并不是从物质现实具体再现的含义上对外部刺激进行处理。在把外部刺激（S）勾画成主观的表达（R）时，更多的是心理物理学的转型，可以用公式来表示：

$$R = f(S)$$

f 是指刺激（S）和刺激的感知（R）之间的转型功能。从古斯塔夫·费希纳（1801—1887，心理物理学的创始人）起，人们在准确确定不同物质［027］和社会［028］的刺激方式的心理物理学的功能方面已经有很大进步，在测量居住中的舒适度时需要对此作出考虑，即人们需要从居住的心理物理学开始，以物质现实向意识的转化为依据来发展舒适度的量度。

评估问题

下一个问题是，被感知的居住世界如何对我们的舒适度作出贡献？这里关系到内部的对感知维度的评估过程，其中将相应的维度的实际成型与一个理想的成型相比较。基于对比较过程的评估，可以用公式表述：

$$V = \ln(R/I)$$

即表示为一个感知 R 的主观值 V(value) 以这个感知与它的理想值 I［029］的对数比例。如果我们已知目前的感知 R 和理想值 I，即可得出评估值 V。

权重问题

之后提出评估的相对权重问题，这对一般的舒适度有帮助。为解决这个问题，多数情况下采用“加法–乘法模型”［030］。在这里，p_i 是维度 i 的权重因素，它与维度 i 的评估 V_i 相乘，接下来将得出的维度的数值相加，也就是说，总的评估值 V_{ges} 通过下列公式得出：

$$V_{ges} = \sum p_i V_i$$

要回答的问题是：我们如何经验性地确定权重因素这个主观维度的重要性？

聚合问题

将微观理论的发现在宏观理论上进行普遍化时都会遇到聚合问题。在居住舒适度研究上，主观问题通过一个问题来表达，即个人的舒适度是否可以相加或者通过其他方式进行总结，并得出一个住宅或者建筑的舒适程度值？常规情况下，从个人的偏好是不能得出集体的意见的，因为个性化的秩序的重点各不相同［031］。出于这个原因，如果要对某个住宅项目作出聚合表述的话，需要将住宅的舒适度用同样的案例、用户群或者时间段以及相对论的术语来描述。

对汉堡“光的主动房”的研究描述

鉴于这些基本问题得出了居住舒适度可操作性方法的指导方针，这些是我们在伴随调查汉堡的“光的主动房”2020 样板家居项目时所用到的。从 2011 年起，一个被选中的 4 口之家（父母与两个 5 岁和 8 岁的孩子）作为实践测试者搬进这幢住宅。这个家庭从他们原来的 3 居室住宅迁居到了汉堡–威廉海姆斯堡，在这幢样板房里进行为期两年的正常的家庭生活。

由我们设计的调查方案以上述的 5 个问题为导向。首先汇总重要的维度（选择问题），为此在一开始就和这个家庭进行了一场详尽的小组讨论，描述了我们认为重要的方面并在讨论之后做了补充。我们使用了一个记事簿，其中记录了这个家庭与其居住相关的评价，此外，大约每隔 4 个星期，他们还要在线上填一个关于给定的舒适度维度的问卷调查表。如果出现新的问题，将会在之后的问卷调查表版本中将其考虑进去。同样也是每隔 4 个星期，我们会和这个家庭里的父母进行深入的、有引导支持的视频电话采访。最后，在季节交替的时候，即每季度一次，我们在样板房里进行较长时间的小组采访。

可持续居住的十项维度

1）心理物理学的舒适度

a. 热工的

b. 卫生的

c. 声学的

d. 视觉的（光）

2）空间的舒适度

a. 分区

b. 社会的

c. 空间感知

d. 美学

e. 合意

3）功能的舒适度

a. 技术控制

b. 可操作性

4）空间使用

5）能量认知（消耗）

6）气候

a. 室外

b. 室内

c. 互动交流

7）内部和外部之间的联系

8）邻里和社会环境

9）社区居住方面（儿童，家庭，合住）

10）居住方式偏好

到现在为止可以得出一个中间结论：和测试家庭一起工作，成功地做到了在新的居住空间内为舒适度评价设立起一个具有完整维度的涵义空间。在此基础上，我们为可持续居住列出十项基本的维度（这里做了缩减，见列表）。通过这些还需要在研究过程中检验和修正的维度，可以建立探知主观舒适度的测量工具。

一些维度有清晰的感知属性（光线、声学、温度、气候、空间感知）。在本案例研究中，我们只能记录他们的口述（感知问题），以便将其和相应的评价联系起来（评价问题），还谈不上在心理物理学功能含义上的“功能重塑”以及在此基础上的评价，为此我们还需要测量序列和更多的案例。我们探索的结果显示出，这个住宅的用户可以很详细地感知他们住宅的物理状况，并且在之后作出不同的评价。例如，他们觉得住宅很亮、很干净，而且从声学的角度很舒适。对气候，特别是室内气温和空间质量的描述与评价也同样很肯定。他们认为夏季的气温是有问题的，比如说尽管做了遮阳，室内空间在很热的天气里还是过热，这方面的评价即为负面。

从这些资料中作出一个评价轮廓并且设置单一的权重成分是可能的，这样可以得出一个对于舒适度统一的尺度。给测试家庭的有结构条理的网上问卷调查也是为此服务的，这给了我们关于单一方面的相对重要性的信息（权重问题）。在这里，样板房研究案例的属性也同样给我们划定了边界，通过这种方法发展经验性的舒适度尺度基本上是可能的，在未来的规划中可以被考虑进去。这些尺度只能用于单一的个体。要认定某个特定的建筑项目作为对于舒适度特别有帮助的标志还要有一个前提条件，即人们需要额外对相关的居民进行归类，这样才可能把他们个人的舒适度评分总结成指数（聚合问题）。仅对一个建筑的调查对我们来说还做不到这一点。

在我们的主要的维度清单上还有一些关键点，它们主要不是被感知的，而是涉及相关行为的。这里主要是指如何对待建筑的能效技术以及对基本上自动控制的空调的反应。可以观察到，居住者是怎么对待与处理此类事项的。在他们自行了解之后，产生了越来越多对节省能量的敏感性，这令人感到十分满意。除了感知的心理因素，

尽管“光的主动房”离大城市不远，但在这里人们会觉得像是住在乡村，这对生活节奏的平衡是一个理想的前提条件。在厨房一侧设置的药草园给了居住者一个与自然和谐共存的机会

居住经历还由建筑所提供的行为可能所决定。对此，选项的评价需要作为更进一步的决定因素纳入居住舒适度尺度。

质的监控对比量的监控

如果操作的框架更大，我们要用这些居住心理物理学研究的结果做些什么呢？基本上这类测量只有在被用到时才有意义。所谓“样板房的质量监控”常常被当作建筑师和工程师工作量的对立面[032]，与之相反，舒适度心理物理学的确定提供了数量的指标，可以通过数学进行计算，可以确定功能关系、过程、相关性和统计特性值，这样在最后不是简单地仅能从涉及人的角度确定房子的优点，而是可以在此之外调查单一建筑参数数量上的依赖性。为了不只停留在描述上，而是对居住舒适度方面的原因做出对建筑来说重要的表述，需要对舒适度参数进行量化。只有这样，才能分析统计的和功能的因果关系。这意味着在应用时对高能效建筑的监控在主观范围内也要量化。当然，这是一项任务，为样板房和测试家庭的探索性调研开了一个头。

贝尔德·韦格纳（Bend Wegener）
博士教授，从1994年起，为柏林洪堡大学社会科学研究院社会学和经验社会研究教研室教授；1987—1993年，任海德堡大学社会学研究院的社会学教授。他长期在曼海姆的问卷调查和分析中心以及柏林马克思·普兰克教育研究院工作，为威斯康辛大学和哈佛大学客座教授。

“样板家居 2020”理念：找寻未来的建造与住居

——罗内·费费尔（VELUX 集团）访谈录

在“样板家居 2020”试验的框架下，威卢克斯在欧洲范围内共建了 6 幢概念房。为什么一个屋顶窗户的生产商要涉足未来居住的整体概念？

罗内·费费尔：我们深信，可持续建筑的未来在于一个全面性方法的实现，它按照主动式建筑原则把能效和居住舒适度与保护我们的自然资源和气候联系起来。我们想通过自己的专业技能和产品在居住质量不打折扣的前提下，对实现最高能效作出贡献。因此，按照我们企业创始人——维鲁姆·坎·拉斯姆森的格言“试验强过一千个专家意见”，在 20 世纪 90 年代，我们企业就已经发展了概念房。在适应不同的气候条件情况下，这些项目研究证实了高能效且舒适的居住空间的做法在实践中的可行性。这 6 幢分别在丹麦、德国、奥地利、法国和英国建成的建筑对我们来说是向气候中性建筑的愿景迈进一步，通过动态的建筑构件，如自动控制的屋顶天窗、遮阳卷帘和其他遮阳产品可以适应其环境并创造理想的室内气候。在这里，每幢样板房建筑理念分别体现其所在国家的，甚至是地域性的特点。所有的建筑都由当地的建筑师、工程师和科学家共同设计，这样可以在建筑的基本理念中反映出每个国家典型的居住和生活方式。

贵公司是国际化的，您有注意到在对高能效和可持续建筑的认知和实施方面有什么大的差异吗？

不同国家，甚至不同区域之间在建筑学和建筑文化上都有极大的差异，其中首先是建筑法规和规范上不同。比如，在某些国家无法想象使用外遮阳。本土的建筑文化和不同的传统以及气候当然对实施高能效和可持续建筑都会产生影响。此外还需要确定的是，传统方法和建造方式的一半已经被能耗较高的技术方式——如使用空调机——所排挤，另一半面临着将会被排挤。对于

威卢克斯的“光的主动式”建筑试验给予未来的建筑和居住一个远景，并且示范性地展示了如何通过创新的现代化实现最高的居住价值和可再生能量的最优利用

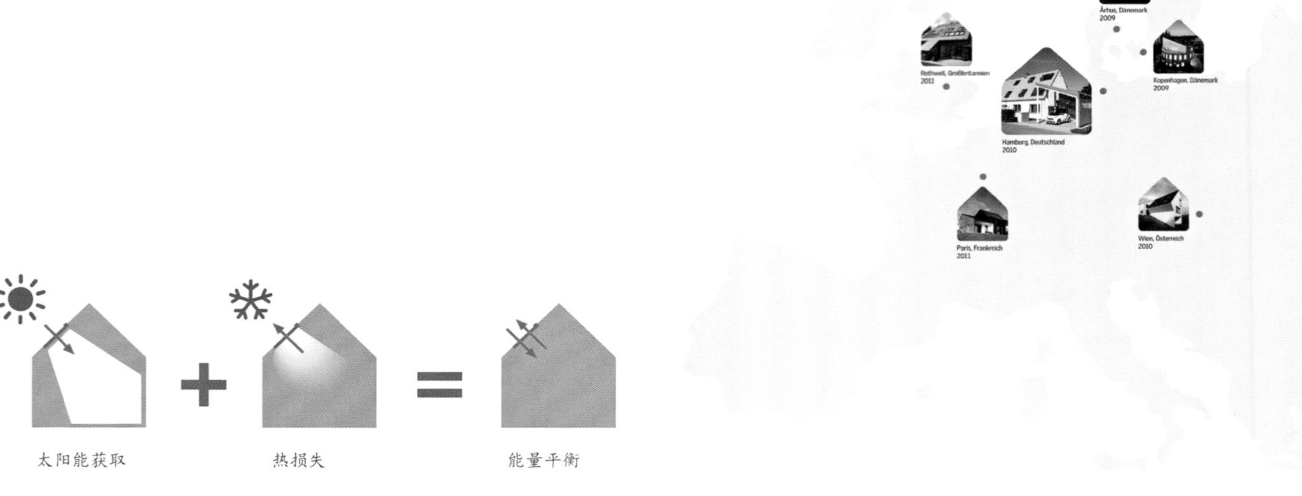

通过窗户获取进入室内的太阳能光热，减少通过窗户产生的热损失，以全年计算得出一扇窗户的能量平衡

“样板家居2020”试验项目框架下，威卢克斯在全欧洲范围内总共建了6幢概念房，探索居住和工作的新路径，创造舒适的室内气候、充足的自然光线和理想的能量效益

建筑学和建造方式，这些获得的知识和行之有效的解决方案可以被不同国家和区域的高能效和可持续建筑所利用，其目标是建筑的建造方式要根据当地气候的限制和可能性作出适应性优化。

在优化建筑的能效里，透明的建筑构件起到特别重要的作用。目前这些建筑构件的能力已经被利用到极点了吗？

多年以来，更多关注的是自然采光的量而不是它的质。玻璃幕墙和大面积开窗在此期间主导了建筑的形象，眩光和过热只是由此引起的用户舒适度受到局限的两个方面。

今天可以看到已经有部分与此相反的趋势。基于节能法规的要求，首先被考虑的是取暖能耗，因此窗户被设计得较小，室内光环境质量随之变低。窗户相比不透明的建筑构件可以通过太阳热辐射获取能量，而后者只会产生热损失；因此，只通过热损失对窗户进行能量评估是不够的。能量平衡是对窗户的能效进行评价的更有说服力的做法，其中关系到通过窗户从太阳获得的热量和通过它产生的热损失之间的能量平衡。如果太阳辐射的能量大于热损失，窗户的能量平衡是正的。在实际情况当中，这意味着过渡季节里不开暖气的时间可以更长。在屋顶层，太阳辐射能量值尤其高。与山墙面上垂直方向的开窗相比，坡屋顶上的开窗可以将太阳直射光高强度地引入到室内，从而获取高达三倍的热能。与外置的遮阳构件相结合，比如遮阳卷帘或者可伸缩遮阳罩，可以避免夏季室内过热。

在使用透明的建筑构件时要考虑很多因素：大小和朝向，对自然采光的贡献，对被动式能量获取和保温性能关系的权衡，避免过热或者通风功能等。这里仅举几个例子。我们在设计时对这些方面考虑得足够好吗？是否在造型意愿和用户舒适度、光学的和热工舒适度之间会产生矛盾？

设计一幢建筑时，应该一直以用户舒适度和保证一个健康的、舒适的室内气候为核心。我们深信，有未来导向作用的建筑可以做到二者兼顾——高能效与保护我们的自然资源。同时，提供舒适的、有吸引力的生活空间使人感到适意，并有充足的自然光线和新鲜空气。作为主动式建筑联盟的创始人之一，威卢克斯集团把整合主动式建筑愿景当作未来建筑的平台。全世界建筑行业的高校、科研机构和科学家以及建造者和企业网络都有一个目标，即为设计主动式建筑——下一代可持续性建筑发展要求和条件，其中用户的舒适度是关键。在此，主动式建筑是新建建筑和老建筑更新改造的愿景，通过能量、室内气候和环境保护这三个指导原则之间的协同作用，它们获取得少，回馈得多。通过聚焦于居住和室外区域的生活条件以及可再生能量的利用，主动式建筑对人的健康和舒适度有积极的影响。同时，主动式建筑应该尽可能地以可再生能量为基础，并且建筑的主要组成构件应该做出一个生态平衡表。这样，主动式建筑就将舒适度、室内气候和能量以及环境和生态的要求统一到一个有吸引力的整体当中。它让我们向一个更干净的、更健康的和更安全的世界迈进了一步，并且无需在对生活质量和居住舒适度的要求上作出让步。

将来，窗户能自我调节或者具有一个内置的智能处理，以便能最好地对不同的要求以及框架条件作出反应吗？

可自我调节的、动态的窗户从原则上来说目前就有了。比如，屋顶开窗就有内置传感器，可以使窗户根据温度、湿度和二氧化碳浓度以及液态有机物——所谓的“挥发性有机化合物”——自动开启以引入新鲜空气。同时，建筑物还通过这种按需求进行的通风免受一些不良侵害，如霉变等，而雨水感应器使窗户能及时自动关闭。所有建筑外围护结构上的窗户通过一个中央建筑管理系统来控制，基于简单的无线标准，威卢克斯生产的窗户目前就已经能做到了。

这 6 个在欧洲范围内的“样板家居 2020”试验框架下建成的项目还显示出，动态的窗户系统与遮阳构件相结合，即便在不同的框架条件下也能够保证一个良好的室内气候。在所有的建筑中，从设计阶段就已经开始关注窗户在建筑中的布置策略，以支持所谓的“烟囱效应”，达到一个由下至上的自然通风。这样遮阳构件和窗户可以像一个自然的空调机一样起作用，保证健康和舒适的室内气候。

基本上这些自动化系统和解决方案都还能进一步发展和细化。我们应该一直关注，不能让用户被技术所裹挟，他们应该能够进行个性化的设置。技术应该适应居住者的需求和他们对舒适度的感觉，而不是反过来。

透明建筑构件的生产能耗占了建筑外围护结构生态平衡的极大部分，虽然说如果做得好的话，它们可以达到很长的使用寿命。您认为有哪些改善的可能性呢？

在实施气候转变的背景下，降低能耗和由此引起的二氧化碳排放是所有努力的核心部分。我们通过一个整体的策略应对这个挑战，它的基础是 3 个“中心支柱”。

首先，我们要将自己公司的碳负荷从 2007 年的每年 10 万吨减半到 2020 年的 5 万吨，这主要是指那些在生产、加工和垃圾处理过程中的碳排放。至 2011 年所采取的措施，如为了生产能量和利用可再生能量设置的刨花燃烧装置，已经为威卢克斯减少了 1.5 万吨二氧化碳排放。

其次，我们打算用我们的高能效的产品帮助客户简单省力地节能，并且降低二氧化碳排放量。不管是坡屋顶开窗、平屋顶开窗或者采光孔，它们都把自然天光带入黑暗的居住空间，这样只有在天色较暗时才需要人工采光。同时，屋顶开窗可以利用高强度的太阳直射光，对于太阳能光热的获取特别有利。降低热损失和增加太阳能光热的获取，这两者互相作用，共同取得极好的能量平衡。威卢克斯产品提供了较高的居住质量，带来了视野、自然采光和新鲜空气，并为建筑的能效作出了贡献。

再次，我们在倡议的框架下参与未来的建筑与居住。我们通过实现自己的概念房，在今天就已经发展和研究了那些能满足 2020 年要求的建筑。在这里，重点是参加国际主动式建筑联盟和在“样板家居 2020”项目框架下为气候可承受的建筑和居住的未来发展自己的、完整的概念。

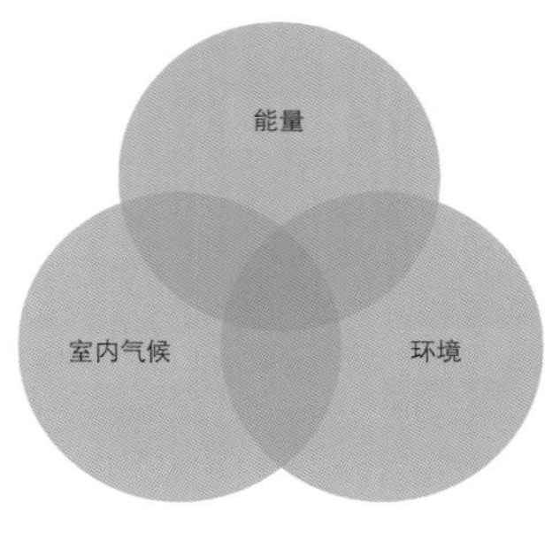

通过能量、室内气候和环境保护这三个指导原则之间的协同作用，主动式建筑取的少，回馈得多。更多信息详见 www.activehouse.info

罗内·费费尔 (Lone Feifer)

威卢克斯集团“可持续居住项目”经理，从 2008 年起协调威卢克斯“样板家居 2020”试验项目，在此框架下，公司在全欧洲建成了 6 幢概念房。费艾佛之前是建筑师，她来到公司是为了在那里为人、策略、生意、项目、可持续性设计程序。1993 年她获得建筑学硕士学位，2011 年于丹麦阿尔胡思建筑学院和中国的清华大学结束了硕士后项目 MEGA——“能量和绿色建筑”。

热能市场的能效

——马丁·维斯曼博士（维斯曼集团）访谈录

维斯曼博士，2009—2011 年，您获得了德国可持续奖中的德国可持续产品以及德国可持续品牌的奖项。这具体在您的公司里是如何体现的？贵公司是如何致力于可持续发展的？

维斯曼博士：一方面，可持续性不仅锚固在我们的品牌核心里，也在我们的组织架构中深深扎根。它在全公司都得以实行。对此有一个很好的实例，即我们战略的可持续性项目正能效。在这个项目框架下，我们在总部所在地——阿伦多夫 / 埃德尔明显地提高了材料、工作和能量的效率。我们总共有一万名员工，是邮编 4000 地区的最大雇主。最后，我们在化石能消耗上减少了三分之二，二氧化碳排放量降低了 80%。由此，我们提高了竞争力，使区位及其就业岗位变得更加稳固。

另一方面，高能效、低排放、可再生能量的易于耦合或者有百分之百的可循环性是我们产品成功的主要因素。此外，我们还通过资助艺术、文化和科学以及社会设施和项目承担社会责任；为此我们建立了一个自己的基金会。最后，我们和支持可持续性的联盟，以及我们在经济、政治和科学领域的合作伙伴一起创建了一个信息平台，为所有的涉及可持续性的感兴趣者和推广者给予建筑、居住和更新改造能力领域的支持，给他们提供想法。

能量转换会对热能市场产生什么样的后果？

直接的后果就是必须要尽快地对那些从能量角度来看完全是老化的既有建筑进行更新改造。只有当这一大批摆在眼前的更新改造都做好之后，能量转换才能得以实现。德国 190 亿个建筑中的 75% 都是在第一个热保温法诞生前建造的，至今为止几乎没有热保温，少于 20% 的取暖设备符合现行技术标准，其中关联上了可再生能源的少于 10%。从纯计算的角度看，热能市场上可以挖掘的节能潜力足够弥补关闭核电站留下的空缺。技术条件已经达到了。对于我们实施还缺乏的是适合的政治框架条件。

一方面，您曾说过完全转换成使用可再生能源是不可能的（J. 彼得曼，2011）；另一方面我们知道，化石能量载体对气候转变负有责任并且会枯竭。在此背景下能量转换如何得以实现？

一个短期内的 1:1 的转变的确是不可能的，因为潜在的可再生能量只够覆盖目前能耗的 60% 左右。最终只有当能量消耗从中期来看降低 40% 时，能量转换才能成功实现。原油，尤其是天然气还将会被使用几十年，所以它们仍然是重要的。这样来看，能效的提高和利用可再生能量是一块奖牌的两个面。

燃木屑丸锅炉（左图），用于给独立式或两个家庭居住的住宅进行按需设置的热能供应，以及用于商用建筑

微型热电联供系统使热电联供的高效技术也可用于较小的住宅建筑更新改造项目（右图）

太阳能光热设备不仅能用于制备热水，还可以用于辅助取暖。和一个高效的冷凝式锅炉相结合，能耗与一个老式的取暖器相比可以降低40%

建筑的能量效率既可以通过技术的、也可以通过建筑的措施来提高。 在这种情况下供热系统的现代化都有哪些重要价值？

联邦政府的能量概念要求到2050年基本上达到一个气候中性的建筑状况。到那时，一幢建筑的屋顶或者立面一般来说只会被改造一次；因此，一定要利用相应时机，同时把保温措施做好。

取暖设备的更新周期相对短一些，到2050年期间，它们还可以平均被更换两次；因此，首先将一个今天已经老化的取暖设备通过高能效的技术来替换肯定是正确的。这样，用相对较少的投资费用可以立即提高能效，并且还提供了使用可再生能量的可能性。如果通过之后的保温措施来逐渐降低建筑的取暖需求，那么还会进一步提高现代的热能生产利用率。

您认为哪些产品最有机会？使用化石能载体的技术还有用吗？

所有那些对提高热能市场能效和改善可再生能量的占比能够作出贡献的产品都有很好的未来机会。哪种技术的解决方案是最适合的，总是取决于个体情况，取决于建筑特性、可用的能量载体和首要原因——用户的经济条件和年龄状况。

目前最主要的趋势是热泵、燃木屑丸锅炉以及太阳能光热系统——也用于辅助取暖。此外我认为热电联供系统有较大的未来潜力，微型的热电联供系统现在也可以用于独立式或供两个家庭居住的住宅。然而，目前大约还有一半的德国取暖设备都还是燃气驱动的，三分之一还使用燃油。至少是在既有建筑中，这种情况的改变将会极为缓慢；因此，冷凝式锅炉技术——大多数是和太阳能光热相结合——对于未来几十年的市场份额还是十分重要的。这是最为经济的做法，因为它高效，并且冷凝式锅炉系统的投资极低，一般只要几年就收回成本了。此外，冷凝式锅炉技术通过燃油和天然气中的生物成分或者如“电力煤气”这样的理念也有绿色未来的前景。

从一个像维斯曼这样的企业角度来看，对德国来说都有什么样的风险？

一方面，我看到三个本质上的风险，这里我们需要讨论一下：

- 与可比的工业国家相比，劳动力价格高出平均值25%
- 人口老龄化发展的结果
- 欧洲国家债务危机

另一方面，德国也有它较强的一面。我们虽然是原材料短缺的国家，但对此却在很多关键行业里拥有很强的专门技能以及保存完整的价值链，对于高效的能量利用尤其如此。成功地实现能量转换不只是对于自己国家的可持续供应不可缺少，它还为德国产品额外打开了国际销售市场。

马丁·维斯曼(Martin Viessmann)博士，曾就读于埃尔朗根－纽伦堡大学经济学专业。1979年入职其父亲的公司，时年59岁，担任维斯曼集团的执行董事长。由他领导的第三代家族企业是国际领先的取暖技术系统生产商，营业额为18.6亿欧元，拥有员工9600人。维斯曼博士拥有很多荣誉职位，其中包括卡塞尔－马尔堡工商商会会长。

住宅经济中的可持续性

——克鲁诺·克莱普利亚（Hochtief S. 股份公司）访谈录

克莱普利亚先生，“可持续性”“气候和资源保护”在您“公司哲学”的关键词里出现，您是如何来实施这些主题的？

克鲁诺·克莱普利亚：承担责任意味着经济的可持续性，因此在Hochtief公司的愿景和指导路线里确定了可持续性操作。其中，公司把生态前瞻的操作当成自己的义务，保护有限的资源，对自然和环境保护作出贡献。集团是德国建筑服务业里唯一发布了可持续性报告的企业。我们企业被列入道琼斯可持续性指数，并且是德国可持续建筑公司的创始成员之一。通过我们的战略，对不动产、基础设施项目和设备进行全生命周期陪伴，Hochtief公司在全世界的运营业务中担负义务。无数国内外获得证书的建筑可以作为我们可持续操作的实例。对我们来说，可持续性从程式变成了标准，在建造居住单位时，通常是以德国发展银行能效房或是被动式建造方式为准的。

面对联邦政府的能量和环境政策，住宅经济做了哪些改变？

过去的几年里，可持续性和能效是联邦环境部和经济部的核心议题，而且整个联邦政府都在动；所以，《节能法》里的要求在不断提高，目标是从2021年起建筑应该能够差不多全部自给自足。能量价格上涨和建筑材料的原材料费用增加使得用户和投资者对他们的住宅不动产的能效和可持续性越来越感兴趣，比如，十年前被动式建筑还是稀有之物，目前市场对其需求很高。

通过这些会转变思想吗？您的公司情况会因此而发生变化吗？

当然了，思想转变早就发生了，而且这种变化还会一直伴随我们。我们很早就及时做了调整，对可持续性、能效和资源保护这些主题进行了讨

居住在柏林贝克公园：建筑的实施标准是德国发展银行能效房55，一个自有的热电联供动力站提供电力和热能

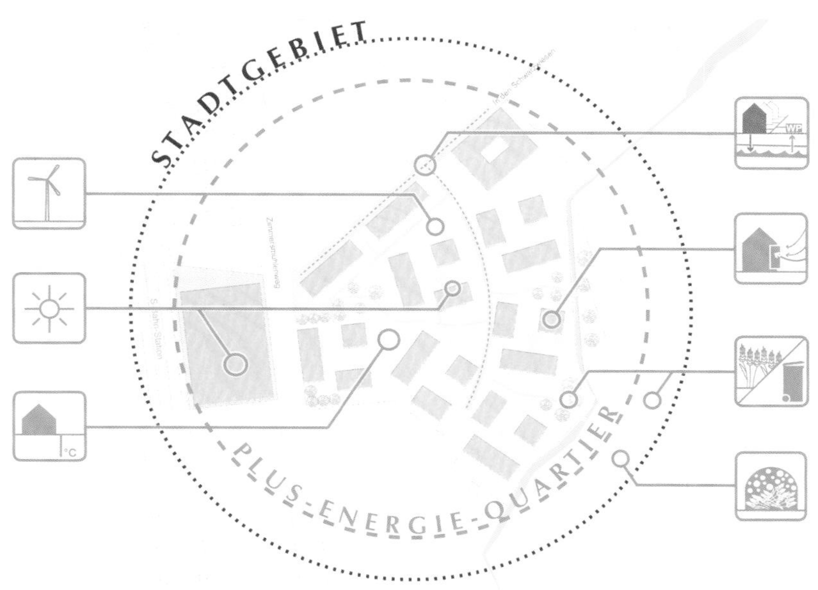

奥伯乌尔泽尔正能效小区：相互配合的能量生产、存储和消耗

玛丽霍夫，科隆：建筑的实施标准是德国发展银行能效房70，对保温的要求更高

论。对建筑的技术装备和建筑外围护结构的要求十分重要，但我们不会对在此之上的联结关系把握失控，因为我们认为有责任应当超出对政治提出的可能性要求之上。

经过这些之后，您能确定用户需求的变化吗？

今天的买家信息很灵通，通常情况下，他们知道关于可持续性的要求和实施它的可能性。因此，越来越多的用户过问、关心并考虑可持续性标准的高能效建造的住宅不动产。这个需求已经变得如此强大，任何其他要求——如舒适度方面的额外要求——都可以退后一步。

诺威勒，慕尼黑：这个住宅建筑达到了德国发展银行能效房70的标准。不只是建筑立面做了保温，窗户的玻璃也是保温的

您目前正在进行的项目——奥伯乌尔泽尔正能效小区是一个未来建筑研究项目的一部分。您希望通过这样的合作达到什么样的效果？

我们深信，如果我们把小区内的建筑进行智能化链接、建筑不再被当作单一项目来看的话，能够给可持续性和能效创造更大的价值。我们打算就这样来实施奥伯乌尔泽尔正能效小区项目。以这种方式，我们可以为实施下面的项目发展详细的过程和原则，提高整个小区的价值，发挥其潜力。

在实施一个小区概念时，会产生哪些新的挑战、计划和困难？

由于建筑数目大、种类多和其他条件，如区位和个性化等，这个项目十分复杂。最大的挑战是创造一个总领的系统，它可以在小区内把用户和建筑师的要求与能量供应以及其他智能系统联系起来。至于机会，首先体现在较高的能效和更好地利用余量，通常单个的建筑中会有这个问题。兼顾到所有这些方面，现在要走一条最理想的道路。在这一点上，将居住和商业功能结合起来有特别大的潜力。

这些理念在您看来是有未来导向，并且可以较为经济地实施吗？

绝对是的。从过往所实施的无数项目中得出的经验使得在有不同特征的小区里也能实现从用户角度提出的多种要求。这样就可以保证，将来在小区里的整体能量平衡可以达到明显更高的标准，而单一建筑做不到。对未来重要的是，除了从中获得的认识以外，还要在不限制对可持续性要求的前提下达到使用功能的多样化。我们打算给用户和投资者提供一个小区，符合现代化的标准且具有未来前景，对这两个目标群体来说，都有较高的价值增值潜力。

水屋，汉堡国际建筑展览会：被动式建筑被建在水池里，它们利用地热和太阳能取暖和制冷

动物园边上的格调生活，汉诺威：建筑将能够满足德国发展银行能效房 70 的标准，通过热电联供进行远程供暖

克鲁诺·克莱普利亚(Kruno Crepulja)硕士、工程师，在法兰克福从一家企业的项目经理职位开始其职业生涯，1998 年，转入威尔玛南部住宅，从事了十年的房地产开发，2003 年，担任总经理。2008 年 5 月，克鲁诺·克莱普利亚以首席执行官身份进入艾森的 Hochtief 建设股份公司。从 2012 年起，他成为 Hochtief Solutions 股份公司不动产解决方案部的负责人。

设计篇

设计篇

本篇作为设计导则用以描述发展主动式建筑的基础，逐一讲解可持续性和高能效建筑的基础、德语区国家常用的规定，以及设计工具等技术细节，揭示主动式建筑的特征、发展主动式建筑的方法，以及在实施时需要的部件。

首先，从描述能量在我们的社会和可持续发展中的角色入手——核心话题当然是建筑中的能量应用，而通过建筑和它所处的环境生产能量的多种可能性也是要讨论的话题。其次，阐述为建筑而采取的行动策略，不仅要考虑能量消耗，还要考虑能量的生产和存储。在描述能量平衡参数之后，逐一介绍各项建筑节能标准，阐明对主动式建筑的基本要求——这些要求取决于外部周边条件，如基地、气候，以及内部框架条件，如用户和设备。最后，是对能量供给和建筑技术的概览，详细阐述相关建筑和技术的措施，以及它们应用的可能性。

基础

主动式建筑的理念延续了建筑基础和建筑标准的发展并将其持续向前推进。它在很宽泛的领域内考虑可持续建筑的必要性，在提高效率的同时，还涉及科技向环境友好型转化（前后一致性），特别是能量供给科技以及向一种适度的行为态度的思维转变（适度性）。这三个可持续性策略是主动式建筑理念发展的准则。

建造和居住的基本需求

建房子在人类历史上一直处于中心地位，这点仅从“建造”这个词的来源就可以看到：它来自印度日耳曼语的词根“bhuu”，意思是“成为、产生”，“在”和“存在”的词根跟它是一样的。这一点就说明，人的存在和建造过程是不可分割、紧密联系的。

人的存在一直需要一个有形的可以提供保护作用的建筑。它提供应对外界影响的安全性，特别是气候的负面影响，免受变化的、有时候是不可预知的气候的侵袭，免受所有类型的危险的伤害。

自从人类离开了其最初的发源地——有着理想气候条件的非洲东部，建筑的保护功能就成了人类活动的重点。如果没有这个“第三层皮”的保护，将无法想象人类能够生存下去。仅就这一点也值得我们去看一看“居住”这个词的来源：它在最初印度－日耳曼语系的词根中有“爱的需求”的意思，在日耳曼语中的意思是“满意”，而且是指一个人在可以停留的地方心满意足。

建造和栖居是人类的基本需求，与诸如饮食、穿衣这类基本需求同一级别，作为人的基本权利被录入联合国的宪章。

建筑的质量和对于恶劣气候的防护相较于最初原始的居住类型有了极大的发展。从简陋的用树叶搭建的屋顶到木制和石制的房子，从没有窗的建筑到现在技术上复杂的可以提供很高舒适度的建筑，这其中走过了一条很漫长的道路。

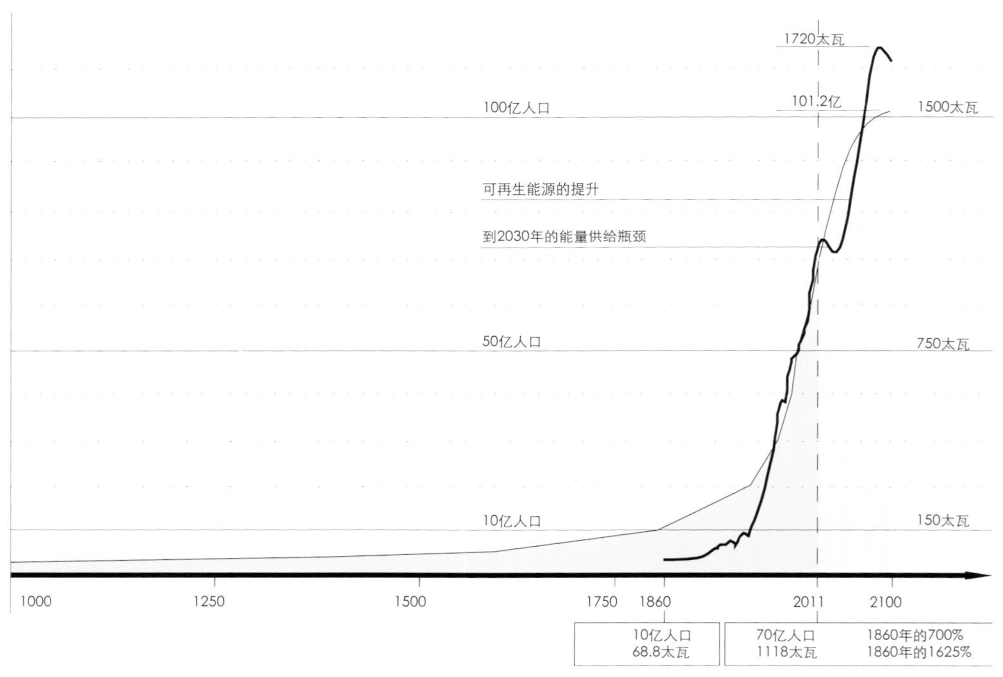

世界人口和世界能量需求的发展比较

能量的角色

发展的过程，特别是从产业革命开始，就被加速了。自从能量价格变得便宜、容易获得，并且好像用之不竭，自从建筑的原材料通过便宜的唾手可得的能量生产出来，并在很大范围内好像也是一样的用之不竭，建造业快速发展起来了，居住舒适度也同时明显提高。

在资源极易被获得的大前提下，过去短短的150年之内，世界人口增长了7倍。发达国家为其居民提供了大量的舒适的居住空间和其他类型的建筑。新兴国家紧随其后。在欧洲目前拥有比产业革命初期多出很多倍的居住面积，在德国以及很多中欧国家，仅在过去的50年内人均居住面积就增长了三倍多。与之相平行的，办公、消费、休闲类建筑和设施的供给也成倍地上升。

如此看来其后果就不足为奇了。从产业革命初期，能耗上升就明显比人口增长快。在很多国家，能耗一直是富裕程度的一个关键性指标，仅从近几年开始，这两者才逐步脱钩。从近十几年国民经济生产总值和能耗两者的发展比较中可以明显地看出这一点。很多预测指出，人类会发展到“后物质社会”，那时对物资占有的追求要少于对服务的享用，也许这就是“后物质社会”中的一项指标，它可以为降低资源消耗作出贡献。

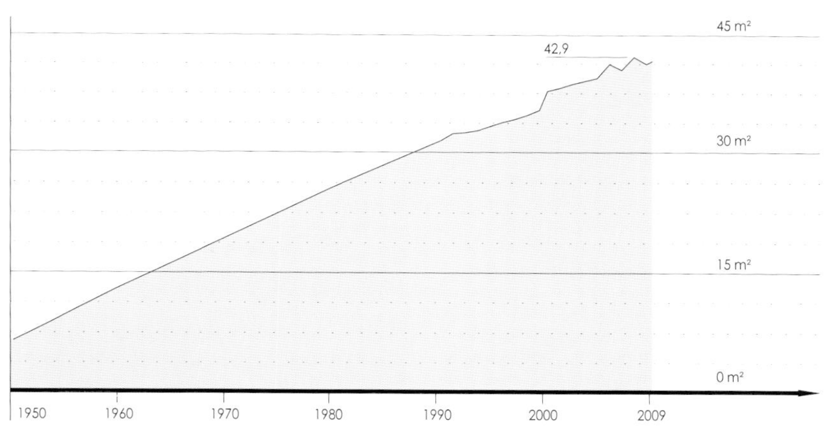

德国 1950—2009 年人均居住面积的发展

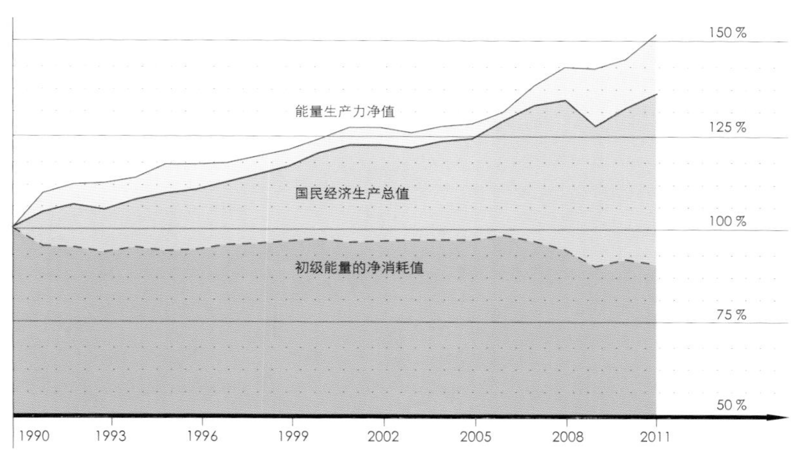

德国 1990—2011 年人均国民经济生产总值和人均初级能耗，1990 = 100%

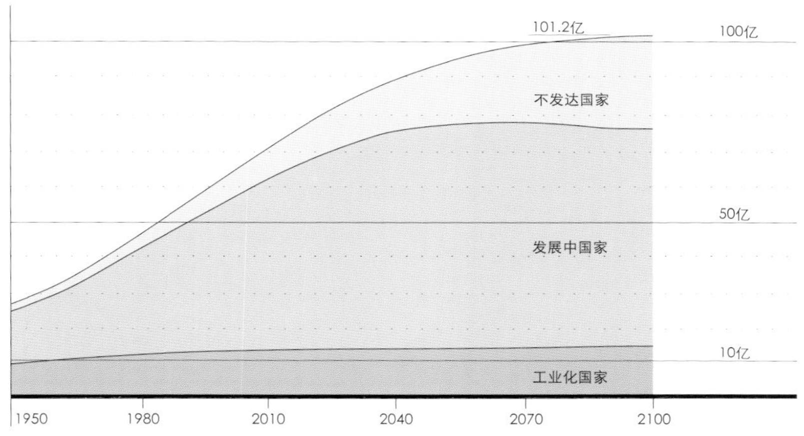

全球到 2100 年的人口发展

使用能量的后果

要实现一个可持续的全球化社会，路还很长，它要求一个全新的对待能量和资源的行为与态度。因为对我们现今的生活方式来说，必需的原材料，特别是能源，在获取和利用的时候会带来越来越多的问题，我们现在通过采取一些措施，比如说用燃油或者煤气取代烧煤用来取暖，这对空气质量的提升起到了一定作用。在20世纪中期引起很多呼吸道疾病的现象，以及那些大城市几乎令人无法忍受的恶劣环境条件，现在在发达国家基本上都已经被消除了；但是，类似的现象却在一些快速发展的新兴国家的大城市中不断重复发生。即便如此，我们依旧希望这些情况能够获得改善。

迄今为止，我们无法克服的还是世界二氧化碳排放量的快速增长，以及很多其他由资源和能量的快速消费引起的环境负荷。和人口增长平行发展的是二氧化碳排放量的直线上升：世界上二氧化碳的排放量在1900—2001年增长大约300%，而1993—2001年短短的18年间就增长了50%。这些碳排放是引起气候转变的主要原因。从工业化开始至今，地球的平均温度已经上升了1℃，这个过程目前正在加速。如果我们什么都不做的话，21世纪末温度将升高6℃——这意味着对人类来说，地球上的很多地方都无法居住了。新的无法掌控的气候变化也会出现，并且危害到农作物的收成。

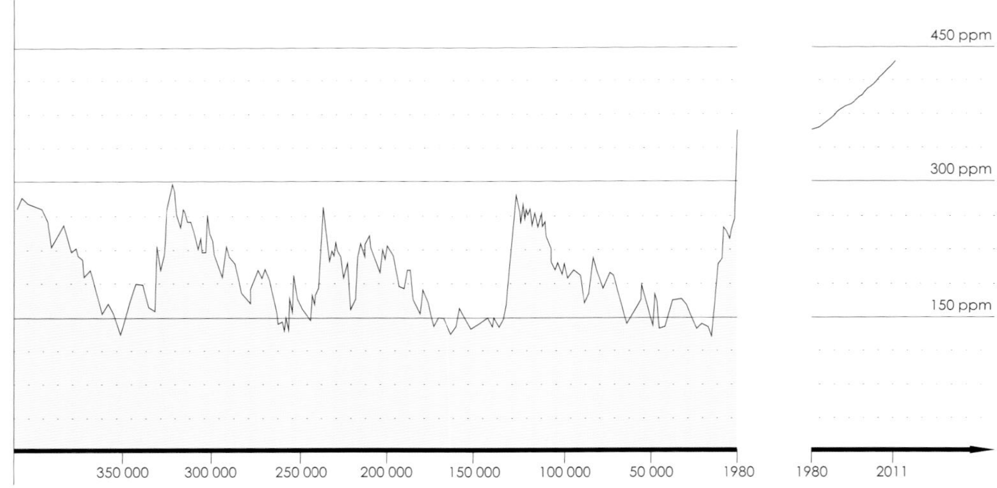

全球近42万年的二氧化碳浓度

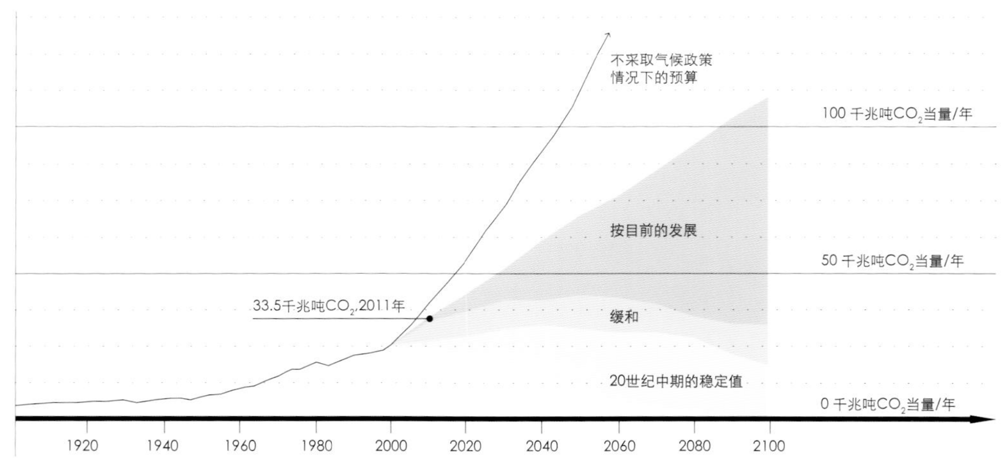

全球近年来的二氧化碳浓度以及至2100年的排放预测

人口增长和资源保护

从工业革命初期时明显的人口增长开始，全球人口就在不断持续增长。据预测，到2050年人口会从70亿增长到90亿，到2100年则会增加到100亿到110亿之间。越来越多的人要求，也有权利要求达到像发达国家一样的生活条件。全球的城市化进程加速了这个发展过程，因为城市对于很多人来说不仅承载了他们的希望，更有利于其生存。城市提供了工作机会，许诺了人们富裕的生活。今天世界人口的一半已经居住在城市中了，到2050年在人口增长的前提下，将会有70%居住在城市里。这个发展将会带来更多的资源消耗。

因此，对世界上传统能源供给安全性的担忧也越来越大。这种担忧的来源是多种多样的，例如很大一部分的能源原材料是进口的，但很多重要能源原材料出口国的国家政治不可靠或者国家不稳定。另外，如果世界上不控制人口增长和进行资源保护，可再生能源的存量预测将不容乐观，特别是石油、天然气和铀的存量，其使用年限估计大大短于一个人的正常寿命。即便其可用期被延长了，由于这些资源注定是要被耗尽的，其价格也会越来越贵。

燃烧煤、石油、天然气也消耗了很有价值的有限的原材料，这些原材料可以生产很多有用的日用品，我们还要长久使用这些原料生产的物品，例如日化用品、肥料、人工树脂、人工材料、合成纤维。这些化石能本来就远比烧掉用于取暖更有价值。

和以上联系在一起的就是对于人类生存的担忧。因为燃烧化石能源使整个世界陷入危险境地，可能导致人类自己的灭亡。这些能源储备的消失以及与之相关联的转向使用可再生能源也不会带来快速的解压，因为产生化石能的环境作用有很大的滞后性。

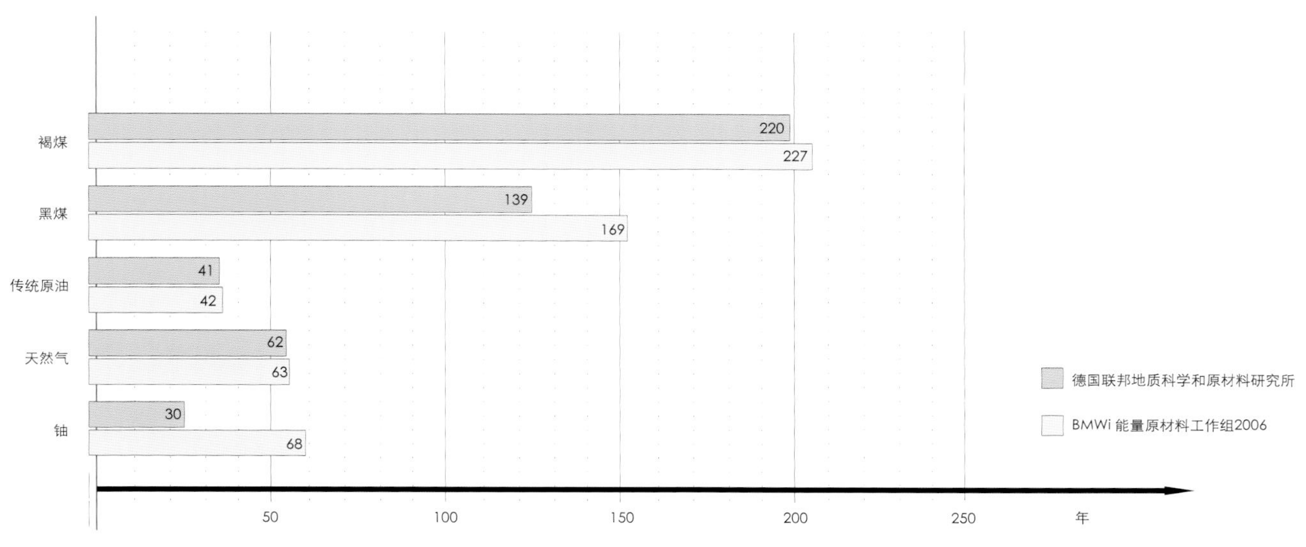

化石能源的储量预测

能量的价格

由此可见，整个世界处在一个发展的窘境之中：人类的生存由于不加控制地使用化石能源而被置于危险境地；同时，不可再生能源也即将消耗殆尽。能量的价格比起其他物资来说上涨更明显，石油价格在1970—2000年间上涨了近乎1000%；天然气价格上涨了约450%；一般消费指数在这期间的上涨量约为300%。石油和天然气紧缺，供求关系极其不平衡，这种发展还会加速。电能是一种宝贵的能量形式，可利用的领域最广，但在相同时间内仅上涨了400%。电能可以通过不同的能源形式获得，人们越来越多地用可再生能源发电。

1960—2011 年世界原油的价格发展

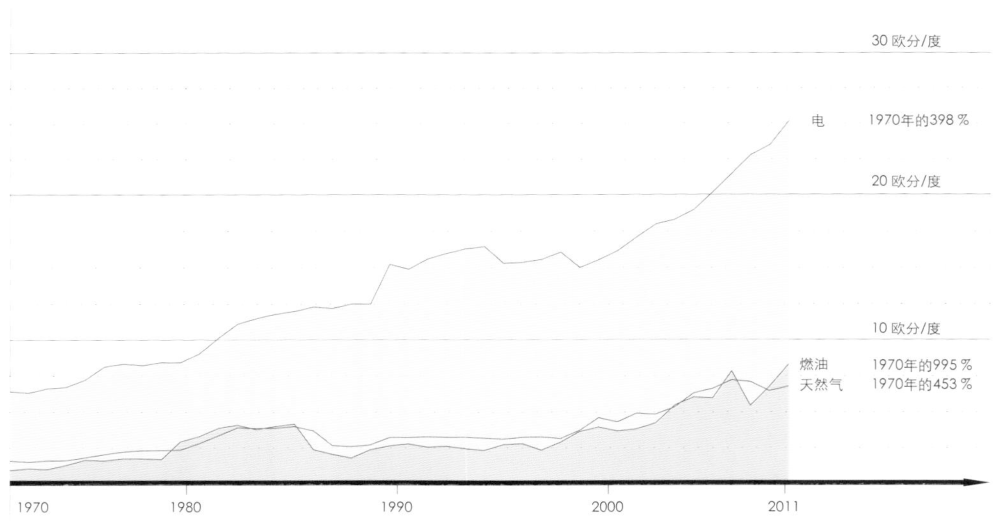

1970—2011 年家用电和家用燃油以及天燃气的价格发展

如果什么都不做的话，这样一个发展趋势将会让很多人都无法维持他们的生活水平。在能量转换的过程当中，规划中的从传统能源向可再生能源的转换首先会加速能源价格的上涨，并持续几年。从中长期来看，结果会有一个明显的稳定作用。

一个指数表明，可再生能源和它的生产会越来越便宜。随着技术的发展以及生产条件的合理化，越来越多的可再生能源供给能做到“电网平价”或者与之接近，也就是说，生产可再生能量的价格低于电能的市场价。比如，太阳能电池组件的价格在 1970 年的时候相当于用 90 欧元买一个峰值瓦的电，而到 2012 年生产一个峰值瓦的电则只需要 1 欧元。

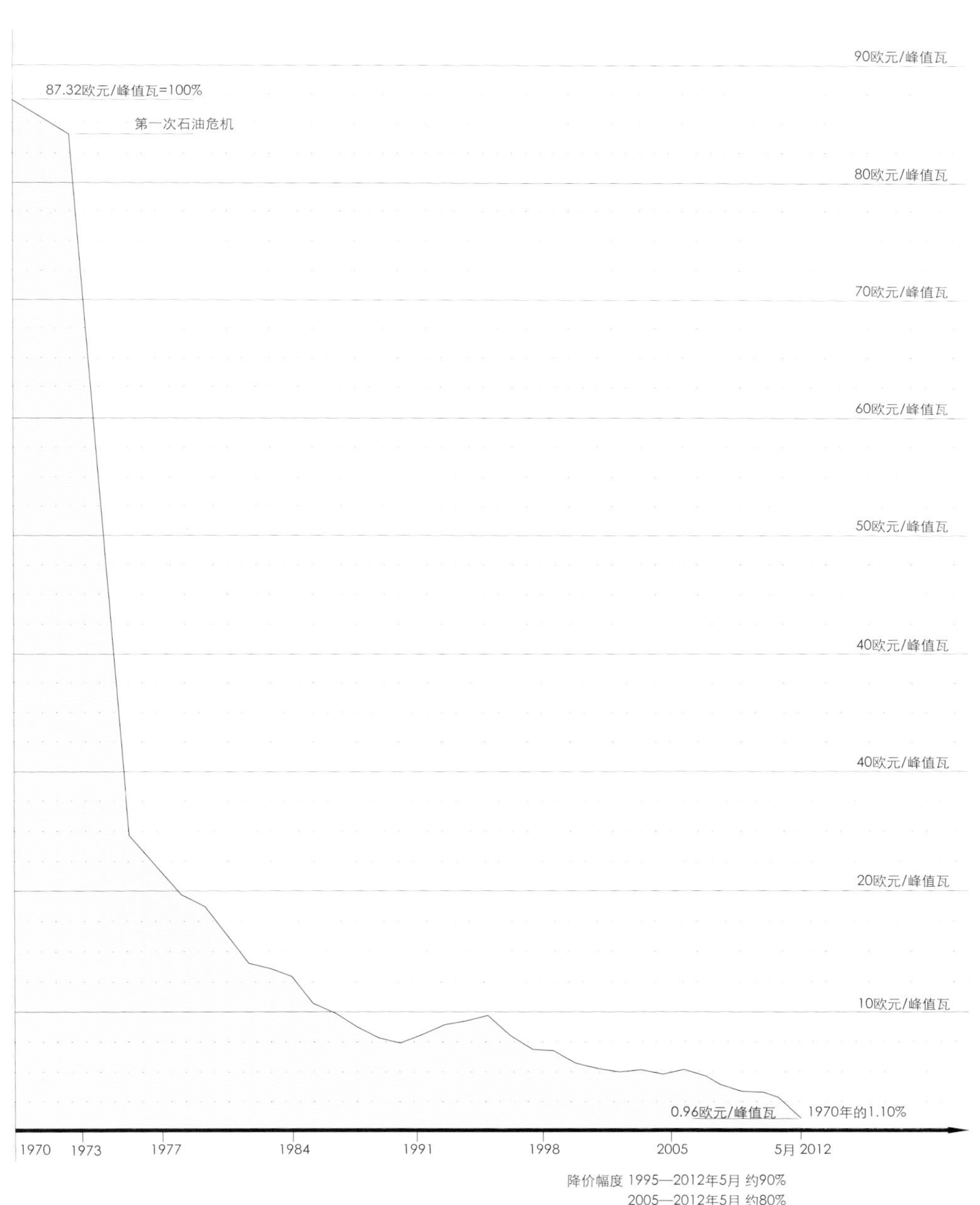

1970—2012 年德国太阳能电池组件的价格走势

建筑业中的能量

在德国所处的气候区内，所有的建筑运行，也就是取暖、制冷、通风、热水加热、照明用电、设备用电、建筑技术用电等吞噬了全社会40%的能耗，其中还未计算建筑建造过程当中的能耗、原材料的获取、建筑材料的生产和建筑构件的生产以及运行期间的维护和全生命周期末期的拆除。仅仅是生产水泥一项就需要全世界5%的能量需求，并且二氧化碳排放量的比重也非常大。建筑业因此是能耗最高的一个行业，紧随其后的是工业和运输业。

特别是在欧洲中部，对于价格增长、供给安全的缺失以及对环境问题的担忧促使对建筑所消耗的能量来源提出了更高的要求。节省的潜力是巨大的，特别是在建筑取暖的这个方面。在德国，建筑取暖的能耗占据了最终总能量需求的三分之一；因此，节能需要集中精力在这些方面有所作为。

一方面，过去几十年在这个领域的成就很明显。新建造建筑的取暖能耗已经可以降低到未改造的老建筑能耗的二十分之一；一个改造后的老建筑，在条件比较好的情况下，也能达到相近的效果，同时，居住者的舒适度也得到了提高。

可另一方面，由于各方面的要求都提高了，很多节能的措施又功败垂成。过去的几十年中，较高的建筑标准和智能化的解决方案虽然做到了每平方米使用面积的空间取暖需求明显地降低，但是与之相对，人均使用面积的增加使得原本节省下来的能量又被多出来的消耗抵消了。

新的可以显著节能的设备和照明材料也处于同样的情况下——在它们能效提高的同时，建筑中设备的使用总量也越来越多。这种所谓的“回弹效应”显示出，如果我们和能量打交道的行为态度不改变的话，所规划的能量转换就做不到。更重要的是，我们要在所有方面去贯彻可持续的经济，这意味着生活方式的改变，包括消费领域和生产行业。只有一个全方位的视角和全局观才能促成这件事情，其中尤其是建筑业的发展极为重要。

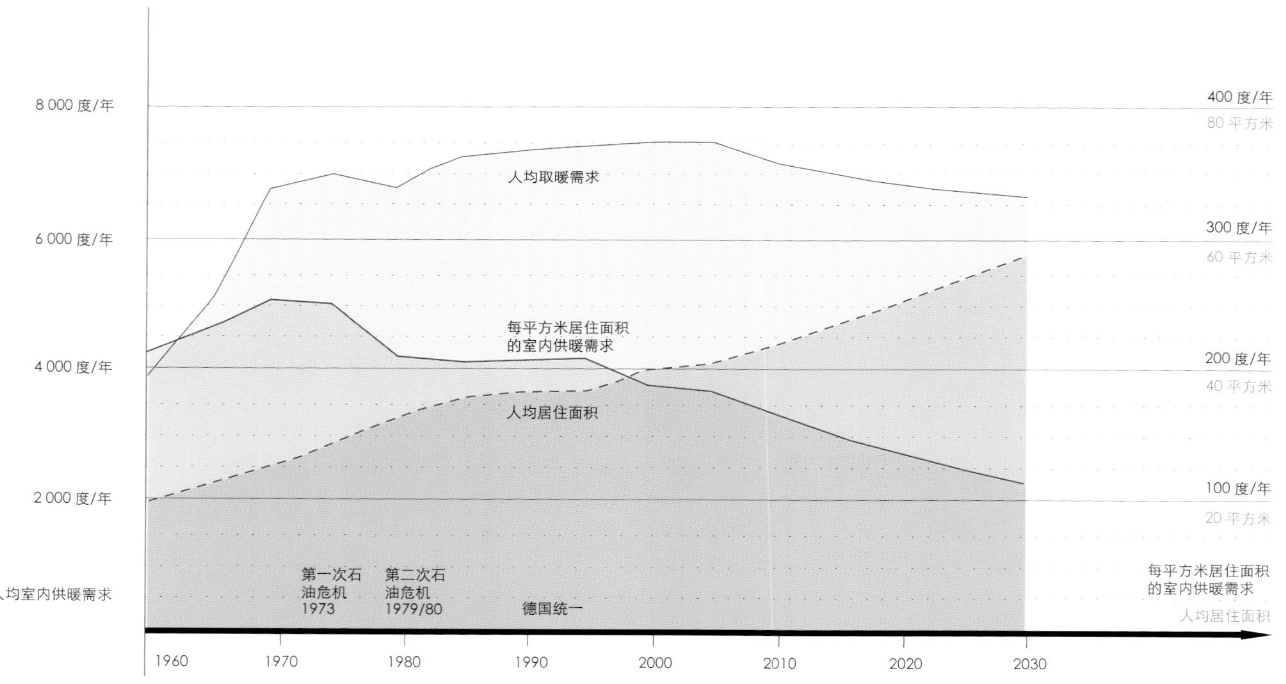

德国的居住面积以及供暖需求的发展和预测

若干国家的建筑能耗标准

之前描述的近年来气候变化和资源紧缺带给人类行动的压力产生了愈来愈强的国际影响，人们逐步发展出一套新的建筑能耗标准。所有的这些标准都有一个相近的目标，长远来看就是建成环境中的能量供给要尽可能地高效，并坚持利用可持续能源。这些标准互相之间是可以比较的，但由于不仅是平衡的界限有所差异，考量的基础和参数值也各不相同，它们仅在某些层面上可比。每个标准考量的范围和各自针对的重点有所不同，因此不能超出国界去比较它们。在这里仅对这些标准做初步介绍，更详细的内容将在下一章“平衡篇”中阐述。

德国

从 20 世纪 70 年代的能源危机开始，德国就特别关注高能效的建筑，从个体的层面，也通过法律、法规层面和补助计划。德国《节能法》（EnEG1976）被《热保温法规》（WschV01977）和全面的《节能法》取代，后两者又各有三个要求逐步提高的修正版。现行的《节能法》中有一个所谓的高能效建筑贷款优惠项目，在这个法规的规定下，新建和改建建筑都能获得国家贷款利息减免的优惠政策。其中要求最高的标准就是“正能效房”，把节能和主动地生产能量结合在了一起，要求能量年度平衡表中的产量必须高于其耗能量。在私人住户的领域当中，特别是被动式的标准，即利用上述被动式措施将技术上的可行性推到极限，使得建筑的取暖能耗低至每年每平方米 15 千瓦时，允许的每年用于取暖、制冷和辅助用电、家用电器用电所消耗的初级能量每年每平方米不能大于 120 千瓦时。

瑞士

瑞士建筑节能标准与德国标准平行发展。在那里，高能效建筑节能系统的标准有个特殊的标签“minergy”。除了基础要求的版本外，还有一个要求更高的升级版“P 标准”和“A 标准”，在对建筑的外保温要求很高，而且能量需求很低的前提下，要求建筑能够利用可再生能源产能，并以此作为评价标准，目标是至少能够涵盖自身的能耗需求。单独的标准都有相对应的生态等级证书，并且其评价系统拓展到了建筑建造过程中所需要的能量，即灰色能。

意大利

受到瑞士节能建筑发展的影响，2002 年，意大利在南部提洛尔地区的节能建筑框架范围内建立了一个叫做“气候屋”的项目（Casa Clima）。2006 年，在博岑自治省（Bozen）成立了“气候屋”机构，负责这个标准的继续发展和公众事务，并颁发证书。基本上有三个不同等级的“气候屋”，主要考核指标是用于取暖和热水制备的能耗：“气候屋”B 的年取暖能耗每平方米要低于 50 千瓦时（5 升房）；“气候屋”A 的年取暖能耗每平方米要低于 30 千瓦时（3 升房）；金牌“气候屋”的年取暖能耗每平方米要低于 10 千瓦时（1 升房）。除了对运行能耗的考量之外，“气候屋”最初的标准里还有一个额外的标签，对建筑是否是保护型的对待资源以及建材生产的能耗加以评价；因此，“气候屋”的天性决定了它有诸如避免使用化石能、避免使用合成材料作为保温，以及不用有害的材料与热带木材之类的基本规则。

奥地利

邻国奥地利的建筑能耗标准建立在国际发展和欧盟对于建筑能量标准的要求框架内，类似于德国的低能耗建筑、最低能耗建筑和被动式建筑。根据《奥地利法规》（H5055）首要考量的是建筑运行状态下的取暖能耗。在这个纯粹的能量评价标准之外，还有一个“气候主动房”的说法，它的标准是从一个被动式建筑的能量质量和核算的基础拓展到运行中能量的供给。不管是新建建筑，还是改建建筑，除了建筑的节能措施之外，在其他一些单一建设项目中要使用可再生能源，并且需要考虑出行；居住区和社区中的组团需要统筹来考量，并且通过导则来把控。

大不列颠

欧洲北部对此也在做努力。大不列颠目前对

于建筑能耗作出的规定是：不仅能涵盖建筑本身的能量需求，而且要考虑对环境的影响——要能平衡产能过程中释放的二氧化碳。这个所谓“零碳房”的特征，即运行过程的碳排放量中性这个雄心勃勃的目标被设定为到2016年英国所有的新建建筑都需要达到的标准。这个标准除了看单体建筑外，还要看整个社区，甚至是整个城市的碳排放量，那些新建筑的举措也要能够证明它们本身是二氧化碳中性的。

更宽泛的能量

因为取暖所需的能耗目前还占据了建筑能耗中的大部分，所以至今为止，大多数的能耗标准都建立在降低取暖能耗需求上。这个消耗不需要在建筑和技术上费多大劲就可以获得可观的改善，大多数情况它是作为产热和蓄热所必须的辅助电能需求被考虑在内的。特别是对于居住建筑来说，制备热水需要的能量也常常被涵盖其中，但全方位的考量还需要把其他的能量也考虑进去。

电能

当人们基本掌控了产热和蓄热的能耗时，其他的能量消耗就凸显了出来。在一个多户住宅建筑内，按照目前的标准（《德国发展银行能效房40》或《被动式建筑外围护标准》），取暖能耗的需求仅占建筑总能耗的15%；此外，热水供应占大约15%～20%的能耗；更多的能耗需求是在用电量上的，特别是家用电器，用电量大约占到建筑总能耗的60%。这里已经把使用高效的电器(A+++)和发光二极管（LED）考虑在内了。还剩余的5%的能耗用在了辅助用电，如泵和通风等设施上。还需要考虑的是，在能量混合体系中，化石能在初级能源获取中所占的比例相当大。这样来看，电能的消耗在未来必须要被多加考虑，尤其是在其他的功能建筑中，如办公、商店、生产和科研等建筑中，比在纯住宅建筑中显得更加重要。

灰色能

随着建筑运行效率的提高，另一个能量标准凸显出来——灰色能，它是指在建筑的全生命过程中，包括生产、运输、建造、维护、更新直到拆除所需要的能量。运营的能耗降低得越多，灰色能就显得越重要。同样，在建筑的全生命周期中，每年消耗能量的费用平摊下来，灰色能可能也是一个比较大的能量消耗。为了降低灰色能，有各种不同的策略，例如，使用能再生长的原材料或者轻加工的建材，以及可被循环利用的材料。以合理的建筑材料、建筑的构件，以及坚持建造轻质的建筑来减少建筑的原材料使用量。

特别有用的是，建筑需要延长它的使用寿命。通过对现有建筑的再利用可以最大限度达到这一目标，因为现有建筑的大部分灰色能已经发生了。新建筑要多思考建筑的可变性和多重的可利用性，还需要选择合适的基地位置和比较少的封闭性——这不仅是技术的，也是美学的要求。

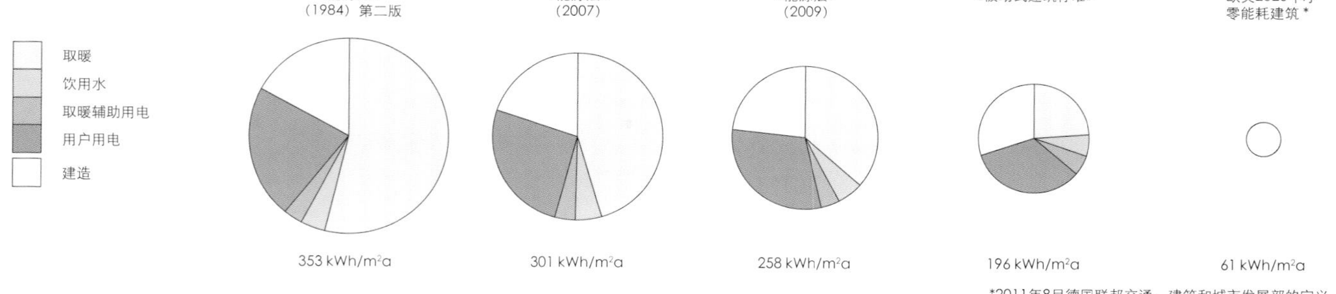

居住建筑初级能量的需求（例如通过电网）以50年的空间来计算。到2020年，欧洲零能耗住宅中的取暖能耗降低为零；建筑本身可以覆盖取暖、热水、辅助和用户用电的需要；建筑仅剩建造、维护和拆除的初级能量需求

建于法兰克福市里德贝尔格区的集合住宅，大约共有 20 个单位，按照“正能效房”的标准建造

建筑的形体、紧凑性和朝向依据自然光利用最大化、自然通风最佳化、太阳能获得量最大化的标准设计。为了从环境中获得最大的能量，建造了斜坡顶，最上两层因此获得有吸引力的使用空间的同时，使得整合进屋顶的太阳能光伏板的工作效率最大化。建筑南立面上的太阳能光伏板根据同理设置。结合利用地热资源，建筑的年能源总产值大于它所消耗的能量。通过建筑和电动出行相结合的方式以及新型蓄热和储电装置使得能量自产自用的比例得到显著的提升

建筑师：HHS 规划师 + 建筑师股份公司，卡塞尔

对可持续发展的贡献

主动式建筑理念遵循可持续建筑的一贯性发展，它以我们对于增长和环境之间的基本矛盾越来越深的认知为基础，承认自然是不可取代的。这个理念需要遵循一个全面完整的策略，带来那些能合理地通过运用对自然无害的科技去更好地使用可用资源的因素；同时还需要考虑，如果我们不改变想法、限制欲望、朝着“知足”和“适度”的方向去转变的话，是不行的。这需要我们把如此认知的可持续性上升到生活哲学和生活方式的层面。主动式建筑有如下三条可持续策略。

效率

可持续性经济的基础是“效率”，它既有生态方面，也有经济方面的原因，遵循的原则是要用最少的资源产生最大的效果。效率发展的路径是对于“全球资源的有限性”和“自然降解有害物质能力的有限性”这两方面的认知作出反应。它建议：通过提高效率，我们涉及材料资源利用的经济增长界限几乎可以向未来随意推移。主动式建筑只能是高效的建筑，它所提供的有效使用面积、建筑形式、材料的使用和建筑技术都能显示一个很高的生产率，并以目前最高的技术标准为导向。仅仅是提高效率的策略是没有办法完全满足目前摆在我们面前的任务的。

一贯性

作为第二个支柱，“一贯性”意味着要坚持不懈地向使用自然可承受的资源转换。在建造中，对材料的选择和运行时对能量的使用都要遵循这个原则。从表面上看这可能跟效率会产生一些矛盾。当可再生能源几乎是无限制地被使用，而且它们的使用对环境也是无害的时候，当木材在极大范围内对可持续发展贡献的再生长比它们被消耗的量还多的时候，人们原本可以用一种相对来说浪费的方式来对待这些资源；但是，用于获取这些资源的科技本身也是要消耗资源的，而最初这些科技所消耗的资源在极大范围内不是可再生的。所消耗的“熵”在上升，这就有了一个限定，要用节省的方式来对待。对于主动式建筑就意味着，它的运行所需要的能量要从可再生的能源中获取，它的材料尽量是可以再生的，或者是完全可以被循环利用的原材料。效率和一贯性的策略由此在一个被优化的掌控自然的基础上向前发展，它承载了即便世界人口不断增长、富裕的水平也在不断提高的情况下却依然可以用较少的资源创造更多产出的希望。应该用这种方式对待资源限制产生的社会问题甚至是再分配问题。

适度的充裕

第三个支柱是“适度的充裕”，它与当下社会和经济层面的“多即是好”的观点相对，关注“量”的问题。“适度的充裕”提出合适的量，要划定一个对于资源过度消费的界限，要在社会消费层面讨论“足够”和“适度”是什么，并且去执行它。适度的充裕和它“放弃（奢华）的想法”经常会被指责源于认为“小就是美”这样的运动，从而代表一种不抱希望的退步，是不被大多数人所接受的。“适度的充裕”要求首先要回答最基本的问题：首先应该考虑满足所需要的面积是否有必要新建一个建筑；其次，如果需要新建一个建筑，下一步就要考虑它的大小是否适度。

主动式建筑

主动式建筑是目前建筑节能标准发展的形式，它的原则是能量和建筑内部能量损失最小化以及通过建筑自身直接（被动式）利用太阳辐射。但是这些原则通常并不足以让一幢建筑在全年范围内都能达到舒适的使用条件以及涵盖用于取暖、制冷、通风、照明和家庭用电所必需的能量。

由此，要主动利用一些和建筑以及基地有关系的可再生能源，即需要把太阳辐射、环境热、气流或地热转化为建筑使用的热能和电能。主动式建筑不仅节省能量，它还注重于额外地通过其外围护结构、与地面接触的建筑部位和它所处的环境生产能量。

这样一来，主动式建筑就不用再向外部的大型供电站寻求能量供给，不管这个供电站是使用化石原料，如煤、石油、天然气产能，还是使用可再生的能源，如来自北非的太阳能电力站或沿海风力发电园。主动式建筑利用周围环境较高的自我供能潜力，它遵循“小即是美”和简单的目标，但绝不是倒退回前工业时代。主动式建筑与相邻近的建筑以及城市连接起来。在这些组团里供需

资源保护型的建筑策略，可持续性地图

接近平衡，可以降低目前还很高的可再生能量存储需求，同时提升城市自我供给的潜力，从而为供给的安全性作出贡献。在初期主动式建筑可能还都是单一的；但是随着发展，它们会相互连接起来，对社区乃至城市的自我供给意义十分重大。主动式建筑可以在改变和发展城市风貌的同时成为一个新建筑以及城市发展的导则。

行动策略

用什么样的方式来建造一个可以符合上述主动式要求的建筑？下面有四个行动的层面指示通往主动式建筑之路。

计划

面临欧洲中部人口数量已经停滞增长的局面，要好好考虑是否应该通过新建建筑来解决对面积的需求。如果不去建新的，而是通过对既有建筑进行改造，可以减少交通量，从而缓解对新建基础设施的需求压力。对现状进行改造，不断地在已有的循环中尽最大可能更新城市，可以保障城市的未来，使城市生活得以延续，这也减轻了对现有基础设施，包括街道、输电线路或排水系统、社会和文化设施，以及供给系统的保有和维持。

与此同时，对居住面积、工作面积和很多其他使用功能的供给也在增加，这些新增面积毫无疑问是依据更高的标准来建造和运行的，与几十年以前的情况完全不一样。更大的面积却不一定意味着更多的生活质量。这里应该是建造更好的空间、有更高的区位质量和极其诱人的空间质量、最佳的能量质量以及由此带来的更高的舒适度。

建筑措施

第二个行动的层面是建筑措施，它的潜力对于高能效建筑是决定性的。特别有效的是一个紧凑的建筑形体，通过巧妙的安排和正确尺度的开窗利用日光辐射。一个密封的和保温极佳的外围护结构和足够的热存储物质可以使建筑在温度变化较为强烈的时候得到很好的平衡，也可以用于吸收或者反射，这同时也是建筑学的工具，即形体和结构、实体和通透、纹理和颜色。在这里特别需要发挥建筑师的创造性，最好的情况就是设计一个高能效的建筑形体，不需要额外的费用以及使用很少的技术手段；所使用的措施是被动的，不需要技术辅助，只需要通过建筑学、建筑的几何形体和外围护结构的性能就可以做到。这个行为层的逻辑是显而易见的。在新建成的建筑中，这种方式已经在极大程度上把我们带到了一个可持续能量的未来。

建筑技术

第三个行动的层面就是建筑技术。在气候温和区，这是比较简单的，我们只需要一个组合型的设备来取暖和供应热水，还要一个带热回收的通风装置。复杂一点的建筑可以用带中心制冷的空调装置、蓄热器、紧急供电装置，用一个不间断供电设施还有一些其他的设施。要把建筑的区位、使用功能和建筑整体一起考虑，找出最合适的建筑技术，它要能够提供给用户宜人的停留条件和热舒适度，所需要的能量要尽可能地被高效使用。这是一个智能的系统，要能保证建筑和技术可以共同合作。建筑技术必须要根据功能类型、使用时间、空间分区以及建造形式（轻质或重质）、建筑的被动属性和很多其他特性作出反应。建筑技术比其他建筑构件要老化得更快，每个设备都需要维护，和它相关联的设备运营可能会很快地超出业主，甚至是专家的设想；因此，设计的原则是越简单越好，越糙实越好。最终，我们能够设置一个使用容易掌控的“次佳”（略低于最佳）运行状态。

一个智能建筑设计的概念和一个很好的为建筑量身定制的建筑技术，两者相加就可以决定性地降低建筑能耗。

能量生产

在能量优化的设计和与之相结合的建筑技术之后，就是能量的生产——第四个行动层面，即通过建筑的外围护结构以及在基地范围内的条件进行能量生产。环境能的就地生产和使用从多方面来看都非常有意义：它把“消费者”变成了“生产＋消费者”，降低了对不可控制的外部系统的依赖性，部分地避免了线路传输和转化中的巨大损失；它减轻了使用化石能和生物质的燃烧材料，降低了天然气和电的投资费用以及空间运输的成本。要提倡利用可再生能源，特别是太阳能、风能、流水、地下水和地热。环境能源可以对所希望的能量转换作出贡献。最终，这个产能和消费的共生体系可以明显地提升对能量可用性的觉悟，形成全新的用能意识。

设计策略——不是能量标准

主动式建筑的概念与正能效建筑不一样，首先，它并不代表一个量化的标准，而是一个设计的策略。它在规划设计中注重被动式太阳能建筑的原则，从气候关系发展建筑，建立一个可以不靠技术也能稳定的系统，把环境直接并尽可能广泛地引入创造舒适的居住条件中来。主动式建筑利用传统的和历经几百年细化的本土化的建筑原理，这些同样是依托气候发展而来。

这个策略由此脱离了从前完全依赖建筑技术装备完成室内空调的状态——这种做法从产业革命以来，特别是从现代主义开始，由于对技术的痴迷而成为建筑界的主流。主动式建筑策略重新唤醒人们对“建筑适应自然”—— 一个睿智原则的关注，因为建筑学本身可以通过建造手段在极大程度上达到舒适度。这意味着新解决方案的发展方式。这些方案的发明和造型可以从已知的却常常被忽略的自然法则，以及新的思考中得出。

主动式建筑不需要强制执行目前要依靠付出高昂的经济代价才能实现的被动式的硬性建筑指标（取暖能耗每年每平方米 15 千瓦时），有时候通过主动利用可再生能源平衡掉微小的差额反而更经济，特别是对于那些表面积与体积比不利的建筑来说尤其如此。要把那些可用的许多表面积激活，而不是费很大力气去做过度保温。稍微降低一些的建筑外围护结构热保温标准，绝不一定代表会降低舒适度。

通过直接、主动地使用环境中的能量，特别是太阳辐射，主动式建筑摆脱了被动式建筑纯被动策略的强制性做法，尤其是可以避免做超厚的保温使得墙体变得太厚。遵循被动式建筑原则，常常会造成像盒子一样的开窗，其自然采光效果很不好。与建筑整合在一起的能量生产可以平衡掉稍微提高了一点的能量损失而不会影响热工舒适度。由于被动式利用太阳能在夏季可能会引起不必要的过热，主动式建筑并不一定要在朝南一侧做大面积的开窗，它可以把外围护结构的面积用于通过建筑一体化的主动式太阳能系统来实现产能最大化。同时，主动式利用环境能量为建筑外围护结构的形式塑造提供了新的可能性，例如通过整合风力和太阳能系统。

主动式建筑为创造力提供了更多的空间，建筑的使用功能和造型的自由度得以提升。一个最后在计算平衡时还有能量剩余，也就是一个正能效建筑，就差不多是主动式建筑了；但其中的差别是没有硬性限定指标，如建筑外围护结构需要达到的最佳质量值。起决定性作用的因素是要能证实能量生产和消耗的优化平衡。这不能做一个一刀切的规定，要根据使用功能和建筑密度而定。

这不仅可以使一个对建筑的使用功能和周围环境较为切合实际的观察成为可能，它还提供了一系列的可能性，是利用新的能量生产技术为适应未来的建筑方式创造新的表达形式的极佳机会。

情感

好的主动式建筑更明确地对周边条件作出回应，这样一来，有特色的、和本土更加紧密关联的造型和理念将更突出。主动式建筑强化地方特性，通过特殊性和唯一性促进情感的联结。

情感的联结要通过好的造型来实现。对造型质量的高要求是在建筑中实现能量转换的前提，实现它是最高的目标。通往这个目标的路上既有阻碍也有机会，一个阻碍就是要把改变了的要求和新科技用一个好的形式来联结，这个难度很大。这里必须要做大量的发展工作和经过反复沟通的整合设计，要放开讨论那些不同寻常的想法才有机会去发展新的东西。找到新的建筑学的表达形式去实现可持续的和高能效的建筑，使用新的材料或者用不同以往的方式去组合它们，通过智能地使用新科技创造新形式。

当这些可能性都得以运用时，主动式建筑就会成为未来的标准。这样主动式的建筑理念才会被接受和认可，最终得以建立和推广。

平衡

基于不同平衡体系计算方法的差别，首先要把一些概念性的东西理清。文中将这些概念通过传统的欧洲 2009 版《节能法》对于居住建筑能量平衡的相关规定来进行阐述，继而对德国和其他一些德语区欧洲国家现行的建筑能耗标准、定义以及可持续性评价体系进行描述。

建筑平衡的发展

几个世纪以来，人们通过建筑防护气候和危险，只在不久以前才开始把建筑的能耗和保障室内空间舒适度联系起来，并用数字说话。

决定性的导火索可以追溯到 1973 年的第一次石油危机，紧接着就是 1979 年的第二次石油危机。化石能源不可能一直用下去，长远来看，价格也不会便宜。很多国家认识到对这个苦涩的现实，并作出了反应，发展出法规和手段，用来对建筑能耗进行测量、比较和划定界限。

德国联邦议会于 1976 年审议通过了《节能法》，与之相关的是从 1977 年起一个为建筑节能的热保护所作出的规定，即所谓的《热保护规定》开始生效执行——第一次把建筑外围护结构作为一个单位考虑，用最低要求的限制以达到降低供热需求的目的。之前在 1952 年制定的《德国工业标准》（DIN4108）里，虽然对不同的建筑构件拟定了具体要求，但没有把外围护结构作为一个整体来看，也就没有提出对通过外围护结构传递和通风产生的能量损失的要求。这样可以得知取暖能耗需求，而对满足能量需求的技术设施的要求在《取暖设备》规定里被单独列出。通过 1984 年和 1995 年的修正案加强了对外围护结

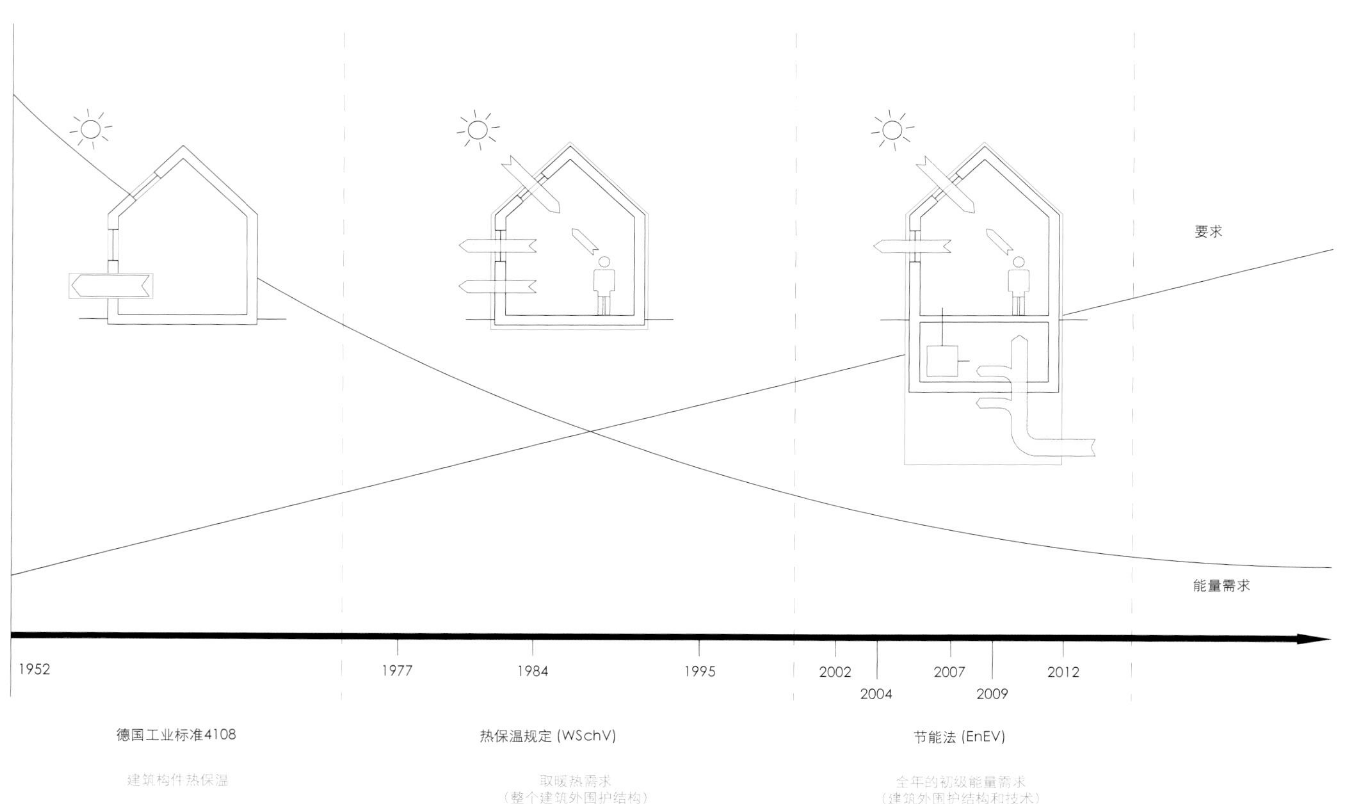

法律法规的能量平衡工具的发展：图表显示了随着能量需求降低，考量层面被拓展，要求在增长

构保温性能的要求。

2002年,《节能法》取代了《热保温防护规定》和《取暖设备规定》，这样就迈出了把建筑当作一个整体来看的第一步：对房屋技术和建筑技术构件在能源利用效率中的作用一起作出评价，其他一些关键数值通过这种复杂的评估方式也变得重要起来。

在《热保温防护规定》中，平均热传递系数是一个关键值，需计算通过墙体、屋顶和窗户的热传递损失。在《节能法》中，整个建筑外围护结构的热传递损失（H_T'）也同样作为重要的评价指标，但还有一个设备技术的指标被引入评价体系。不只是用于空间取暖所必需的热量被考量，热量的生产、分配和转交也成为建筑评价的重要指标，终级能量的考量也被引入。终级能量平衡评估所有的能量准备前期链条中的能量生产和分配过程以及与之相关的能量损失，这样才可以全面评估基准运行体系，并进行比较。不再只是单一建筑的立面属性可以显示其效率，而是整个能量供给的系统都很重要。如果一个建筑的外围护结构导致能耗较高时，可以通过高能效的技术来弥补。初级能量平衡是通过所有的能量载体按照其对气候的作用进行评估得出的，其优化的可能性可以被拓展到使用可再生能量载体和新能源，如太阳能、环境能和生物能。年初级能耗需求(Qp)是《节能法》的第二个主要评价指标。

这期间，《节能法》有了2004、2007和2009修订版，2013修订版在2013年中出台，它在德国是建筑能量平衡的基础，并使不动产在这方面具有可比性。近年来，在此基础上还有其他一些不同的建筑标准，在不同方面拓展能量平衡，并提出要求。要理解其中的差别，要首先了解一个能量平衡的框架条件。

平衡的基础

由于多种原因，不同的平衡体系是不可比的。一个建筑运行系统的计算公式非常复杂，其设定的参数和关注的范围都不同；此外，对能量平衡结构没有一致性的规定。把一个能量平衡分割成若干个基础参数，就可以看出其区别和共性。

一个平衡只是一个计算图，也就是建筑在规定的边界条件下的理论图像，通过它可以得知标准化的运行能耗，却不是之后实际测量的建筑能耗。实际测量值可能会和能量平衡计算值出入很大，因为有很多影响因素在平衡计算中无法表现，例如用户行为。对建筑技术设备的错误设置，特别是安装运营初期，常常可以使实际能耗远远超出计算得出的能耗值。这就需要一个较好的控制、能量管理以及建筑运行系统的监控，但常常并没有强制实行。

下面以《节能法》为例，说明哪些平衡可以达到法律规定的最低标准以及都有哪些平衡的基本参数。

平衡的空间

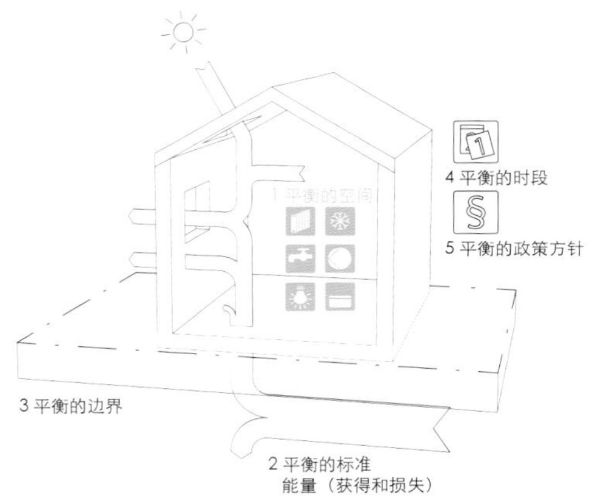

能量是一个常量，不会简单地失去；但是，它可以离开一个用能量来做功的系统——通常人们把这叫做“能量损失”。严格意义上来讲，这种损失是能量以另一种形式被转移到了另一个地方，比如说，在建筑中通过传导和通风从室内传到室外。能量损失因此成为决定能量需求的主要因素，这里指那些用于使室内达到一个舒适水平的能量（取暖、制冷）。一幢建筑也可以收集能量，比如，室内环境通过里面人的停留和设备的余热就已经被加热了；还有太阳光线通过窗户射入把热量带入室内。除了这些内部被动的和太阳光热的能量获取，建筑的构件也可以主动获取能量，例如，整合在立面上的光伏设施。

平衡空间的任务是，前面所描述的能量转换和能量损失以及获取的复杂系统为相应的用户有效地加以区分。它界定评价的范围，从而优选排列单一的需求。由于建筑能耗较高，《节能法》把建筑运营体系作为首选，对用于创造室内舒适条件所必需的能量进行评价。在居住建筑中建筑运营能耗包括用于取暖、质量、饮用热水制备和辅助能量（如风机和热泵）。对于非居住建筑，《节能法》还要考量照明用电。

此外还有更进一步的能量消耗——如家用电器和工作辅助用电——没有被列在居住建筑的法定能耗范围之内，原因是这些能耗确实是因人而异，很难设定关键数值。在这个领域里，为刺激节能引入了“能量级别”模式。如果把视野再打开一些，除了建筑层面以外，还有其他的由用户产生的能耗，虽然只是在有限的范围内与建筑及其区位有关，但对于建筑运行系统的能效提升将会很有意义。

第三个平衡空间的拓展层面是关于建筑的全生命周期。这里新加入其他的能耗，在建筑运行系统之外关乎建筑的建造、维护和拆除。近年来，通过很好的建筑运行系统概念，建筑能耗降低极为明显，用于建材生产和建筑措施所需要的灰色能越来越可以和建筑运行能耗相提并论。

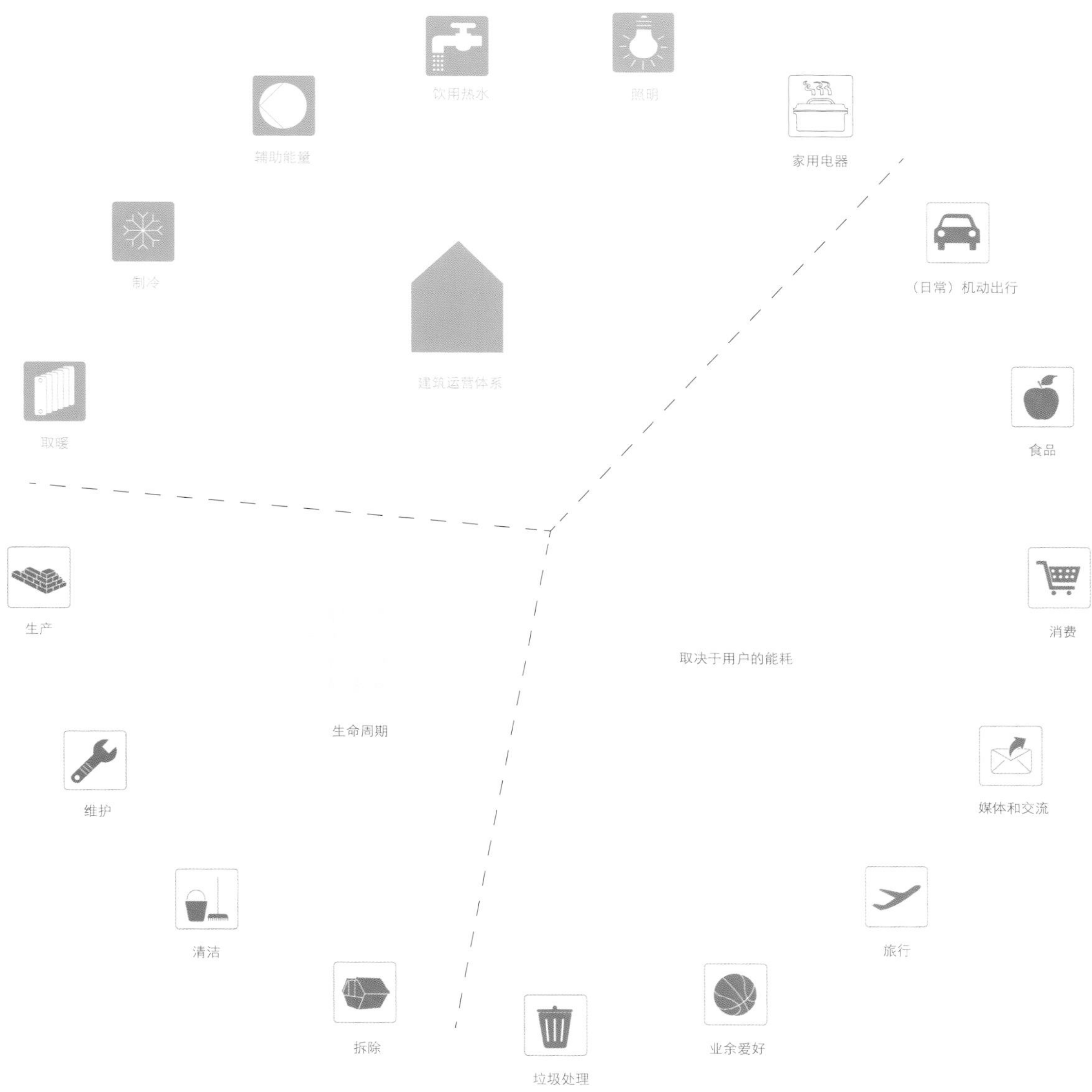

平衡空间可以基本上涵盖建筑运行体系、生命周期和取决于用户的能耗三个领域。为避免极为复杂和容易出错的平衡系统以及有针对性地评价某些领域，平衡空间要确立一个紧凑的框架。《节能法》考量建筑中的建筑运行体系，在非居住建筑中增加了一个拓展的范围。这些领域在图中用不同的颜色表示

平衡的标准

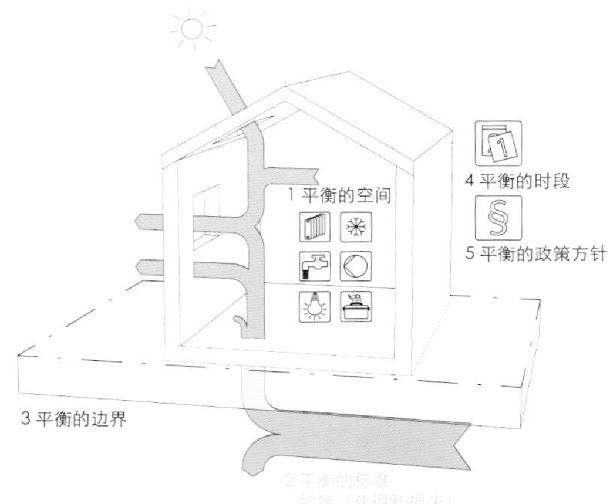

评价本体是通过平衡值和平衡的标准来确定的，平衡的计算程序也取决于这两者。

《节能法》复杂的计算程序考量建筑的外围护结构属性、所有的能量损失和获取、房屋技术组件的效率以及所使用的能量载体，从中得出需求的计算值；因此，平衡的方向一直与能量流的方向相反。建筑外围护结构的属性和建筑体量用于计算室内气候调节的能量需求，再通过考虑技术前提和所选的能量载体计算出终级能量和初级能量。作为要求和比较值，《节能法》使用年初级能量需求（Qp）和专门的热传递损失（H_T'）作为辅助条件，给出通过整个建筑外围护结构向外界损失的热量值。

《节能法》的计算集中在建筑运行系统上；因此，重要的关键值是运行系统的能量值。除了对运行系统的能量范围和《节能法》的评价，还有通过建筑的建造、维护、拆除以及用于建材生产所需的天然资源消耗和排放。这个过程对我们的环境同样造成影响，因此也同样是能量平衡评价的关键值。通过单位的确定，这些关键值可以用能量（千瓦时）和经济（欧元）单位来计算和评价。

根据调查和比较目的，使用能量、终级能量和初级能量、碳排放量、材料资源、能量支出以及运营费用、灰色能都可以作为关键值。通过平衡值的选择可以确立平衡内容的重点。

同样地，平衡标准的平衡方法通常也不一定是可比的，因为除了平衡标准外还有其他一些平衡参数，如计算程序必须一样。国家的导则也会影响平衡的结果，例如对初级能量这个因素的考虑就由于各国不同的能量供给情况而不同。在德国，一个用电作为能量的建筑在计算结果上与用其他初级能量的终级能耗是相同的，如在瑞士或挪威，可再生能量（如水力）的比例要高出许多。

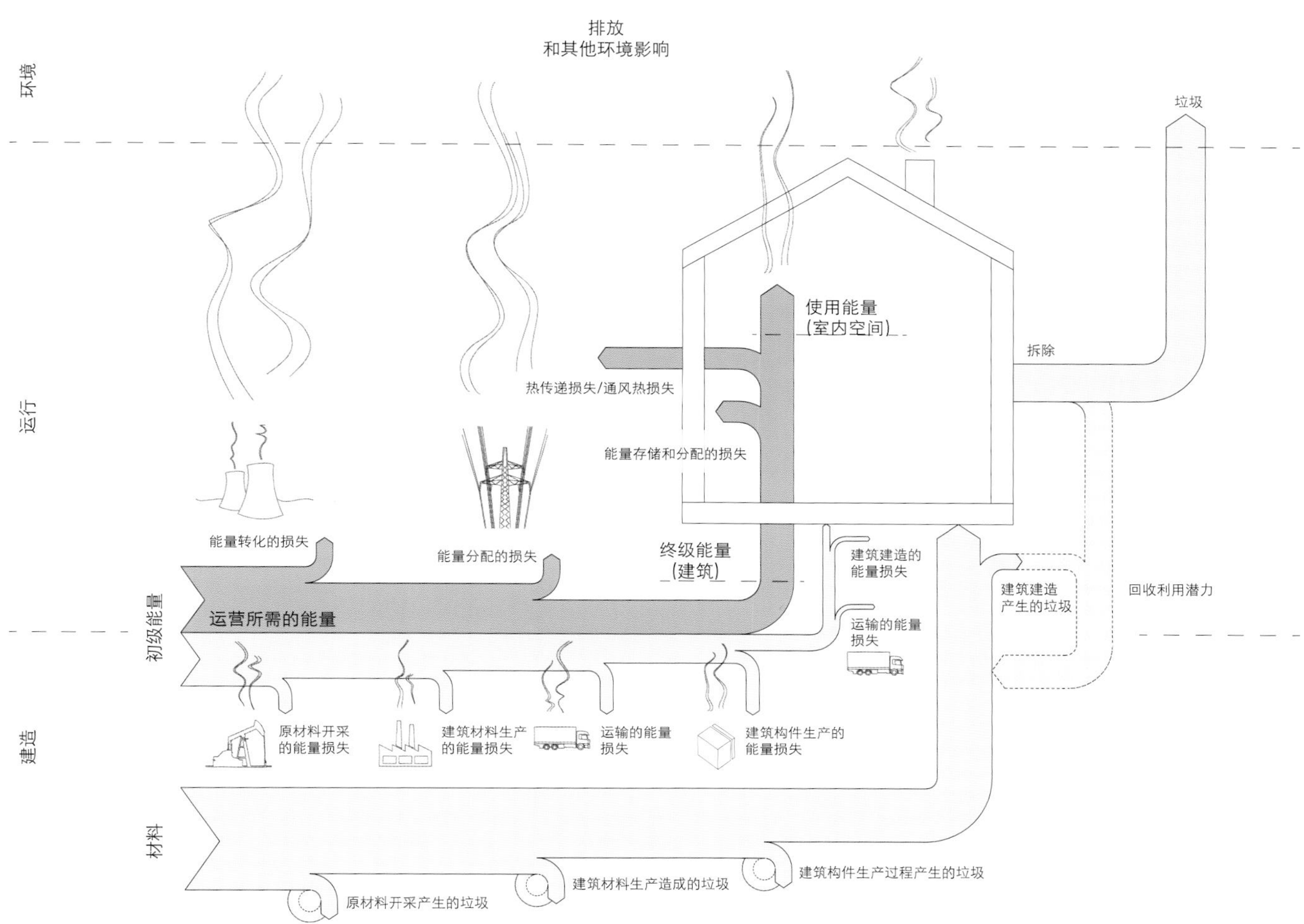

潜在的平衡标准：建筑基本上消耗能量和材料、产生排放和其他环境作用；因此，有三个领域根据平衡的目的在产品和生产链的框架内作为可选的平衡标准。《节能法》仅考量建筑运行中的能耗。图表中显示的是整个能耗链

平衡的边界

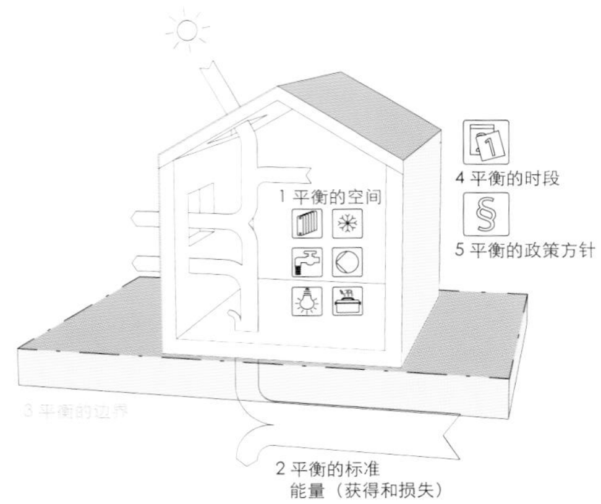

要使平衡之间可以相互比较，除了内容之外还要确立平衡空间的边界。由于建筑和它对热平衡起决定作用的外围护结构被当作是最小边界，这个限制通常对能量需求没有影响，更多的是由于拓展的边界范围对平衡中能量的获取而更有意义。通常情况下自己生产的能量可以在平衡中与需求相抵。建筑、基地或者小区都可以成为可能的边界。如果与之相对，其购买和出售都由能量证书来评价，平衡的边界在实践中就必须保留。

如果建筑作为边界，就只有直接由建筑本身生产的能量可以计入平衡。这在可再生能源领域通常是对太阳能设备技术的使用，一般是太阳能集热器用于热水制备以及光芯片用于发电。另外，还可以使用一个位于建筑内的热电联供设备，既生产热，也可以用于发电。尤其是在可再生能量的生产方面，正在发展将技术以适合的规模用于建筑，例如在风能充足地方，建筑屋顶越来越多地使用高效的小型风力发电设备。

在大多数情况下，“把基地作为平衡边界”是指“在空间上直接相互联系”的建筑近旁的设施，大型的设施不包含在内。它们即便是在基地上，可以算作建筑的附属设施，但是作为商用被运营而非以自用为主。

小区范围内的平衡边界目前还很少，但这个层面上却提供了很多关于平衡技术解决方案的可能性。除了太阳能发电设施可以利用公共面积使能效大大提升外，还有为数众多的以热电联供为基础的近程供热解决方案的效率也比用于单一建筑的要高。另外，在小区的层面上，可以对单一建筑由于地势、气候不利或由于使用功能要求，通过时间上可以错开的装置进行平衡，还可以把那些不利于进行节能改造的建筑或保护建筑与高能效的新建建筑作为能耗的整体进行平衡考虑。

在德国，从《节能法》（2009）修订版才开始把用于建筑的太阳能发电计入节能凭证，这在第五条里写明。因此，建筑使用由近处光伏板发的电可以作为自用电计入终级能量，按月结算。这样，系统就成了以自用为主，剩余的电量会并入公共电网。

《新能源法》（EEG2000）已经鼓励太阳能发电设施的安装使用，而在 2009 年前，很多建筑的屋顶就已经安装了光伏设施。这个理念是将所发的清洁电能并入电网而不是自用。这仅仅降低了德国混合用电系统中不可再生的初级能量占比。2009 年前安装的设施大多是用于计算，并且主要是出于经济上的目的，并没有用于建筑能量需求方面的平衡和法规上的凭证。

2009 年之后，通过《可再生热能法》（EEWärmeG），对使用可再生能源的产热设施也做了规定。针对新建建筑，其部分热能和冷能的需求通过可再生能源覆盖，这个比例的高低取决于所选择的技术和能量载体。这样一来，建筑中和建筑外围护结构上的太阳能光热设施成为了关注的焦点。

平衡的时段

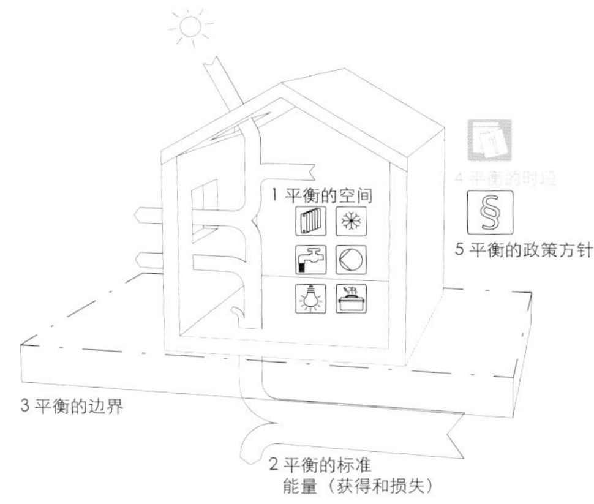

前面所描述的平衡内容和空间上的边界还需要通过时间段来补充。当考虑给自己生产的能量计入业绩点的时候，时间轴对于可比性来说就尤为重要。逐时逐段的记载可以显示一个平衡与实际情况的接近程度。

能量平衡通常关注年平均以及年度总需求，它忽略了季节之间的差别。一个年度平衡是比较不同建筑在能耗方面的有效手段。

当除了能量需求之外还要考虑能量产出时，年度能量平衡就有些太不精确。在绩点程序法中，季节上不同的能量需求和产出峰值在年度层面上显示不出来。例如，一个建筑利用主动式太阳能系统产能，其最大产出量是在夏季和过渡季节；与之相对的是，一个位于德国气候区的居住建筑的能量需求高峰期却是在冬季——这种情况下，最好是用月平衡表来显示能量需求和生产的月平均值，通过月平衡表可以更好地评估建筑运营系统产生的能量有多少是可以自用的。《节能法》的考量既可以是年度平衡，也可以是月份平衡；对自产能量要计入绩点时，规定一定要使用月份平衡表。

如需要更准确地得知单独一幢建筑的能效情况，可以使用日平衡表。作为月份平衡的补充，可以拓展到将日间和夜间的能量供需情况也进行考虑，特别是在夏季的那些月份里。如果要设计一个作为负荷和产出峰值期缓冲用的小存储器，月份平衡表就太不准确了。一个日平衡表甚至是小时平衡表可以提供更准确的信息，以便通过设置存储器的大小来有效提高建筑自产自用能量的占比。

理论上，时间的精度可以精确到秒，这就是功效平衡的层面——它描述建筑模拟关键值的转换。因为它极其复杂且只有理论意义，只有在极特殊的情况下、由于特殊原因才会被用到。此外，建筑实际运行的监测和与之相关的系统优化是一个很有用的补充。

常规来讲，更精确的时间跨度表现（小时到秒平衡表）更接近实际情况。通过它可以将单个建筑设计得更准确（如产能设施和存储器的尺寸等）。对于多个建筑之间互相比较和划定其质量，更粗的时间段的平衡表（年度和月度）则更容易操作，并且也足够准确。

借助月份平衡表，可以对能耗和典型的年能耗通过月平均值来评价，并依此发展出可靠的能量供给概念

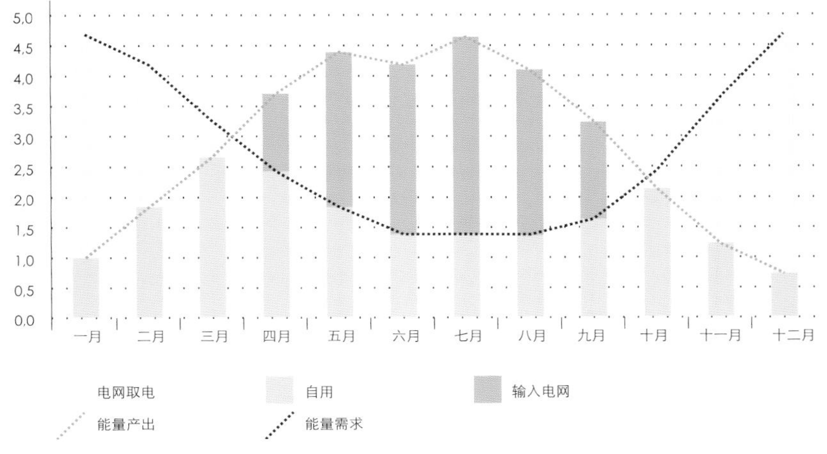

“太阳能十项”全能竞赛 2007，达姆施塔特工业大学，设计与建筑能效教研室

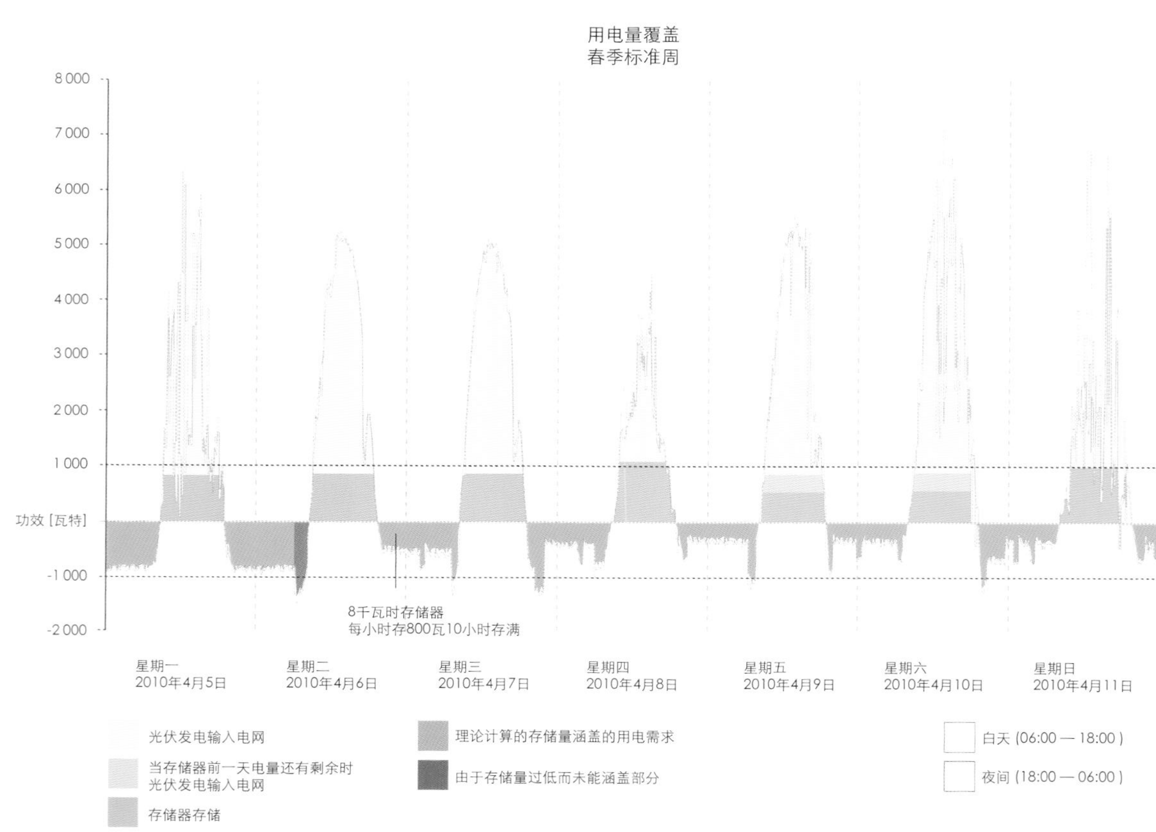

以小时为计算单位的能量生产和消费：图表显示了一个正能效建筑的实际能量消耗。此建筑由达姆施塔特工业大学的学生设计并建造，参加了 2007 年美国举办的全球高校“太阳能十项”全能竞赛并获得冠军（上图）。此后运回达姆施塔特大学重新被建起，主要用于办公功能，并为了优化系统安装了一个监测装置。白天能耗很高，而拓展的居住功能和一台昼夜运转的办公设备使得夜间也会有能耗需求。由于通过太阳能光伏板，白天（春季）可以获得极高的能量，并存储于一个 8 千瓦的存储器中，可以涵盖夜晚的能量需求。通过这个详细的测量以及依此而实施的系统优化，可以提升太阳能光电的自用占比并且即使在早春季节也能保证一个自给自足的运行系统

平衡的政策方针

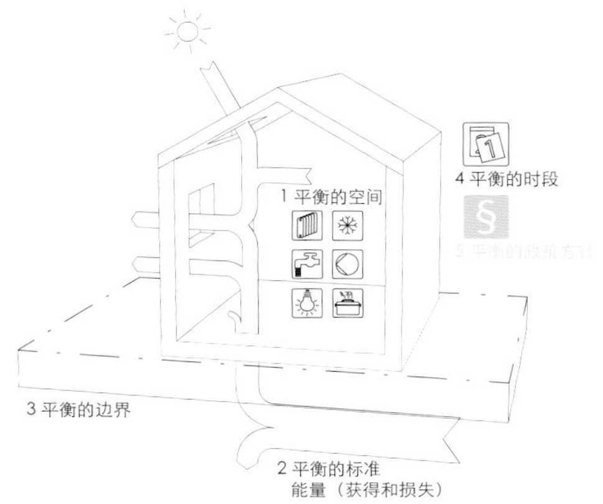

在前文所述的框架条件和平衡的输入值确定后，就可以进行计算。每个计算步骤都依据相应的基础规范以及导则。由于每个平衡都只能与实际情况相近，有可能同一个建筑根据不同的计算方法会得出不同的平衡结果；但如果导则中明确规定的参数适用于系统地选取，计算结果还是有说服力的。出于同样的原因，只有使用同样的计算方法得出的建筑平衡才有相互之间的可比性。

德国《节能法》规定了大的框架程序，其他详细的计算要按照相应的《德国工业标准规范》（DIN）进行。《节能法》计算的基本程序是所谓的“建筑参照程序”，是以一个已有的同样大小、有着同样的外围护结构面积和使用功能、一个标准的外围护结构热保护措施和一个基本技术设置的建筑给出的数值作为计算参照。设计的建筑的结果最终和这些数值做比较来评价是否被允许。

居住建筑详细的计算过程由《德国工业标准》（DIN4108-6）和（4701-10）确定，这是较老的平衡方法，计算起来相对简单。计算结果通过详细的总结进行比较评价。但对于较为复杂的表现和研究并不适合。

《德国工业标准》（DIN V 18599）是为评价整个建筑的能量效率而制定的，针对欧洲议会提出的要求，成为自 2006 年以来在所有欧盟国家强制使用的规范，是用于复杂建筑系统的计算评价工具。在一个所谓的“多分区”建筑模型基础上表现不同的使用功能模块的特殊要求和负荷。这个规范最初是为非居住类建筑制定的，较为复杂的居住建筑模型也可以通过这个规范用一个单一的分区来表现。与《德国工业标准》（DIN4108-6）相比，其细节的深度和信息的广度更进一步。

对于一个更为详细的（例如需要包含家用电器用电）计算考量可以使用被动式建筑设计包（PHPP）。对于要表达与现实接近的，比如说建筑内部的热过程，那些只能显示月份或年度数据的静态平衡就不太合适了。之前所提到的更为详细的小时值和分钟值的记载以及和实际等同的功率进程（荷载分布）只有通过动态的模拟才能演示。借助动态计算模型，可以把诸如热过程及其动态发展在它们的空间位置上进行评判和标注。与静态的计算不同，空间上的实际的热和能量流可以被表达出来。使用模拟计算软件和基础计算模型不同，可能会导致不同的细部表现。

约束条件

虽然提到的平衡参数已经给出了建筑平衡框架，但常常不能把所有的重要关键值表达出来，而所必需的计算模型可能会太复杂且容易出错，导致所付出的成本与成果不成比例。因此，通常情况下，会把一些虽然是系统所需要的却不那么十分重要的参数作为次要条件放在标准的条件清单里。额外的总的要求，如生态材料的使用、有害放射的避免、所采用家电的能效等级或者明确说明的高能效建筑的经济目标等可以拓展考量的框架，提升建筑质量，不用再使用其他的详细平衡程序。这当然也会导致这些次要条件的实施在某些范围内只能在某种程度上得到检测。

建筑能量标准总览

为了把建筑运行系统的能量需求和环境影响降低得比经典法律导则（《节能法》）要求的更多，德国进一步发展了不同的建筑标准和评价方法。下文阐述德语区最重要的一些发展路径。

能效房

平衡的空间

为了在国家和国际层面上达到节能和降低碳排放的目标，德国制定出一些鼓励计划，通过补贴让业主考虑按照比法律要求还要高的建筑节能标准建造房屋。德国发展银行（KfW）提供低利率贷款是若干此类针对私人住宅业主的鼓励计划中的一个。在这种条件下首先要提到“能效房”。目前有六个能效级别，其补助的程度不同。能量标准越高或节能越好，补助力度就越大。详细的贷款利率和金融市场变化相关联，用户在打算建房时就要清楚。

因为这是一个政府的资助计划，德国发展银行的高效房基本上需要按照《节能法》提供计算平衡验证。能量效率的值是在《节能法》要求的最低限度基础上通过额外的年初级能量需求和热传递损失而逐级提高的。

目前，在改造建筑方面有两个级别：“能效房 100”和“能效房 115”（高能效的改造计划）。数据需要表明其年初级能量需求与相应的按照《节能法》要求新建的建筑以及其参照新建建筑的比例关系。能效房 100 的最高年初级能量需求和一座按照《节能法》的最低要求新建造的住宅正好是一致的。能效房 115 与之相比，其能耗最多可以超出 15%。两者的热传递损失要求均需低于其年初级能量需求的 15%。这两个标准均高于《节能法》对改建建筑能耗的最低要求，一般改建建筑的能耗只要能达到参考建筑能耗值的 140% 就算合格。

对新建建筑（高能效的建造计划）有四个标准：能效房 85、70、55、40。它们的补助适用于达到这些级别的改建建筑，一般来说，改造建筑可以达到能效房 55 的级别。

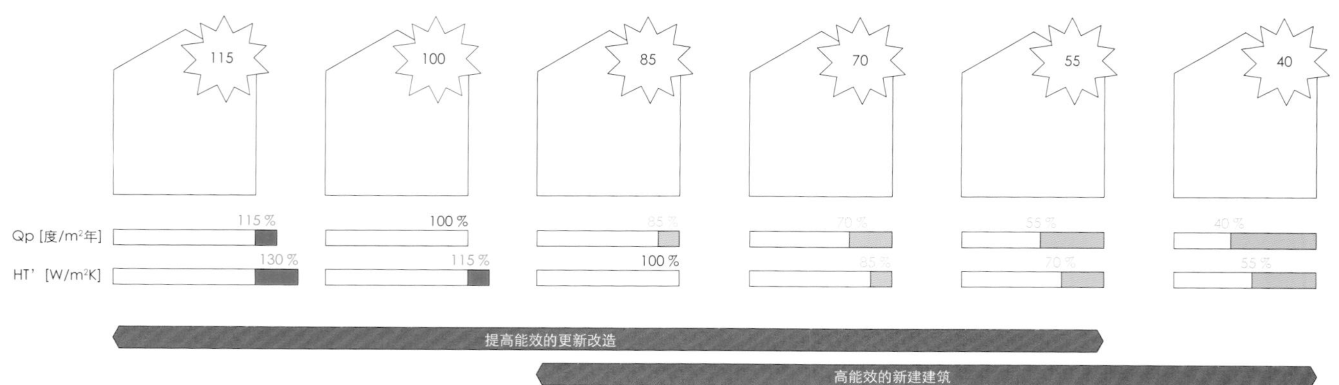

德国发展银行的计划一览表和能效房的级别要求

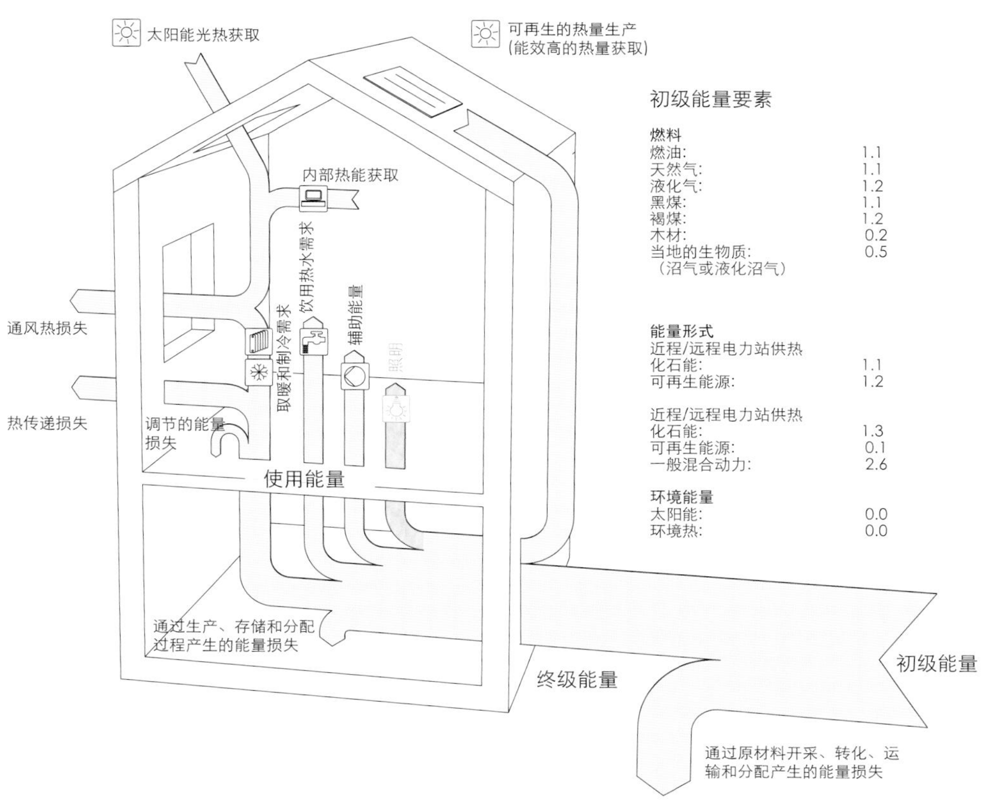

能效房的平衡模型与《节能法》的平衡结构相符。要达到能效房的标准，其平衡的关键值要超过或者低于参考新建建筑的关键值

被动式建筑

平衡的空间

被动式建筑理念是基于1987年一组学者的研究项目发展而来的。20世纪90年代初期，沃尔夫冈·法埃斯特博士——被动式建筑研究所的创建者，建立了这个作为建造理念和建筑标准的体系。最初的目标是通过增强建筑围护结构的热保温性能、密闭性和热回收使通风热损失最小化，并以此来优化建筑的热平衡，其结果是降低了主动式气候调节，这也是该概念名称的由来。被动式建筑是一个不需要传统的供暖设施的建筑，它能够完全通过新风来进行取暖。

想真正做到完全不使用传统的取暖设施，被动式住宅需要能够保存热量，这首先要通过一个十分紧凑的建筑形体和在构造中避免冷桥来实现。此外，外墙、窗户、屋顶和底板都要达到很

卢德施社区中心符合被动式建筑标准，建筑师：赫尔曼·考夫曼ZT有限公司，奥地利，施瓦扎赫

高的保温标准。根据保温材料不同，墙体和屋顶的保温层要厚于 20 厘米（经常是 30 厘米，有时甚至是 50 厘米）。窗户要采用三层玻璃，并具有细部优化的热隔绝构造。此外，要达到被动式标准，通过建筑密闭性来使通风热损失最小化是一个基础先决条件；因此，舒适的新鲜空气只能从机械通风装置进入室内。

为了提高能效和避免热损失，这个机械通风装置装有一个高效的热回收器。进风常常是先经过预热，如通过地下管道预热：基地范围内的室外空气被集中吸入管道或是暂存器，经由地下进入室内。这样，室外空气可以和全年都恒温的土壤进行热交换，从而变成土壤的温度，用来加热新风的部分能量因此被节省下来。

由于建筑外围护结构的高质量，被动式建筑的室内空间可以通过内部的使用者、电器和照明来取暖。朝南部位的开窗面积较大，可以进一步获取太阳射入室内的光热；朝北部位开窗面积较小，可以避免热损失。一个如此设计的建筑只有在极端低温天气情况下（即一年中为数不多的天数）需要额外借助从外部引入的能量来取暖，而多数情况下是用热空气取暖设备。由于被动式建筑反应迟缓，为保证建筑内部的舒适度，需要根据建筑的属性和分区设置其他的取暖元素，尤其是对于一些在使用功能上需要短时间内温度上升到一定高度的空间（如浴室）、纯出风空间和裸露的或是临时使用的空间（如办公空间、客房）。如果设计和实施得当，被动式建筑是一个可靠的建筑系统。由于对建筑外围护结构的密封性要求极高，在方案和施工图设计中要尽量把控施工过程，以保证不出错。

对被动房的验证和质量保证是通过达姆施塔特的被动式建筑研究所或其他一些机构颁发的被动房标准证书。在不同程序的框架中，检查由研究所给出的边界值和关键值，如果建筑满足全部标准就被认定为质检过的被动房。此外，按照和能效房 55 和 40 同等的标准由再建贷款机构进行评价并给予补助。

在德国，被动房标准首先是为居住建筑制定的。近期也为一些其他非居住使用功能和气候区

	《节能法》	被动式建筑设计包
平衡的范围	取暖，制冷，辅助能量（居住建筑）	取暖，制冷，辅助能量，照明，家用电器，工作辅助
平衡的数值	H_T', Q_p	H_T', Q_p Q_h oder P_h
内部的热量获取	5 W/m²	大约. 2.1 W/m² (使用高能效家电)
室内平均温度	19 ℃	20 ℃
太阳光获取	适用于所有情形的 0.9	根据计算得出
参考数值	能量参考面积 AN = 0,32 * Ve	取暖的居住面积
平衡的时段	以月计算	以月计算
约束条件	适用于所有情形的冷桥 0.05 – 0.15 W/m²K	无冷桥 (< 0.01 W/m²K)
	气密性 n50 < 1.50 (带有通风设备) < 3.00 (不带通风设备)	< 0,60
		热回收 neff，热回收 ≥0.75
		窗 UW ≤ 0.85 W/m²K (嵌入的) g-值 > 50%
		半透明建筑部位 U ≤ 0 .15 W/m²K

《节能法》和“被动式建筑设计包”的平衡边界条件的差别

制定了相应的标准，如办公建筑、养老护理类建筑和学校，从2012年起还有游泳馆和其他一些类似的复杂建筑。在非居住建筑类型中，能量的需求特性应该关注别的方面，很多功能属性中决定性的因素并非是取暖需求，而是用电需求，例如用于设备、办公装置或照明。

一个被动式建筑是一个高度优化的，因此也是极度敏感的系统，要用全面的计算模型进行平衡计算，才能把设计变成一个可靠的建筑物。出于这个原因，最初的被动式建筑通过高时间点阵的动态模拟来考查其实际的运行——这样可以优化设计，保证对舒适度和能效的高要求。要相应地表达出每个被动式建筑，模拟由于复杂的结构和耗时较长而导致代价太高；因此，被动式建筑研究所在通过测量验证模拟结果的基础上发展了一个自己的平衡工具，即被动式建筑设计包（PHPP）。这个设计包减少了计算输入数据的数量，并给出了基于模拟基础的设计关键值。这是用于设计的，其计算可以得出建筑详细的结果和专门的消耗以及建筑构件的性能，和《节能法》不同，它的目的是把相同建筑进行比较，再保证其满足最低要求。除了能量平衡和U值计算以外，还可以确定取暖荷载、对夏季舒适度的预期以及必要的舒适通风设计。借助计算结果可以在设计过程中继续发展技术设施，如取暖和热水供应设备，并确定其具体规格。值得注意的是，前提条件里有很多德国规范没考虑进去，业主要知道这种规避，设计者要遵守就此达成的协议，并依此进行设计。

在居住建筑里，整个建筑是作为一个分区来考虑，并通过月份平衡来评价。在一个计算表里要算出如下关键值：

- 窗户的设计
- 舒适通风设计
  —热平衡计算，所有建筑部位的U值计算，包括冷桥
- 确定取暖负荷
- 预设夏季舒适度
- 确定取暖和热水供应设备
- 为被动房补助提供证明（如通过德国发展银行等机构）
- 按照《节能法》提供的简化版证明

初级能量的需求，包括照明用电、使用家用电器或者工作辅助用电，不允许超过规定的最大值，这个建筑理念在能量平衡这一块已经超出了法律规定要求的范围。建筑气密性要通过对建筑的实测来验证。

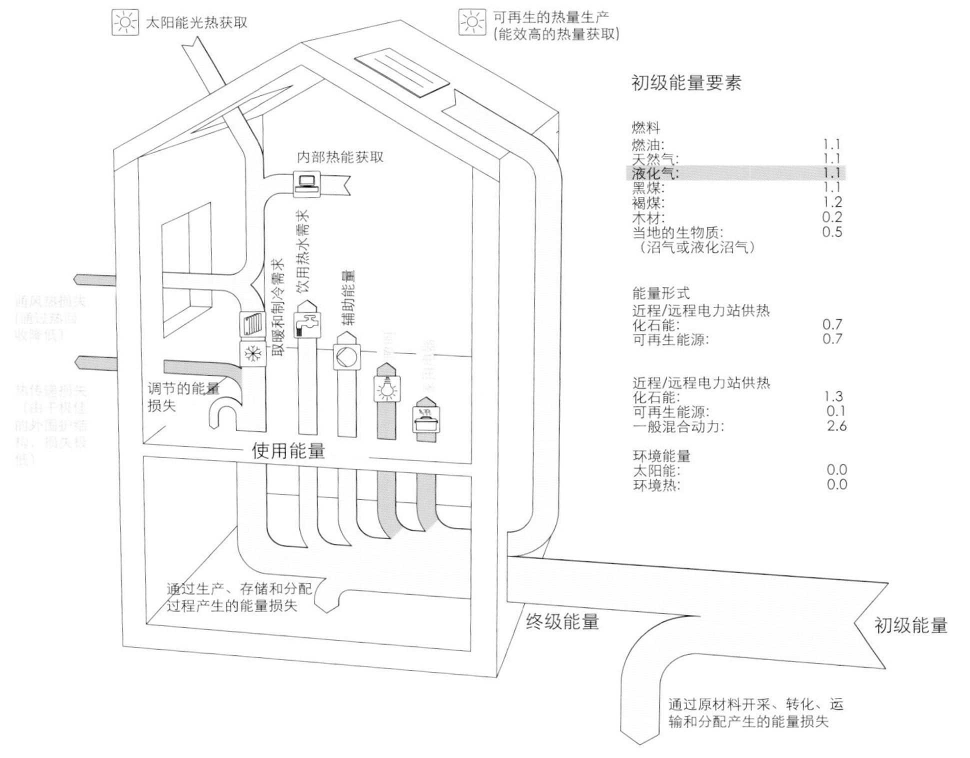

一个被动式建筑的关键值：

年取暖能量需求	< 15 kWh/m^2a
取暖负荷	< 10 W/m^2
年制冷需求	< 15 kWh/m^2a
年初级能量需求	< 120 kWh/m^2a
超出规定温度比率	< 10%
带热回收的通风装置热回收率	> 75%
用电需求	< 0.45 Wh/m^3

被动式建筑的平衡模型 《节能法》

与被动式建筑要求相比，通风和热传递产生的能量损失大大降低。此外，平衡内还增加了照明和家用电器用电项目。取暖负荷和取暖热需求在2010年被确立为可选目标，之前一直是以 $Qh \leq 15\ KWh/m^2a$ 作为必须遵守的数值

相比《节能法》改变的以及增加的额外标准

低能耗和零能耗建筑

平衡的空间

全世界 40% 的能量需求被用于建筑的空气调节，在这个背景下，随着小型能量生产设备技术的发展，建造生产自身所需能量的建筑的想法萌芽了。因为无需再引入外部能量，这些建筑就是零能耗建筑，在理论上平衡的结果就是零。

气候转变以及不可再生能源的巨大损耗促使在国际层面上设立政治性目标，减少能量消耗、降低二氧化碳排放以及从能量依赖进口的局面中解脱出来。与之相关联，2010 年 7 月，欧盟关于建筑能效的建筑法规修订案生效，在国际上被称为《建筑能量性能导则》（EPBD）。按照这个规定，从 2021 年起，所有欧盟国家的建筑都要达到零能耗建筑水平（低能耗或能耗几乎是零），其中公共建筑 2019 年就要达到这个指标。这对新建建筑来说是个雄心勃勃的目标。从长远来看，同样需要降低已有老建筑的能耗，这个新建建筑目标也同样适用于大量的更新改造和加建项目。

在概念层面上发展了不少方法来定义一个零能耗建筑。中心的问题在于用一个什么程序将生产的能量和所消耗的能量相抵消，以便尽可能地反映实际情况。以年度平衡来计算并不意味着建筑实际上不需要外部能量。更多情况是，建筑在某些时段，如夏季，白天生产更多的能量，多出来的部分可以用于涵盖冬季所需的部分能量。针对居住建筑的季节性问题，可以合理地协调多余和不足能量的存储器还没有发展出来，所以多出来的能量多以电能的形式存入公共电网，如果需要的话，再从电网中取用电。作为年度平均值能耗总和为零能耗的建筑，运行能耗如果以月份为计量单位则并非为零。

从长远来看，解决所描述的问题和实现能量

杜塞尔多夫的多户住宅，通过极佳的保温标准（瑞士低能耗建筑标准 Minergy-P）和产能科技，全年平衡能耗为零，设计：architektur ag，瑞士苏黎世

供给系统的改建，所提到的目标毫无疑问是一个重要的里程碑。即便如此，欧盟法规也只是确立了方向，如何平衡季节性差异还没解释清楚，低能耗以及近乎零能耗的概念也没有最终确定。此外，欧盟法规也没有对需要考量哪些能量服务或者哪些参考值是重要的作出定义。到 2015 年，所有欧盟国家都要能表明，他们是如何在本国定义标准的细节和如何达到目标的。

对于零能耗建筑来说，目前既没有政府法规也没有准确的计算基础，无法做平衡的比较，以及在实践中验证这个标准。

在这个过程框架下，联邦交通、建筑和城市发展部（BMVBS）于 2011 年把正能效房作为模型，它比零能耗建筑的要求还要高，因为它需要生产比自身消耗还要高的能量。

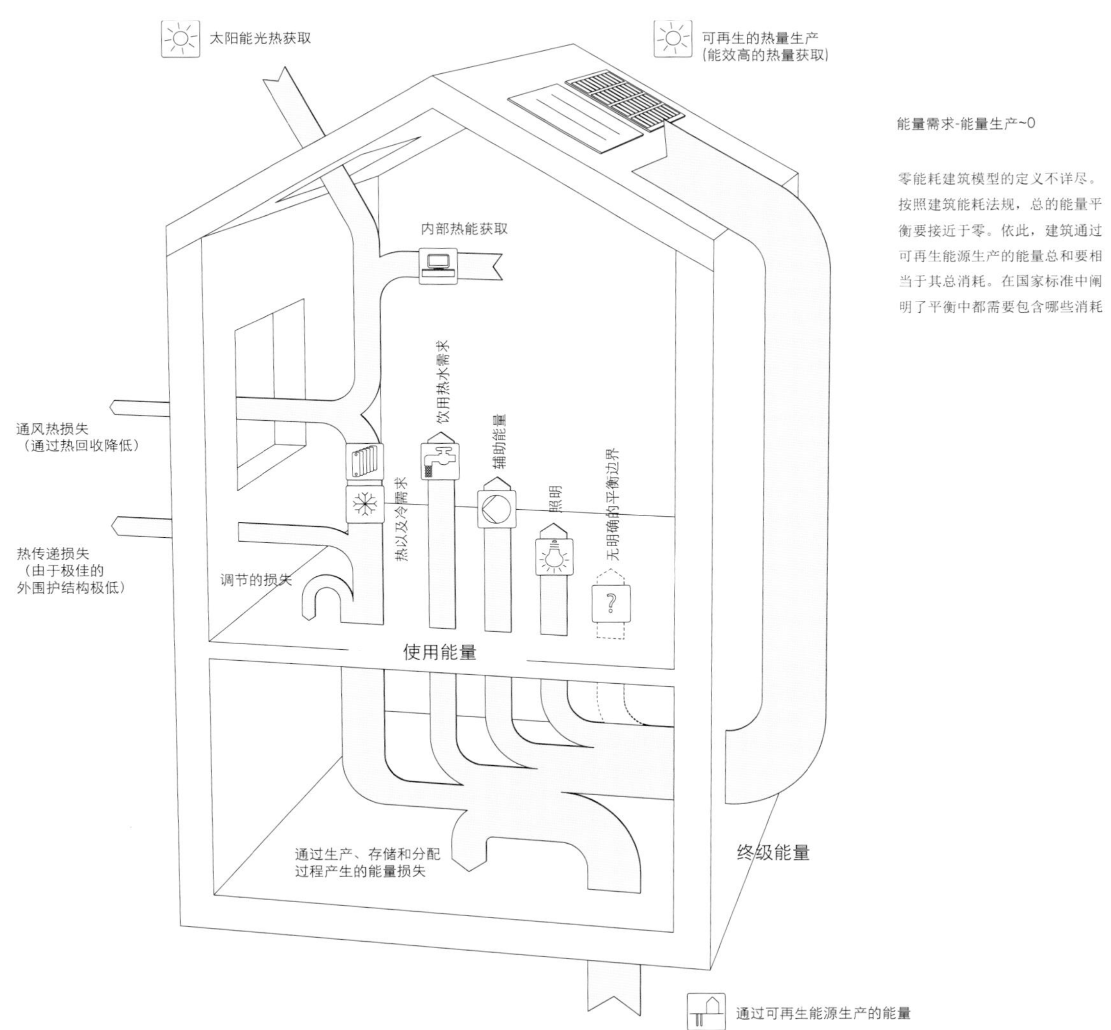

能量需求-能量生产~0

零能耗建筑模型的定义不详尽。按照建筑能耗法规，总的能量平衡要接近于零。依此，建筑通过可再生能源生产的能量总和要相当于其总消耗。在国家标准中阐明了平衡中都需要包含哪些消耗

正能效房

平衡的空间

由于对正能效建筑的解释至今含糊不清，2011 年，联邦交通、建筑和城市发展部公布了第一个包含了所有的必需关键值的正能效房定义，这是德语国家的第一个正能效标准。目前，正能效房还不是法律执行标准，更多的是在一个未来建筑科研倡议的鼓励计划框架下作为样板来做的调查和评价。除了在资助中规定的基于其创新度对未来很重要的单一措施，还资助每个参与的建筑 24 ～ 30 个月的监控计划，这样既能收集用户信息，也能详细记录和评价能量生产功效。在室内的测量可以得出关于舒适度对室外气候的依赖性的结论。监控还为业主提供能量管理的基础，发现薄弱点以便对运行系统采取优化措施。此外，所有被测量的建筑可以提供评价和比较，对所利用的新技术得出普遍适用的观点，调整和发展建筑标准。

正能效建筑的平衡是一个拓展的《节能法》证明，是按照《德国工业标准》（DIN V 18599）月份平衡程序在德国中等标准的气候下做出的。作为适用于未来的标准，也要考量超出建筑运营和室内空气调节以外的能量消耗，家用电器和过程用电需求也被纳入平衡空间。由于目前这一点在《节能法》的计算程序里没有考虑进去，采用统算的方法，即 20kWh/m^2a，每个居住建筑最大不超过 2500kWh。在 20kWh/m^2a 中，3kWh/m^2a 用于照明；10kWh/m^2a 用于家用电器；3kWh/m^2a 用于烹饪，以及 4kWh/m^2a 用于其他能耗。这些项目特殊的计算值都是按月份摊在终级能量需求中的。能量的需求按照能量载体分列，在之后的初级能量表达中要列明是哪一种。由产能技术生产的能量（如太阳能光伏技术）也是按月列出，与月需求相对应。

平衡界限是以建筑基地为准。与《节能法》不同，这里所有的在基地范围内生产的可再生能量都被计入平衡。如果基地上有若干个建筑，所

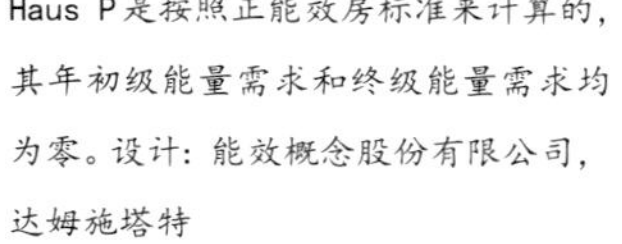

Haus P是按照正能效房标准来计算的，其年初级能量需求和终级能量需求均为零。设计：能效概念股份有限公司，达姆施塔特

生产的能量则按照使用面积大小成比例计入。可以完全把自用的电量计入绩点，但最大不能超过需求值，剩余的产电量作为入网电计算。最后被降低的能量数值与所属的初级能量要素相乘，而初级能量要素不采用《节能法》中的而规定，是与（DIN V 18599）中的规定更接近。入网的电量将被乘以计划所定义的初级能量要素，并从年度平衡表中扣除，而结果应该显示年能量需求为负值才能达标。

实际上所有的建筑都在夏季有更多的光伏发电，而在冬季又从外部取电。一个正平衡从初级能量角度来看比较容易做到，因为多余电量是重要指标。积极的能量平衡原本是高要求，要达到这一目标常常会使用热泵，以热电联供为基础的设施在平衡比较中结论不一。所有在现场产生损失且不收集环境能量的设施都对证明不利。

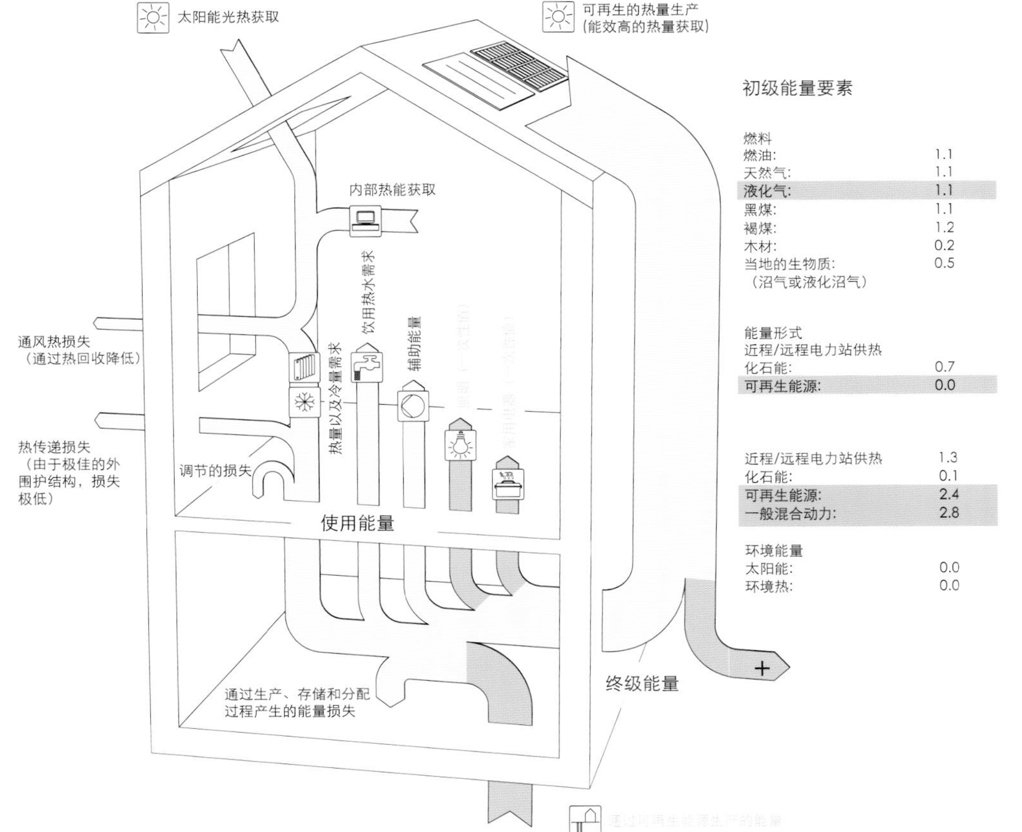

正能效房及其边界值一览：

年初级能量需求 Qp ＜ 0 kWh/m²a

年终级能量需求 Qe ＜ 0 kWh/m²a

需要能够保证所有其他《节能法》的条件，如夏季对热量的要求等。

约束条件：

需要使用具有最高能效标签的设备（A++ 或更高）。此外，需要设置智能的计数表用于评价建筑的运行和确定所生产的电能的自用比例。

正能效房的能量平衡模型 按照联邦交通、建筑和城市发展部的定义对照明和家用电器用电量一次性计入平衡。平衡表中要显示能量需求与所生产的能量相比为负值。多出来的能量一般会并入电网。正能效房提供了一个基础，将提高德国混合动力中的可再生能量部分，并从长远来看改善其初级能量要素。

相比《节能法》改变的以及增加的额外标准

主动式建筑

平衡的空间

2010年，国际建筑界的一些企业和参与者——其中不乏来自德国的——在哥本哈根组成了一个主动式建筑联盟，致力于发展主动式建筑，其着眼点是把居住建筑中的能效标准拓展到空间气候质量和通过建筑对环境产生的影响。在一本针对新建和更新改造建筑的义务履行手册中列出了建筑模型，并详细定义了在能量、空间气候和环境层面的要求。这个标准是作为开放资源型构思的，在一个专属的网络平台上（www.activehouse.info），全世界的专家都来讨论。这些在不同的论题领域进行讨论，以及讲习班和会议的成果都围绕中心议题，试图建立现时的主动式建筑模型，并对其进行深化。倡导者希望达成统一的标准，既有最新的科技支撑，也有实践的经验为基础。

主动式建筑的能效标准十分高，远远超出法律规定的要求。由于这是一个国际通用模型，在要求水平以及平衡方法方面以各国导则为准；同样，对于初级能量和碳排放也使用各国认可的转换要素。如前文所述，在德国，这些要求在《节能法》中列出，年度初级能量需求作为关键值，由建筑运行系统中的能量需求（取暖、制冷、通风、热水供应）和家用电器的能耗以及自产的可再生能量绩点构成。主动式建筑由此延伸了《节能法》的能量平衡空间。

主动式建筑的供给概念完全基于可再生能源，这通过建筑、基地上所用的科技，或者通过公共电网来实现。技术设施的选择需要在经济上合理，如果要把它们放在建筑上，还必须整合进建筑的外观。在纯计算的证明之外，建筑还需要为用户提供易操作的建筑管理系统。

威卢克斯“光的主动房”建筑，是按照主动式建筑规范改造和加建的

在设计和建造过程的框架中要求有不同的证明和检测程序，以保证质量和有效性。

主动式建筑应该提供健康的居住气候，因而对影响室内舒适和健康的参数提出了要求，目标是创造一个良好的室内气候，用户可以轻易操控它。在光线和视野、热环境、室内空气质量、噪声和音响效果等栏目，需要计算和评价单个的参数指标。除了要避免有害、放射的建筑材料，还提出了其他一些影响值的条件，如自然采光系数、冬夏季运营系统温度、空气湿度以及隔声。

在室内气候方面，对建筑物和室内空间的交互作用进行评价；与之平行的，在环境方面对室外空间进行调查。这既关系到环境在生态层面的可承受度，也涉及建筑建造的文化背景。

涉及环境的可承受度需要避免对环境造成伤害，既要维护生物多样性，也要将建筑材料的循环利用维持到一个较高的水平，以及要建造可循环利用的建筑。通过所有重要建筑组件的生态平衡表（外墙、屋顶、楼板、基础、门窗、内墙、主要技术部件）对环境作用作出评价。作为对平衡考量的时间段，目前规定为75年，对常规的环境栏目作出评价。除了环境作用、降低消耗和可再生能源利用最大化，还要降低净水消耗，这可以通过使用易清洁表面以及灰水、雨水的利用来实现。

此外，在文化和生态的背景下，还要对建筑传统、气候、街道和景观、基础设施、生态和土地利用以及气候转变进行调查。

一个主动式建筑的设计和实施的结果是通过不同的平衡基础和拓展的考量框架得到的，不能用一个数据来表达，因此用一个放射状图表来表示。这样，项目的质量在单个的科目中可以读取，并且和其他项目之间能够进行比较。

建筑的能量分类

主动式建筑

按照义务履行手册所给出的数据结果建筑可以分成：

能量需求

1. ≤ 30 kWh/m²a
2. ≤ 50 kWh/m²a
3. ≤ 80 kWh/m²a
4. ≤ 120 kWh/m²a

（只针对建筑更新改造）

所有使用的家用电器必须符合能效的最高标准。

初级能量平衡（包括能量生产）

1. ≤ 0 kWh/m²a，用于建筑和家用电器
2. ≤ 0 kWh/m²a，用于建筑
3. ≤ 15 kWh/m²a，用于建筑
4. ≤ 30 kWh/m²a，用于建筑（更新改造）

1. 100 % 的能量都产自基地
2. 大于 50 % 的能量产自基地
3. 大于 25 % 的能量产自基地
4. 少于 25 % 的能量产自基地

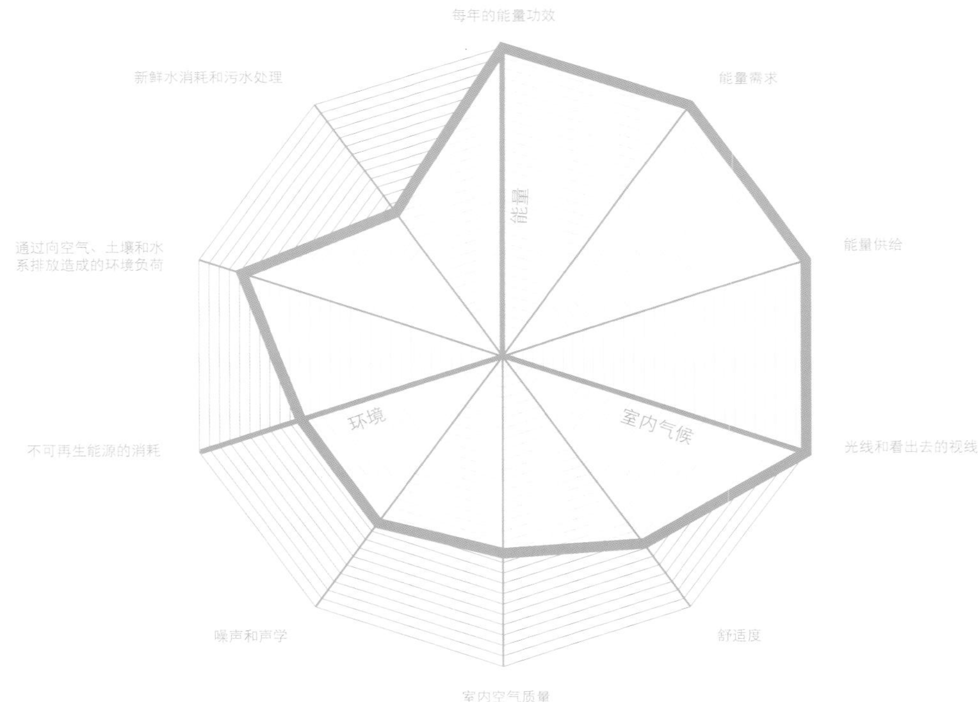

放射状图表显示一个项目列举式的切块以及众多的主动式建筑标准要检测的内容范围。通过局部栏目中的点数形成一个面积，它的大小显示了建筑的质量，形状表示出重点范围。主动式建筑的平衡结构与各国的模型标准相符。在德国，建筑运营系统按照《节能法》列出平衡。这个平衡模型可以在“能效房”一节找到

瑞士低能耗建筑标准

与德国平行发展的是瑞士的《低能耗建筑标准》（Minergy）。从 20 世纪 90 年代中期起，这是一个自愿执行的建筑能效标准，并且有不同的类型。

瑞士低能耗建筑标准（基本型）

平衡的空间

对于不同建筑使用功能，瑞士低能耗建筑的基本型标准中的能量关键值不同。根据建筑类型被考量的能量需求，有用于室内取暖、热水供应以及机械通风用电的能量，如果有的话，制冷、加（除）湿也要被考虑进去。一个居住建筑不允许超过 38kWh/m^2a 这个关键值。在瑞士，这个参考值是通过楼层建筑毛面积来定义的能量参考面积计算得出的。原则上，能量的关键值包括建筑全年用于热调节所需的能量总和，考量的层面是终级能量；但是，能量关键值中的单独的供给占比需要划分权重，以便对能源的可用性作出评价。比如，化石能生产的电量要乘以系数 2.0；木材相比之下则是 0.7；太阳能的加权值定为零，依此来计算能量关键值中的可再生部分。

这种方式与初级能量的考量近似，只不过数值不同，例如，要求被动式建筑的初级能量需求为 120kWh/m^2a，而瑞士低能耗建筑体系只考量用于室内热调节的能量。在被动式建筑中家用电器的用电量占初级能量需求的 70% ～ 90%。

瑞士低能耗建筑的另一个要求是：取暖热需求必须至少低于 SIA 380/1 要求的新建建筑边界值的 10%。SIA 380/1 是瑞士工程师和建筑师协会的一个规范，对木结构建筑中的热能量进行了规定。此外，为达到瑞士低能耗建筑标准，对家用电器提出了一个高能效标准以保障居住舒适度，同时，建筑需要安装一个带热回收的通风装置。

多层居住建筑动力站 B 是作为瑞士低能耗建筑标准（基本型）建造的建筑，并且带有一个额外的生态印章。设计：grab 建筑师股份公司，瑞士阿尔滕多夫

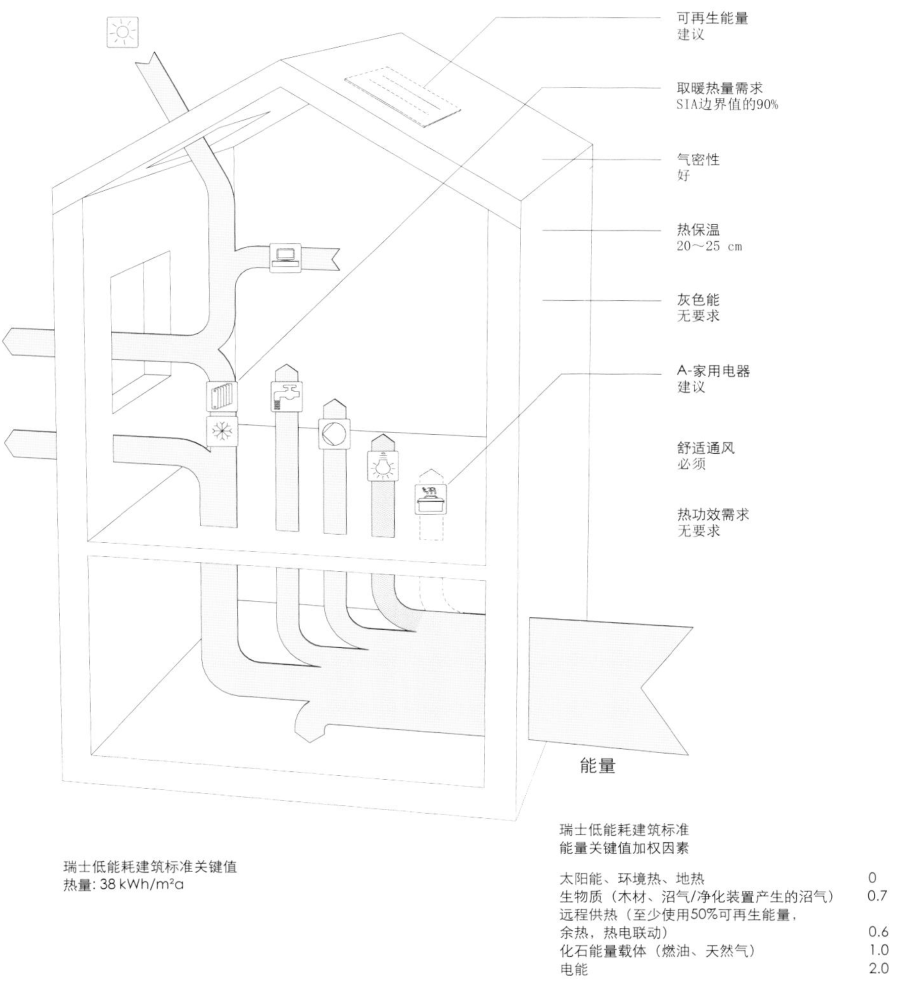

瑞士低能耗建筑标准关键值
热量: 38 kWh/m²a

瑞士低能耗建筑标准
能量关键值加权因素

太阳能、环境热、地热	0
生物质（木材、沼气/净化装置产生的沼气）	0.7
远程供热（至少使用50%可再生能量，余热，热电联动）	0.6
化石能量载体（燃油、天然气）	1.0
电能	2.0

瑞士低能耗建筑标准 -P

平衡的空间

瑞士低能耗建筑标准 -P 理念是基于基础型标准额外优化的建筑系统，其能量需求更低。对于居住建筑来说，对能量需求加权的关键值为30kWh/m^2a，取暖热需求必须至少低于 SIA 80/1 要求的新建建筑边界值的 40%。这个对能量需求极低的要求如被动式建筑一样，它实现的前提是一个极度优化的，也是极为敏感的建筑系统——其系统运行要舒适且不能出错，还必须满足其他一些条件，比如，夏季的热舒适度、建筑外围护结构的气密性和舒适通风的整合等，这些内容都需要在设计中被更彻底地考虑进去。

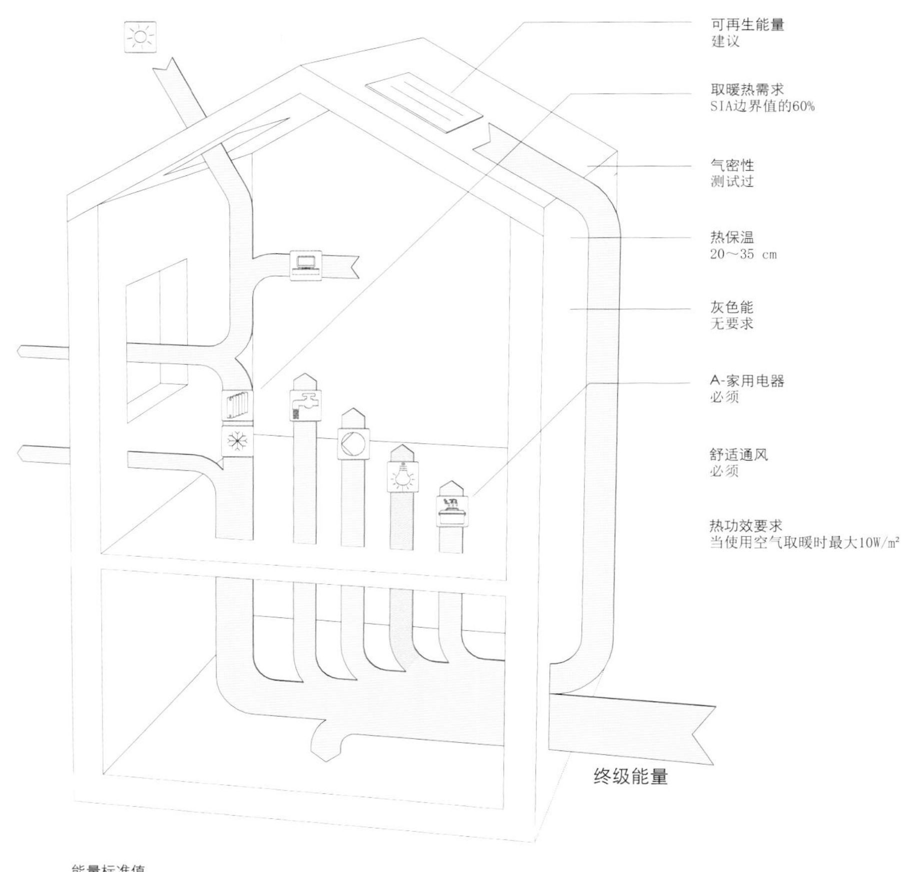

瑞士低能耗建筑标准 -A

平衡的空间

瑞士低能耗建筑标准 -A 理念除了对需求降低，还对能量供给进行了规定，瑞士以此来回应欧盟对建筑法规和低能耗建筑提出的要求。要达到瑞士低能耗建筑标准 -A，首先需要满足比“Minergy”基础型对取暖热需求更低的要求；其次要完成能量关键值 0kWh/m²a 或更低——这可以通过以可再生能量为基础的需求覆盖来实现。如果产热物质在整个房屋技术的供应中以水的形式连接，还可以使用生物质供应热量。比如，燃烧木材的暖气和太阳能光热收集器组合用于热量生产是被允许的，前提是两种技术用一个存储器，且至少 50% 的年能量需求是通过太阳能光热收集器来生产的。与正能效房类似，瑞士低能耗建筑标准 -A 也常常使用热泵，由可再生能源为其供电。

由于这个理念把需求和生产的平衡作为最重要的能量关键值，与瑞士低能耗建筑标准 -P 相比，如果使用高效的可再生能量供给的话，对保温层的要求可以适当降低。其他的边界值使用基础型标准。通过标准的零平衡，除了建筑运行系统以外，其他的建筑能量消耗也很重要，灰色能也被额外纳入能量总体考量当中。对建筑结构（建筑外围护结构、内部建筑构件和建筑技术）规定了 50kWh/m²a 为能量消耗的上限，而建筑的使用寿命规定为 60 年。

瑞士《低能耗建筑标准》- 生态 2011

额外的“生态”并非是一个独立的标准，而是瑞士低能耗建筑的三个标准的补充。根据这个补充，一个仅仅是瑞士低能耗建筑标准、瑞士低能耗建筑标准 -P、瑞士低能耗建筑标准 -A 的建筑也可以成为一个生态建筑。生态标准要创造一个舒适的和健康的居住环境，降低建筑对环境的影响，在建筑运行系统平衡中纳入了对自然采光、噪声防护、室内气候、建筑生态、用于生产建筑材料的灰色能和建筑建造过程中的能耗以及拆除的评价。

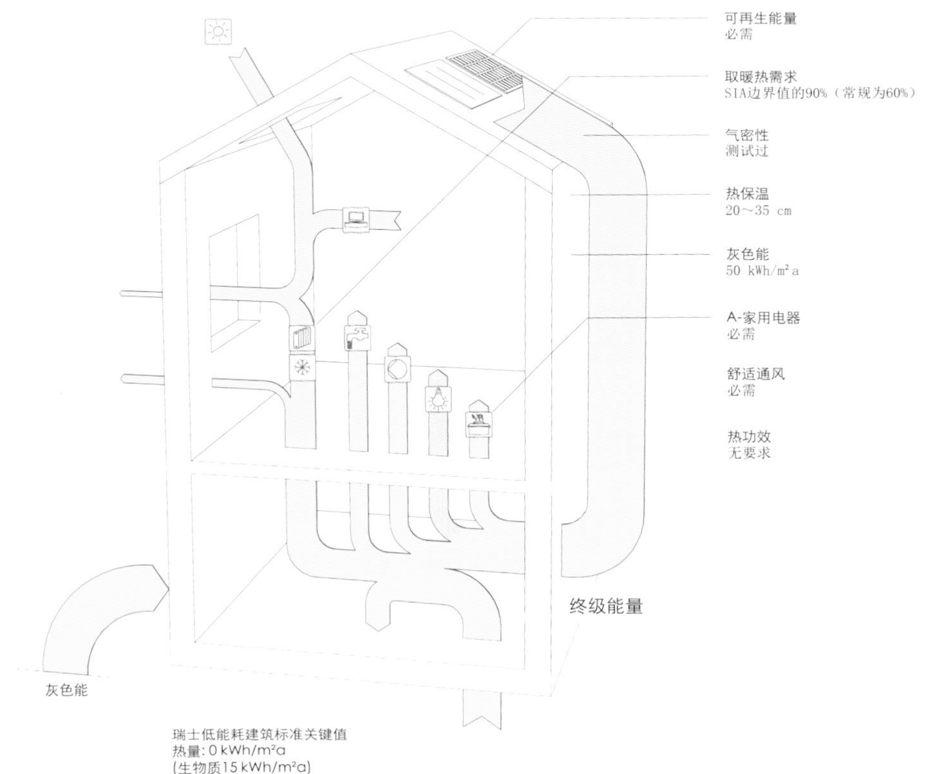

瑞士低能耗建筑标准一览和总结

超出能量之外

前文所描述的建筑能量标准显示出它们都是以建筑的高效能量供给为目标。考量的重点大多数是建筑运行系统的能量消耗，是针对建筑巨大的能量需求和对其调控的可能性这一背景的。由于各国标准的入口参数不同，比如不同的初级能量要素以及相互之间不一致的计算程序，其数据结果之间很难具有可比性。

全生命周期的考量

除了能量平衡之外，还有若干个标准已经拓展了考量的空间。一些平衡中把用于建造建筑和生产建材所消耗的能量以及通过建筑引起的环境作用也一并考虑进去。在未来降低运行系统能耗的背景下，这些主题会越来越重要。

灰色能即便是在某些单一的标准中已经被考虑进去了，还需要在法律层面上继续拓展标准、控制建筑的建造和拆除对环境的影响。作为计算工具，目前可以使用生态平衡表以及全生命周期评价，这是以 ISO 14040 为基础制定的计算程序，评价一个建筑在它全生命周期中对环境的影响和被循环利用的潜力。在物质的平衡基础上，生成一个作用的平衡，最终要能显示在不同作用标准中的结果。一般来说，评价的标准有温室效应潜力（GWP）、消减臭氧层潜力（ODP）、臭氧生成潜力（POCP）、酸化潜力（AP）、过量施肥潜力（EP）以及初级能量内容（PEI）。由于不同环境标准的作用之间不具备科学的可比性，按照其作用也无法相互比较，这些标准的重要性排序没有先后，即便有数据的表达也不能十分具有说服力。基于此，评价建筑时常常进行生态平衡比较，在和一个参考建筑的比较基础上，可以更好地评价数据结果，并划分等级。目前所用的拓展到生态平衡的程序包含从建造、运行到拆除的建筑评价。

“2000 瓦社会”

此外，一个建筑——尤其是它的区位也影响其用户的能耗，这个层面目前还没有被任何一个平衡标准考虑到。基于个体的非常不同的行为模式和由此引起的不同的消费结构，要做出家用电器用电以外的用户用电图来，难度很大。由于用于出行、消费和类似的能量消耗也同样是造成全世界能耗不断上升的原因，因此在瑞士发展了一个“2000 瓦社会”的理论模型。这里并不是说要用户缩减对能量的需求，而是预先发展一个模型以实现全球能量的政治目标，是跨政府气候转变小组（IPCC）提出的降低初级能量消耗和人均碳排放。

“2000 瓦社会”模型的目标是在全世界人均碳排放量控制在 1 吨以下的前提下持续拥有 2000 瓦能量可用。按照 IPCC 的说法，这样一来，气候变化所引起的温度升高可以被控制在 2 开以下。2000 瓦的界限包含了需要能量的生活领域，如居住、出行、饮食、消费和基础设施。这里生活水平是实现这个目标的决定性因素。除了使用高能效的设备，“2000 瓦社会”模型还要求调整用户的行为。2000 瓦相当于年初级能耗大约为 17 500 千瓦时，这是 2005 年全球平均用能量。以 2005 年为参照，并非要降低终级能量的总需求，而是要使发达国家和发展中国家的能量分配更均匀，并以此来面对类似 1950 年后的强增长。这里既要提升较强国家消费者的效率，也要为迟后发展的国家与地区留出发展空间。

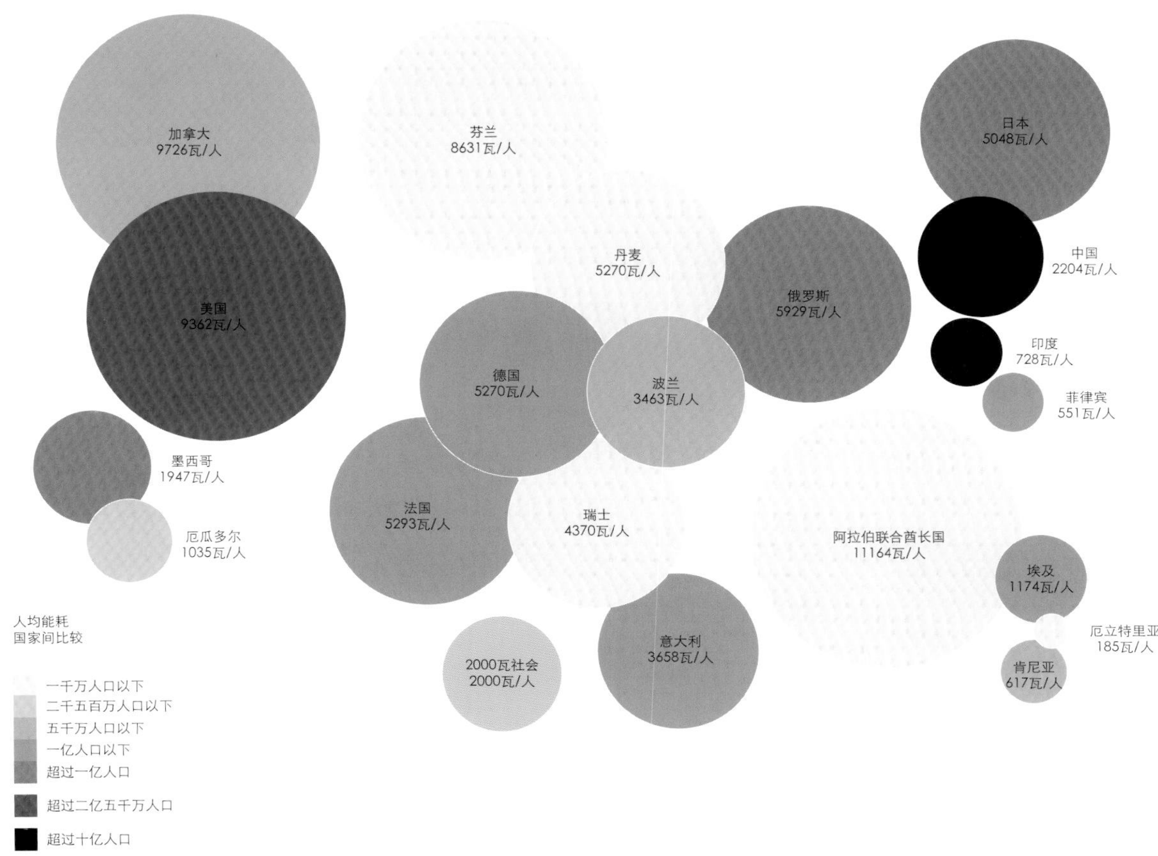

人均初级能耗不同国家之间的比较。圆圈的面积显示人均能量消耗，颜色代表不同人口数量级别。一般来说高度发达的国家距离“2000 瓦社会”的目标都还很遥远

其他可能存在的能量平衡领域

前文介绍的能量平衡方法和建筑标准显示了极大的跨度，从只考虑取暖能耗到越来越复杂的建筑考量，再到对范围更广泛的人们生活状况的评价。不同的国家都有计算工具和标准，推动实现适用于未来的建筑。即便如此，对未来的建筑评价也还会有更大的发展。全球和国家确立的气候保护目标同样会鼓励其发展，就像对节能建筑提供补助一样。

下面的图表显示出通过建筑影响的消耗领域和在能量平衡中可能要考虑的参数。有颜色的因素显示的是目前国家法律规定需要提供证明的领域，因此也是未来发展的领域。今天就已经在对一个全面的设计基础进行考虑的设计者，现在就能造出通得过未来评价标准的建筑。

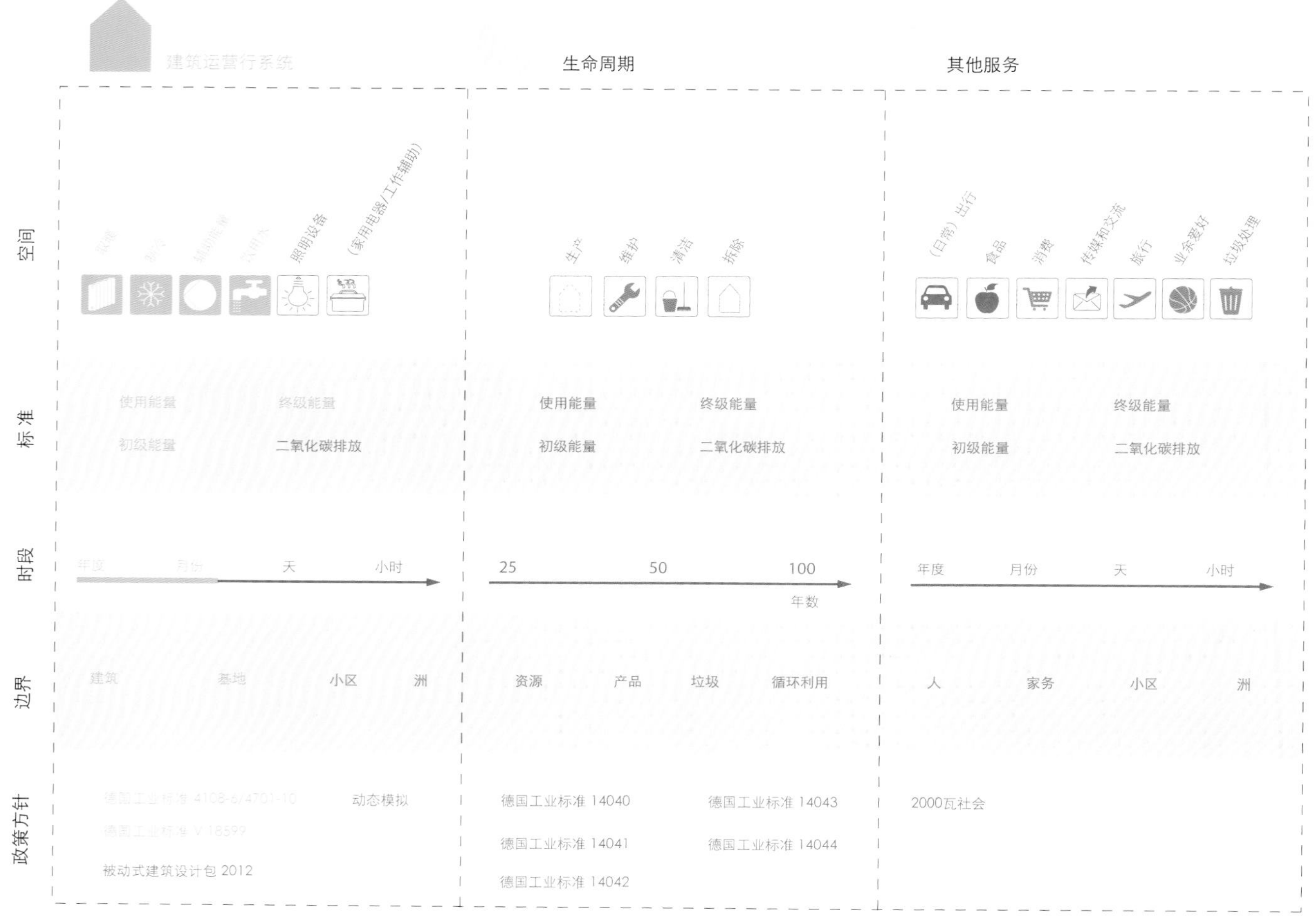

一个建筑可能的平衡领域。绿色代表《节能法》规定的必须执行范围。通过建筑运营系统中降低的能耗，生命周期和用户日常能量消耗将来会越来越重要，最终势必会被列入平衡表

可持续性评价

除了本书所考虑的能量关键值和评价方法以外，还有其他的用于评价建筑可持续性的验证体系。那些体系对能量的考量只是描述其中的一部分，并通常只以完成国家标准规定为导向或最多关注一下新能源供给。2008年，在德国创立了“德国可持续建筑公司”（DGNB，注册的协会），这个体系用超过50个标准在生态、经济、社会文化和使用功能方面，以及技术、过程和区位等领域对建筑的全生命周期进行评价。也就是说，评价范围除了建筑和它的运行系统以外，还包括设计和建造过程。单一标准的完成度最后总和成结果，再根据这个结果颁发铜质、银质或金质证书。这个体系不评价单一的措施，是评价一幢建筑的综合表现。

德国可持续建筑公司从为办公和管理建筑颁发证书开始，期间加入了更多的使用功能，如居住建筑、教育建筑、宾馆和工业建筑。此外，对于更新改造建筑，有些标准在新建建筑的基础上做了适当的调整。

可持续验证框架下的评价范围。主题栏显示出验证体系的多层次性，已经远远超出了对能量的考量。一共有六个评价领域，其中五个都属于建筑评价范围

主动式建筑的生成

如何设计一个主动式建筑？下文将对这个问题进行阐述。除了最基本的内部和外部的框架条件需要在每个建筑特有的背景下加以考虑之外，还会讲解基本的设计策略，并借助实例来说明设计过程。

居住建筑提供生活空间。要创造一个质量价值高的生活空间，使居住者有持续的愉悦感，需要满足理想的热量和空气卫生条件以保证室内空间的舒适度。除了用户的习惯和活动以及室内空间的特性所决定的对舒适度的要求，还有气候状况也给建筑设计提出了根本性的前提条件。建筑作为反映内部和外部框架条件的代表，需要能够满足无数的要求。要达到想要的舒适度，一部分要求可以通过建筑外围护结构来完成，而更多的是通过在取暖、制冷和通风方面所必需的技术解决方案来完成。在全球气候转变和化石能源越来越少的大背景下，首先需要关注节省运行系统中的能耗以及尽可能地利用可再生能源。

建筑需要能够满足各种要求。要达到想要的舒适度，一部分要求可以通过建筑外围护结构来完成，而更多的则是通过在取暖、制冷和通风方面所必须的技术解决方案来完成。在全球气候转变和化石能源越来越少的大背景下，首先需要关注节省运行系统中的能耗以及尽可能地利用可再生能源

对建筑任务的基本要求

外部的框架条件和内部对建筑的要求构成了发展建筑理念的前提；因此，在一项建筑任务的开始阶段就要讨论这两个主要领域。这里列出了针对具体项目有影响力的要求，以及适合的应对策略。

内部要求

内部要求由使用功能定义，既有个性化的框架条件也有普遍适用的舒适度标准。主观的要求是建筑任务特有的，既可以通过空间的特征和强制性约束（如更新改造）、也可以通过业主的愿望和设定的条件给出。

舒适度

舒适度属于普遍适用的标准，它通过多种多样的设计方法和《德国工业标准》来限定。主观上，它通过人体的感知来确定，通过皮肤、鼻子、耳朵和眼睛感受炎热和寒冷带来的不适、气味、噪声和眩光。建筑应该能够帮助排除这些不适，在这里，空间是内外沟通、要求与特征之间的媒介。

不论时间与场所的变化，用户对于某种特定的使用功能的要求通常很接近，但完成这些要求所采取的措施却多种多样。比如在过渡季节里，居住建筑晚上有时要取暖才能达到舒适的温度水平，而在一座办公建筑里通过内部负荷和白天的长时间使用以及较强的太阳照射，到晚上有可能还需要制冷。

基本上在一个空间里，下列标准是对用户的满意度起决定作用的：

- 热舒适度
- 卫生舒适度
- 视觉舒适度
- 听觉舒适度

热舒适度	使用者	活动类型 停留时间
	环境	天气/气候 室外气温
	空间	温度 空气流速 空气湿度
卫生舒适度	使用者	活动类型 停留时间
	环境	室外空气质量 附近的产生排放的工业
	空间	空气湿度 放射/有害物质 空气质量（二氧化碳） 气味
视觉舒适度	使用者	活动类型 停留时间
	环境	漫反射的比例 日光直射的比例 环境中反光的表面
	空间	日照系数 照度 照明密度分布 眩光 颜色饱和度 与外界的视线联系
听觉舒适度	使用者	活动类型 表面密度 停留时间
	环境	环境噪声
	空间	面属性 回响时间 空气载声防护 碰撞噪声防护

建筑舒适度标准和指数

下文将逐一讲述这些标准及其指数。由于要发展一幢建筑的能量概念首要的是达到适合的舒适度，这方面和建筑相关的要点将被详细描述。

从根本上说，不同的个体对空间气候的感知是不同的。当有些人冷得发抖时，客观上测量出的同样温度可能对另外一些人还相对舒适。即便如此，有些既定的影响舒适度的规则以及一些右值可以代表对大多数人来说舒适的气候。《德国工业标准》（DIN946-2）中定义：当使用者对温度、湿度和气流都满意时即达到了热舒适度，此时用户既不希望室内空气冷一点或热一点，也不希望湿一点或干一点。当身体在空间中处于平衡位置，也就是说身体的热量供给和支出保持在平衡状态，这是普遍适用的；但是，如上面所描述的，这可能会因人而异。

使用者和使用功能

人体组织通过燃烧过程产生体热，通过对流、辐射、蒸发和呼吸向外界释放热量，在一定程度上对外界起到加热的作用。这个过程通过身体运动被加速，热量的释放也随之增多。在安静状态下，人均释放 80W 热量，在中等工作强度下则释放 210W 热量。人体热释放量除了取决于人的活动强度，还和周围环境温度有关。总的热释放量将随着周围环境温度的上升而减少。

除了室内平均气温、辐射温度以及人体活动强度外，人体的热释放量还受到其他一些因素，如气流速度、室内空气湿度以及着装方式和着装属性的影响。

室内温度（辐射温度，行动温度）

一般说来，在冬季，欧洲中部气候区穿着一般的、坐着的人的舒适温度为 20℃～22℃，在夏季为 22℃～24℃。对于人体来说舒适的温度除了人的体温和气温以外，还取决于周围面积的表面温度（墙壁、天花板、地面以及取暖面积），因为这些表面通过辐射与人体进行热交换，表面温度过高和过低（如保温性能较差的窗）都会引起不适。由于人体热量的 50% 都通过热辐射释放，保温不足的过冷的表面会加速人体辐射热的释放，从而引起不适。

因此，表面温度不应低于 18℃，而为了持续

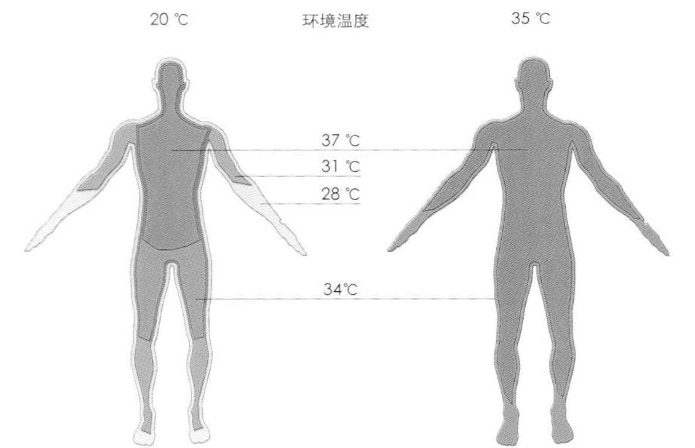

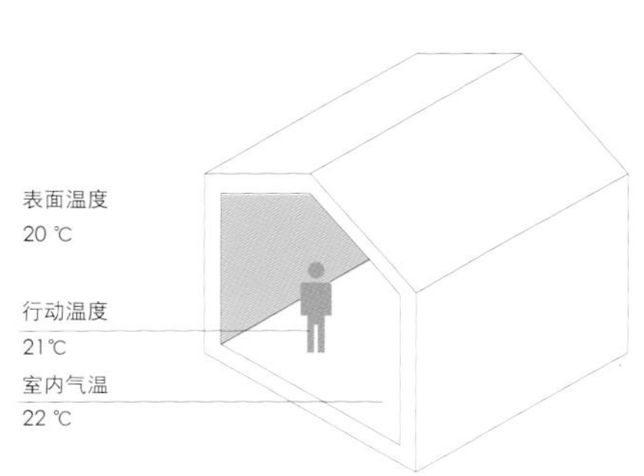

人体的温度平衡受环境温度影响。温度低时，人体损失热量，身体被冷却，这个过程首先从手臂和腿开始。在很高的温度下，身体无法散热，导致过热。在一个舒适的环境温度中，人体的热存储和释放呈理想的比例关系

舒适感则不宜低于室内气温的 2K ～ 3K。为了创造室内均匀的舒适气候，单独的表面以及建筑构件之间的温差不应大于 5K。这个标准值对于表面取暖系统的设计和组织十分重要。

人体可以感知的温度既由空气也由辐射温度组成，并以感觉温度或者运行温度来表示。一方面，运行温度的标准值取决于室外气温和季节，即便是在夏季，极低的室内气温也是不舒适的，过高的室内气温在冬季也同样不舒适。另一方面，如果与室外的炎热区别明显的话，比舒适度边界稍高一些的温度在夏季也可以被认为是舒适的，其原因是人体对季节具有适应性。在这个边界范围内的主动式制冷意味着用技术上的高昂代价换来很少的效果。

空气湿度

对舒适度产生影响的另一个因素是空气湿度。人体既通过辐射，也通过蒸发调节体温，出于这个原因，空气湿度对舒适度有直接影响。绝对空气湿度是空气可以包含的水量（g/m^3），它取决于空气温度。相对湿度用百分比表示空气的饱和度。极热的空气可以包含很多湿气，冷空气与之相反。当室外的热空气被冷却，相对空气湿度即升高。潮湿和温暖的空气被认为是很闷的，夏季较高的空气湿度妨碍人体通过蒸发来调节并降低体温。当冬季寒冷的室外空气被加热，其相对湿度也被急剧降低。干燥会使身体的水分过度流失，引起黏膜组织和眼睛干燥。这两种情况都让人觉得不舒服。

因此，要提高室内环境的舒适度，室内空气湿度就不能超过 70%，它的最小极限建议为 30%。空气湿度既可以通过取暖系统即热传递的形式、也可以通过室内空间的材料选择来影响。可以吸收和释放湿气的材料（如黏土）以一种自然的方式帮助平衡炎热。起决定性作用的是降低空气交换量，只要满足卫生要求即可，这样根据季节不同就不会有过多的湿气进入和排出。通常情况下，可以通过这样的简单的被动措施达到极高的舒适度。为了可以有目的地控制空气湿度，需要采取主动式技术。一个适合的机械送风和除湿装置可以根据使用功能满足对高舒适度的要求。

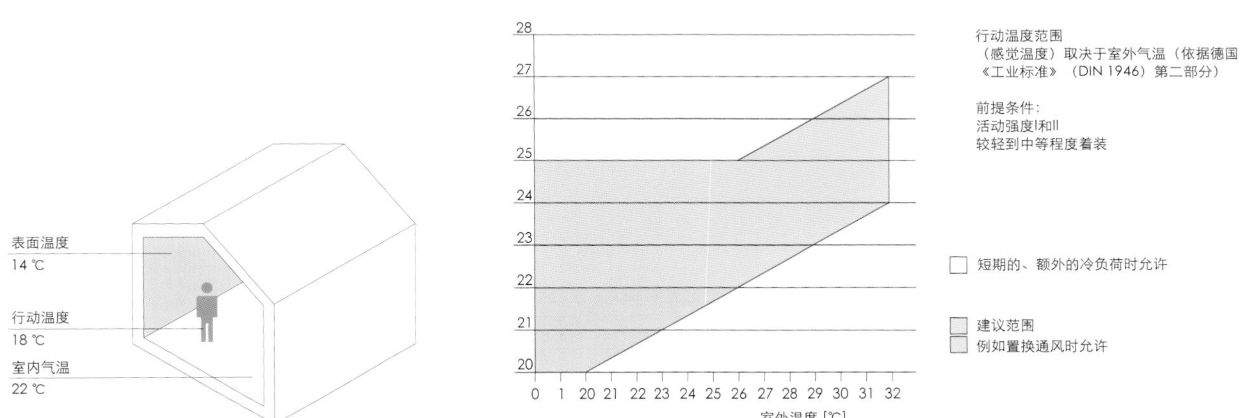

人体把表面温度和空气温度混合起来作为运行温度来感受。这二者之间的差别越小，舒适度越高

原则上，可以通过提高建筑外围护结构的能量质量来提高舒适度，理由是温差降低了。一个好的概念要将个体的需求、条件以及外部影响连带考虑进来，即便如此，还是应该对用户所希望达到的关键值进行推敲、询问。如果可以忽略短期高于或低于所要求的舒适度值，则需要付出的技术和运营费用就会大大降低，况且，静态的理想关键值并不能完全表现人体的舒适度状况。对季节和天气条件某种程度上的适应或者设置不同的停留区域以及设置用户自己可以影响的气候条件（恒温器、太阳防护、开窗）都很有帮助。

由使用功能决定的要求

建筑使用功能的形式确定建筑设计本质上的框架条件，这涉及空间设计、由使用功能决定的空间组织以及技术供给概念。在用于取暖、制冷、通风、饮用热水和照明的能量需求范围内，使用功能不同，则能量消耗情况和数据也不同。

一个新建和更新改造的居住建筑与非居住建筑的能耗比较显示出不同的需求数据。对于欧洲中部气候区的居住建筑来说用于取暖的能耗一直是一个重点，在这方面可以相对容易地节省能量。被动式理念的影响很大，并且显示出经济上的可行性。对于非居住建筑来说，其用电量很大，将来在这个领域里要找出单个的消耗者并有针对性地对其实施节能的理念。

比较显示出，不同使用功能在平方米上分摊的消耗基本上没什么区别，其绝对值（KWh/a）却显示极大的不同。列举出的三个项目将在本书的项目篇进行详细描述。

居住建筑的要求由于其使用功能极低，导致用户的要求对整体要求数据的影响较大。每个用户的要求都不一样，并且他们对节能的理解不同。通过个性化的咨询，首先了解可以通过用户行为影响的措施，而通过改变用户行为可以节省家庭能耗的15%。

空间的要求（如建筑内单一使用单元强制性的结果）、技术的设定（如防火和隔噪声的要求）会导致在设计中并非所有的优化措施都能和能效整合起来，这样就需要在具体建筑的背景下找到合适的解决方案。如本书基础篇中所述，有意开放的主动式建筑的定义可能是一条正确的途径。

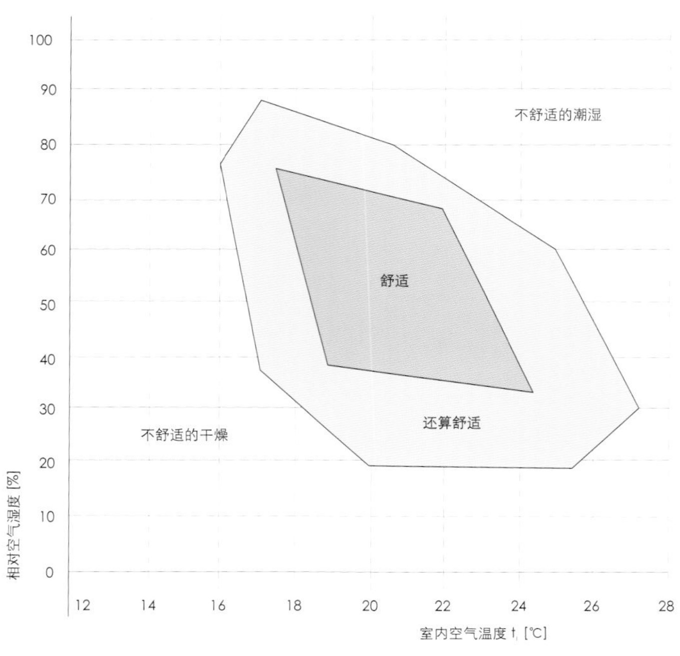

“舒适度窗口”是指在欧洲中部地区大部分人觉得舒适的范围。这里对室内空气温度和相对空气湿度的依赖性决定了主观性的对舒适度的感受

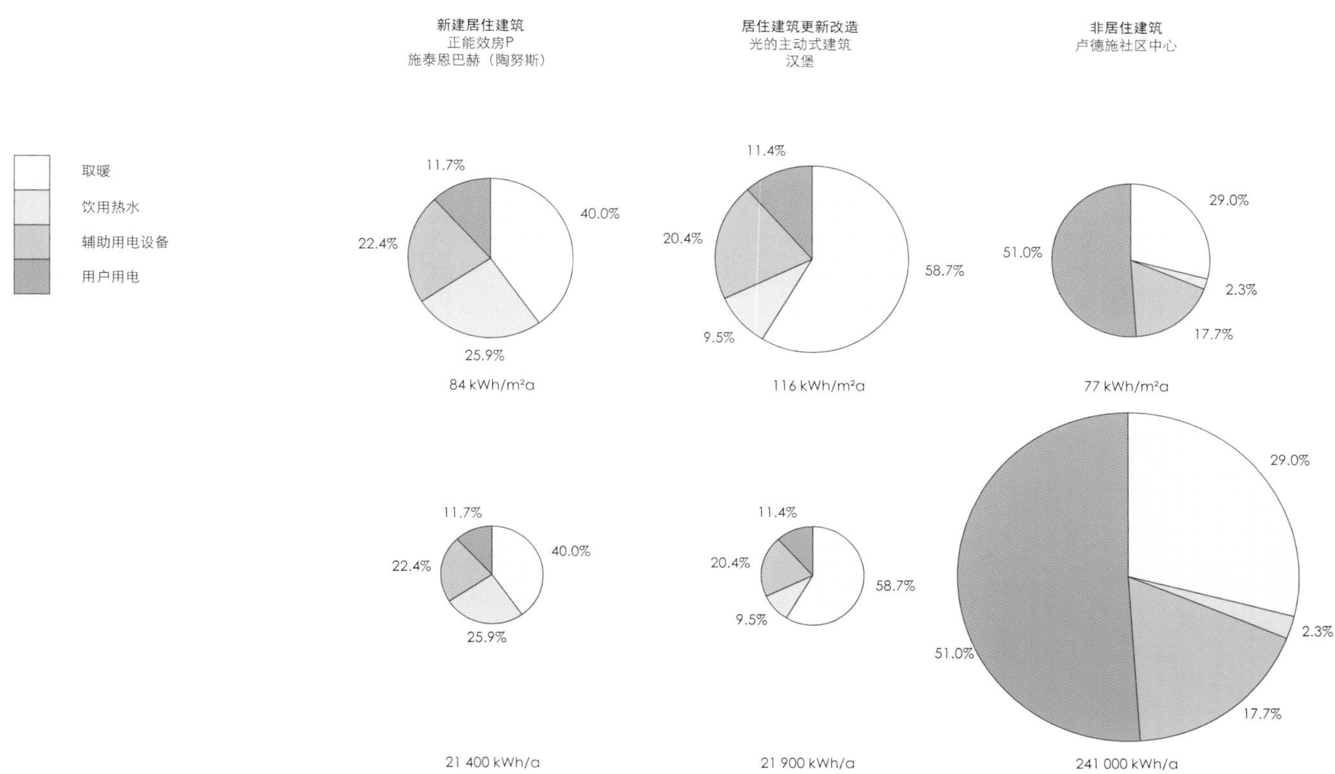

居住建筑与非居住建筑的能耗需求比较

正能效房 P
设计：能效概念股份有限公司，达姆施塔特

光的主动式建筑，设计：达姆施塔特技术大学，欧斯特曼建筑师，汉堡

卢德施社区中心，建筑师：赫尔曼·考夫曼 ZT 股份有限公司，奥地利，施瓦扎赫

外部框架条件

外部框架条件首先是由所在位置的气候赋予其特征——大气候环境描述大于方圆 500 平方公里的大尺度气候效果，而小尺度的微气候则定义一个明确的场所的气候（城市、建筑之间、基地）。要发展适合所属的气候区以及所处基地的建筑概念，一个准确的分析在设计前期十分重要。

气候

一个地方气候描述的典型框架条件包括平均日照、降水量、平均温度、季节差异、白昼长度和风力情况等。不要把气候与天气混淆。天气只是一时的现象，而气候则是一种持续的状态。较强的环境影响可以改变气候，但这种改变是在很多年里都不会被察觉到。即便如此我们现在处于一个气候转变的阶段，它是受大气层的变暖和经常发生的极端天气情况所影响的。

气候区

球形的地球和倾斜的地轴导致不同的日照和温度区的产生，此外通过陆地和水量的分布及其对大气层的作用产生区域性的气候特征。这些区域被称为气候区：

- 极地区
- 温带
- 亚热带
- 热带

气候区沿着纬度展开。离赤道越远，气候的季节性差异越大。

极地区

在北极圈内，北极以及南极圈内的地区属于极地区。由于常年气温在零下以及零度左右，没有或仅有少量植物可以生长，它们也被称作“寒冷沙漠”，即便是在最温暖的月份，气温也常常是在 10℃以下。日间的温差极不明显。夏季的白昼较长和冬季的黑夜较长导致大陆上（如西伯利亚）年温差较大。由于较低的入射角和大气层的过滤作用，这些地区的日照强度较低。此外，大部分日照通过冰雪被反射回去，达到地层深度部位的长期霜冻加剧了气候的干燥。

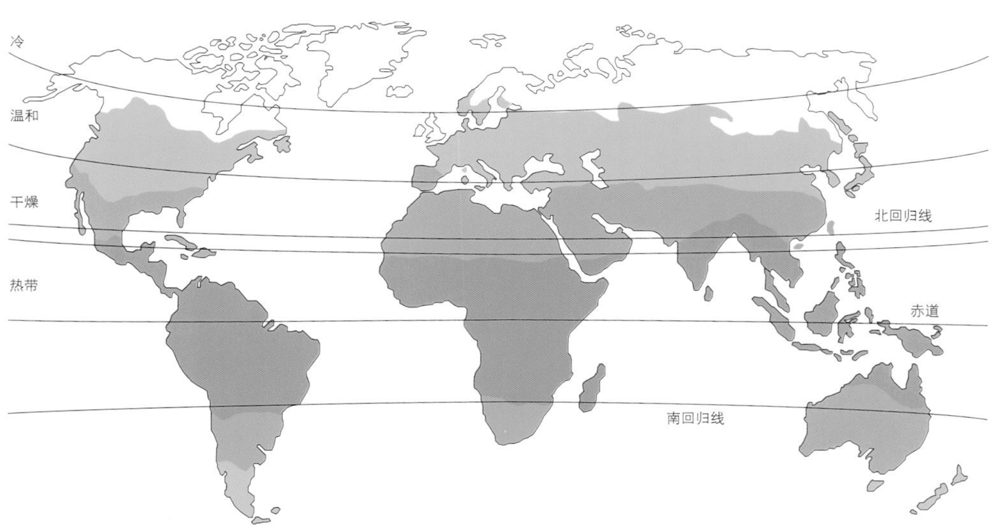

地球上的气候区

温带

温带与极地区交接，气候温和。温带延展到40°纬线，包含了不同的气候特征：西部海洋性气候、夏季温暖的大陆性气候、过渡气候、凉爽的大陆性气候以及东部海洋性气候；因此，在这个气候区内还可以分成冷、凉爽和温暖的不同温和区。这种多相性也反映在日照强度上，如在欧洲中部地区经常是多云的天气，日照以漫射光为主，而在临近热带的过渡地区日光直射占比则较高。

温带的另一个特征是昼夜性和季节性温差较大。欧洲中部地区季节性温差最明显可达18～20K。这种明显的季节性差异使得对建筑的要求较为复杂。离赤道越近，季节性差异越小。白昼的长度随着季节变化更大，在夏季从日出到日落可能会长达16小时，而在冬季可能只有8小时。由于平均降水量全年分布均匀（在欧洲中部地区约为600～1000mm），建筑的风化可以用易变来形容。空气湿度在60%～80%之间，程度为中等到较高。

亚热带

大约在北（南）纬25°～40°之间是亚热带地区，即位于热带和温带之间的地区，它的特征是夏季炎热、冬季温暖。太阳照射强度在夏季最高，导致日间气温较高，而在夜间气温可能降到中等或较低。早晚温差平均值在20K左右，而季节性温差则较小。

夏季气候除了炎热外，还很干燥。空气湿度在10%～50%之间，平均降水量极低（每年约0～250mm）。短暂的强降水极少出现。

通常大部分亚热带沙漠地带的空气含尘量极高，产生风的原因不同，在局部地区可能很强，在沙漠地区可能会出现沙尘暴。由于亚热带地区不适宜的气候条件，人口密度较低。

热带

热带位于赤道的两侧，虽然太阳照射强烈，但由于天空多云而被减弱成漫射，即便如此，照度平衡值仍然极高。气候的季节性特征不明显，年平均最高日间气温达30℃，夜间大约为25℃。昼夜温差较小，但还是比季节性温差要大。白天的长度在10.5～13.5小时之间，相对恒定。较高的降水量（每年约1200～2000mm）使得土壤肥沃，由此产生的气闷说明空气湿度在60%～100%之间。

风力情况相对较弱，但在雨季可能会出现风暴甚至是热带龙卷风。

原生态的建筑

经过几个世纪积累下来的所谓的“原生态建筑”在地球上很多区域发展成为气候优化型建造方式。它显示出，哪怕用很有限的技术手段也能为人类及其需求创造出理想的生活环境。直到能量随处可用且费用较低时，人们才把对一个地方优化的建筑方式发展成国际式建筑，用技术设施取代地方化的优化，所付出的代价是建筑运行能耗较高，而用户的满意度并不一定会随之提高。“病态建筑症状”在这些建筑中很常见，降低了工作效率和对建成环境的接受度。这里老的建造传统正好揭示了可以与合乎时代的理念相结合的被动式措施。

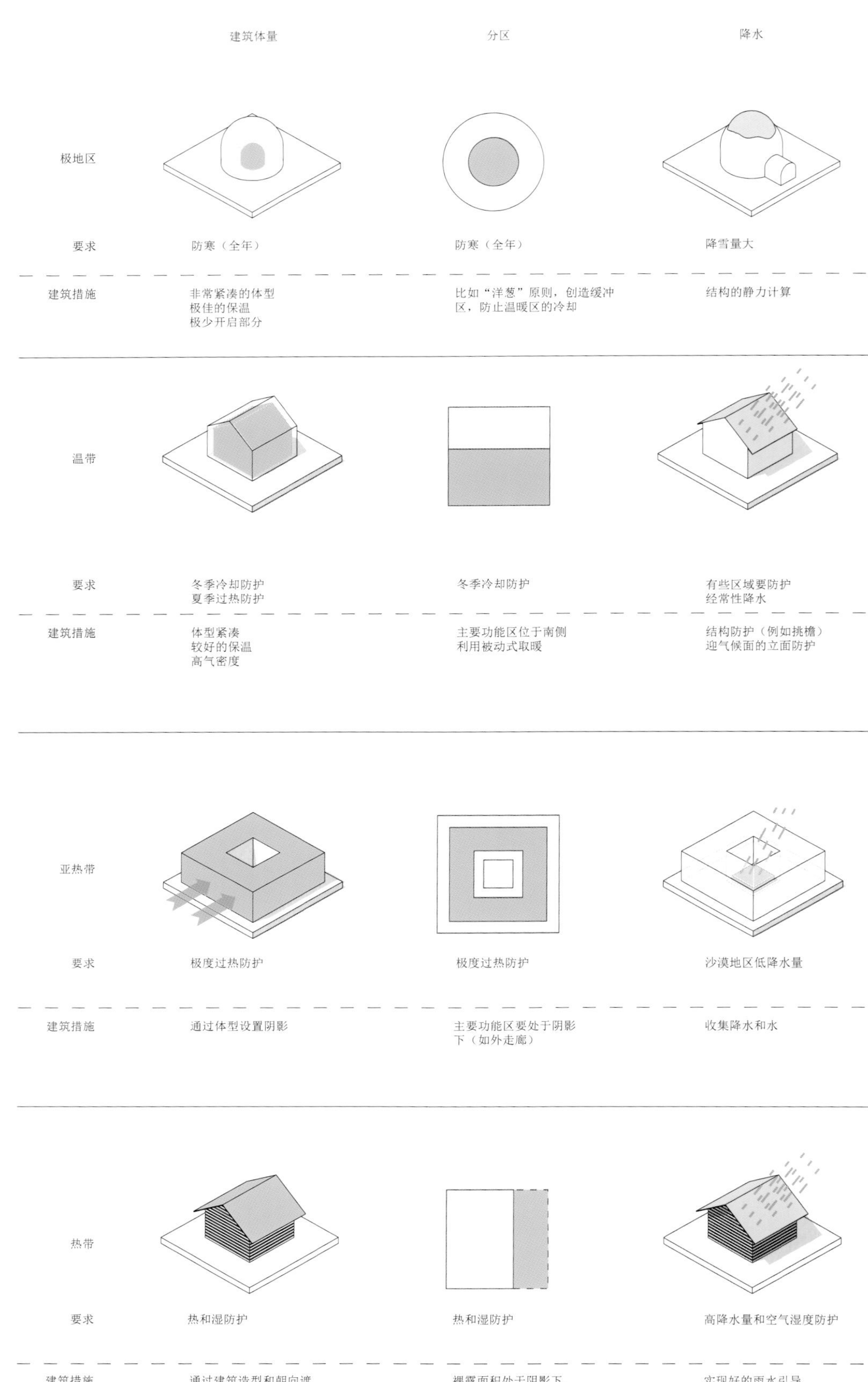
建筑体量
分区
降水
极地区
要求
防寒（全年）
防寒（全年）
降雪量大
建筑措施
非常紧凑的体型
极佳的保温
极少开启部分
比如“洋葱”原则，创造缓冲区，防止温暖区的冷却
结构的静力计算
温带
要求
冬季冷却防护
夏季过热防护
冬季冷却防护
有些区域要防护
经常性降水
建筑措施
体型紧凑
较好的保温
高气密度
主要功能区位于南侧
利用被动式取暖
结构防护（例如挑檐）
迎气候面的立面防护
亚热带
要求
极度过热防护
极度过热防护
沙漠地区低降水量
建筑措施
通过体型设置阴影
主要功能区要处于阴影下（如外走廊）
收集降水和水
热带
要求
热和湿防护
热和湿防护
高降水量和空气湿度防护
建筑措施
通过建筑造型和朝向遮阳（屋顶形式）
裸露面积处于阴影下，好的穿堂风（几乎全年可用）
实现好的雨水引导

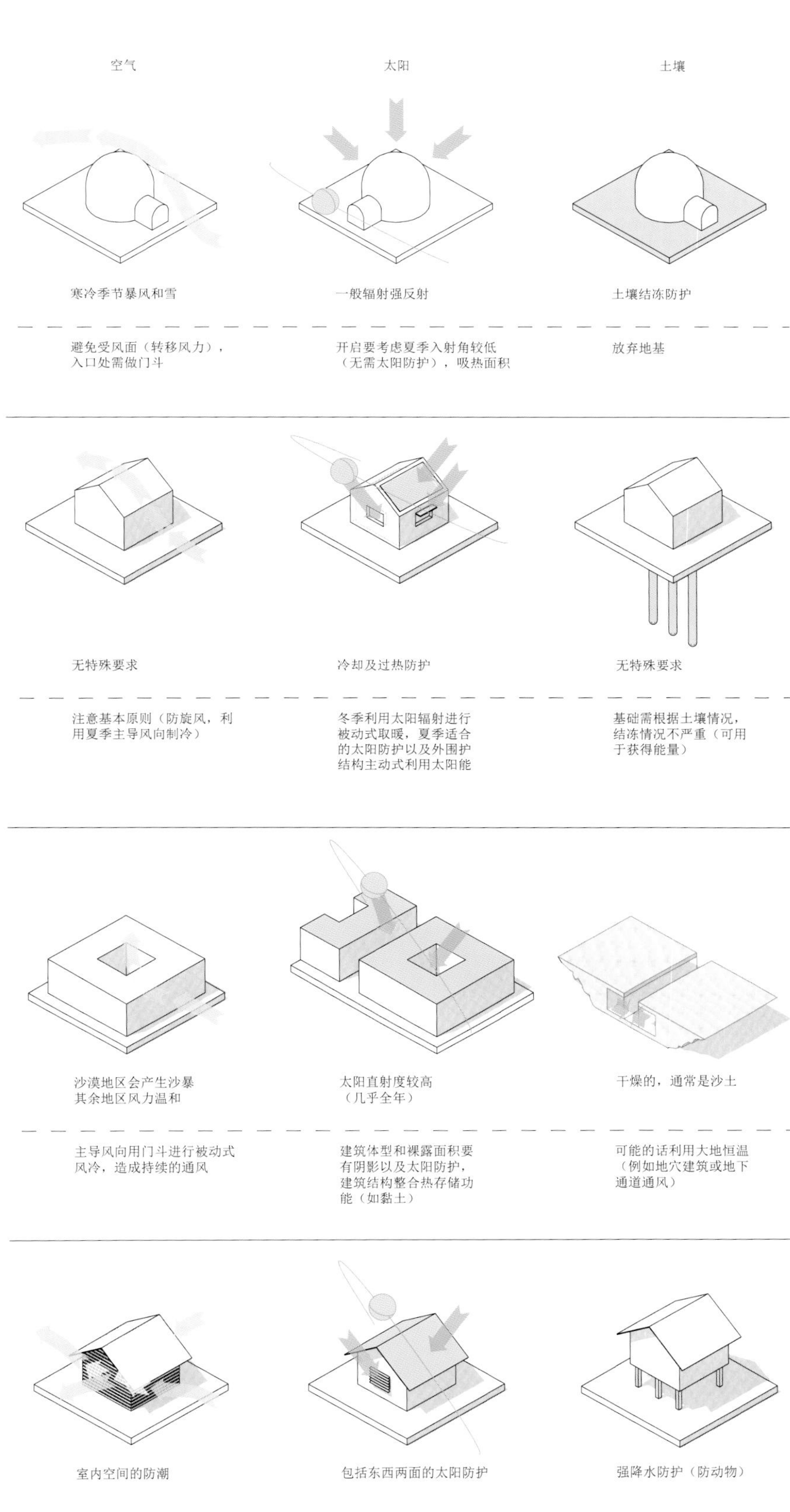
空气
太阳
土壤
寒冷季节暴风和雪
一般辐射强反射
土壤结冻防护
避免受风面（转移风力），
入口处需做门斗
开启要考虑夏季入射角较低
（无需太阳防护），吸热面积
放弃地基
无特殊要求
冷却及过热防护
无特殊要求
注意基本原则（防旋风，利
用夏季主导风向制冷）
冬季利用太阳辐射进行
被动式取暖，夏季适合
的太阳防护以及外围护
结构主动式利用太阳能
基础需根据土壤情况，
结冻情况不严重（可用
于获得能量）
沙漠地区会产生沙暴
其余地区风力温和
太阳直射度较高
（几乎全年）
干燥的，通常是沙土
主导风向用门斗进行被动式
风冷，造成持续的通风
建筑体型和裸露面积要
有阴影以及太阳防护，
建筑结构整合热存储功
能（如黏土）
可能的话利用大地恒温
（例如地穴建筑或地下
通道通风）
室内空间的防潮
包括东西两面的太阳防护
强降水防护（防动物）
室内空间持续穿堂风用于带
走热量和湿气以及通过进风
冷却
结构自遮阳例如通过挑檐，
通过太阳防护使室内处于阴
影区
在季风降雨区架空建筑
较为适合

微气候分析

每个设计开始的时候都要分析具体位置的参数和特殊的使用功能。对场所的气候情况的分析必须超出宏观气候区的原则性特征。对基地的微气候的认识十分重要，之后才能发展建筑形体以及对可能存在的能量潜力作出评估。微气候的特征可能受到环境构造以及周围建筑物的影响，而因此与其所在的气候区特征不一样。例如在较陡的坡地会产生风，从而影响平均气温。对建造区域的考量应该是多层面的，从大的气候区到城市范围再到建筑基地。

对微气候必需的分析首先要通过地理的以及构造的特性来进行，以下几点需要考量：

- 基地的太阳辐射量和阴影遮挡情况
- 降雨量和雨水渗透情况
- 主导风向和强度以及风的出现频率分配，通过周围建筑以及地理条件形成的风道
- 周围的绿地面积以及平面和高度上的植被
- 分析与土壤性质、地下水相关的土壤属性

太阳

太阳是所有的可再生能源以及化石能量载体的动力引擎，它免费提供日光用于照明和能量。一个地方的日照可以从不同来源的气候数据库中得到，对最初的设计考虑和分析全球平均日照就够了，它会给出通过太阳每年在 1 平方米水平面上可以获得的能量（kWh）。在德国平均总辐射约为 1000kWh/m²a，基本上每个地方都不一样，并且从北往南提高。它与太阳能光伏板的工作效率以及倾斜角度一起作为关键值，用于评价例如能量获得和是否值得使用太阳能设施等举措。

对场所的特别情况的日照分析还要包括通过相邻建筑物、植物和地势条件造成的阴影分析，一个简单的体块模型足以模拟年日照过程，只要观测四季就够了（参考日期为 3 月 21 日，6 月 21 日，9 月 21 日和 12 月 21 日）。简单的空间调查可以不使用复杂的模拟，而是借助于极向量多元数据进行类比评价。一个极向量多元数据是辐射情况按照方位，在一定时间段的平面投影

用于评价一个地方的气候需要在很多层面上进行分析，比如，城市范围 1 给出关于新鲜空气通道和绿化空间的信息；在地方上的范围 2 内，建筑可以参照的周围主导的建筑类型对硬地尺度和表面材料作出定度；区块 3 与建筑自身相邻的环境 4 传递着现实的气候和可用潜力方面的信息

（年、月、周、日）。通过放置建筑物，其产生的阴影和日照情况可以用图表来表示。

水

基地上的雨水可以被利用起来（例如作为灰水和用于制冷），但它也会引起危险。要持续使用建筑且不发生损坏，必须以年降水量的方式分析雨水总量。在德国这个数值每年在 500 mm 到 1200mm 之间（例如，率登晒德为 1203mm，哈勒为 521mm）。此外，还要分析如果雨量较大，基地上的渗水面积可渗透的容量情况，以及降雨量是否足以收集起来作为灰水利用。

此外，要检测洪水的危险性。如果基地位于一个受洪水威胁的地带，在分析上就要解释它是否适合建造；如果适合建造，就要解释通过设计和建造要对建筑实现什么样的保护措施。

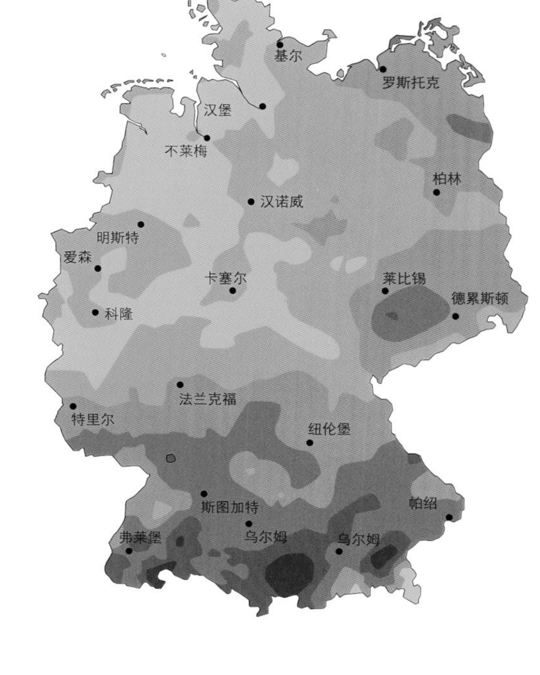

德国的太阳平均总辐射分布情况

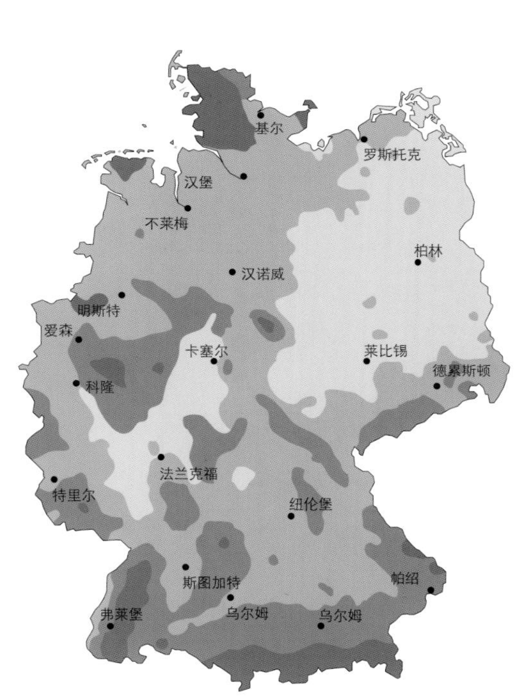

德国年降水量分布图

空气

强风一方面导致不舒适，另一方面可以用于产能；因此，相应的分析既要反映风力和风向的信息，也要反映不同方向的出现频率以及季节性分布。这些信息可以从气候数据库中获得。

此外，要考量周围建筑物的情况以及环境的地势。通过建筑物可以引导风向，形成风道并加强风力。可以借助风玫瑰图和周边建筑布置状况来估算风环境，使用体量模型的风模拟或风道测量给出详细的结果。

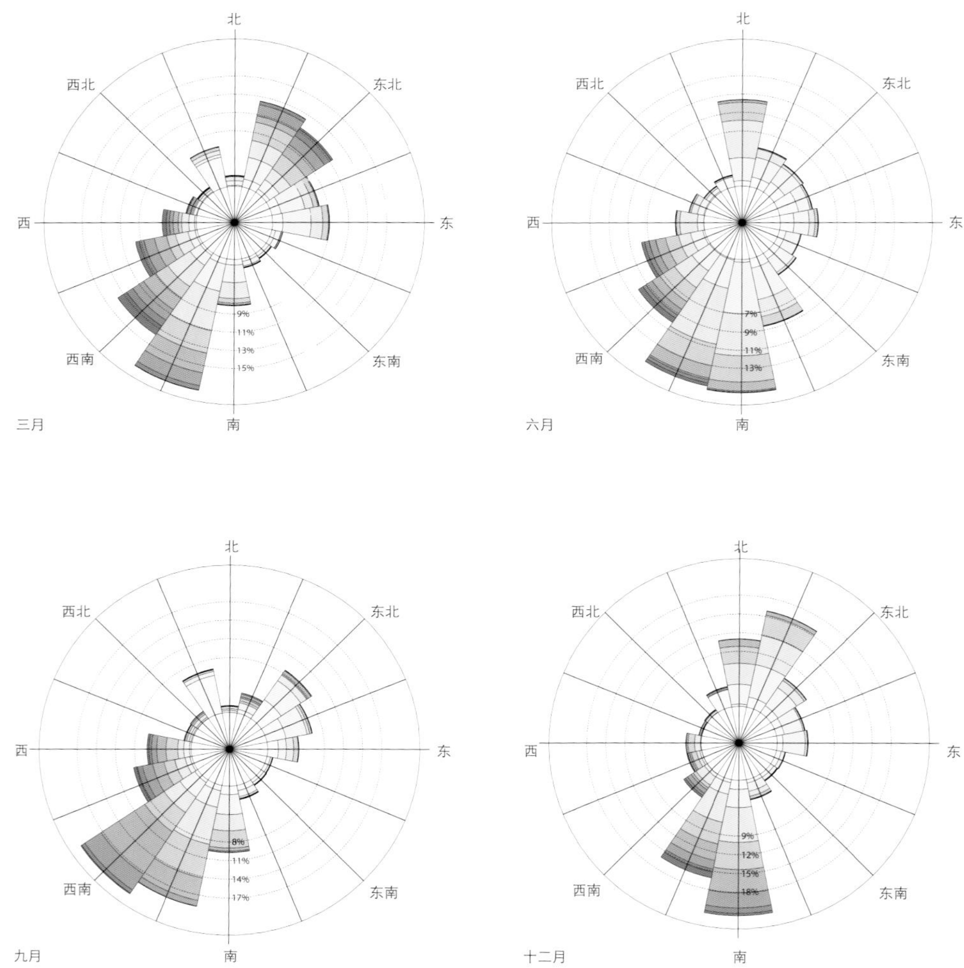

风速 [m/s]
- >40
- 34～40
- 29～34
- 23～29
- 17～23
- 11～17
- 6～11
- 0～6

法兰克福市的风玫瑰图。图表显示季节对风状况的影响，可以读出的是风力（m/s）和分布频率（%），结果可以用于建筑形体发展以及作为主动式利用风能的基础

植被／动物

通过绿地面积和树木结构过滤空气的功能和降温效果对一个场所的微环境起积极作用，但它们也可能导致不利的阴影区。

在城市密集区，对周围的植物和动物分布的分析是必须要做的。如果没有足够的绿地面积对气候起积极作用，就应该尽可能创造一个平衡，以降低空气的含尘量和避免热岛。

土壤

土壤的特性里也同样既有问题又有挖掘的潜力。不太密实的沙质土壤要求在设计基础阶段特别小心地对待。通过大地和其中的地下水可以获取热能并存储起来。土壤评估给出基地的土壤是否适合用于产能、存储的信息，以及作为基础的情况和某些情况下的有害物负担。

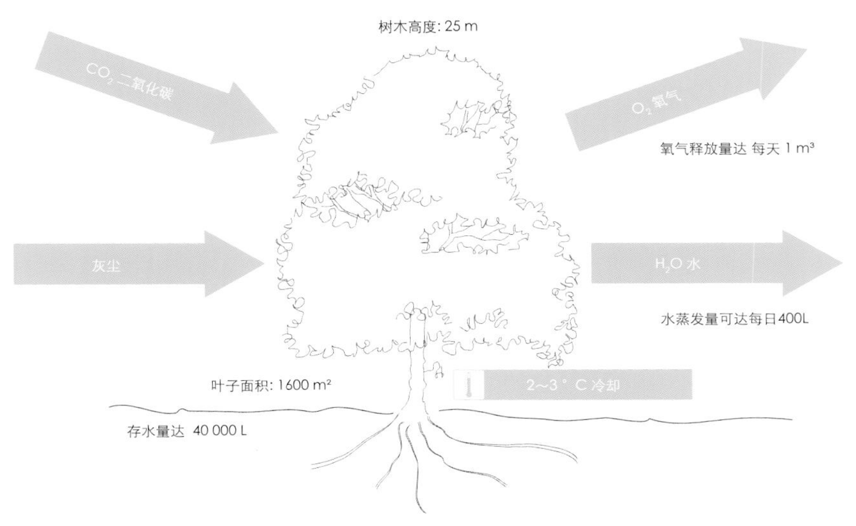

一棵树的气候平衡（绿色元素可以影响一个地方的气候）

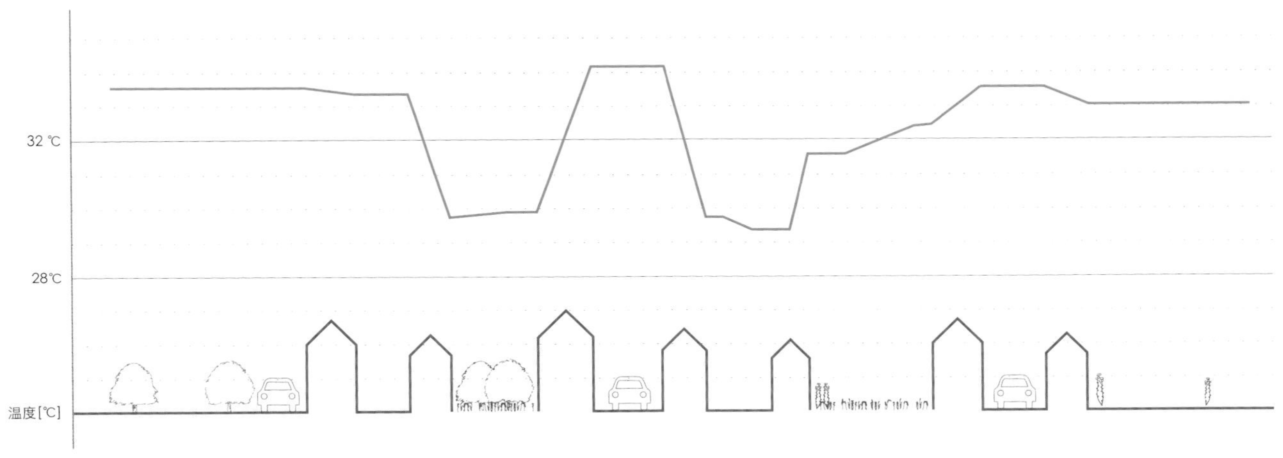

植物元素在城市气候中的作用（以日间温度为例）

一个概念的发展

做好内部和外部的框架条件分析后，就可以用最初的概念对项目目标进行整体表达。

概念是作为背景关系的解决方案来理解的，它以一般的标准为基础，但在设计过程中要根据地方的特征来进行构思。在基本步骤里除了要确定建筑在基地上的位置，还要确定建筑的体积以及提出要达到的建筑能量标准。

这个能量属性的目标值需要与业主共同确立，它既受到基地上可以主动连接的可再生能源的影响，也受到建筑上适合的被动式措施的影响。根据确定的情况，建筑设计在过程中可以向不同方向发展。对主动式建筑来说，有新的塑造形式可以不受被动式理念所要求的措施束缚。通过被激活的、可以获取能量的屋顶和立面面积，建筑外围护结构有了新的任务。主动式建筑不单独考量消耗，而是在建筑外围护结构和基地生产的能量之间达到平衡。这需要一个新的设计策略，并能够产生新的建筑形式。一个被动式建筑在朝南的一面有着较大的玻璃面用于冬季被动式获取太阳光热；与之相对应的，在夏季就需要足够的遮挡阳光构件以避免过热。主动式建筑是将朝南的玻璃面按照舒适度、自然采光以及室内气氛设置合适的大小，同时利用不透明和透明的面积来生产能量。

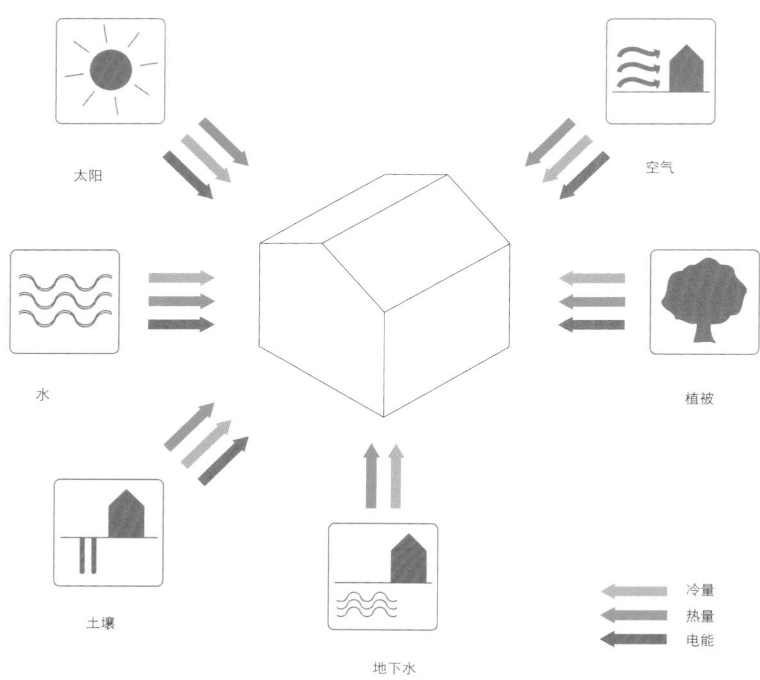

基地上潜在的可用能源

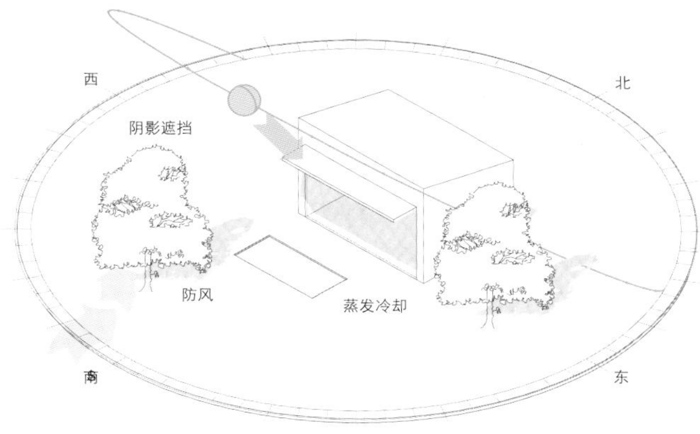

被动式建筑 夏季

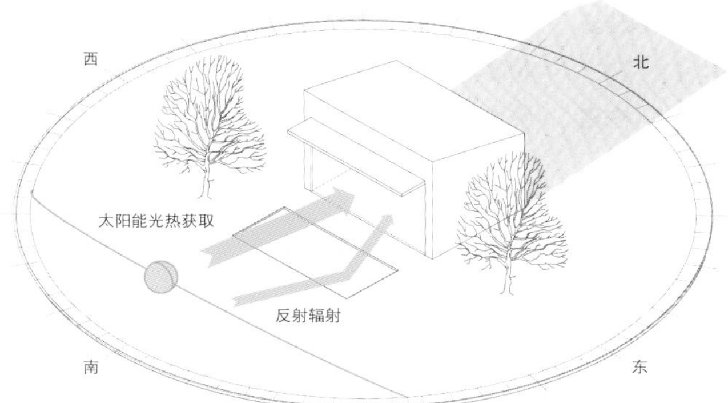

被动式建筑 冬季

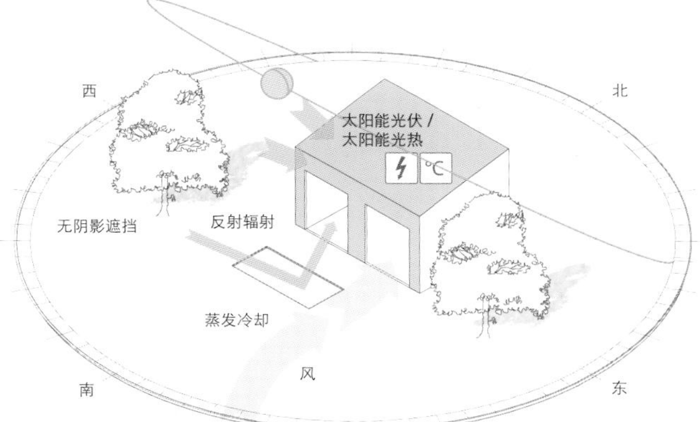

主动式建筑 夏季

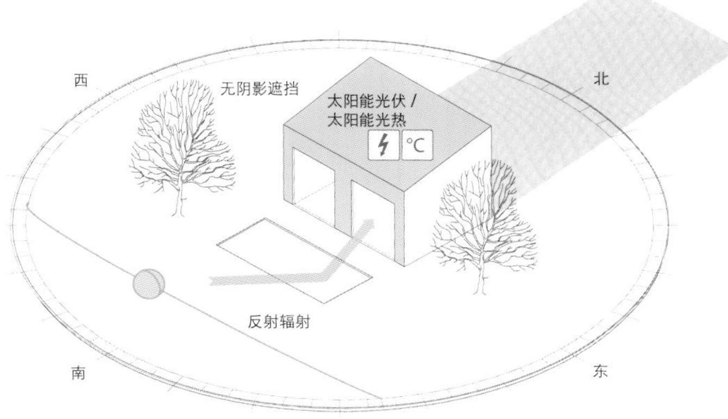

主动式建筑 冬季

设计策略的转换示范。被动式建筑（图上方）通过在朝南的一面开大窗直接为室内获取热能，主动式建筑（图下方）则是通过确定封闭和透明面积的最佳比例关系来优化整合主动式技术。利用主动式技术的表面要尽可能无阴影遮挡，而对透明面积部分的遮阳则是必要的

设计策略

只有全面考虑所有的建筑所涉及的要求和框架条件，并以此作为设计策略才能得出高效的同时也是坚固耐用的建筑概念。它的复杂性不可避免，只有通过建筑师来协调包含不同专业的设计人员才能做到。为了能将其他各专业的理念正确加以估计并整合进建筑设计及其造型，建筑师必须将其知识领域拓展到能量概念、建筑技术，以及建筑整合方面。当然他用不着自己去做这些领域的设计，但其他各专业人员应尽早进入设计阶段。有价值的指示可以在设计初期发挥作用，简化对适合基地性质的技术整合。整合设计过程需要各专业紧密结合，它能带来优化的结果和较低的出错率，也常常会降低实施的费用。

业主和运营者也需要加入到设计中来。在建筑成功建成和交付使用后，设计者就常常与建筑不再相关联了，但就是在这之后的设施控制和调试环节中会经常发生问题。

每个符合时代的建筑，其建造计划都应当均衡对待主动式和被动式措施。首先要把适用的被动式措施用足，之后再通过主动式技术来补充。被动式意味着，建筑的能量需求通过设计、结构方式和材料选择来尽可能地降低。当这些措施不够用或者不适合用于满足需求的时候，就用产能的即主动式技术来补充被动的基本设置，在这里首要考虑的是高效和利用可再生能源的设施。

这种主动式和被动式组成部分的交互关系涉及建筑的五项服务领域：取暖、制冷、通风、照明和用电。

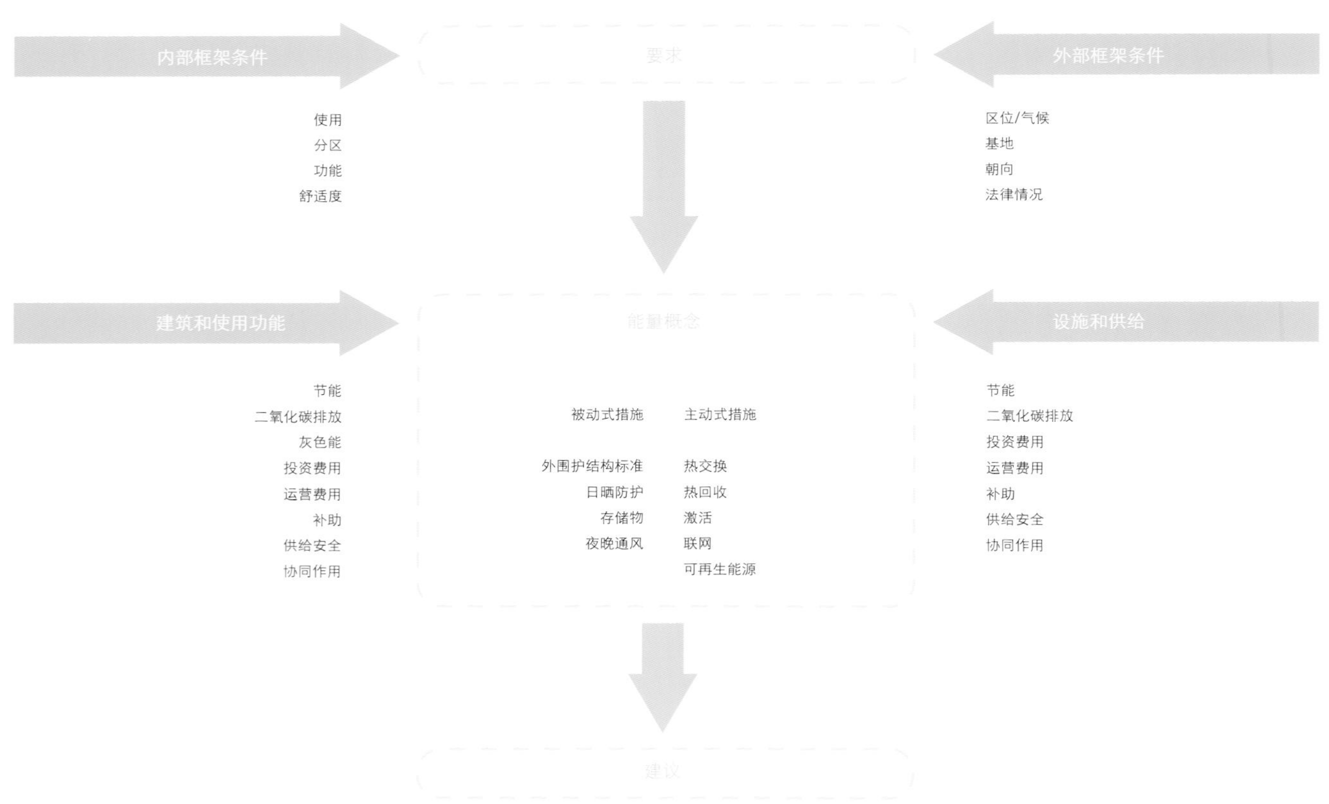

以特殊使用和具体场所为基础，对建筑能量概念策略性做法的建议

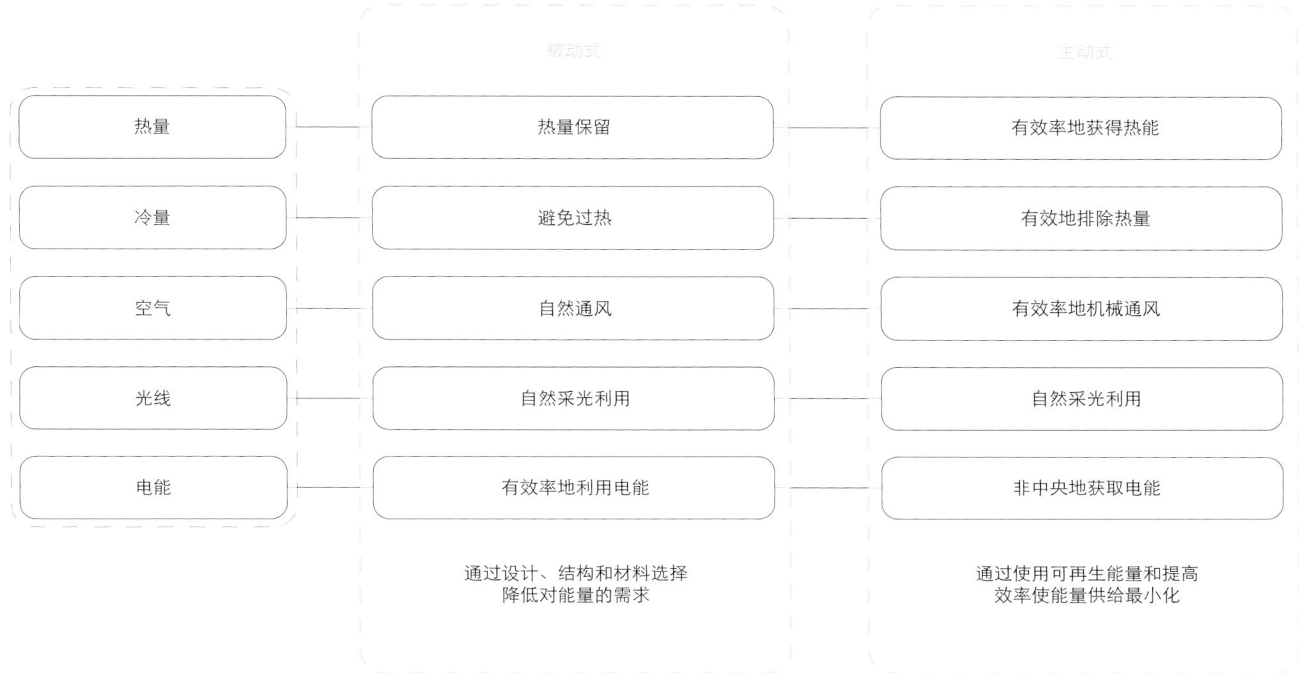

被动式和主动式的交互关系

建筑概念首先通过被动式部分优化服务领域，通过组合被动式与主动式措施，即通过将建筑和技术融合为一体，成为一个系统，可以产生智能的，同时也是坚固耐用的系统

建筑体量的生成

建筑形式不能只从城市建设的、功能的和造型的角度发展得出，它还取决于所在地方特有的气候条件和能量关键值；此外，在设计高能效建筑时要遵循普遍适用的原则。在相应的背景条件下要实现到哪种程度，则要斟酌这些条件提出的特殊的要求。

最便宜的能量是那些没被消耗的。因此，首先要做节能设计，降低通过建筑外围护结构的能量传递，即降低通过地面、屋顶、墙体和窗户损失的能量。这里首先要减少传递能量的表面积，即外围护结构面积，一个关键值是表面积 / 体积。建筑外围护结构保温做得越好，外围护结构面积最小化对能耗的作用就越低。

不只是保温的质量，主动式建筑在产能的背景条件下也提供了转换示范。主动式建筑中最低的表面积 / 体积比不一定是最佳途径，而是对项目来说一个合适的比例。因为表面积少了，用于产能的面积也减少了。

在之前就已经提及过基地上有可用潜力的能量。这些能源中很多（例如地热、地下水热和降水）对建筑形象并没有直接的影响。利用太阳作为能源是个例外，通过朝向和建筑形体确定太阳能产量好坏不一。根据气候区不同，对空间形态的影响也不同，取决于是否要做太阳防护，背对太阳，还是向太阳敞开，并直接和主动地利用太阳。在德国适合后者。倾斜角和与南向所成的角度改变

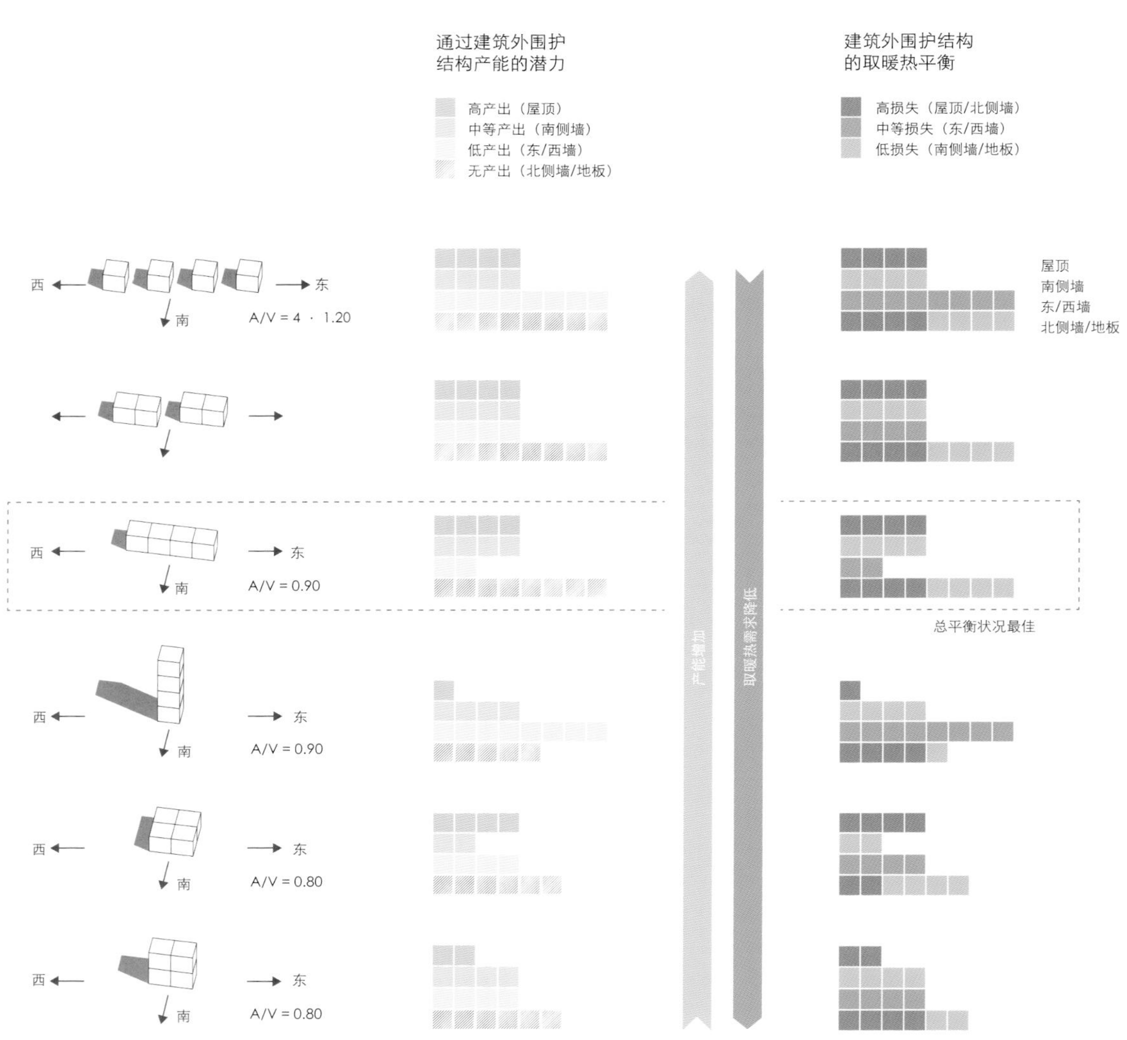

建筑形体的紧凑度对能量损失来说是一个重要的优化值。表面积（A）和体积（V）的比值越小，热损失平衡越好。由于主动式建筑要通过立面产能，因此仅仅是把表面积最小化并不能达到目的。图表显示了在使用面积相同时，在不同的建筑形体紧凑度下通过建筑外围护结构的能量损失和获得。一个中等的紧凑度是最佳情况。此外，其他参数，如屋顶面积大小和朝南布置也比单纯的看外围护结构面积来得重要。一幢建筑在紧凑度相同的情况下可以通过优化朝向和建筑形体提高产能的潜力照射在表面上的日照量强度。这个量可以大约计算出，必须要知道朝向和面积倾斜角，根据当地的总辐射和所选技术关键数据（即产能效率等），得出日照分布。由于并非所有的基地可能达到理想的朝向（如周围有建筑物），优化时的估算会有帮助。

风也会影响建筑的形体。首先，建筑形体的摆放不要产生不舒适的风道；另外，建筑形体不应该在主导风向上有较大的被攻击面，因为这样会使立面不断被冷却，在冬季会使建筑整体过冷。

建筑形体和平面发展从内部来说是依据单个空间的使用功能提出的要求。通过不同的分区概念（洋葱原则、线性分区、水平分区）排布空间，使之可以根据它们的要求从朝向和在建筑总体中的位置上获益。温暖的、需要良好采光的空间布置在南侧；与之相对的，如储藏空间，需要保持凉爽和阴暗，应该摆在北侧，储藏空间也同时作为损失较多的北侧立面的缓冲区。

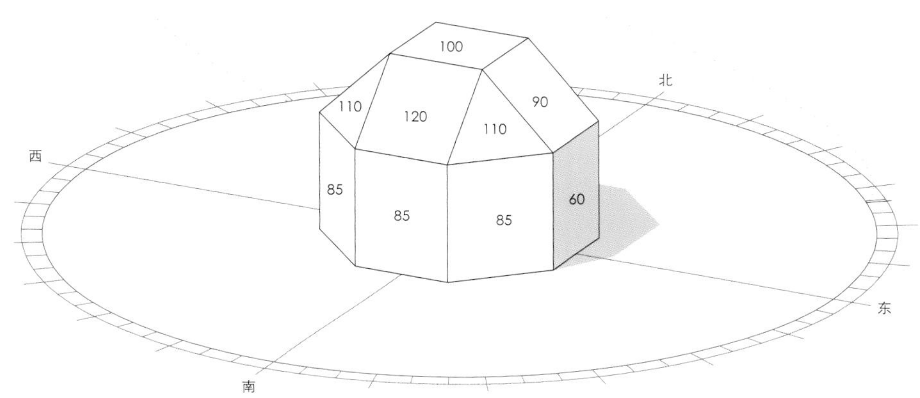

在德国朝向和倾斜角对光伏板产能效率的影响

与建筑整合的太阳能主动式技术的产能量取决于建筑表面的朝向和倾斜角。粗略的标准值在设计的初期有帮助，但需要注意的是，在详细设计阶段要通过有具体数据的计算来检验。

南侧立面上的辐射强度比平屋顶低 15%，要注意季节性的分布差异：由于太阳入射角变化，在立面上整合的太阳能光伏板在过渡季节和冬季白天部分可以生产比平放在平屋面上的太阳能光伏板更多的电能。根据能量产出（全年最大产量对比产量的均匀分配或者冬季的重要性）被激活的立面面积可能也会达到目标

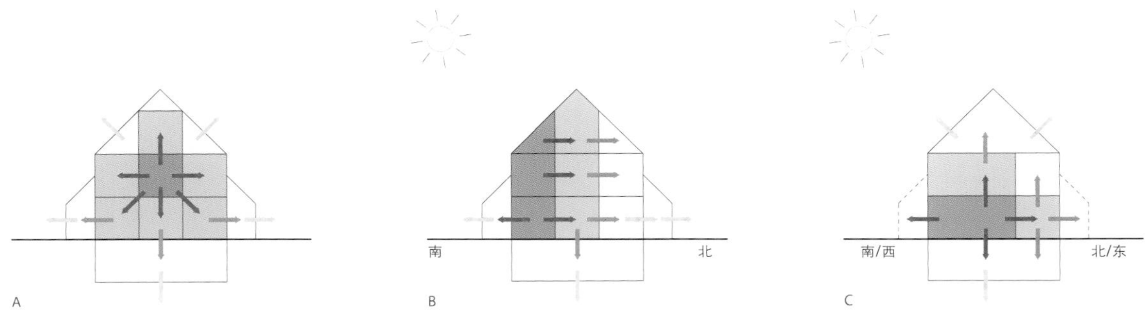

建筑分区举例：根据使用功能单独空间的特殊朝向对能量有利。图例显示了可能的分区方式：洋葱原则 A，竖向分区 B，横向分区 C

建筑外围护结构表面的生成

建筑外围护结构最首要的任务是通过足够的保温来保障室内的舒适度；通过合适的开窗比例保证室内有足够的自然采光；通过合适的太阳防护避免建筑过热。

在此范围内的设计做法以及可能的方案在本章做了介绍（见 132 页）。

下一步就要设计外围护结构的属性。在这里，材料和构造方式起到核心作用，它不仅可以降低建筑的灰色能，还影响建筑基地周围的微环境。例如，强反射的表面会提高对太阳辐射的反射，在高密度且无足够降温效果的区域会造成外部空间的局部过热，这种效果在夏季也可以通过吸热的、有强光照射的实体的表面产生。有绿化的表面通过蒸发效果有冷却作用，这对场所的微环境与建筑本身都有利，因为外立面的冷却可以降低通过立面的热传递。

不同屋顶形式的表面温度

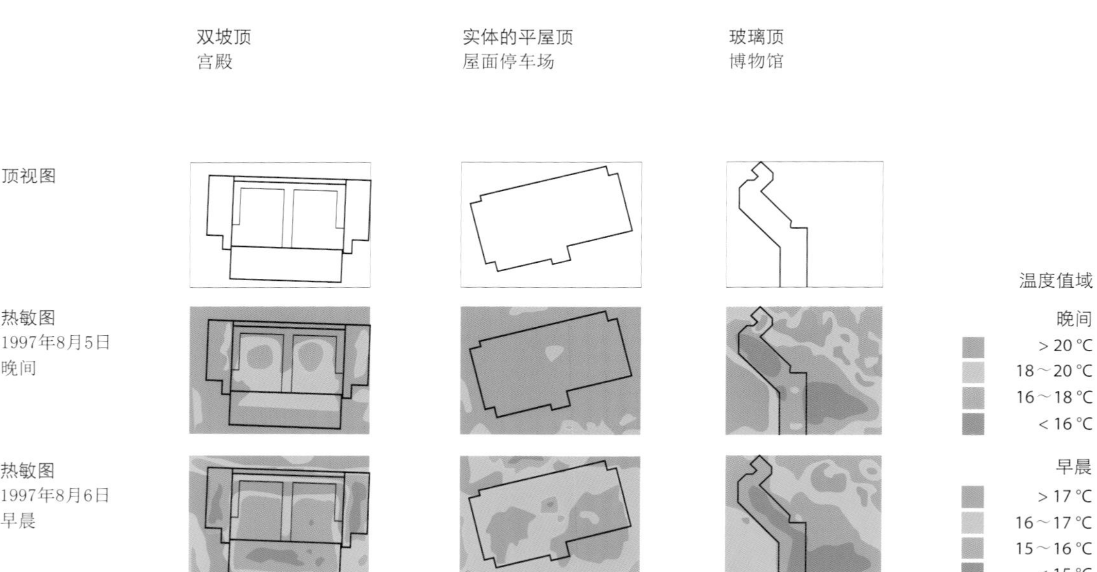

图表显示了屋顶面积在夏季夜晚的冷却情况。绿化屋面可以通过植物的蒸发冷却，极好地转移热量，使室内不至于长时间过热。平屋顶由于它的形式和实体构造方式，冷却作用最小

能量供给

一个适应未来的能量供给参数将在“全套工具箱”一章详细讲述（见 146 页及以后）。原则是以发展尽可能简单和坚固耐用的技术供给概念为目标，尽量少地使用不同种类的能源、技术和转介媒体，这样可以减少出错率，避免较高的维护成本。在主动式建筑中，将传统的建筑技术部件用于能量的生产，出于这个原因需要用到有效率的控制和调节系统。关于这些系统的描述在“控制和调节”一章（见 196 页）可以读到。

一个创新的建筑应该以追求覆盖其自身总能量需求为前景；因此，除了生产用于取暖和加热饮用水的热量之外，还要考虑降低家用电器的用电消耗。在居住建筑里，要额外考虑照明用电，尽管目前法规的平衡基础里还没有控制这一块。这样一来，可以提高能量服务的效率。这里只应该考虑使用高能效的设备，照明要用节能系统，例如发光二极管（LED），在国家标准正能效房里已经把这些作为附属要求。

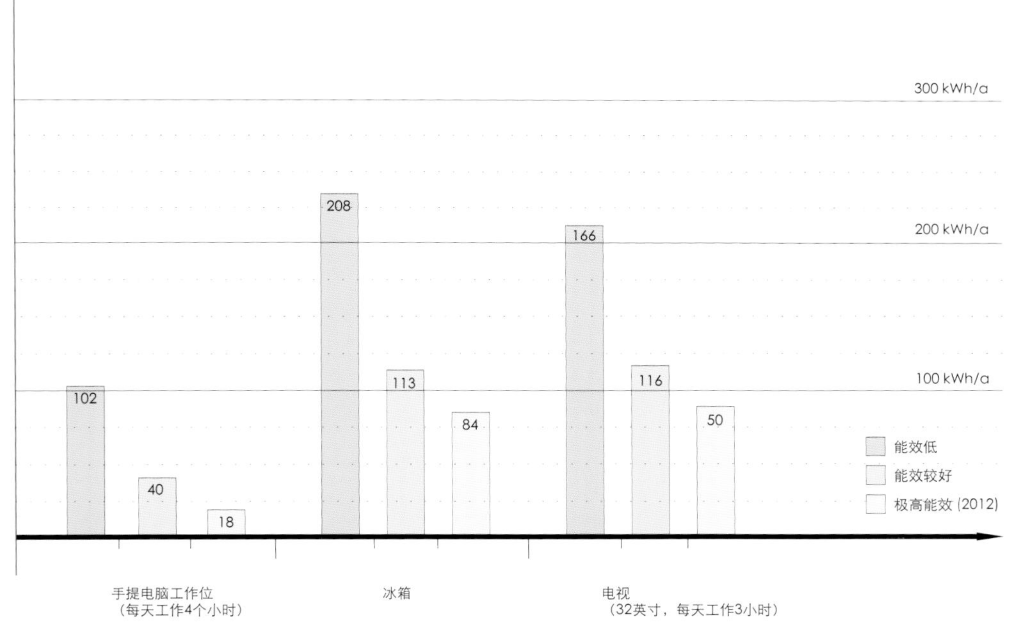

图表显示出家用电器能效的提高可以长期降低家用电器的巨大用电占比，但要注意避免产生回弹效应

整合设计的实例

以下通过两个项目实例来演示整合设计工程在新建建筑和更新改造建筑中的进程和结果。用具体的实例可以理解对设计的斟酌和其中的矛盾。这两个实例都属于小尺度的居住建筑，其设计方法和创新的解决方案只能有条件地用于其他功能类型的建筑中。

新建建筑

达姆施塔特工业大学在2007年“太阳能国际高校十项全能”竞赛中的成果可以用于新建建筑的实例。竞赛的目的是和学生们一起发展一个适应未来的居住建筑原型，并建造出来，建筑需要能够生产比自身消耗更多的能量。因为竞赛是在美国华盛顿市举行，建筑理念需要既适合那里又适合达姆施塔特，尽管二者的气候差异还是很明显的。

概念想法的发展

竞赛要求设定了能量的目标是用于取暖、制冷、热水供应、辅助用电、照明、所有的家用电器和出行的正能效平衡。为了靠近这个目标，在设计最初就考虑使用被动式的建筑外围护结构标准。在建筑形体发展和外围护结构面积的属性以及能量供给方面，首先用被动式措施优化了整个系统，在此基础上再进一步使用必要的主动式技术，来保证舒适度和达到详细规定的正能效目标。技术在建筑理念中的整合基本上较为收敛，而一个好的建筑形象则处于中心地位。此外，对使用功能的要求也规定得很详细：建筑面积一共为54m^2，供两个人使用。在建筑上，这个小房子应该能够体现简单、灵活的居住解决方案和建筑内部以及室内外流动的过渡性。

为了达到这个远大的目标并且保证质量，在设计过程中一次又一次地使用了模拟手段来计算平衡，以生成越来越能说明关于建筑内部和建筑与其周围环境之间能量和热流情况的结果，在此基础上形成了具体的想法与做法，并确立了各个组件。

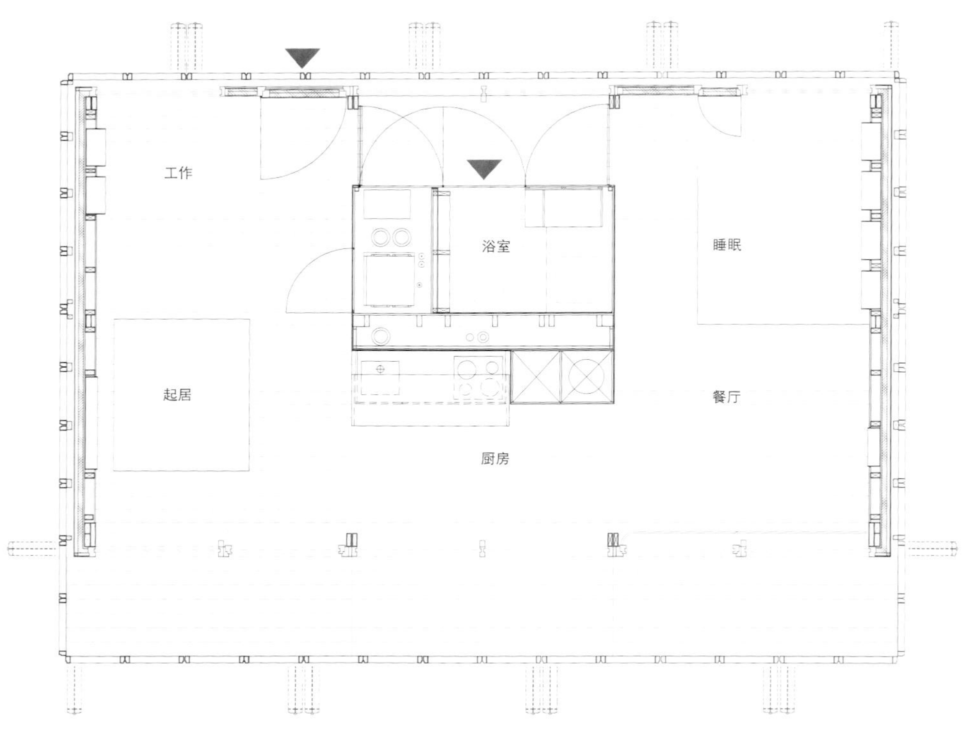

2007“太阳能十项”全能竞赛，德国队，达姆施塔特工业大学（无比例）

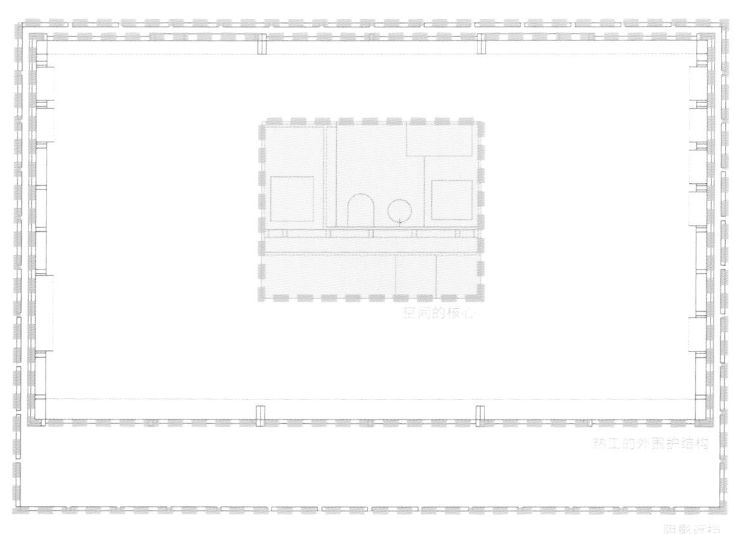

被动式措施

建筑形体的发展

■ 内部：根据温度进行平面分区

为了降低热损失，建筑的平面是以不同温度分区模型为基础的，它可以根据不同季节对建筑进行动态使用。建筑基本上有三个组织分区，其外围护结构的设置不同，部分区域是可以通过外围护结构调节的。建筑外围还有一圈围护的立面，在南侧包含一个室外平台区域。在夏季，最外层的围护结构在平台区形成阴影，提供一个室外停留空间；在天气好的时候，打开南侧立面与室内空间相连，形成一个室内的扩展空间；在过渡季节，它为内层立面提供风雨防护；在较暖和的天气，可成为舒适的室外停留空间；在冬季，将其关闭，可以作为热缓冲区。这样，建筑可以对外部框架条件产生动态的回应，根据天气的情况将使用面积扩大或者缩小。

第二层立面是建筑的热工外围护结构，围裹建筑取暖的室内区域。它通过极高的保温标准降低热损失来创造一个舒适的室内气候。

位于内部的核心部分作为第三个分区，是建筑里最温暖的部分，这里集中了设备用房和卫生设施，位于取暖空间的中央，尽可能远离外立面。为了使卫生设施空间的气候环境达到舒适，希望有较快的加热速度。

被动式建筑通过内部的和直接获得的太阳光热来供暖，这是一个基本上可行的系统。为了提高使用舒适度，在设计阶段的早期就设想将这个区域作为温暖的核心部分，并额外设置一个表面取暖系统。在设计过程中实施了地板采暖，但埋管的数目较少，在运行中可以高效地利用太阳光热或热泵。

■ 外部：紧凑的建筑形体以优化外围护结构面积

通过竞赛严格的规定和紧凑的空间安排，在设计建筑形体时可以选择的余地不大。朝南倾斜的屋顶虽然最适合太阳能利用，但由于给出的最大建筑高度的限制，采用坡屋顶就会限制室内空间的使用，因此决定采取一个简单的立方体造型。为了检验其可行性，大致地对能量消耗以及平顶、南立面和东西立面上主动式应用潜在的太阳能资源做了平衡估算。结果显示，在年度平衡中，平屋顶上的太阳能光伏板的产电量比朝南倾斜 30°角的坡屋面仅低了 10%，这可以通过放大的和完全激活利用能量的面积平衡掉。能量消耗和能量生产也得出了正平衡，从而验证了设计决策的正确性。

此外，还选择了极为紧凑的建筑方式，以避免通过建筑外围护结构产生的热损失，并且在项目约束的框架下尽可能地优化了建筑形体。

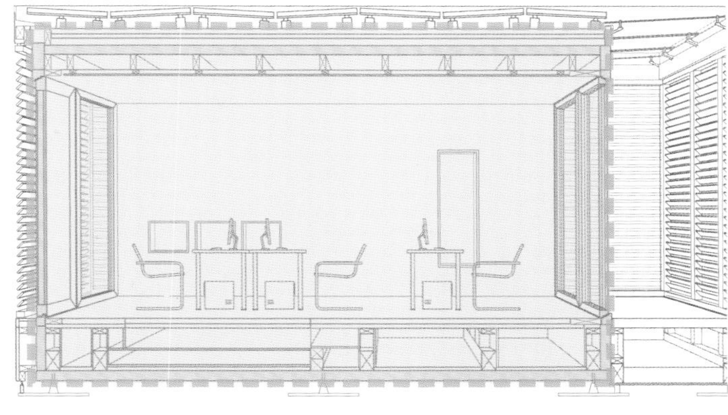

表面积/体积

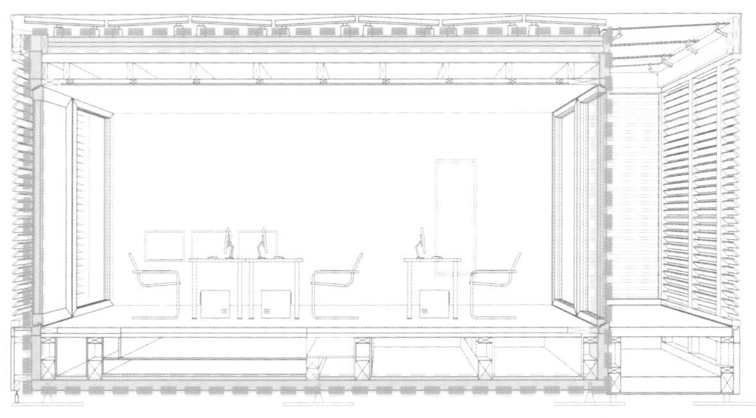

高保温标准

立面构造中的真空保温板。单块的保温板呈双层错缝排布，尽可能通过其间的隔条产生冷桥。通过贯通的压缩泡沫材料带创造了一定的密封性以及固定粘合效果。

外围护结构表面发展

■ 热保温和建筑外围护结构的气密性

通过紧凑的建筑形体已经减少了许多的建筑外围护结构面积；此外，它还必须满足极高的保温标准，以便能将建筑对取暖和制冷的能量需求降低到最小。

设计团队的目标是在保持墙体较薄的情况下达到高保温值。竞赛对面积的要求很严格，如果采用一般的保温材料，使用面积还会被降低；因此，不透明的建筑部分使用了真空隔热板（VIP）——其中央使用多孔的高温蒸馏的原硅酸质，用铝膜密封抽成真空。由于真空的作用，这种材料的保温效果与一般的保温材料相比要高十倍。用6cm厚的VIP板保温层（2cm×3cm VIP板）可以达到的U值为0.1W/m^2K。

与传统的保温材料相比，这种很敏感的保温板要做到无冷桥需要详细的设计。两层保温板之间的固定板条彼此错开，这样就避免了板条交叉部位产生的冷桥。这些板条采用类似木材的可循环使用的加密聚氨酯材料，围绕保温板一圈用压缩带密封，进一步减少冷桥带来的热损失。以上述思考为例明确了设计一幢能效特别高的建筑要尽快从概念上的目标设定转到具体的细节问题，并且需要新的解决方案和非传统的思维方式。

南立面全部采用玻璃，北立面大部分也是玻璃，这两个面是建筑的主要视线朝向。由于即便采用大玻璃面也能达到高保温标准，因而北面采用四层保温玻璃，南面采用三层保温玻璃。四层玻璃是项目发展的原型，通过提高玻璃层数产生更多的中空部分，其中填充惰性气体以降低热损失。另外，使用更多的玻璃层会增强反射，减少进光量从而降低获得的日照能量，所以四层玻璃仅用在北侧。为了进一步降低北侧立面热传递的损失，通过不透明的墙体部分来补充北侧立面，同样使用 VIP 材料进行保温。设计过程中，在做决定之前要以初步估算的平衡为基础，对多种造型的能量可能性方案进行了比选。

为了尽量利用太阳光热，在冬季可以照到太阳的南立面上安装了三层的玻璃面。这里也做了模拟，通过三层玻璃面所获得的太阳光热可以平衡掉与四层玻璃面相比的热损失，甚至还有富余。窗框使用橡木，为了提高保温效果，内部填充了加密的可循环使用的聚氨酯材料。建筑外围护结构的质量体现在高保温标准和高气密性上。建筑的气密性越好，在窗户关闭的时候向外部流失的空气越少，损失的热量以及能量就越少。

构造上不可避免产生的冷桥降低了外围护结构的质量，在设计上要尽可能使冷桥最小化。为了能够运输建筑，在三个模块的四角构造了钢支架，从结构的底部一直穿透到屋顶，支撑吊装用的横梁。像这样的薄弱部位在其他项目中也可能会以其他形式出现，重要的是要权衡优选项。对于项目来说，能量的优化并非在所有的点上都是正确的解决方案，而在这种情况下，没有这样的措施就无法将建筑运到华盛顿去。即便如此，通过它的外围护结构属性，对于华盛顿地区的建筑来说还是达到了被动式建筑标准。

建筑立面围护的安装

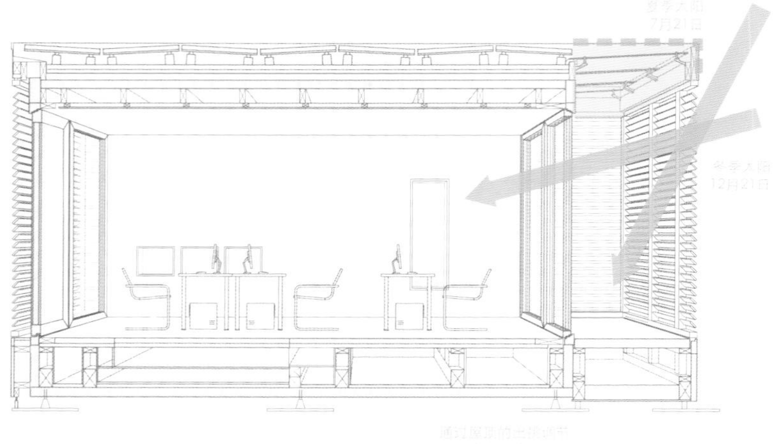

■ 控制被动式太阳能的获取

建筑外围护结构的属性不仅降低了能量损失，通过对玻璃面有目的的设计提高了对被动热能的直接利用，这对于有高保温和高气密性的建筑尤为重要。为了在冬季寒冷的天气里通过这种方式获取最多的能量，南侧的立面采用全透明的元素。由于入射角较高，固定的水平向出挑屋顶可以在夏季遮挡掉大部分的太阳光，这样通过直接照射所得到的热量就大大降低了。冬季，太阳入射角较低，在打开立面百叶的情况下，阳光可以直接射入室内，对室内气温进行被动式调节。为了避免夏季室内过热的危险，位于最外层的可移动的百叶构件可以调控太阳光线的入射量，进而影响与之相关联的热量。

能量供给

■ 轻质建筑中潜伏的热存储

与这些因素同时考虑的还有室内的舒适度，材料在室内表面的属性也同样可以被动地调节气温，从而服务于能量供给。

热存储质非常有利于产生室内舒适的气候。与实体建筑方式相对应，木结构建筑由于其材料的属性在这方面受到限制。为了能在夏季对快速升温效果作出被动式回应来为室内环境提供舒适度，在天花板内和封闭部分的内墙里使用了相变材料（PCM）。相变材料的特征是：在材料从固态变为液态时，吸收大量的热量，并暂时存储起来，这意味着在材料形态转化的过程中，可以大量吸热；当温度降低时，又将热量释放出来。这种物理效果可以将实体建筑方式的积极属性转嫁给轻质建筑，能够明显地节能，并降低自重。相变材料可以由不同的原材料构成，可以在一个建筑不同的部位以不同的方式使用。在 2007“太阳能十项”全能竞赛项目中，相变材料是极微观的合成材料球，其核心含有石蜡，混合于石膏板中。1.5cm 厚的板材的热存储量相当于 9cm 厚的混凝土板或是 12cm 厚的砖墙。相变材料的存储以及融化温度要看使用的范围来确定。为了能保持竞赛要求的 22℃～24℃这样一个狭窄的区间，太阳能竞赛项目中选择了 23℃。

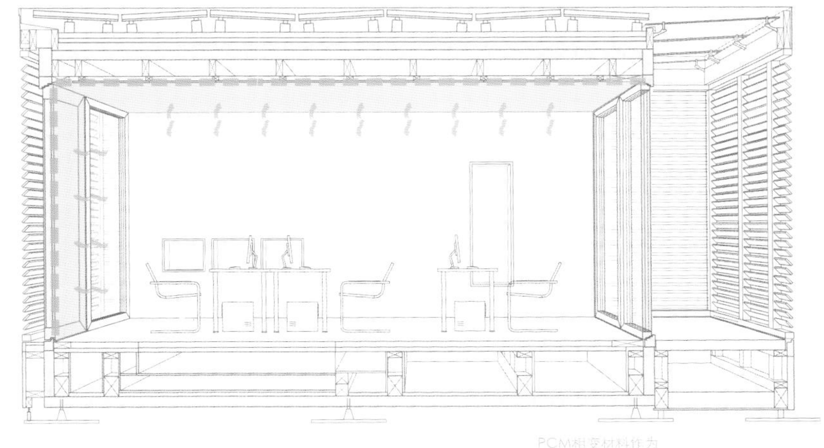

PCM相变材料作为室内空间的热存储质

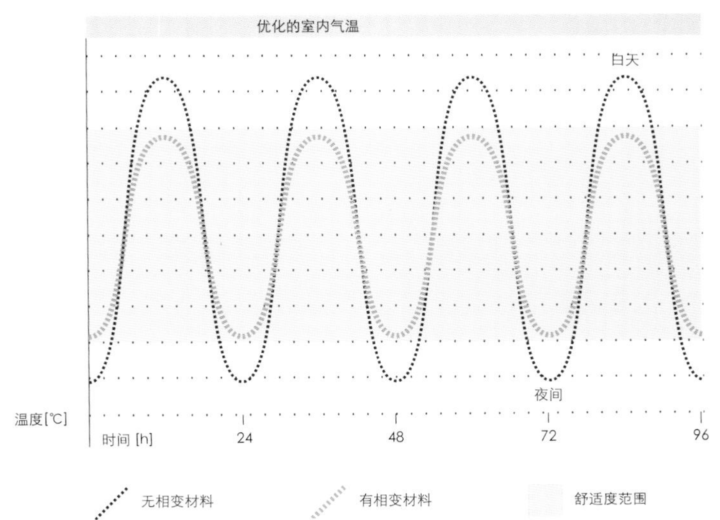

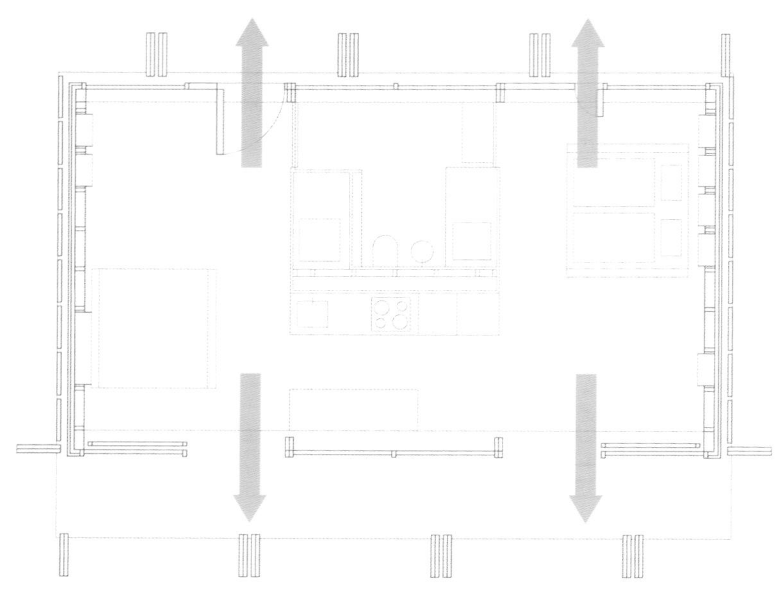

穿室风用于给建筑进行热量“卸载”

■ 夜间通风用于冷却热存储质

为了可以不断重新激活相变材料，需要一个好的加载和卸载过程。加载最好的条件是通过太阳直射，卸载则是通过夜间通风，由自然的交叉通风来支持。

日间被加载，在囊套中融化的相变材料中的热量通过所围裹住的空间的表面以及凉爽的夜风冷却，从而被卸载，将相变材料在白天存储的热量释放到周围环境，如果那里不需要这些热，就会随着通风气流被排出到室外；之后，相变材料在第二天日间又能继续存入热量来帮助创造舒适的室内环境。如果没法降温，或者室外温度持续高于相变材料的加载温度，就会限制它在日间的冷却作用。

为了有效地利用这个简单的系统，并保证足够的气流量，即便是在持续高温情况下也需要通过强气流完成卸载，也必须保证在相对的立面上有可开启的构件。

■ 额外的通过太阳能光伏板的夜间制冷系统

对于较长的炎热期，人们也还是应该首先寻找不通过主动制冷设备降温的可能。在这个项目里，不同专业的设计者共同发展了一个系统，将建筑不同的分系统相互连接起来，将这些混合的带有主动式支持的被动式措施发展成了一个创新的制冷系统。它的基础是建筑构件激活。在顶板中置入毛细管网垫；在双层地板下放入一个储水池。夏季夜晚，水被泵到屋顶上，在那里撒向屋顶的表面以及太阳能光伏板，以此产生蒸发制冷效应，并通过大气冷却。被冷却后的水流回储水池。在日间水流过毛细管网垫，为空间制冷后，其温度升高，再流回水池与那里温度较低的水进行热交换。此外，被加载的相变材料也被冷却并改变其聚合状态，其结果是它可以重新吸收空间中的热量，继续为空间降温。相变材料的效果通过结合简单的技术手段增加了好多倍，仅使用极少能量（如用于循环水泵）就可以通过被动式制冷。

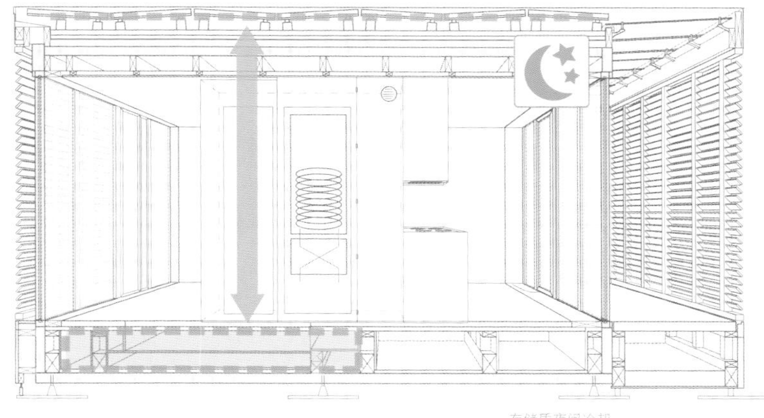

存储质夜间冷却

相变材料在日间制冷

主动式系统

对竞赛来说，利用太阳能作为能源是可行的。由于建筑是作为“样板家居”用，并且要给一辆电动汽车供电，用电需求很高，所以在主动式太阳能利用技术方面，把重点放在了太阳能光伏发电上。建筑的取暖热需求通过所描述的建筑属性已经被极大地降低；因此，对能量生产来说只起到次要的作用。

通过太阳能光伏发电

在设计阶段对不同的太阳能光伏系统进行了讨论，根据它们不同的属性，可以针对不同的使用要求提供系统相应的优点。

■ 标准模块

产电的屋顶上使用单晶硅光伏板，通过背部接触相互连接。这种电接触方式导致作用单元面积扩大，因为模块的面积不像前部接触方式那样平行的传导带会覆盖掉一部分面积。这些模块一起使用可以达到高峰值 8.4kWp。

对于模块在建筑中的整合列出了几种可能，并进行了建筑学的以及产能的比选和检验。最后，选择了和最佳的倾斜角方式——相比能量生产损失不大的平放方式（3° 倾斜角便于排水）——整合到平屋顶中。

■ 玻璃－玻璃模块

在南侧水平出挑部位，即南侧的室外平台顶部的太阳能模块采用玻璃－玻璃模块。这是投射阴影的元素，但是允许与室外沟通，并且保证采光。

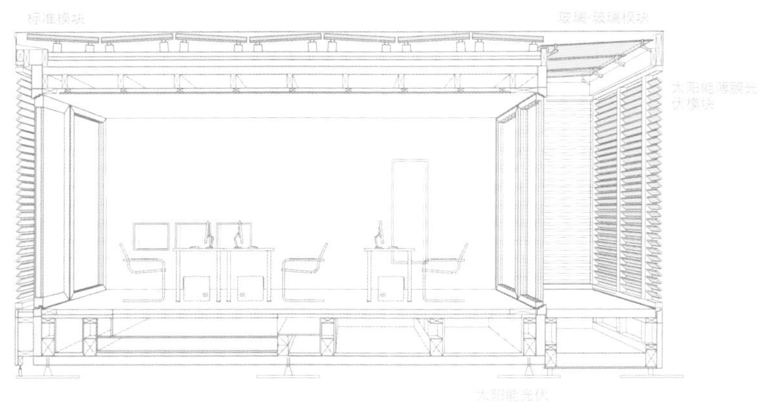

左图：屋顶的单晶硅光伏板模块
右图：模块的下部结构

玻璃－玻璃模块由两块玻璃和夹在当中的太阳能光伏芯片组成，每个电池芯片由单晶硅组成，有着细孔结构，这稍微降低了一点产能效率，却产生柔和的进光以及光影效果。模块不透明的部分避免夏季的直射光进入建筑室内，同时发电，并且不会完全挡住光线。电能生产的高峰值为1.0kWp。

■ 薄膜镀层模块

在起热工作用的外围护结构外侧有一个水平的百叶层，根据朝向不同，这层百叶与建筑的热工外围护结构的距离或近或远。百叶被固定在通高的框架中，所形成的百叶门位于轨道上可移动和旋转，根据需要可以开启或关闭百叶墙。单个的百叶片单轴固定在框架上，由一个电机驱动。根据太阳的入射情况，可以由用户手动控制或者自动控制，以调节最理想的包括自然采光、阴影投射和能量获得的综合效果。

在设计阶段又产生了一个想法，即利用朝南、朝东和朝西的百叶进行太阳能光伏发电。由于百叶跟随太阳的移动，它们也符合理想的产能条件。特别是在冬季的月份，对于较低的太阳入射角，激活垂直向的立面可以明显地增加产能。这种主动产能方式要与自然采光和视线的需求相互协调。

所用的太阳能电池是薄层电池。这种电池类型在漫射光环境中的产能效率极好；因此，它的立面整合在全年都有益，所有立面百叶模块的总产电高峰值近2.0kWp。通过优化，并非所有的电池都能同时输入电量：南侧电池板白天一直开启着；东侧和西侧的电池板取决于日间的时段来开启。

所有用于建筑的太阳能光伏板的总产电量为11kWp，这样超过50%的外围护结构表面都被太阳能光电激活，总共有99.98m^{2}的光伏产品，其平均发电效率为11.5%。当产能为900kWh/akWp（以达姆施塔特为区位），计算得出的电量是大约10 000kWh/a或者每平方米使用面积上的产电量接近170kWh/a。

从下向上看南侧平台处的玻璃－玻璃模块

南侧平台处在可移动的遮阳构件中整合的薄膜镀层模块

通过可再生能源获得热量

■ 利用太阳能集热器进行热水制备

建筑使用太阳能集热器进行饮用热水制备。这里使用平板集热器，是按照尺寸定制的，可以更好地整合进太阳能光伏板的阵列中。屋顶面积因而被充分利用，没有多余的面积。

为了让线路尽可能地短，太阳能集热器直接位于集合设备的 180L 热水存储罐的上方。作为额外的可选项还有一种可能：热水存储器中的水不仅可以流经太阳能集热器，也可以流经浴室中的地暖装置。

两个集热器的面积为 2.3m^2。平板集热器的产热效率是 65% ～ 70%，以达姆施塔特为地区计算，每年共产生热量 1700kWh。这些技术可能的能量产出部分，其中哪些能够被利用，取决于建筑的使用和负荷。在冬季，太阳能集热器对于取暖热量制备的贡献极小。

■ 用可逆式热泵来通风、冷却和取暖

通过对被动式组件的设计与使用，对建筑技术设施用于室内空气调节的绩效要求就很低了。建筑里设置了一个热泵集成设备作为取暖的

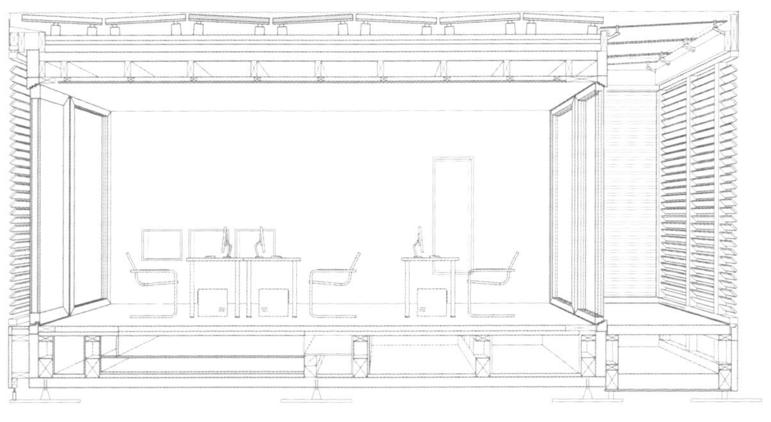

太阳能光热

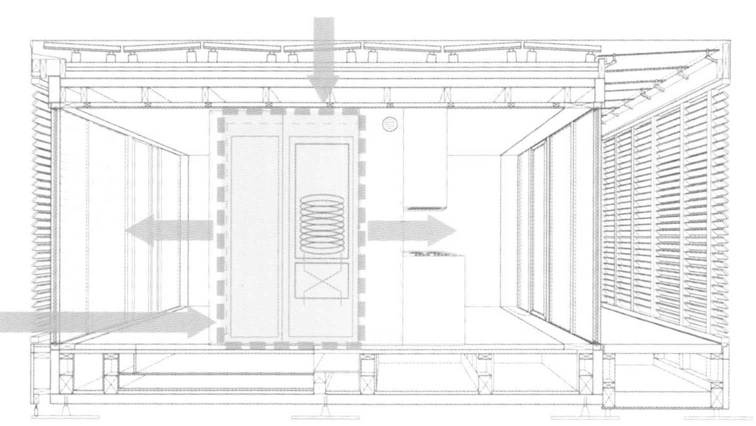

集成设备，带有交叉换热器、热泵和热存储装置

装置，在这个设备里兼有热回收、热泵和存储的功能。这个设备的底面积是 60cm×60cm，高约 2.3m，其整合极为容易。对设备选择起决定作用的是空气 - 空气源热泵的效率，其选择的基础是正确的热泵效率数据的检测，最终选取了运行最可靠且能效最高的这一类型的热泵。

空间的机械通风是将室外空气引入一个被动式的对流热交换器，使之通过与废气进行热交换而先被预热；再使用热泵继续抽出废气中的热量来加热饮用热水存储器，并保证新风的进一步加热。通过通风装置也可以在夏季冷却新鲜空气，这时候的热循环是反过来的。余热用于生活用水水的加热，这样就预冷了新风，并且取代了空调机的使用。

集成设备的控制有一些程序，如每周程序、夜晚降温、自由或主动式制冷和其他一些取决于用户的设置。

■ 高能效的家用电器和照明

通过建筑明显降低了的取暖能量需求，其他一些之前看来不起眼的能量需求就越来越重要了。这首先涉及照明和家用电器用电，对通过技术达到的舒适度的要求也很重要，很多家务的辅助设施增加了对能量需求。

这个方面也要经过计算，因此选择了能效级别 A+ 或更好的家用电器产品。用水的电器，如洗碗机和洗衣机，要检测节省和能效；冰箱有双层的保温层，以继续提高效率以便得到更好的在冰箱内部进行的消耗和温度的测量值；建筑的基础照明使用节能的 LED。

现状

改造后效果

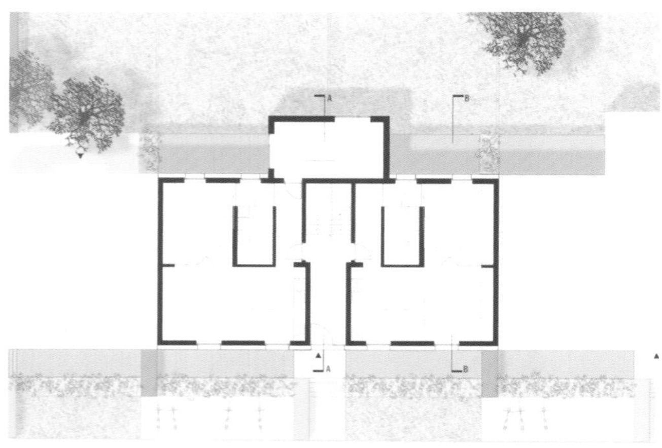

底层平面

建筑更新改造

和新建建筑相比，建筑更新改造的可操作范围常常更窄。即便如此，在效率和可持续性方面将老建筑进行改造还是比用新建筑取而代之来得更有意义。建筑更新改造和新建建筑相比，侧重点和问题均不同，下面将用正能效房的改建设计实例来阐述。联邦交通、建筑和城市发展部在2012年和新乌尔姆市住宅建设公司（NUWOG）一起举办了一个将建于20世纪30年代的多层住宅建筑改建成正能效房的设计竞赛，具体要求是：如果年度平衡按月计算的话，建筑的初级能量和终级能量值都要在零以下（见“平衡”章节）。

这里展示的解决方案是由达姆施塔特工业大学设计与能效建筑教研室、05德国建筑师协会建筑师和ina设计有限责任公司所组成的团队的成果，是两个获奖方案之一。项目计划于2013年实施。

概念想法的发展

设计的目标是要做到谨慎地对待现状：老建筑的基本结构应该尽量保留，以便尽可能减少更新措施要用的材料。换句话说，在建筑中已经包含的灰色能要尽量保留。设计的中心是建筑的全生命周期考量，从建造到使用再到维护以至拆除。在建筑学上追求对外安静的外表，可持续的材料（如木材）作为首选。在内部，尽管面积较小，还是要追求达到高度灵活性。

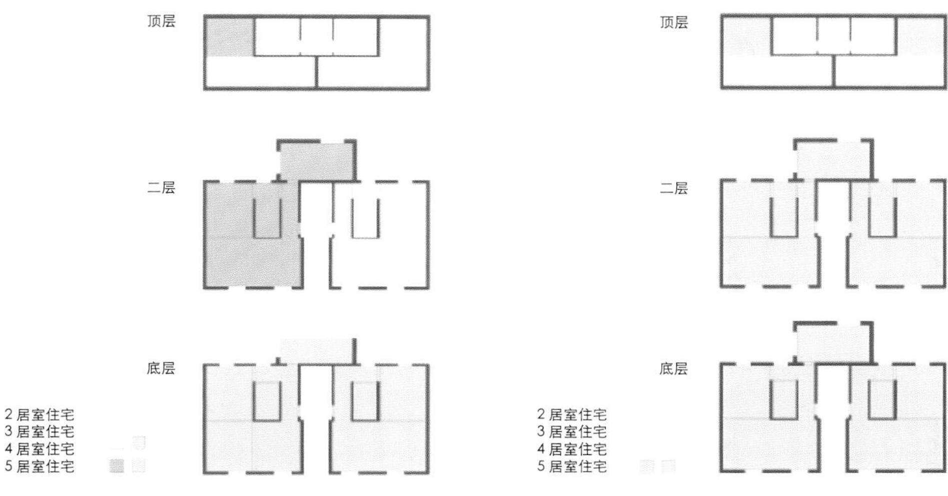

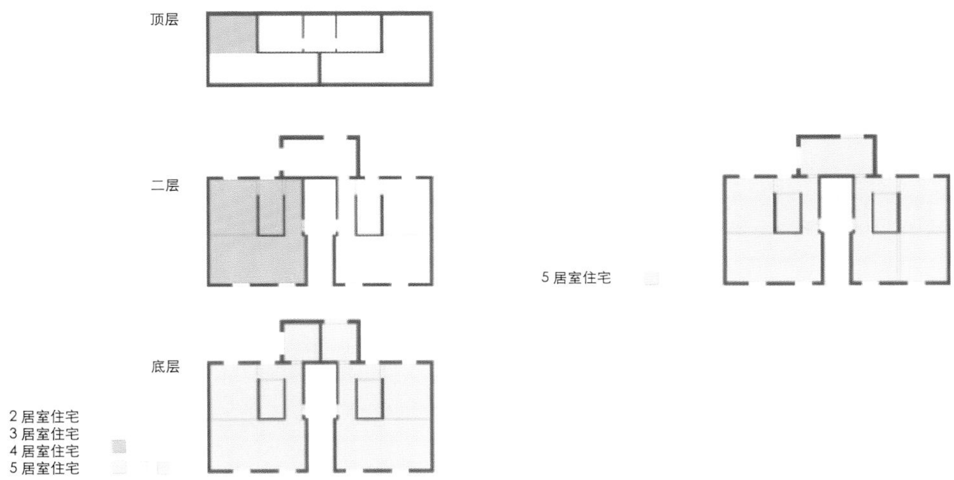

通过位于北侧的一个加建建筑部分使得平面布置变得极为灵活。通过加建产生的空间可以由位于东侧的住宅或者位于西侧的住宅使用，并且它还能进一步将同层的两套住宅连成一套。图例显示出，通过这个加建的空间，有多种可能性来组合成 1—5 居室住宅

被动式措施

建筑形体的发展

由于现状的建筑结构对于发展建筑形体有限制，所以在加建的时候仅考虑对建筑的能量有益或者可以提高内部空间的灵活性的做法：在南侧设计了阳台，既可以作为内部空间在夏季的合适的扩展，又可以作为在较高太阳入射角时固定的遮阳元素；在北侧设计了一个加建建筑部分，在平面上可以灵活分配给与其相连的两套住宅单元中的任意一套（可切换空间），即每层的每套住宅均增加了一个房间，并且还可以通过这个房间将两套住宅连成一套更大的住宅单元。

建筑平面类似于之前用到的新建建筑，分区围绕位于中间的核心空间部分，这个核心内包含了所有的装置以及卫生设施。

外围护结构表面的发展

由于尽可能保留既有部分是设计的中心目标，在设计过程中致力于寻找一种合乎情理的可能性将现有砖墙的热工能力提高。通过使用传统的保温材料可以做出很好的保温墙体，符合被动式标准，但由于产生了非同质的的墙身，它在全生命周期的末端处理会有问题。作为决策的基础，在设计方案阶段将生态平衡作为重要条件用来比较不同的做法。考虑到全生命周期，决定采用一种矿物质的保温材料，位于现状墙体的前面，再用极厚的抹灰层达成同质的墙体。这种做法达不到被动式标准，只比被动式标准稍微低一些（U值为0.20W/m²K）。统一在拆除时的处理途径、延续建造的传统方式的总体作用和延续它因此所传递的外观形象是首选项。总的取暖热量需求为24kWh/m²a。

为了使建筑对环境的作用最小并达到其他积极的生态平衡效果，所有的加建建筑部分都采用有极佳保温效果的木结构方式。为了改善自然采光以及创造阳台和平台的可达性，现状的窗户被延伸至地面变成落地窗；对其上部的窗过梁进行了保留，以减小对现状结构的改动；在窗套外侧加入了可移动折叠的系统来控制进光和遮阳。

建筑的能量供给概念

主动式措施

能量供给

房屋技术系统为居住单元提供能量。这个空间的位置可以使其直接将管道分配至位于核心的一面管道墙。全部设备技术可以在顶层集中维护，不需要进入用户的家里。

居住单元的取暖是通过水系热分配，热分配通过通风和暖气的取暖暂存器。加热过的新鲜空气通过管道墙上的出口进入室内。南侧加建的可切换空间安装了地暖，它通过一个非中央的摆式通风设备与住宅其余部分的能量供给脱开，只有这样，才能自由分配空间的归属。

建筑技术系统由一个室外空气和水源热泵来补充，带一个饮用热水存储器作为缓冲存储，这样就覆盖了饮用热水供应，并提高了屋顶上安装的光伏板所生产的电能的自用比例。饮用热水存储器可以覆盖不同的日间和夜间需求，与电存储器（蓄电池）相比，能量和生态效率更高。存储器在需要的时候通过与通风设备连接的热交换器用于取暖。

整个过程通过一个副作用还额外提供一定的设备制冷功能：在加热存储器的时候，通过热泵将空气中的热抽走，这些被冷却的空气可以通过通风装置用于制冷，降低新鲜空气的温度可达3℃，而用不着多次使用能量。

在设计过程中得出了建筑系统的平衡，在使用一种可以在漫射和顶点照射时效率很高的光伏板类型时，即便向北坡度为32° 时，产电量仍很可观。选用了CIS薄镀层模块，它与晶片相比虽然产电量稍低一些，但可以通过利用漫射发电来弥补，同时可以形成统一的屋顶形象。和晶片相比，薄镀层模块的生态平衡由于它的材料性和生产过程也是本质上更为高效的材料。

所描述的新建建筑和建筑改造实例显示，在每个建筑任务中都值得遵循前文所介绍的设计步骤。一个有目的的内部和外部框架条件的分析在两个实例中都得出了优化的建筑能量概念，在各自的背景条件下是最理想的。在设计中增加的少量费用在建筑运营中会加倍偿还。

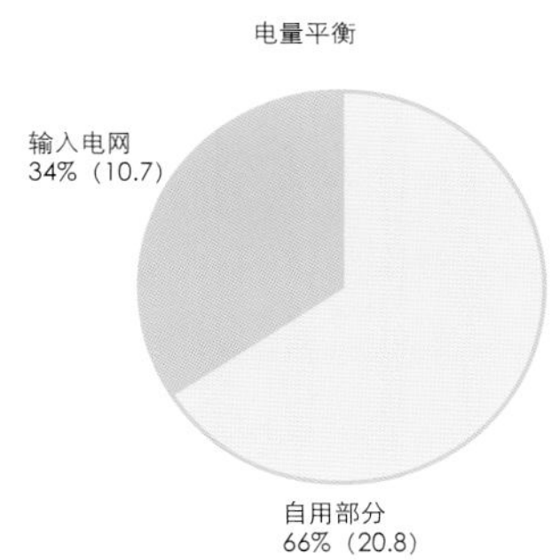

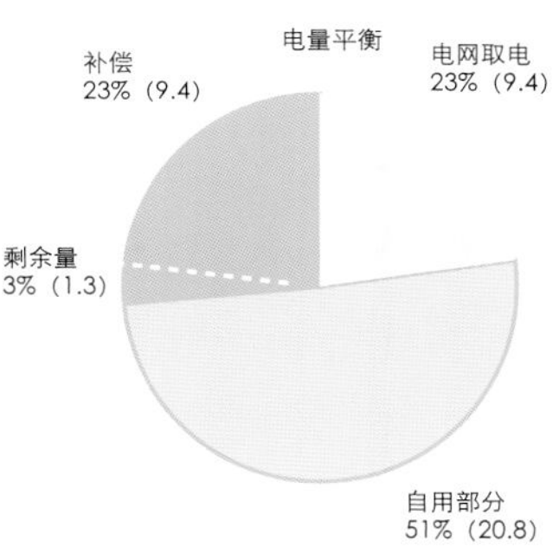

电量和总能量平衡的总结

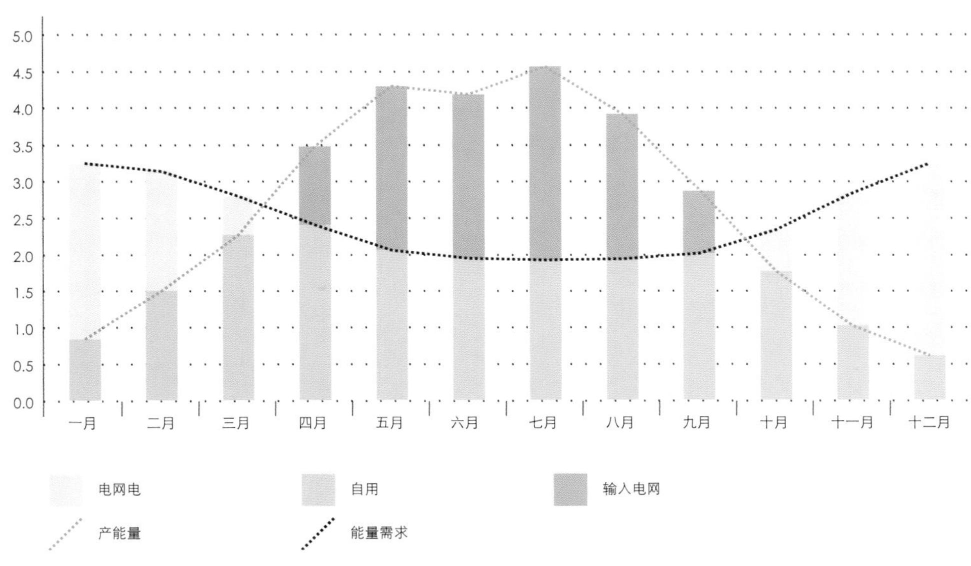

改造理念的月度平衡需求对比产出（kWh/m²a）

全套工具箱

建筑外围护结构和建筑技术给主动式建筑的设计和实施提供了范围很广的工具。建筑外围护结构作为第三层表皮保护人们免受外部自然的影响，作为内部和外部的界定，应该在全年和全天的所有时段提供一个舒适、健康、宜人和安全的环境，并对能量制备作出贡献。如果建筑不能直接利用这些能量的话，建筑技术则将这些能量通过尽可能简单的方式转化为建筑可以使用的能量功效。

除了建筑历史的作用外，在不同气候区里建筑类型的产生还体现了对当地气候条件的适应性。20世纪建筑学的国际化发展导致了一种所有气候区建筑的平均化，由于建筑外围护结构对所有气候区适用，而不是单独针对建筑所在的区域气候发展的，所以必须使用技术系统来创造所希望的室内空间条件。与之相联系的经济以及建筑技术费用十分可观，并且只能通过普遍存在的可用且便宜的能量才有可能维持。

建筑外围护结构

主动式建筑遵循一个相互强化建筑背景环境的路径，尤其是气候的特征属性。此外，建筑外围护结构可以并且应该利用可再生能源，因此在发展一个高能效的主动式建筑时，对于地方性影响因素，如气候和当地可利用的可再生能源，必须作出考量。只有通过这种方式，才能发展出适应所在地气候的建筑外围护结构，才能保证一个高效的建筑运营，同时为用户提供较高的舒适度。

建筑外围护结构有着分隔的作用，或者至少能够过滤外部环境的影响——这些影响由于文化和气候环境的不同而千差万别。外围护最首要的功能是尽可能地阻隔那些不希望发生的影响，如风化（风、降雨、下雪、日晒、多余的热和冷、噪声、火灾、空气中的有害物质）等进入建筑的室内。建筑外围护结构通过调节能量的热流在很多气候区内适应不断改变的环境条件。随着对舒适度要求的不断提高，建筑外围护结构具备了复杂的调节气候的特性，并在设计和造型上扮演越来越重要的角色。

建筑外围护结构经常要满足一些相互矛盾的要求。例如，透明的面积需要满足很多复杂的要求：一方面应该尽可能多地让阳光进入建筑室内，以便利用自然采光和改善与周围环境之间的视线关系，而对我们纬度范围来说，冬季可以利用进入室内的日照直接或间接地辅助取暖。另一方面，夏季与之相对，应该有效地避免过热，例如通过外遮阳设施。

建筑外围护结构有许多功能，如承载、用作安装层、必要时用作获取能量的面积（太阳能发电、光热利用），而其建筑物理方面的要求和周围环境条件是实现全方位优良结果的前提。

技术上的要求需要和建筑造型的需求保持一致。外围护结构以及立面决定了建筑的形象。在这里对建筑造型有影响的属性和与环境的互动得到共同的表达。

建筑外围护结构的任务因此是多种多样的。它需要支承、反应、围护、表达，并且应该能够生产能量。它从本质上决定了建筑的能效、经济性、寿命和性格特征。

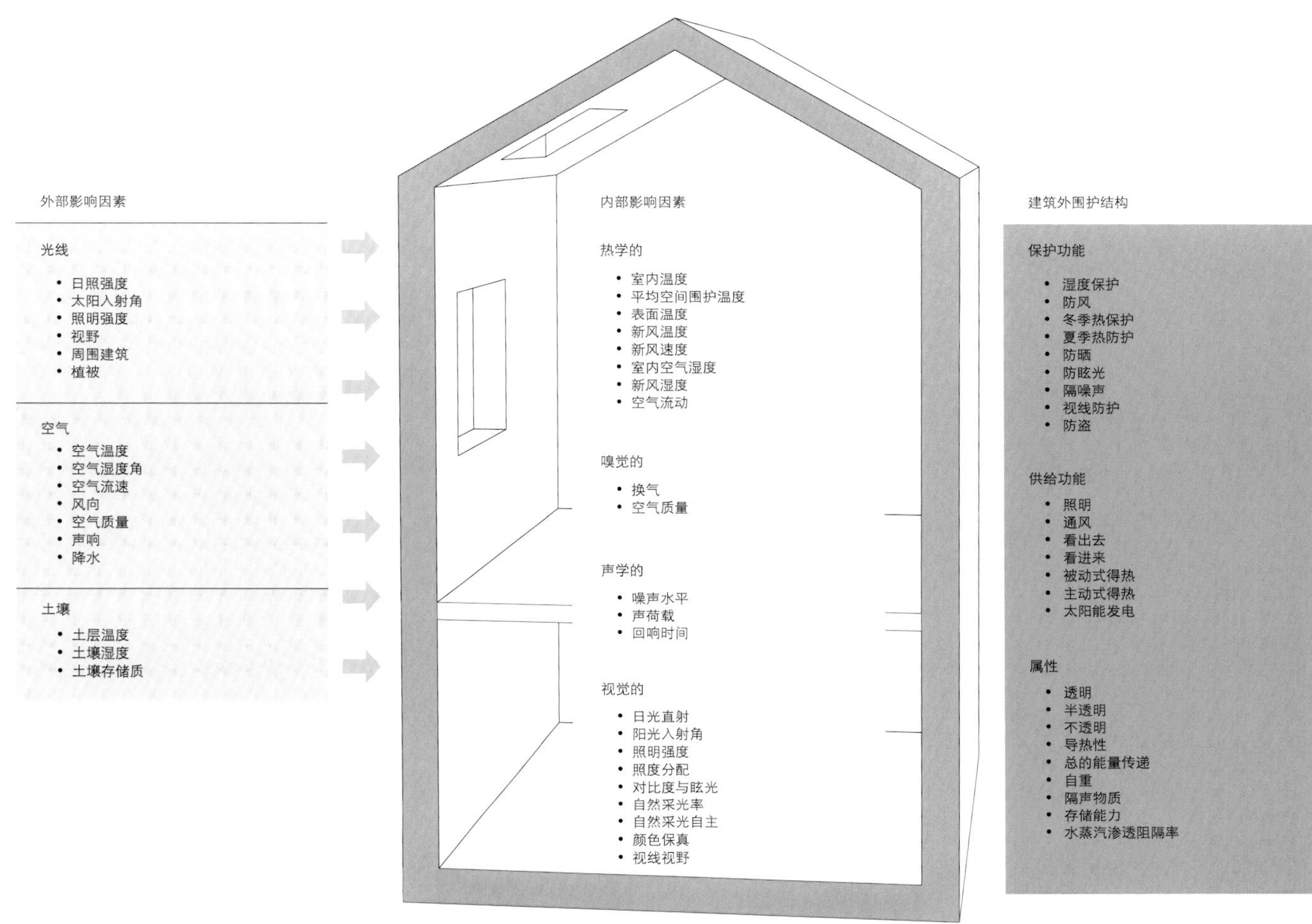
外部影响因素
光线
• 日照强度
• 太阳入射角
• 照明强度
• 视野
• 周围建筑
• 植被
空气
• 空气温度
• 空气湿度角
• 空气流速
• 风向
• 空气质量
• 声响
• 降水
土壤
• 土层温度
• 土壤湿度
• 土壤存储质
内部影响因素
热学的
• 室内温度
• 平均空间围护温度
• 表面温度
• 新风温度
• 新风速度
• 室内空气湿度
• 新风湿度
• 空气流动
嗅觉的
• 换气
• 空气质量
声学的
• 噪声水平
• 声荷载
• 回响时间
视觉的
• 日光直射
• 阳光入射角
• 照明强度
• 照度分配
• 对比度与眩光
• 自然采光率
• 自然采光自主
• 颜色保真
• 视线视野
建筑外围护结构
保护功能
• 湿度保护
• 防风
• 冬季热保护
• 夏季热防护
• 防晒
• 防眩光
• 隔噪声
• 视线防护
• 防盗
供给功能
• 照明
• 通风
• 看出去
• 看进来
• 被动式得热
• 主动式得热
• 太阳能发电
属性
• 透明
• 半透明
• 不透明
• 导热性
• 总的能量传递
• 自重
• 隔声物质
• 存储能力
• 水蒸汽渗透阻隔率

建筑外围护结构的功能

热量的保存和获取

在温和和寒冷的气候区，建筑外围护结构必须能够保证建筑内部气候的舒适性。为做到这一点，在冬季，要采取适当的措施尽可能保存建筑内部的热量；与之相对应，夏季里则要通过合适的措施防止建筑内部过热。在设计的过程中要尽可能早地根据建筑设计以及周围条件（气候数据、朝向、微气候等）做出热平衡计算。

在有热损失的情况下，要区别对待热传递损失和通风热损失，以及建筑内部热负荷（人、电器）和太阳辐射的得热。必要的能量补足部分应该尽可能地通过所在地的可再生资源来覆盖。

建筑外围护结构的被动式热功效能力用 H_T' 来表示，单位是 W/m^2K，它描述外围护结构作为热传递的外围护面积的平均热传递阻隔能力。

要针对温带至寒冷地区发展一个高效的外围护结构，要注意如下基本规则：

- 外围护结构的几何形体优化（表面积 / 体积比）
- 使用面积的热工分区（平面设计）
- 面积优化（可能的话，减少建筑面积或对使用面积进行优化）
- 被动式利用太阳辐射
- 优化不透明建筑构件的热保温性能
- 优化透明建筑构件的热保温性能
- 降低通风热损失（例如，通过使用高效的热回收系统）
- 主动式利用太阳辐射（太阳能光电、光热）

一个保温工业生产车间外围护结构的设计，戴匹士建筑师，弗莱兴

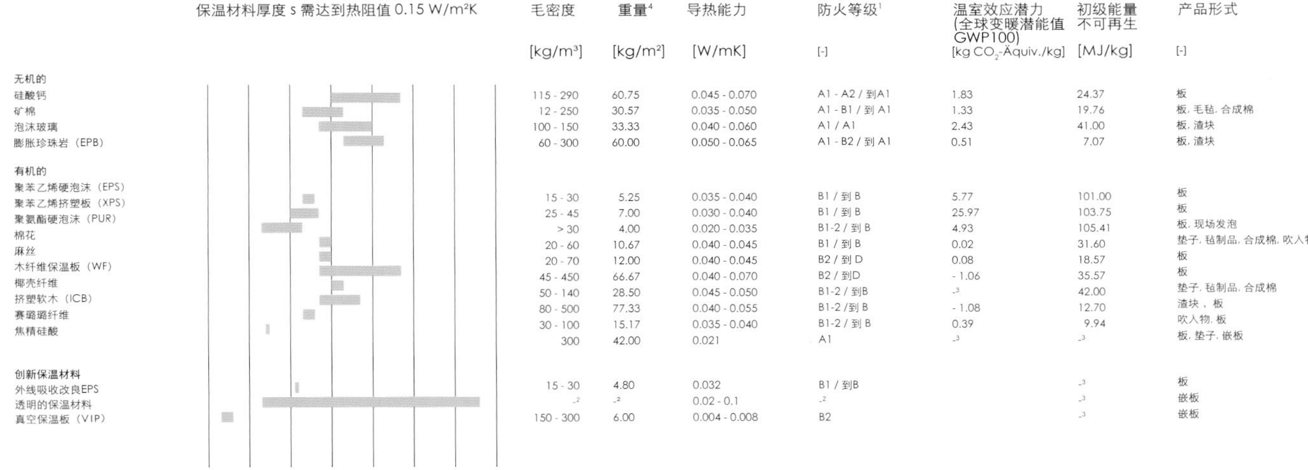

	毛密度 [kg/m³]	重量[4] [kg/m²]	导热能力 [W/mK]	防火等级[1] [-]	温室效应潜力（全球变暖潜能值 GWP100）[kg CO_2-Äquiv./kg]	初级能量 不可再生 [MJ/kg]	产品形式 [-]
无机的							
硅酸钙	115 - 290	60.75	0.045 - 0.070	A1 - A2 / 到A1	1.83	24.37	板
矿棉	12 - 250	30.57	0.035 - 0.050	A1 - B1 / 到 A1	1.33	19.76	板，毛毡，合成棉
泡沫玻璃	100 - 150	33.33	0.040 - 0.060	A1 / A1	2.43	41.00	板，渣块
膨胀珍珠岩（EPB）	60 - 300	60.00	0.050 - 0.065	A1 - B2 / 到 A1	0.51	7.07	板，渣块
有机的							
聚苯乙烯硬泡沫（EPS）	15 - 30	5.25	0.035 - 0.040	B1 / 到 B	5.77	101.00	板
聚苯乙烯挤塑板（XPS）	25 - 45	7.00	0.030 - 0.040	B1 / 到 B	25.97	103.75	板
聚氨酯硬泡沫（PUR）	> 30	4.00	0.020 - 0.035	B1-2 / 到 B	4.93	105.41	板，现场发泡
棉花	20 - 60	10.67	0.040 - 0.045	B1 / 到 B	0.02	31.60	垫子，毡制品，合成棉，吹入物
麻丝	20 - 70	12.00	0.040 - 0.045	B2 / 到 D	0.08	18.57	板
木纤维保温板（WF）	45 - 450	66.67	0.040 - 0.070	B2 / 到D	- 1.06	35.57	板
椰壳纤维	50 - 140	28.50	0.045 - 0.050	B1-2 / 到B	-[3]	42.00	垫子，毡制品，合成棉
挤塑软木（ICB）	80 - 500	77.33	0.040 - 0.055	B1-2 /到 B	- 1.08	12.70	渣块，板
赛璐璐纤维	30 - 100	15.17	0.035 - 0.040	B1-2 / 到 B	0.39	9.94	吹入物，板
焦精硅酸	300	42.00	0.021	A1	-[3]	-[3]	板，垫子，嵌板
创新保温材料							
外线吸收改良EPS	15 - 30	4.80	0.032	B1 / 到B		-[3]	板
透明的保温材料	-[2]	-[2]	0.02 - 0.1	-[2]		-[3]	嵌板
真空保温板（VIP）	150 - 300	6.00	0.004 - 0.008	B2		-[3]	嵌板

[1] 所给出的防火等级表示标准值，需采用实际产品数据
[2] 取决于产品
[3] 无数据
[4] 数值基于所测量得出的热传递最低值。毛密度取中间值

保温材料及其关键值比较

保温层

对于季节性以及早晚温差较明显的气候区，建筑的保温是必需的。保温层包围使用空间的体积，它需要有最小的穿透率，这样才能使热损失尽可能小，以便保持室内温度，保护建筑免受外部气候环境条件明显变化的影响。内墙的温度变化要小很多，因而室内环境温度的变化也很小，这样（不考虑内部热负荷的情况下）才创造了提高室内热舒适度的前提条件。

为了确定建筑外围护结构总的热传递损失 H_T'，将一个取暖的建筑外围护结构的所有部分（墙体、窗、屋顶、基础／底板）的U值按照其面积相加，得出平均值 H_T'，单位是W/m²K。这个值越小，外围护结构的保温性能就越好。

外墙

外围护结构的外墙通常构成一幢建筑接触外部环境的最大的表面积；因此，不透明的墙体面积对于避免热损失的作用就显得很重要，而随着建筑层数增加，它与屋顶、落地面积之间重要性的差别也随之增加。

墙体的保温性能主要通过所选择的保温材料和构造形式来决定。外围护结构的保温性能通过U值，即热传导系数来表示（单位W/m²K）。它描述规范条件下建筑内外表面之间的热流，每平方米和每开（Kelvin）的热量（瓦特）。这里可以计算出外围护结构上任意一点的U值或是平均值。一个被动式建筑的不透明墙体面积的平均U值需小于0.15W/m²K。

用多孔砖建造的单层实体外墙，导热能力为0.08W/mK，厚度为360mm，可以达到的U值为0.2W/m²K。同样的厚度，采用石灰砂岩和保温的多孔混凝土组合可以达到U值0.12W/m²K。多层墙体结构将墙体承重和保温功能通过不同的层分离（外层、核心以及内保温）或者在同样的层中用框架结构方式完成。这种建造方式可提供较高的保温性能并降低墙体厚度。

外保温

实践中，最常用的立面保温方式是外保温，出于建筑物理的原因，应该尽可能用外保温，而不用内保温。墙体承重部分的热质可对室内环境产生有利的影响，根据所选材料的不同可以调节湿度以及平衡早晚温差。

对可使用的保温材料的选择余地很大，从天然材料，如软木和赛璐珞纤维，到矿棉和用原油制成的挤塑泡沫板以及真空保温板。正确的保温材料的选用受到很多很多因素影响，如立面的结构形式、法规的要求（例如防火）、个人对天然材料或人工合成材料的喜好以及预算等。在选择的时候还要同时考虑其耐久性和环境可承受性。

外保温一体化系统是使用最广泛的外保温系统，可以直接用于外墙（WDVS）。这个系统由若干层构成，相互之间以及与建筑之间固定在一起。从里到外（根据系统的供应商可增补其他层）基础构造依次为：外墙（砖墙、混凝土）、外墙胶黏剂、矿物质的或有机的保温材料、找平砂浆、网布、终饰面。全部的立面构造在此是一个封闭的系统，这种保温方式提供了一种极为经济和高能效的解决方案。建筑外围护结构后补的保温也同样容易做到。外保温一体化系统的问题在于其环境可承受性。在终饰面层常常会加入杀菌剂，用于在表面温度较低的环境下防止保温层发生霉变，但在使用过程中会被洗去并进入地下水系。此外，一些材料，特别是有机保温材料，均可燃。由于很多不同的相互粘连在一起的材料无法分离，材料的循环利用也很困难。

作为可选项，外围护结构的引水层可以从保温层里分离出来，用一个脱开保温层的带有背部通风空间（用于带走湿气）的干挂结构来实现。很多材料都可用于干挂构造的面层，如天然石材、水泥板材、木材和加工过的木制板材或金属板。为了固定这些面层，必须有穿透保温层到承重墙上的固定件，这些固定件相当于冷桥，对整个外围护结构系统起负面作用，但可以做到最小化，在计算热传导系数时要作为减损考虑进去。

核心保温

对内外两面均封闭的双层立面系统，不管它们是否承重，可以利用这两层皮之间的空腔进行核心保温。保温层完全填充或宽或窄的空腔，在此可使用挤塑硬泡沫板、矿渣、矿棉或赛璐珞纤维。外表皮在结构层上的固定件要穿透保温层，这些冷桥对外围护结构的保温质量起相应的负面作用。在有些构造中（如带空腔的双层实体墙），在空腔中能做到的保温材料厚度有可能达不到高保温性能立面的质量。

内保温

当对已有建筑进行能量改造时，特别是当保护建筑或是立面的建筑文化质量要求无法进行外保温时，必要的保温层可以放在内墙面上。内保温材料种类很多，首选是板材。所选的材料厚度通常小于 100mm，以防止在保温材料过厚时会遇到建筑物理方面的一些困难，如保温层内部结露。

在结构墙体的内表面安装保温板时，墙体与内部空间之间被隔离，它的热调节质和根据材料不同可能有的湿度调节功能也随之消失，其后果可能会产生一个所谓的“切断型”气候。必须要注意的是，这些空间一定要有良好的通风条件，以便及时运走湿气，因此，建议安装一个可调控的进出风设备。

由于建筑物理方面的特殊性，建议仅在特殊情况下使用内保温。在实施时，可用硅酸钙保温材料来解决结露问题。这种材料能够调节湿度，即可以承受保温层内部出现的结露，并对室内湿度调节有助。框架构造方式中保温层和承重构件位于同一层面，承重的构件通常是等间距的立撑、柱子或框架，一般采用金属或木材。在住宅建筑中，最常用的是木结构，保温材料和支架相邻，使得构造的厚度更加优化，而在计算这些墙面的 U 值时，需要把支架考虑进去。具有较高保温性能的建筑外围护结构中，需要给支架从外侧也进行保温以避免冷桥。

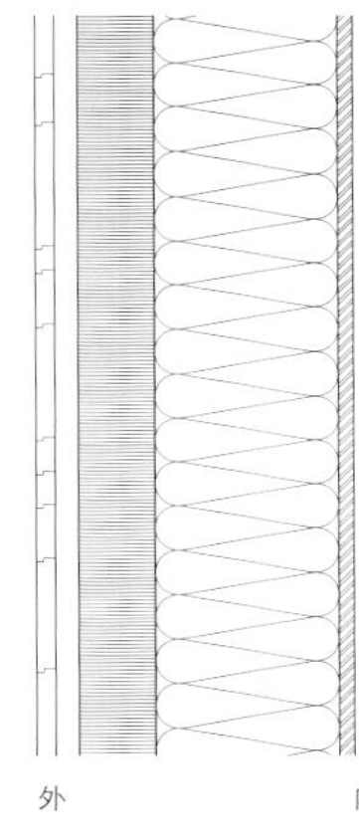

木构架墙
墙体构造从外向里

水平杉木板 25mm，
穿插连接，锯纹，油漆涂刷
隔栅 30/60mm
木立柱 240mm / 羊毛填充 240mm
三夹板 20mm

U值：0.14W/m²K

路西里维克正能效房

达达建筑师事务所，瑞士伯恩

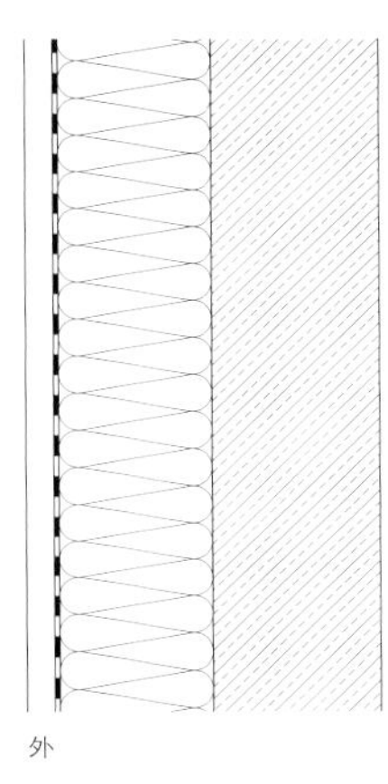

钢筋混凝土墙带外保温
墙体构造从外向里

模板
背部通风 30mm
立档 30mm
保温层 220mm
钢筋混凝土墙 240mm

U值：0.17W/m²K

核心保温墙体
墙体构造从外向里

钢筋混凝土墙 100mm
核心保温层 200mm
钢筋混凝土墙 200mm

U值：0.19W/m²K

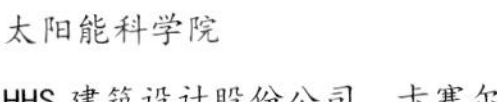

太阳能科学院

HHS 建筑设计股份公司，卡塞尔

内保温
墙体构造从外向里

砖墙 360mm
保温层 200mm
抹灰 16mm

U值：0.16 W/m²K

钢筋混凝土石墙

钢筋混凝土墙 450mm

U值：2.53W/m²K

零能耗建筑，德里卑尔根

Zee 建筑师事务所，荷兰乌特里布特

可能的外墙构造比较

外门

外门是需要能够被紧密关闭并且保温的构件。要尽可能地保证热损失最小，必须做到密封。通常情况下采用多层密封措施：自动磁性密封易于维护，可选择作为外层构造；然后是中间密封层，作为门的密封层的气垫层有热保温作用；内侧的密封通常作为闭合密封与门的固定立档构件紧密咬合，通过其密封的属性阻止渗透。门的构造是多层的，要通过相对较薄的厚度尽可能接近墙体的U值。在加固层和有造型作用的面层之间采用真空保温板作为保温层，可以达到类似于墙体的U值（0.15W/m²K），其厚度比三层中空玻璃构造多出少许。在这里，对降低目前保温层的厚度还有很大的潜力，例如，在墙体构造方面；但是，它的安装不能在建筑工地完成，并且只有通过很详细的前期设计（包括所有的中断处和穿透位置）和安装设计才能实现，与其他保温材料相比价位也较高，因而真空保温板并没有被大范围应用。即便如此，对于特殊需求——如门、卷帘箱和内保温——还是会采用这种材料。在所有这些应用中，真空保温板与传统保温材料相比构造厚度要少5～10倍的优点是决定性的。

屋顶

屋顶在高度较低的建筑中构成了较大的与外部空气相接触的部分，如在独立式住宅建筑中。无论如何，一个有效的热保温对降低建筑外围护结构的热损失是有帮助的。屋顶的构造方式基本上有三种技术：轻质构造、檩椽式以及实体屋顶。

平屋顶大多数是暖屋顶，采用实体构造。只有在工业建筑以及大型厅堂建筑中，才在较轻的钢结构上放置U形断面的薄钢板或直接搁置于钢结构上的保温三明治板。通过荷载计算，平屋顶的保温层能够抗压，通常直接放置于屋顶结构上，再加相应的密封层。作为保温材料，常常使用抗压的泡沫或木质基础的保温板，特别是当荷载较高时（如上面放置技术设备或上人屋面），也会使用较为坚固的泡沫玻璃。如果要达到低于0.15W/m²K的U值，使用上述保温材料的保温层构造厚度需大于20cm。

斜屋顶通常采用檩椽式做法，采用混凝土现浇或作为实体预制件的做法例外。这里按照平屋顶的保温原则来保温，但需要一个额外的抗推力措施保证屋顶覆盖物不会滑落。大多数情况下会使用在檩条之间和之上结合做保温层，通过覆盖檩条阻止冷桥的产生。如果仅做檩条间的保温，通常达不到所希望的0.15W/m²K的U值，因为要减去未覆盖保温层的檩条面积。

底板

一幢建筑的底板及其（地下室）外墙面积直接接触土壤，应该从外面做保温层，并且要把周围都做保温。保温层需要抗压、防潮以及抗侵蚀。适合的材料有挤塑泡沫或当荷载较大时使用的泡沫玻璃。保温层厚度与露在空气中的墙体保温相比，可以薄一些，因为土壤一年中的温度变化不像室外空气那么大，并且不会受到阳光直射。值得建议的是，保温要做足、做好，因为对此处保温层做后续改造的难度和费用都很高。

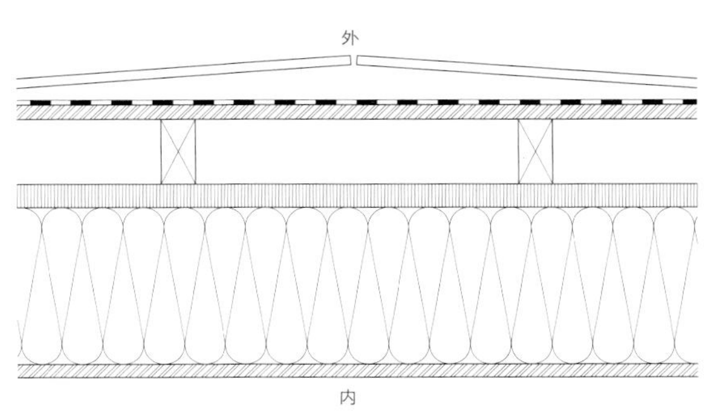

平屋顶，木材（轻质构造）
屋面构造从外及里

太阳能光伏板
密封.屋面纸板加油页岩涂层
定向刨花板 22mm
隔栅背部通风 100～175mm
木纤维板 35mm
木龙骨 240mm/羊毛 240mm
三夹板 20mm

U-Wert: 0.17 W/m²K

路西里维克正能效房

达达建筑师事务所，瑞士伯恩

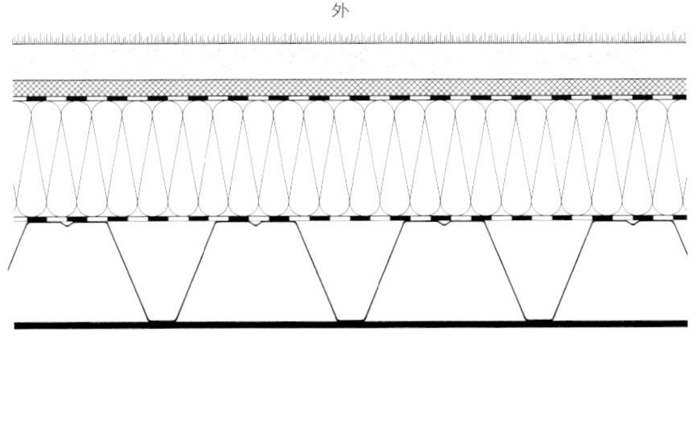

绿化屋顶，钢结构（轻质构造）
屋面构造从外及里

景天属的植物绿化
单层基质 55mm
固体排水层 25mm
保护和存储毛毡
密封带 3mm
矿棉保温层 180mm
金属箔 2.50mm
U型钢板 150/200mm×1.5
压力排水管 HEB240

U-Wert: 0.23W/m²K

太阳能科学院

HHS 建筑设计股份公司，卡塞尔

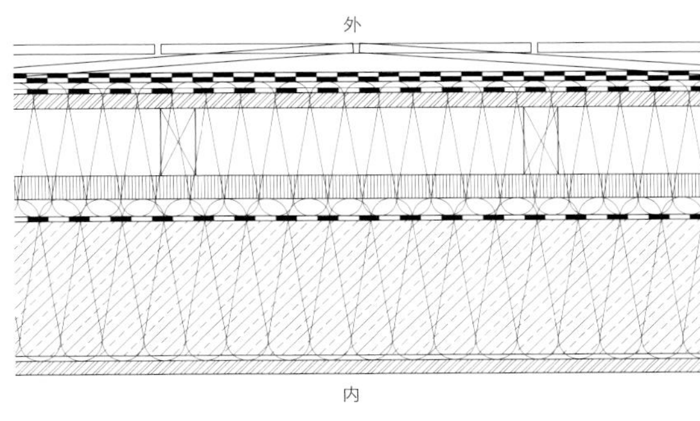

平屋顶，钢筋混凝土结构（实体构造）
屋面构造从外及里

太阳能光伏板天
密封带双层
保温层 200mm
隔蒸汽层
钢筋混凝土屋面板 200mm

U-Wert: 0.19W/m²K

零能耗建筑，德里卑尔根

Zee 建筑师事务所，荷兰乌特里希特

不同屋顶构造比较

窗和玻璃

在建筑外围护结构中，窗和玻璃对设计和实施都提出了特别的要求。通过朝向、数量、面积和位置，它们不仅影响建筑外围护结构的能量质量，并且对用户的使用舒适度也起了决定性的作用。一扇有保温功能的窗户的能量考量显示出，其U值会比周围的墙体差4～6倍。在一个没有阳光的冬季日子，通过窗户损失的热量可能会占到整个建筑外围护结构热损失的一半。与之相对应，只要天气晴朗，取决于朝向的窗被动地获取很多热量。在欧洲中部，由于温和到阴的天数较多，玻璃的U值影响很大。在德国，要达到《节能法》（2009）的要求，三层中空玻璃是选用的标准，为此应该选择一个Ug≤0.8W/m²K，g＞50%的玻璃。此外，还需要热隔绝的一体化边框和一个考虑周全的安装设计和施工方案。玻璃的U值通过Ug表示，g值（能量穿透率）描述透明建筑构件的能量穿透能力，它由太阳直射传导以及通过传导和对流在内部的所释放的热量总和构成。g值为0.8，意味着80%照射在透明建筑构件上的光线进入了玻璃后面的室内。

对在德国太阳光热获取的分析明确显示出：朝南以及朝东南或西南30°角范围内的玻璃面可以达到净热量获取；朝东、朝西和朝北的玻璃面全年的太阳能热量获得呈净损失。在安排一幢建筑的使用面积时需要考虑这一点。比如，在住宅中供停留的空间应该朝南，辅助空间应该朝北，诸如此类。空间的安排应对能量消耗最有优势。玻璃面积大小和内部热负荷应该受到限制，这样可以避免内部过热。

市场上的能效建筑常用的玻璃是三层保温玻璃（WSVG），其Ug值为0.5～0.7W/m²K，总能量穿透率（g值）为0.4～0.6。通常情况下，玻璃的Ug值和g值相互决定：如果Ug值更好的话，一般来说g值则更差，这是由于使用的玻璃层数更多以及在层与层之间填充了惰性气体的缘故。

目前，保温玻璃正在向四层玻璃和真空保温玻璃方向发展。真空保温玻璃在玻璃夹层提供了一个真空层，从而在降低厚度的前提下使得Ug值更好，这样一来填充惰性气体就没有任何必要了。从长远来看，这和目前常用的保温玻璃相比更有优势，而前提是要能够保证真空层长久不被破坏。

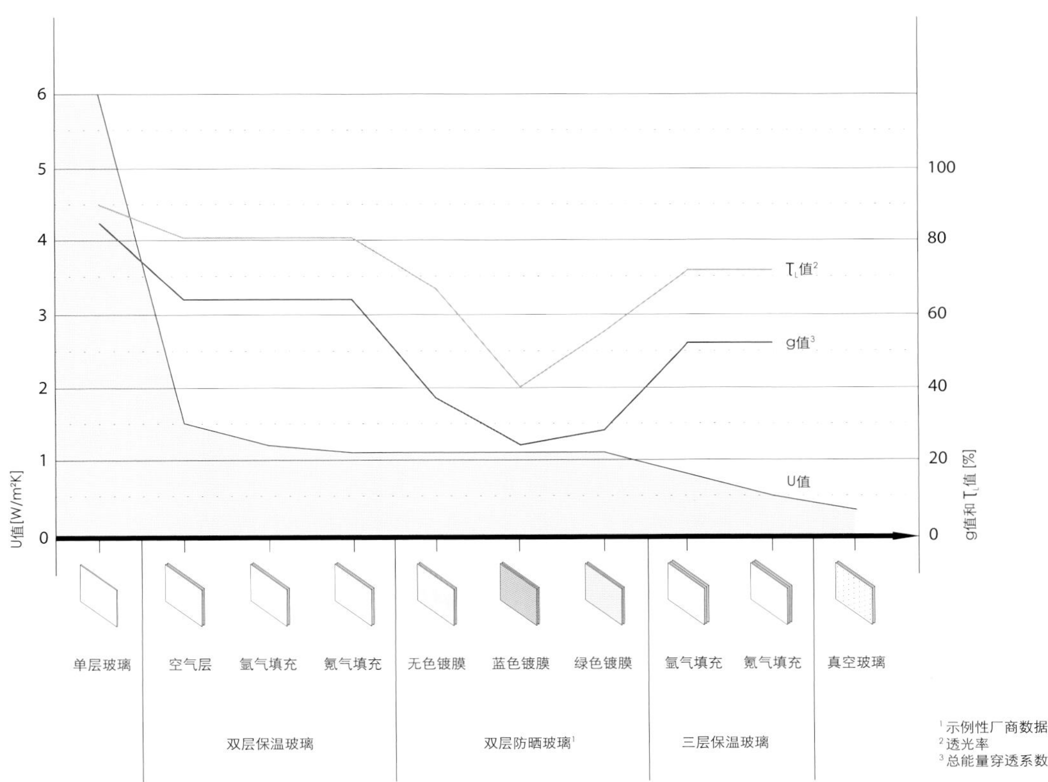

玻璃标准的发展
玻璃的建筑物理标准值

惰性气体填充

要达到Ug值≤0.6W/m²K，需要填充惰性气体，如氩气、氪气和氙气等，使用氪气和氙气时需要特别加以考虑的是，它们较为昂贵，并且获取它们所消耗的能量较高。如果要全面综合性考虑的话，它们的节能优势就没有了。

防晒玻璃

防晒玻璃通过使用镀膜降低 g 值，镀膜通常在外层玻璃的内侧，这样可以减缓玻璃中空层空气温度的升高，降低保温玻璃内部的热张力。这种太阳防护的方式是固定的，在全年内均无法调节。一种可适应的太阳防护应该除了可以控制阳光外，还能提高自然采光利用（见第 158 页）。

隔声

窗与不透明的实体建筑构件相比，在隔声方面性能较弱，这可以通过使用不同厚度的隔声玻璃来改善。这里需要注意的是在安装玻璃时应采用弹性密封。

一体化边框

保温的一体化边框应该是热隔绝的，但这并非标准，所以一直还是在玻璃的层之间使用铝合金立档保持玻璃间距。由于这种金属的热传导性极好，会产生严重的冷桥，继而导致结露。使用木框时也要特别注意冷桥，因为并不能保证表面温度维持在 13℃之上；因此，舒适度会受到极大影响。较优的选择是热隔绝一体化边框，使用不锈钢或合成材料做间距立档。不锈钢以及合成材料的使用寿命较长。在窗框里保持玻璃间距立档的深度建议采用 25 ～ 30mm，以达到一个理想的保温厚度。

窗框

出于能量的、也是建筑物理方面的考虑，窗框需要极为细心地进行设计和施工。一个三层保温玻璃窗框的 Ug 值比玻璃要差一半，一般尺寸窗户的窗框所占整个窗扇的面积百分比在 25% ～ 40%，相对较大；因此，通过这个建筑构件可以损失很多能量。典型的窗框的 Ug 值在 1.5 ～ 2.0W/m²K 左右。

为了保证较高的舒适度，同样也需要使用保温性能较好的窗框。目前保温性能较好的 Ug 值在 0.5 ～ 0.7W/m²K 的窗框价格也基本上较为适中，而再差一点的 Ug 值在 0.9 ～ 1.0W/m²K 的窗框被作为最低标准使用。

必须使用热隔绝的断面和保温核心。在窗框内部的保温核心由于实施方式不同而各有差异。根据产品不同，使用挤塑聚苯乙烯（EPS）、聚氨酯硬泡沫（PUR）、软木或者其他保温材料。覆盖层断面材料可以是木材、木铝盖板、铝合金或合成材料。

基于生态方面的考虑，通常合成材料窗框内部空腔使用发泡剂填充，但问题是在全生命周期末期很难将其分离和处理。木铝窗框的断面可分离，纯铝合金窗框也是较好的选择，但使用木窗框的维护费用较高。

随着保温玻璃越来越重，以及窗框保温性能越来越好，窗框的立面宽度越来越大，近年来在尝试排除与之相关联的造型与光学技术的缺点，尝试减小窗框立面宽度，这通过缩小保持玻璃间距的立档深度以及增大窗框的深度来实现。与传统窗框立面宽度 120 ～ 140mm 相比，已经有新的窗框系统，其内侧立面宽度约为 75mm，外侧立面宽度根据覆盖的保温层厚度约为 0 ～ 20mm，窗框的安装深度为 125mm。

位置和尺寸

玻璃不仅对改善自然光线的利用是强制性的，对适合的室内外交流和视线关系也应该加以考虑。建筑规范（如州建筑规范 LBO）对居住空间要使用的玻璃或窗户的最小尺寸作出了规定。要注意保证足够的可开启窗扇数量，即便由于冬季通过自然通风产生的热损失较大而必须放弃使用窗进行通风，但能够开窗通风的心理感受，特别是在夏季和过渡季节依然很重要。气候概念里，夏季的夜晚如果有冷却和交叉通风项目，必须有合适大小和数量的可开启窗扇。

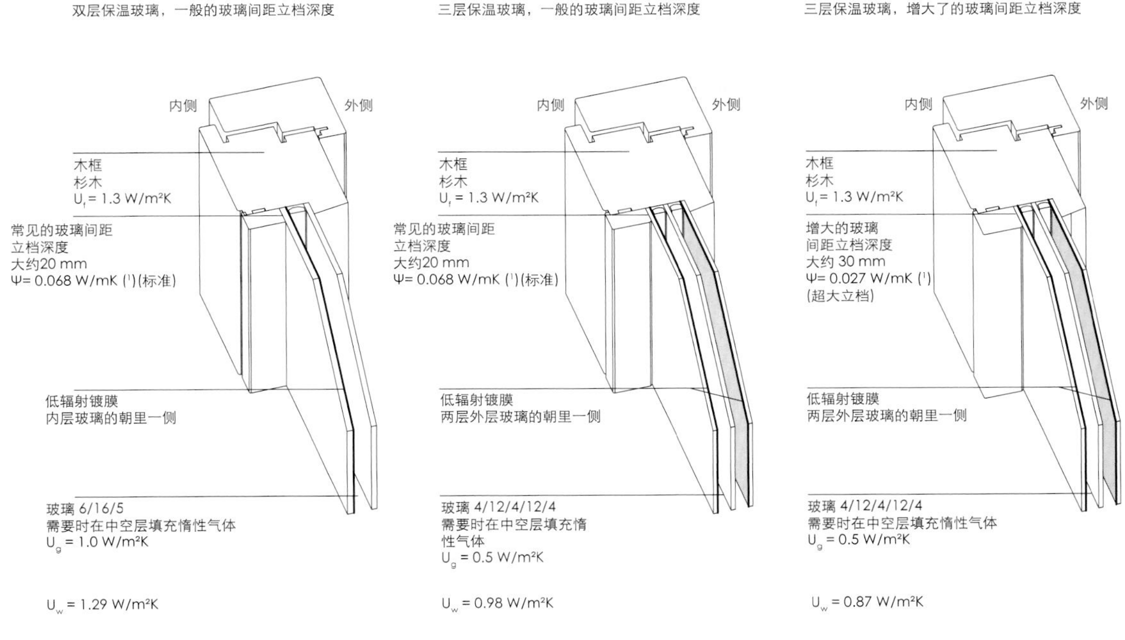

保温玻璃和窗框

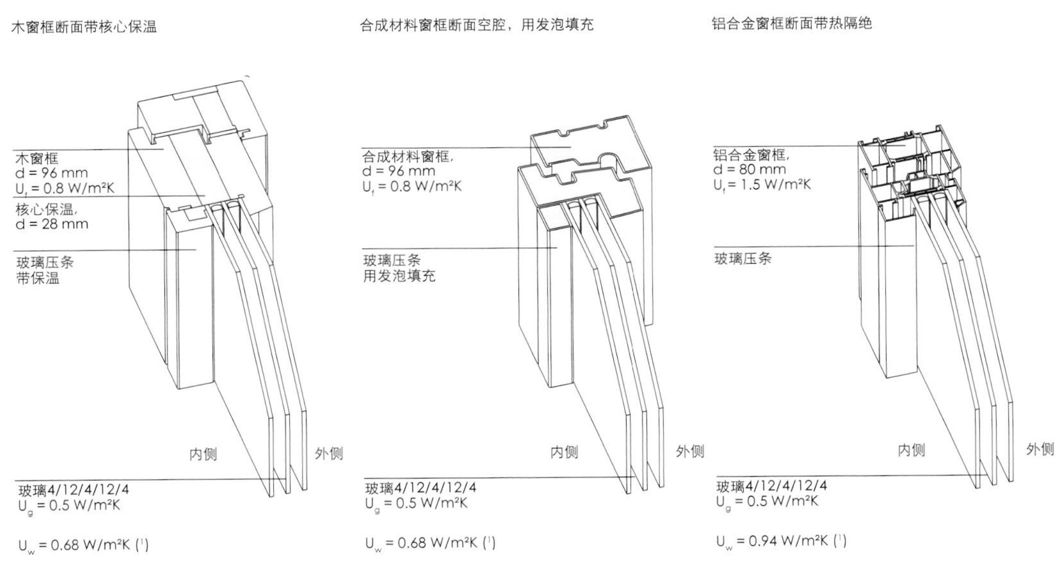

窗框保温比较

通风

建筑外围护结构的能量质量不断提高，从本质上应归功于密封性的改善。这意味着从前那种通常是未加控制的，通过不密封的缝隙气流进行的通风在主动式建筑中行不通。因此，通过极高的空气质量、最小化的通风热损失，以及尽可能高的自由通风利用率来达到较高的舒适度就成为对“符合需求的、卫生的通风”提出的要求。为了保证用户在避免能量损失的前提下有最佳的空气质量，必须要用到可调控的机械通风，如果可能，它还要通过过渡季节的自由通风和夏季夜晚用于冷却降温的交叉通风来补充（见第 178 页及以后，第 194 页及以后）。

遮阳

通过遮阳措施来降低阳光照射在透明建筑构件上产生的热负荷，以避免建筑过热。在遮阳成为一个正式主题之前，建筑的几何形体和朝向、开窗比例和建造方式可以极大地影响建筑的被动式得热。基本上在我们的纬度范围内，一个无阴影遮挡的南立面窗户应该有超过 30% 面积的外遮阳。

在冬季太阳入射角较低时，使建筑变暖的太阳辐射极受欢迎，特别是阳光可以通过朝南的立面开启部分进入室内，而在夏季月份里则不希望得到这部分热量。夏季的太阳入射角较高，朝南窗户的热负荷也不是很大，因为大部分照射到玻璃表面的光线会被反射回去。根据设计需要利用屋檐出挑、固定的或是活动的阴影投射进行遮阳。与之相对应，朝东和朝西的立面上的窗户则必须采用遮阳，以避免建筑过热，建议使用活动的外遮阳。遮阳的方式多种多样，经常是受地域和文化影响较大。在欧洲中部地区，较为普遍使用的是活动的外遮阳系统，如带有活动百叶的遮阳窗扇、百叶遮阳帘或是使用织物。此外，还有很多其他类型的遮阳可以根据使用目的、建筑功能、对造型的要求和愿望来选择。这里也可以有目的地使用植物以及建筑自遮阳（例如挑檐）。

使用半透明的、可导光的或至少可变的阴影投射系统能够使自然采光利用最大化，同时可以降低热负荷，对降低一幢建筑的总能耗有利。防晒玻璃可以通过在玻璃构造内部用所谓的“低辐射镀膜”来提供全年不变的太阳防护；但是，使用这样的玻璃需要更详细的设计，因为这种太阳防护是永久性的，相应利用太阳辐射的可能性被降低了，并且不可能把阴影投射和玻璃分开。目前，人们正在致力于研发新型的玻璃，提供可变化的太阳防护系统，但还没有可选用的在经济性和造型上都较好的产品。

控制

一个自动的阴影控制可以借助于太阳照射测量以及眩光防护，按照预设的程序自动达到想要的状况。当日照强度在预设的时间区域内超过预设值，太阳以及眩光防护装置就会自动落下或将百叶转到适宜的遮阳位置；当日照在设定的时间区域内太低（例如多云的天空），相应的遮阳设施又被自动收回或调整到中间位置，比如将百叶的位置调成与阳光入射角度平行，以便最大化地利用自然采光。如果多云的程度更强、照度更低的话，百叶就会被全部收回。这种可以用在全球各地的系统能通过诸如建筑物投影或种植绿化投影的修正来优化，这样可以避免受外部投影影响的空间过多使用人工照明。

外遮阳系统的补充构件是防风化的设施。通过温度感应器、降水感应器、风速和风向感应器进行设置，当负荷较大时，外遮阳收回，以免受外部影响。在测量和控制结冰、风量和雨量时也可以同时设置有马达驱动的关窗机自动关窗，以避免室内进水引起损失。

外围护结构的质量

消灭冷桥

如果涉及建筑外围护结构的建筑物理和能量质量时，在保证了极好的保温和密封性之后，就要关注“冷桥”这个重点了。要有一个好的设计和施工监督才能避免冷桥的产生，目标是所有需要空气调节的建筑体积用保温且密封的外围护结构包围起来，没有或尽可能少地出现穿透的部位——只有保证了这个基本要求时，才有可能实现建筑外围护结构无冷桥或极少有冷桥。在这里，只要不去缩减设计和施工中必要的成本，就能够尽量避免冷桥问题，这是达到主动式建筑的一个很经济的措施。

特别需要注意的细部通常是在标准细部构造中的结合部位、角部、穿管处和边缘等。只要通过设计就能轻易避免的薄弱之处是穿透部位。一个典型的例子是阳台。惯常做法是采用混凝土板，作为悬挑结构伸到立面外，这对于高效的建筑外围护结构来说是一个不容忽视的薄弱部位。如果取而代之采用热隔绝的构造或立面之外独立的结构，就能几乎完全避免穿透和产生冷桥。

冷桥除了会产生能量损失以外，由于建筑物理上的原因，如结露等，还会使建筑外围护结构受到损害。如果这些损害没有被及时发现和处理的话，还会带来更坏的后果，甚至导致建筑的结构损坏。

借助于热敏成像可以通过图像显示出建筑上的薄弱部位。这个技术提供一个极佳的方法用于发现现有建筑或新建建筑上的冷桥，而用不着把相应部位拆开检查。

热敏成像图

气密性

气密性属于建筑外围护结构的技术质量范畴。一个气密性良好的建筑外围护结构避免了不希望产生的通风热损失，将热空气或冷空气保留在建筑内部；此外，通过一个极好的气密层构造还可以降低噪声传递。除了能耗和用户舒适度方面的正面影响，通过良好的气密性还能降低外围护结构的建筑损害。

建筑外围护结构中的空气交换、空气运动和气流不应该随意发生。一个所谓的“缝隙通风”对于持续的适量的空气交换是不够的，并且缝隙通风还会由于抽吸引起不适感；另外，未加控制的通风还会引起建筑损害。空气中的湿气在外围护结构中会发生结露、产生霉变以及围护结构的结构损害。

建筑要达到一个极佳的气密性，在设计和施工中特别要注意的细节等同于对待冷桥的细部做法，它们正在成为好的标准构造做法。典型部位是连接处、角部和穿透部位。

气密层就像一层不间断的表皮，包裹在建筑使用空间的体积外，在常见的结构形式里通常位于外墙的内侧。气密层通常使用密封带、气密的一体化木质板材或内墙抹灰等方式。尤其值得推荐的是，在承重和安装层之间做一层气密层，因为这样就可以避免产生穿透部位（如电器安装）。在屋顶结构中通过使用气密的隔蒸汽层达到气密性。

为了保障建筑的通风卫生，应该使用带有高效热回收功能的机械通风装置，以实现较小的通风热损失。它可以通过二氧化碳浓度感应器根据需要来进行控制，完全没有必要再开窗通风。当外界气温在室内舒适度范围内或与之接近的时间段，则应该通过开窗进行自然通风，这样做更有意义，也更符合用户使用心理。用户应该有能够开窗的可能性，因为这从心理学和可接受度的原因层面对机械通风是一个重要的补充。

气密性的检测是在做好了气密层之后通过的一个所谓“门洞风机”的压力测试。在封闭的外围护结构上安装风机，用于在建筑内部相继产生超压或负压。一般来说，当内外压力差 50Pa 时就能测出外围护结构的气密程度，在这里应努力达到 $n50 \leqslant 0.61/h$。如果测试的结果表明外围护结构不够密封，可以借助在建筑内部产生的烟气流动，很快就能看到不密封的薄弱点并对其进行相应的改善处理，需要的话，之后可再次进行“门洞风机”压力测试。

在门洞处安装的压力测试用鼓风机

蓄热物质

在建筑中，蓄热物质可通过几个小时甚至几天来帮助平衡冬季和夏季的室内温差，以削弱温度的高峰值。夏季太阳辐射通过玻璃进入室内，辐射热储存在室内环境的实体建筑构件中，通过夜晚的自然交叉通风，相应的具有延时性的建筑构件中所存储的热量可以被释放出去，以此为建筑降温，而夜晚被存储的冷量又在第二天用来帮助平衡通过太阳辐射产生的热量，以避免主动式建筑的过热。

在过渡季节和冬季白天所储存的热量到夜晚可以为主动式建筑调节温度，建筑极好的保温则避免建筑过度冷却。

为了保持良好的室内气候，建议使用能量储存能力较强的材料。这里适合的材料，比如黏土、天然石材、砖、现浇沥青地面、普通混凝土和许多其他的重质材料，轻一些的材料，如木材，也有很好的热储存能力；但需要注意的是，对于短期的温度平衡调节，只有建材的表面几厘米厚度起作用，更深一些的层面对于短期储存不起作用。还可以选择相变材料（PCM）—— 一种盐或石蜡，在相应的温度范围内改变其存在的形态。当相变材料从固态转变到液态时，吸收大量的热量；当周围环境冷却，相变材料固化，等量的能量又会被释放出来。其优点是，相变材料在一个相对较小的温度范围内进行形态转变，通过相对较少的材料可以吸收或者释放很多的能量。借助于形态转变，相变材料可以调节对舒适度适合的温度范围，对稳定室温起支持作用。相变材料被封存在较小的容积内或搁置于玻璃板之间，或者也可以封存在石膏板里；但是，用于存储的建筑构件不允许被用作吊顶、架空地板或墙面装饰板，以防与室内空间隔离，因为其热存储功能会因此受到阻碍。

通过考虑环境对建筑造成的影响以及由建筑产生的框架条件（如玻璃面积、朝向、使用功能），可以得知一幢建筑需要多少存储物质来尽可能达到高舒适度，并同时减少机械辅助设施的使用。

一种材料可以将热量存储起来的能力被称为材料的“热存储能力”，用 c 表示，单位是瓦小时每千克大卡（Wh/kg K）。以下为几种选出的材料的热存储性能：

- 实心砖 0.26 Wh/kg K
- 水泥石膏抹灰，混凝土，水泥砂浆找平层 0.31 Wh/kg K

黏土有极好的热存储和温度调节性能，可以用于提高建筑的舒适度

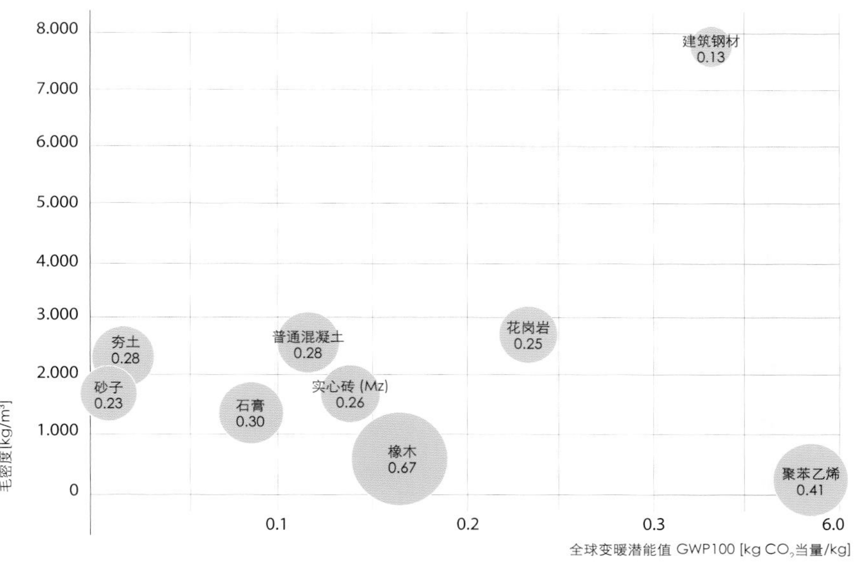

建筑材料	热存储值 [Wh/m³K]	热存储能力 [Wh/kgK]	毛密度 [kg/m³]	全球变暖潜能值（GWP100）[kg CO 当量/kg]	初级能量 不可再生 [MJ/kg]
水（水温为20℃）	1157	1.16	998	-[1]	-[1]
建筑钢材	1015	0.13	7850	1.820	29.850
普通混凝土	690	0.28	2500	0.120	0.820
花岗岩	660 ~ 710	0.25	2600 ~ 2800	0.230	3.700
冰水（水温0℃）	523	0.57	918	-[1]	-[1]
夯土	470 ~ 610	0.28	1700 ~ 2200	0.004	0.080
砂子	410	0.23	1800	0.001	0.023
实心砖	360	0.26	1200 ~ 2000	0.142	2.610
石蜡	357	0.42	849	-[1]	-[1]
木材	350 ~ 465	0.58	600 ~ 800	-[1]	-[1]
实木刨光（橡木）	450	0.67	670	0.165	23.700
石膏	290	0.30	850 ~ 1600	0.085[2]	1.830[2]
聚苯乙烯（PS）	12	0.41	15 ~ 30	5.770	92.500

[1] 无数据
[2] 石膏抹灰材料的基础值
[3] 产品RUBITHERM® GR 50 (1-3).

不同材料的存储能力

- S 钢材 0.14 Wh/kg K
- 铜 0.11 Wh/kg K
- 水（在水温 20 ℃）1.16 Wh/kg K

需要注意的是，每千克不同材料的体积区别很大。聚苯乙烯的热存储能力值 0.35Wh/kg K 比混凝土高出许多，但要达到同样存储能力所需要的材料体积却比混凝土多出许多倍。出于这个原因，单一材料的热存储能力也用数值 $s = Wh/m^3K$ 来表示。

另一个要点是对湿气的存储以及平衡调节。建筑材料，如黏土、石膏或木材都是存储室内空气中多余水分的适合的材料，当空气干燥时，它们又把水分释放出来。如果一幢建筑在夜间可以自然地或是机械地冷却，通常会吸收夜晚湿气较重的空气，这些湿气会存储在相应的建筑材料中。第二天只要室内空气湿度下降，这些湿气就又被释放出来。通过这个过程，就能达到日间的湿度平衡，不仅对舒适度有利，还能防止由于湿气引起的建筑损害，如发霉。

获取能量

在能量价格不断上涨、担忧供给安全、担忧高二氧化碳排放造成的环境破坏和政治上急需能量转换的时代，建筑立面和屋顶作为可以获取能量的面积变得越来越重要。将热能和电能获取整合到建筑外围护结构部位的技术多种多样。

降低消耗、优化建筑外围护结构以及其他必需的建筑技术组件使得建筑的能耗通过可再生的、建筑自己生产的能量来覆盖，这已经不局限于居住建筑了。

如果人们按照这样的做法，即降低一幢建筑的能量消耗、优化其外围护结构的热工性能、最后再利用可再生资源就地生产需要的能量和热量，可以利用以下技术来产能（见第168页及以后）。

太阳能光伏

太阳能光伏利用建筑上的日光生产电能。利用阳光照射可以使建筑做到自我供给，甚至是不依赖于电网的运行成为可能。

太阳能光伏大多数作为可适应的构件用于建筑外围护结构，主要是屋顶上；但利用太阳能光伏和光热的潜力原本在于与建筑外围护结构的整合。一个整合的方法是将这些平面的单元同时作为天气防护、遮阳和视线防护以及作为玻璃来运用。最终，整个建筑外围护结构在朝向适合的情况下，可以作为能量上合理以及造型上给人深刻印象的能量站来提供服务。在这里，造型的和技术的整合是一个极大的挑战。

太阳能光热

通过太阳能光热进行生产用于取暖、制冷以及加热生活用水的热量。太阳辐射通过平板集热器或真空管集热器被收集起来，再通过热媒将所收集的热量传递给热水存储器，各用户可以从那里得到自己所需要的热量。太阳能集热器利用全光谱的阳光，其光热转换率为60%～80%。

地热

地热利用的是近地表的地热或深层地热。最常用的是近地表的地热，利用大地表层存储的热量来取暖或制冷。所使用的地热收集装置有地热探测器、地热桩或地热井。这些装置通过循环的液态媒体从土壤中带走热量或将热量传递给土壤。

通常要使用这些温度值较低的热量需要借助于热泵。不使用热泵为建筑制冷也是可能的。

不同的太阳能光伏比较

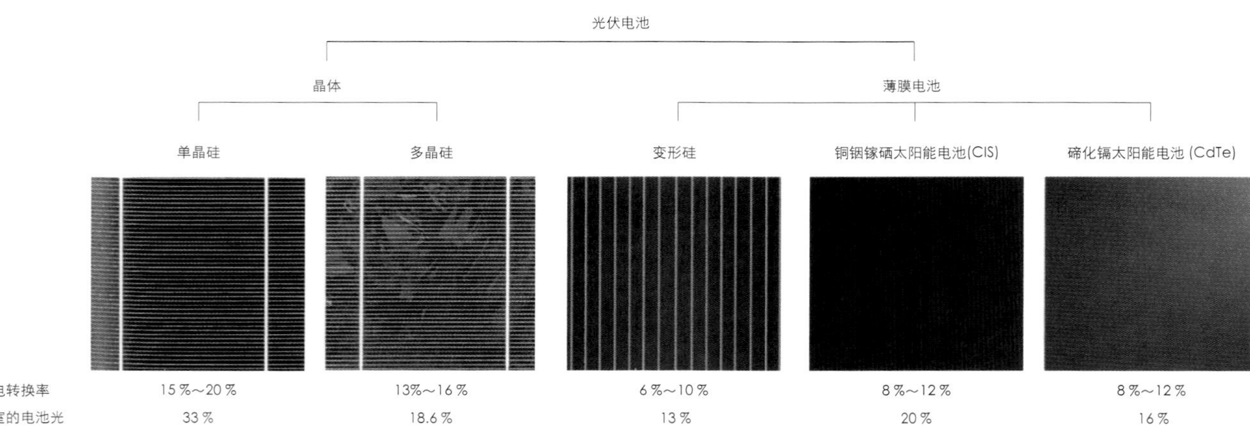

数据来源：建筑能效教研室（达姆施塔特技术大学，www.kristallbearbeitung.de, www.iundm.de）

热泵

借助热泵，可以将输入端温度较低的热量转化为温度较高的热量，以作为建筑取暖的热量，这个原则也可以反过来用于热泵制冷（冰箱原理）。作为媒介，可以使用室外空气、近地表地热、地下水和流动水以及废水热。

照明

自然采光

理想的自然光线利用是建筑设计的核心话题，应该在设计初期给予充分考虑。在这里，要分析外部因素，如太阳运行轨迹、自然光因素以及由于周围建筑和树木可能产生的阴影遮挡。利

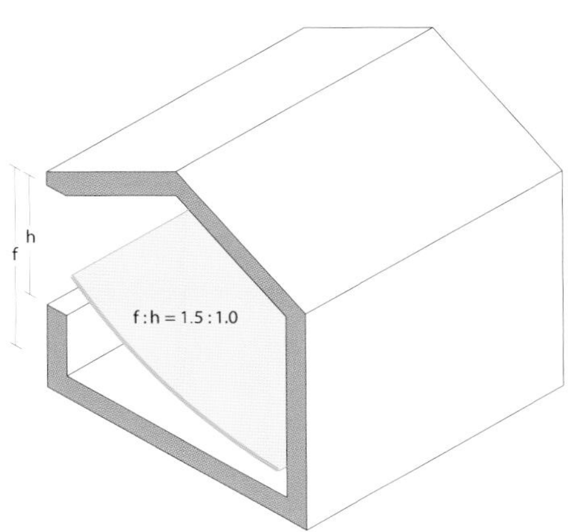

空间的自然采光率取决于空间进深和立面开启

通过太阳能光伏立面的进光。太阳能科学院，HHS 建筑设计股份公司，卡塞尔

用自然光线资源覆盖建筑对照明需求的优化需要通过建筑设计来实现。建筑和空间进深、空间高度、位置、尺寸、建筑的开启部位和表面造型等都对自然光线的质量有决定性的影响。对自然光线的合理利用强制性地要求有一个灵活的阴影投射和防眩光系统，只有这样，才会在起居和工作时有良好的视觉条件。此外，这个系统还能控制太阳光热的摄取量，对全年不断变化的条件作出反应。其他被动式和主动式措施进一步改善自然光线和视线关系以及空间气氛，如可调光的百叶、倾斜的窗边框内侧、窗过梁高度、把光线引入不靠外立面的室内的顶光或采光井等。在建筑中，对自然光线积极的使用对于人精神上和物理上保持健康不可或缺，并且可以因此减少人工采光，从而降低能耗。

人工照明

近年来，在照明手段方面有很多新的发展，特别是发光二极管（LED）以及有机发光二极管（OLED）。发光二极管是电子半导体元素，在通电时发光，能够非常高效地将电能转化为光，其优点是色温多种多样、长寿（极低的维护费用）、可多次开关（大约1百万次开关周期）、可调光（无色彩和作用率损失）、抗低温和低能耗（与白炽灯相比因子是10或更高）。

作为众所周知的灯具样式，有LED改进灯具可用。LED灯具基于其紧凑性和极小的光源为灯具发展提供了全新的路径。此外，发光材料灯也能提供与LED灯具相近的高作用率（因子4～10）。基于这种灯具的高效，通常所使用的镇流器对于能耗就变得十分重要。与传统的镇流器（KVG）

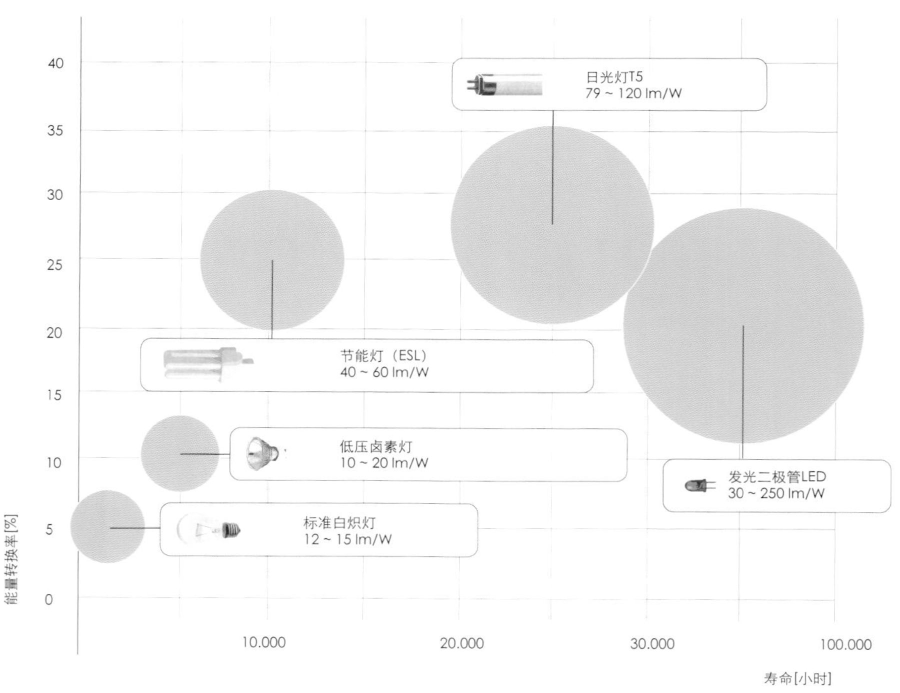

不同灯具的能效

相比，使用电子镇流器（EVG）可以提高能效大约 2 个因子。尽管电子镇流器初期购置费用较高，但它还是更有优势，并且它的发热量也较低，可降低对建筑内部的热负荷。借助切断式电子镇流器——开灯之后关闭加热线圈，使得损失以及自身发热量更低——还可以继续节省大约 20% 的能量。

人工照明方面另一个较大的节能潜力在于对灯具的调控。这里作为辅助工具，可以更多使用移动 / 在场、声学以及红外感应器和开关定时钟。这些辅助工具的使用，如在楼梯间、地下室、卫生设施等部位，可以极大提高节能效率；同时，这些感应器还有其他的功能，如通风控制。较长时间的人工照明，尤其是在室外使用的，可以通过光线控制的感应器，可能的话，与在场感应器或开关定时器相结合进行控制；另外，与在场感应器的结合也可以在无人的时候将灯光调暗。建议自然光线感应器用在自然采光和（补充的）人工照明互相切换的区域，比如说使办公位的人工照明适应现时的自然光线情况，在必要时对其进行补充。如果灯具里没有装载感应器，则应该按照空间的进深有层次地或与工作位相关地安装感应器。与移动和 / 或在场感应器相结合时，人工照明当然也可以对空间内是否有人在场作出反应：用户离开时光线变弱，过段时间后完全关闭。为了满足对照度的个性化的需求，由用户自己控制应该也是可能的。这样做也是因为失去了主动权的用户经常会产生不满情绪，即便从计算角度来讲已经是最好的了。

质量和细部

对室内外交接处的处理决定了一幢建筑能量的、技术的和建筑学的质量，建筑外围护结构的塑造也和建筑结构紧密结合。在居住建筑中，经常以实体建造方式作为首选，这种方式在造价上提供了有优势的解决方案，但对于开启部位有一定的限制。在采用外保温时，虽然在整块的建造方式中也受到一定限制，但作为结构的热质可以用于改善舒适度和削减温度的峰值。在大多数办公和工业建筑中，承重结构和外围护结构是分开的，这经常在办公建筑中导致使用大面积的玻璃——如果超出一定的限度，这种做法会影响到舒适度和建筑能耗。

有效的保温与存储、适当的开窗和自然通风以及有效的和控制好的阴影遮挡在建筑外围护结构中进行整合，这些做法在通往建筑高能效和高舒适度的道路上占有中心地位。建筑学的元素，如建筑形式和材料、实体和通透、纹理和颜色也是建筑能效的元素。

一个高能效的建筑外围护结构几乎可以全年通过被动式的措施满足所要求的建筑内部条件，最后只有一小部分需求要通过主动式来支持以及利用与之相关联的供给技术来完成。在主动式建筑中，这部分需要尽可能地通过当地使用的可持续能源来覆盖。为此，所需要的技术手段对于中部欧洲的气候来说是可用的；现今，从全生命周期角度来考量，其经济性毫无疑问是可行的。

建筑技术

在主动式建筑中，首要的任务是尽最大可能利用所有的被动式措施，优化建筑外围护结构，并利用可再生能源获取能量。太阳辐射、地热、水、风力和可再生的原材料被认为是可再生的。通过使用可再生能源而不是化石能源，能源供给可以朝着二氧化碳中性的方向改进。可再生的能量载体，如太阳、风、地热，均作为免费能源与化石的能量载体相对，无论从能量安全方面，还是价格稳定因素方面来说，都是更好的可选项。可再生的能源，如生物沼气和木材，可以通过当地资源来供给，不会产生高昂的运输费用。

可再生能量的采集和转化

太阳辐射

太阳辐射作为能源有很长的传统，可以追溯到很多年以前。对它的利用经过了长时间的发展，今天，我们已经不仅能被动式地利用太阳辐射，还能将其转换为各种能量形式加以存储和使用。这里用到的技术有太阳能光伏、太阳能光热和空气集热器等。

太阳能光伏

太阳的辐射可以借助光伏电池（PV）转化为电能。所产生的电能可以在建筑中被直接使

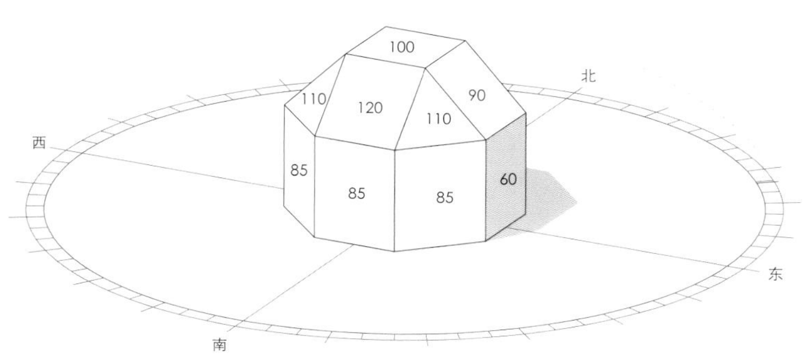

朝向对一个太阳能光伏设施产量的影响

最小太阳入射角（16°）

光伏板的倾斜角[°]	可用太阳能面积[%]	特定的辐射[%]	可用的辐射[%]
0	100	100	100
10	75	106	80
20	61	111	68
30	53	113	60
40	48	113	54

屋顶太阳能光伏板的布置对可用的辐射面积的影响

用及消费、输入公共电网或者通过蓄电池系统存储起来。

太阳能光伏模块由单一的电池组成。通过太阳辐射，电池可以释放电子，产生直流电。这个过程在 19 世纪就已经被发现了，我们将其称为“太阳能光伏”。为了产生较高的功率和更好地利用可用的面积，将多组电池并联在一起。直流电通过一个逆变器被转换成230V、50Hz 的交流电。这样，就可以用太阳能发的电驱动所有类型的家用电器，或者当自己不用所生产的电能时，将电量输入公共电网。

在设计时，需要注意太阳能光伏板模块应该尽可能不受阴影遮挡，因为这样会影响其功效。将太阳能光伏整合到立面中是完全可行的，即使立面上可利用的辐射以及产能期待值与屋顶上整合的有着理想入射角的太阳能光伏相比较低。太阳能光伏模块有标准的产品可用，也可以根据建筑需求订制，同样也可以将其直接整合进建筑构件，例如，太阳能光伏屋面瓦或太阳能光伏屋顶天窗。通过将太阳能光伏构件整合到建筑的外围护结构——这里主要是立面，可以完成除了产电以外类似天气防护、遮阳、视线防护以及其他通常由建筑立面最外层构件来完成的功能，这样至少可以节省一个建筑构件，使太阳能光伏系统利用在总体费用考量方面更有优势。直接将太阳能光伏整合到外立面中可以遵循不同的原则；但是，总体来说，存在一个透明的玻璃－玻璃单元安装与作为不透明的面积整合的区别。

玻璃－玻璃光伏单元可以作为单层的或者隔热玻璃安装在支柱－横檩条系统里，或安装在窗框里，或作为天窗使用。所使用的太阳能电池通常是按照建筑的特殊要求制作的，这样可以确定太阳能电池的参数、种类以及排布密度，还可以确定玻璃的特性，如日光量或遮阳效果、裁割的尺寸、形式以及其他一些特性。在设计立面时也可以考虑使用标准光伏板，这样有利于降低造价。

为达到每平方米光伏板尽可能高的产电量，太阳能光伏板应该按照区位调整到朝向太阳的最佳位置来放置。不符合最佳位置的摆放虽然会降低每单位面积的电能产量，却能够给予造型上更大的自由度，使得可用的建筑外围护结构面积在产能上做到最大化，此外，也可以通过自动对准功能提高产能效率。一项对屋顶上太阳能光伏板的不同摆放角度以及排列密度的比较显示，一个最佳摆放角度会带来外围护结构面积的利用率降低这样的不利结果；因此，从经济性和产能量这两点来考虑，建议在欧洲地区把太阳能光伏模块与外围护结构面积相联系，以达到对现有的外围护结构的最佳利用（前提是太阳能光伏价格下降）。

当太阳能光伏板有背部通风时，可以保证产生的热量被带走，这时它的产能量是最佳的。系统产能的最佳温度是 25℃，每一度温差会导致产能效率降低 0.4%，表面不清洁也会影响产能效率。只要有 3° ～ 5° 的倾斜角，太阳能光伏板就可以在降雨时做到自我清洁。

可用的太阳能光伏技术的效率差别很大，有些原型可以达到 33% 的效率，在价格下降的情况下，进一步提高产能效率是可期待的。对太阳能光伏模块类型的选择通常是根据价格和期待的产能效率来进行，而在立面领域对太阳能光伏产品的选择还要考虑立面造型效果。作为造型要素，有很多可选的光伏电池和模块产品可供使用，也可按照项目要求进行订制。

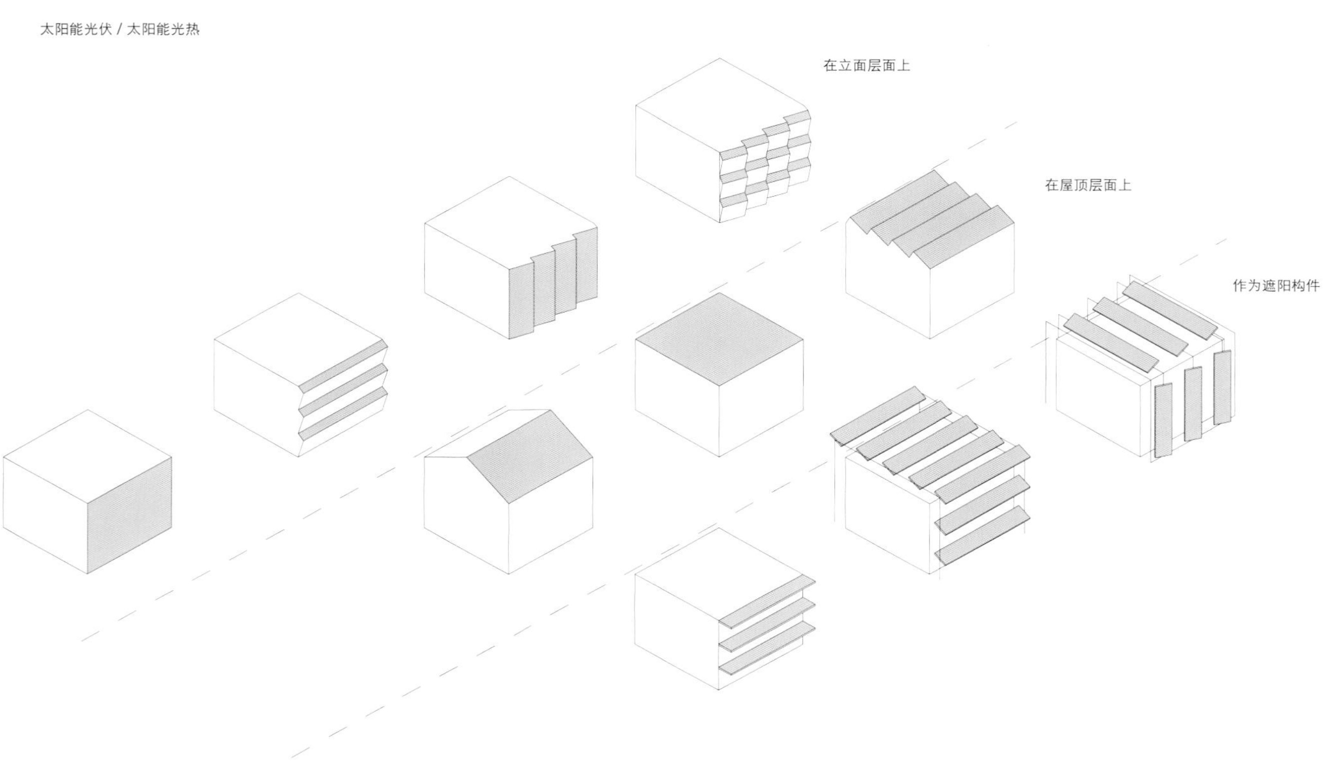

建筑上整合和布置太阳能光伏构件的可能性选择

太阳能光热

除了供给电能的太阳辐射，还可以通过利用光热进行热水制备和支持供暖。在这里，热媒通过一个合理的吸热面积被射入的阳光加热后，再把能量传给作为缓冲的热水存储器（WWS）。为此，在通常情况下会使用一个所谓的“二价存储器”：热媒通过存储器的下部并将热能传递给冷水；被加热的水上升到存储器的上部即可作为运营系统的热水使用。如果太阳能生产的热量不够，或者被取用温度降低到一定的数值以下，系统会通过其他的能源，例如燃气锅炉、燃木屑丸锅炉或电热棒来支持。

为了能够使用太阳能生产的热水来支持取暖，在存储器中还有一个热交换器，此处流动的是取暖系统的热媒。通过监测存储器中的水温，可以保证所希望的空间温度。如果通过太阳获取的热能太少，就使用取暖锅炉进行后续加热。

对热水制备来说，利用太阳能光热节能的潜力特别高。在欧洲中部地区，由于冬季取暖需求和夏季太阳辐射的能量供给的错位，业界对利用太阳能生产热水并带有支持供暖功能的经济性和意义有着意见相左的讨论。同时进行热水制备和取暖支持的系统大约节省燃料 35%，如果单纯制备热水就可以用较少的太阳能光热面积来更好地覆盖所需的热量，这样可以节省将近 60% 的燃料。

太阳能集热面积的垂直摆放可以在冬季提高能量获取率，因为这时太阳的入射角较低，立面可以产生更多的能量。夏季照射在立面集热器的阳光入射角较高，所以产热量较少，正好与夏季相对较低的热需求相吻合。这使得在立面上整合太阳能光热成为可能。一个立面整合的特别的优点还在于：太阳能集热器背板的保温同时也可以作为建筑的保温。

因为经济性好，太阳能光热对于一直要使用很多热水的建筑，如多层居住建筑、宾馆或游泳池，是很值得推荐的。从这些使用条件出发，太阳能集热装置应该按照最小需求设计，或者使用更大的缓冲存储器。这样可以延时使用那些通过太阳辐射可再生地被加热的热水。

此外，还可以借助吸收式制冷设备将太阳能生产的热量用于制冷，这项技术多在办公建筑、工业建筑和商业建筑中用到。

太阳能集热器有很多种不同的种类和功效水平可供选择。构造特别简单的是所谓的“游泳池集热器”，水直接流经黑色的橡胶垫，被用于露天游泳池的取暖。

平板集热器结合一个吸热率极高的金属板，里面通常是水和丙二醇混合物（混合比 60:40）循环流动，上面覆盖玻璃板，背部进行热保温，以达到最利于产热的温室效应，并避免热量的快速散失。

所谓的“混合集热器”是一种结合平板集热器和一块光伏玻璃盖板的集合装置。这种太阳能光伏和光热生产的结合还处在发展的初期，太阳能光热的传递可以用于冷却光伏电池。真空管集热器的能效较高，它平行布置的单一真空管可以单独轴向旋转，并调整到最佳的接收太阳能辐射的角度，这样，它可以在接近朝南的方向既能水平向、也能垂直向被整合到建筑中。

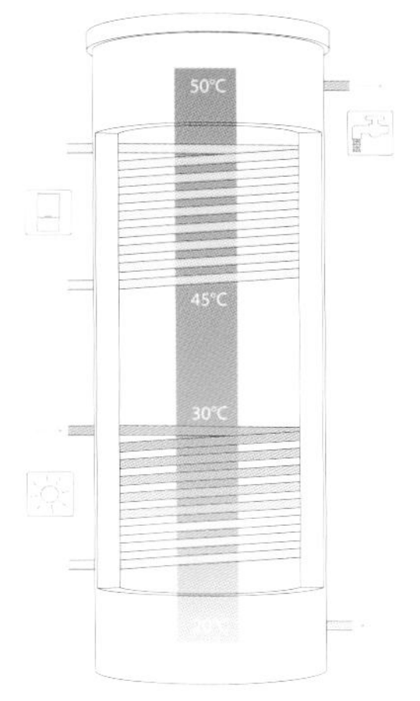

仅使用太阳能光热进行饮用热水加热

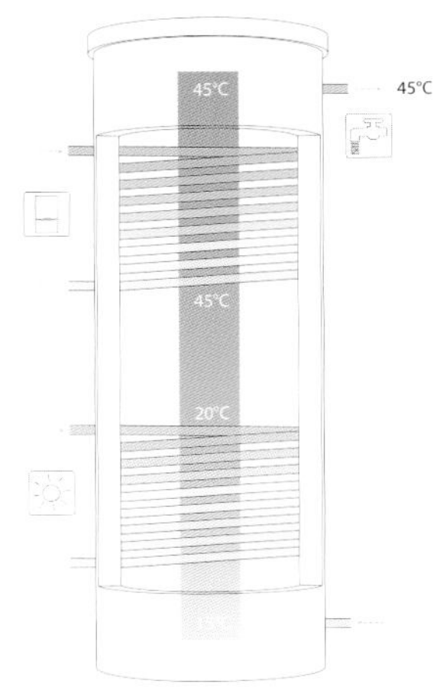

使用太阳能光热进行饮用热水加热和取暖支持

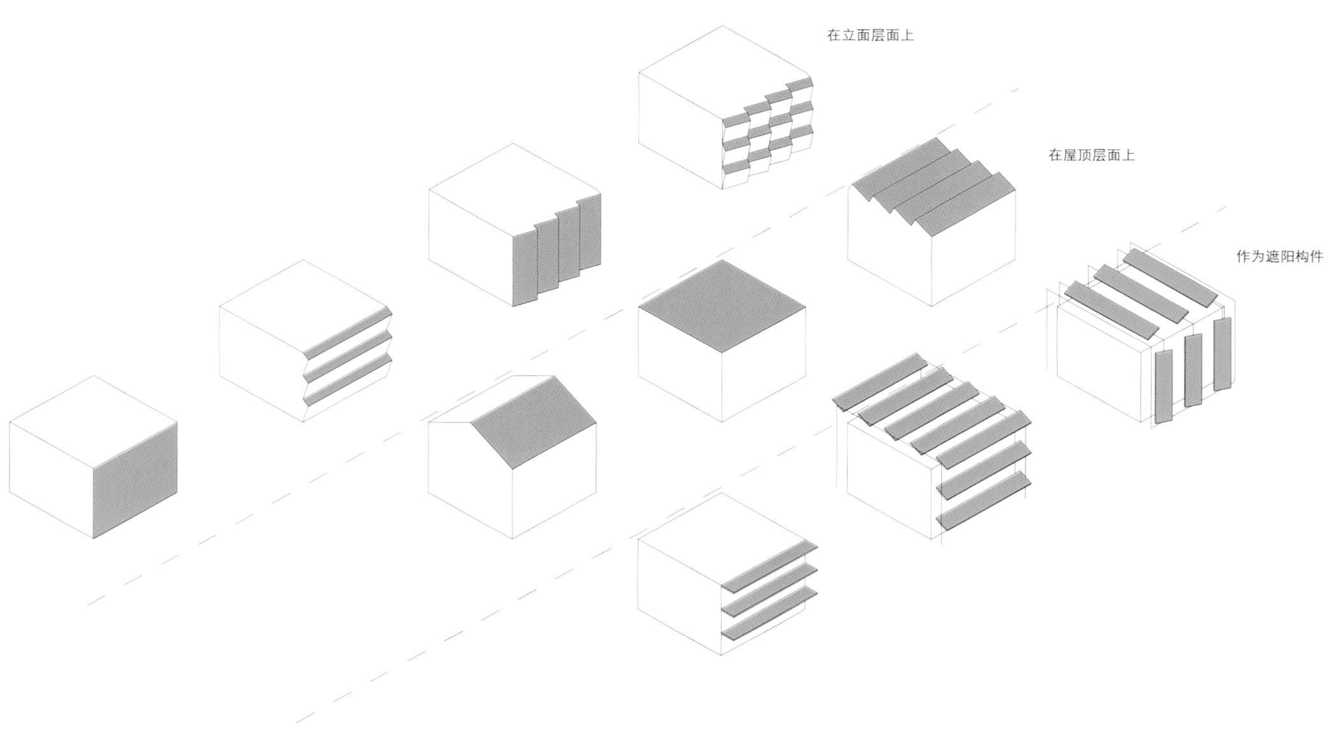

太阳能集热器在建筑中的整合和布置的可能的选择

太阳能光热整合，萨特诶恩斯住宅（奥地利），恩特莱纳

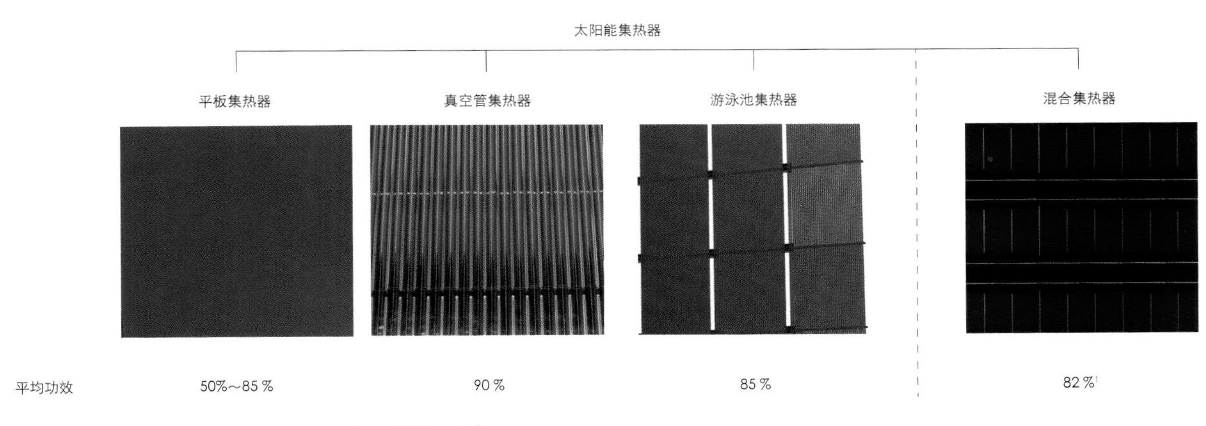

1 示例性的厂商数据
数据来源: www.naturenergiezentrum.de, www.paradigma.de, www.solimpeks.de

太阳能光热集热器及其功效

空气集热器

空气集热器可以通过太阳辐射加热空气，用于调节或预先调节室内空气温度。从功能和构造方式来看，它们可以和太阳能光热集热器做比较；但从根本上来说，空气的热存储性能比较低。

空气集热器的构造和功能方式在技术上十分简单。集热器由一个颜色较暗的吸热面构成，朝外一侧离开一段间距有一块透明的盖板。室外空气从集热器的一端进入，被吸热体吸收的太阳辐射所加热；被加热的空气通过烟囱效应直接上升流入室内，或是被机械引入到室内。在理想情况下，为了更好地控制，将热空气先引入室内空气技术设备，需要的话可以继续被加热，或是直接送入需要热空气的空间。空气集热器的功效在55% ～ 70% 之间。

空气集热器可用作机械通风的前部元件或是空气－空气源热泵等，尤其是在冬季的月份以及过渡季节，它的使用更有意义。在夏季，需要使用一个额外室内空气技术的吸出装置，以避免过热。

在居住和办公建筑中，空气集热器使用不多，而在农业领域，这种集热器早就成功用于干燥饲草、作物和生物质。所生产的热量的存储用于夜晚取暖（也有用到一个石块进行存储）；被极度加热的空气可以借助一个容易沸腾的媒介（水、酒精或类似的物质）通过一个蒸汽机转化为机械能以及电能；剩余的热量可以用于满足那些低热值的需求——这种对所生产热量的多次利用被称为“层级利用”。

同样，还可以借助一个吸收式制冷机把被极度加热的空气用于制冷（见第 186 页）。

透明的盖板
空气通道
溢流的吸热体
背部的热保温

立面上的空气集热器：成立者中心，哈姆，HHS 建筑设计股份公司，卡塞尔

生物质

通过木材获取热量

用木材取暖提供了一个极好的可能性，即使用大多数当地拥有的资源实现几乎是二氧化碳中性的取暖和生活热水供应。在燃烧木材时，释放出来的二氧化碳等同于木材生长过程中所纳入的二氧化碳总量。这个考量没有计入采伐、加工和运输所消耗的能量。木材的获取、仓储和供货需要对燃烧地进行规划，以保证对运营者来说从材料获取到供给链的顺利操作。对一个取暖周期或者是符合需求的燃料储备，建议按照合同规定的相应的数量保证供应。木材的形式可以是木块、碎木片或者木屑丸。在使用木屑丸和劈柴时可以设置为自动的填料和锅炉清洁。木块可以在自然吸风式锅炉和木渗碳器中使用，需要手动填料。这两种系统都可以提供较大的缓冲存储。

主动式建筑的取暖需求较低，使用木屑丸作为燃料是最佳选择。对于较大的建筑或小区供给使用木屑丸就不经济，这是因为它的热值与其体积相比较低，需要较大的仓储空间。使用劈柴和木块在这里就比较有优势，虽然人力成本较高。用于燃烧的设备按照需求不同有不同的规格可供选择。

通过使用燃料、较短的运输途径以及使用可再生的原材料会对地方经济产生积极的影响。在德国木材的供给是安全的，这是因为多年来较低的需求使得可持续的林业经济的潜力很大；但是，由于与燃烧木材相关联的微尘污染对健康不利，这又成为一个值得商榷的问题。

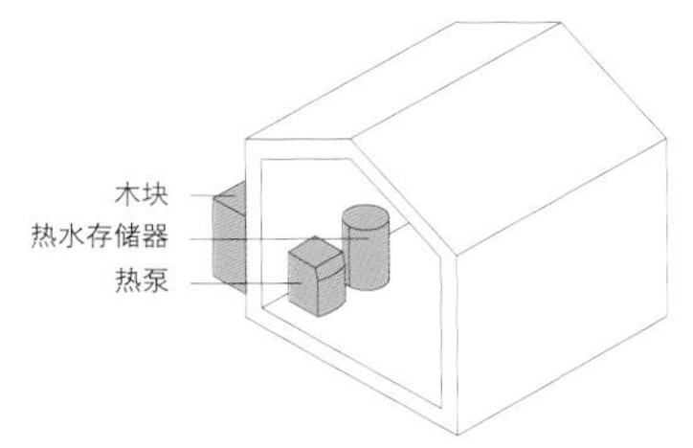

木块作为燃料示意图

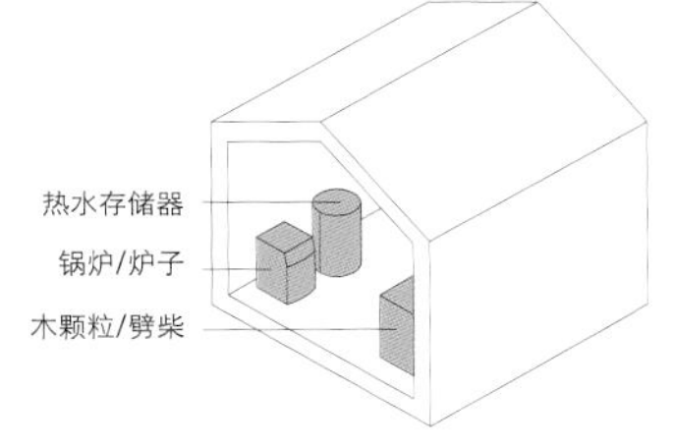

木材作为燃料（无仓储）示意图

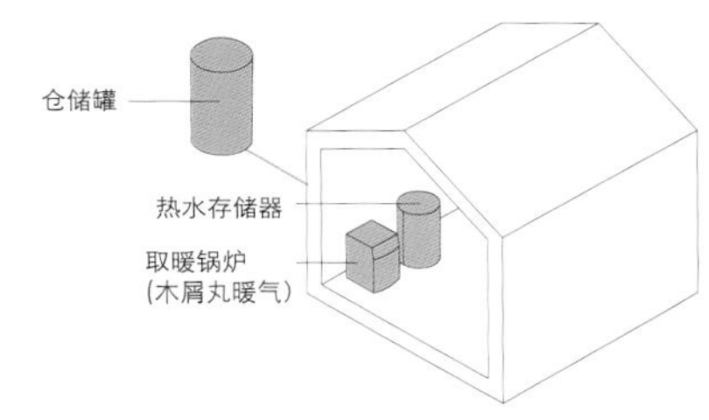

木材作为燃料用于取暖（有仓储罐）示意图

水、地下水、土壤

用水获取电能是借助涡轮机将势能转化为电能，这在主动式建筑或其附近基本上不太可能进行。水的热值利用——特别是对地下水、流动的地表水或者全部的雨水的利用——在一定条件下相应地更为合理。利用流动的地表水、地下水或者雨水获得取暖和制冷能量有两种可用技术：一种是将水作为媒介直接用于预先调节和冷却相邻的空气温度；一种是通过一个热泵将水温先调节到需要的温度水平，再加以利用。

直接制冷

首先可以考虑采用不需要进一步加热或冷却的方式。在考虑建造主动式建筑时，制冷需求对于那些内部热负荷较高的使用功能，如办公建筑，尤为重要，在这种情况下，直接利用流动的地表水、地下水或雨水来覆盖制冷需求会是最直接的解决方案，因为通常所用到的初级能量以及运营成本在这里都极低。

通过汲水井将用于制冷的水从地下提取上来，在理想情况下，水温大约为 14℃，用于直接制冷。一个热交换器把冷量传递给制冷循环系统。被加热后的水一小部分可用于冲厕和浇灌，大部分则被引到一个隔开的保留面积以及排水沟。当室外温度较低时，可以利用地下水通过室内空气技术（RLT）在加热室外空气前对其进行预调节处理，以降低初级能量的使用。

热泵

在使用热泵（WP）时，可以结合流动的地表水或地下水作为热媒，通过压缩过程既可以制冷也可以产生热量，以便主动式建筑可以根据个性化的用户愿望和给出的要求来进行调节（见第 181 页及以后）。 对地下水或者流动地表水作为热媒的利用需要根据基地情况进行调查，通常需要一个审批的程序。

近地表地热

大地存储的热量可以作为所谓的“地热”用于取暖和制冷。地热通过桩和热交换器传递给热泵。

用于地热交换的桩通常打入地下 50 ～ 100m 深，这里的温度基本上恒定在 10℃或以上。除此以外，还可以根据基地的具体情况选择近地表的地热，在地下深度 1.5 ～ 3m 处用面性元素收集地热，对此处相对恒定的温度加以利用。地热借助一个桩传递给热交换器，从这里采集的温度通过一个用水做媒体的热泵提升到适合使用的温度水平。

这样生产的能量价格在德国的很多领域内已经可以和传统科技生产的能量价格相竞争。

仅仅是地热的潜力就比实际的能量需求多出好多倍，并且从人的尺度来说，无穷无尽。要促进合理的地热利用，不仅用于单一建筑，而且还要用于更大的设施（如小区）的能量供给。

深层地热

特别对于那些地下的热源靠近地表的地区，这种深层地热的利用应该加以考虑。在德国、奥地利和瑞士均有使用深层地热发电的设施。例如，在下哈星从钻探深度约 3500m 的地下可以的得到 120℃的水，所产生的地热功率为 40MW。很多钻探深度达 5000m、地热功效 80MW 的项目正在设计和建设中。

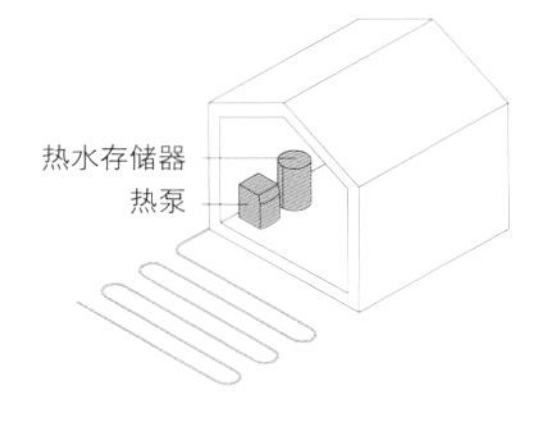

近地表地热利用示意图

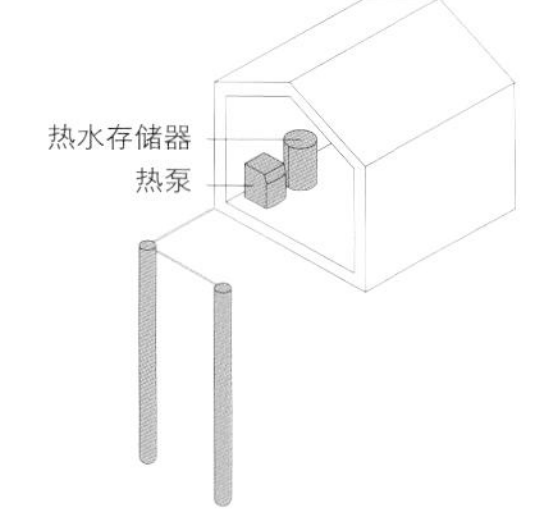

深层地热利用示意图

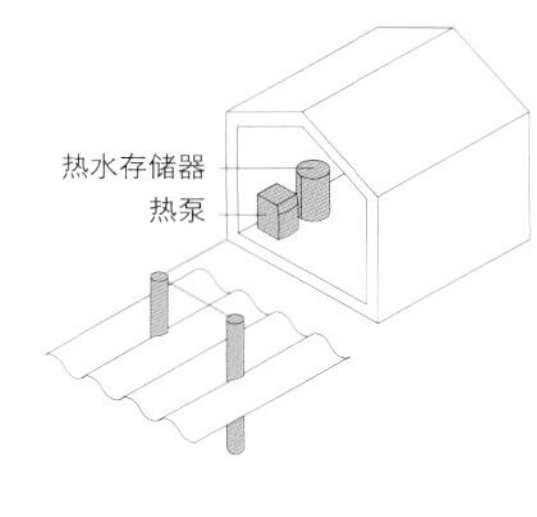

深层地热利用示意图

风

从风力获取电能用于主动式建筑可以直接在建筑上或是与建筑相邻近的环境中实施。

风力发电设备

风力发电设备利用风力生产电能。常用的风力发电设备使用三片断面经过特殊设计的，沿着一个水平向旋转轴呈等角排列的旋转叶片，这些叶片朝向风吹来的方向，旋转轴与一个吊舱连接。基于叶片空气动力学的造型，当有风吹过时，叶片上积聚压力而发生旋转，并带动马达，从而将风力转化为电能。通常情况下，所生产的电能被直接输入公共电网。

较大的通过风力进行发电的设施目前已经用不着国家补贴即可实现其经济性。与终级能量价格 27 欧分（生态电，2012 年三季度数据）相比，在包含了所有费用的情况下，风力发电价格可以实现每度电 6 欧分。通过效率的提高，在未来的 4 年内，风力发电价格还会降低 1.5 ～ 2 欧分。这将会与电力市场上用煤炭发电的电价持平。

整合在建筑中的小型风力发电设施用于提高建筑中可再生能量使用率，可产生约 5 千瓦的电能，即便是在密度较高的城市范围内，这种设施也可以运行。自产自用在这里一直是首要考虑的问题，因为每生产一度电能所需要的投资相对较高，相应的输入电网所得的回报对于小型设备来说无法覆盖其成本。在城市环境中，设置风力发电设备时要考虑到，风力情况十分依赖于周围环境和建筑的几何形体。这方面目前正在进行场地试验，以取得对于设计有价值的关于风力条件的认知以及在城市环境中使用风力发电的可能性。

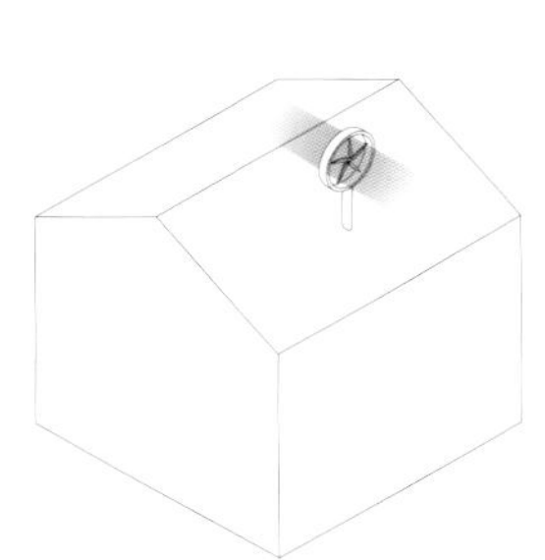
建筑上使用风力发电设备进行发电

使用独立的风力发电设备进行发电

室外空气

自然通风

本质上，建筑外围护结构的能量质量完全在于是否能够改善它的密封性。这意味着像现在一般的建筑那样，通过外围护结构的不密封性和缝隙气流不加控制的通风在主动式建筑中将不再允许。通过极佳的空气质量所达到的高舒适度、通过使通风热损失降到最低以及尽可能地利用自然通风是对一个按需所设的卫生的通风系统提出的要求。为了在避免能量损失的前提下保证最佳的空气质量，必须使用能够进行调控的机械通风，并且只要有可能，以自然通风作为它的补充。

开窗通风

在新建的能效建筑中，不用通风装置进行的自然通风只有在有规律地间歇开窗时才会用到。每天多次有规律地开窗（夜间也同样需要），每次开窗通风 5 ～ 10 分钟，可以通过手动或通过机械控制来完成。

自然通风的手动方式要能保证所希望的舒适度和卫生要求，只有在用户很有原则的情况下才可以实施。如果有人居住的空间没有有规律地进行间歇性通风，空气质量和卫生状况会降低，会产生建筑物理和卫生方面的问题，甚至可能会危害健康。如果持续通风，如倾斜开启的窗户，空间内空气和表面温度会降低，其结果是不仅室内热舒适度会降低，在较冷的天气里用于取暖的能量消耗会提高，能效也会大大降低。

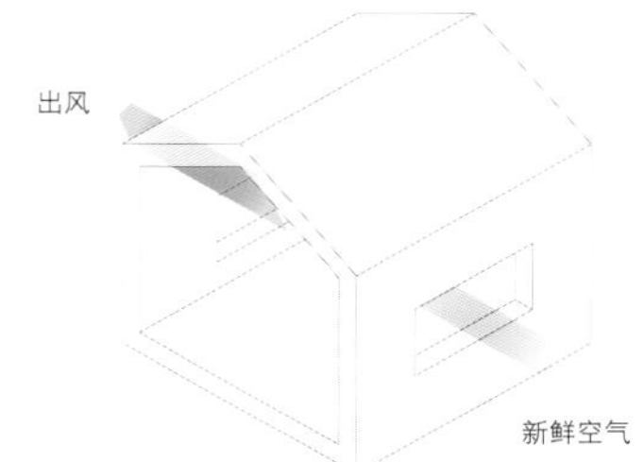

自然开窗通风

一个可选项是利用机械开窗通风。对此可设置有电动马达的开启系统控制开窗。最简单的情况是通过控制钟来控制，但通常是要配合空间个性化的通风需求以及当下的温度、降水和风力情况设置成自动的模式。在这里，用户直接干预通常也是可能的，也就是说，用户随时都可以手动开、闭窗扇。需要设计足够的可开启窗扇。

特别是在夏季和过渡性季节，开启窗户的心理需求会更强。由于主动式建筑的高舒适度，在室外温度较低时，用户应该放弃开窗通风的做法，以避免产生较高的热损失。

自然开窗通风在大多数的过渡季节和夏季的白天可以取代机械通风。从全年来看，自然通风是一个很好的补充，给了用户一个自行操作的空间，使之能够在相应情况下对空气质量的影响或对天气情况作出反应。

所谓的“交叉通风”是通过在相对立面上的窗户或通风开启形成持续的穿过建筑室内空间的气流来实现的，在这里需要设计合理的通风开启扇的大小和数量。一个在夏季白天积聚了很多热量的建筑可以通过夜晚的交叉通风明显地被冷却、卸载掉热负荷，并将夜晚的冷量存储起来用于在第二天白天降温。此外，交叉通风较高的空气换气量使得白天较高的温度也变得不那么难以忍受。

机械通风

为了避免因开窗通风造成较高的能量损失，在主动式建筑中使用自动控制的带有热回收功能（WRG）的通风装置是合理的。通过高效的热回收装置在冬季可以节省75%～90%热损失；在夏季主动式制冷建筑中可以节省小于60%的热损失。用于通风的电能可以获得8～15倍的热量。

机械通风装置可以进行每小时0.3倍换气率的持续恒定的新风输入，并且可以保证住宅在按照需求调控的同时进行换气，这样可以保证较高的热舒适度。室内如果有湿气的话，能够及时排出，可以预防因潮湿产生霉变的危险。一个有时间控制程序的恒定设置可以控制通风装置，通过开关或移动感应器以及取决于需求的控制装置来进行调控。一个取决于需求的调控，通过二氧化碳、混合气体或挥发性有机化合物的感应器对空间内的实际空气负荷作出反应，这样才能保证针对实际情况的理想的空气交换。通过这种方式可以节省大量的通风热损失，并保证较低的运行费用。尽管是自动控制，但为了提高接受度和舒适度，用户应该能够随时对系统进行干涉，特别是对温度（+/- 5K）和空气体积流量的调控。通风装置应该装有旁路，以便在夏季运行时能够绕过热回收装置。

在居住类主动式建筑中，机械通风装置可以以中央的和非中央的方式整合在建筑中。应该在对进风有利的位置设置进风口，避免产生穿堂风，使新风可以直接进入主要空间，如卧室、起居室、儿童房和工作室；废气从高负荷以及高排放的空间（如厨房、浴室、卫生间）被排放出来，并被引入通风装置。这里，废气流经热交换器，其所含的热量传递给同样流经这里的新鲜空气。这种通风方式被称作“层级式通风”——被排出的空气已经在不同空间被利用过多次，而气流的方向总是很明确的。新鲜空气从立面或屋顶的开启部位被吸入，废气则在避免气流短路的前提下被排出。通过置入一个地下通道可以利用大地的恒温来预先调节新鲜空气，之后再根据情况继续对其进行加热或冷却。冬季预先对新鲜空气加热和夏季预先冷却可以通过地热管道进行。建议在过渡季节使用另一个进风通道。

被吸入的空气在进入通风装置之前先流经一个过滤器，可以将微小的物质，如灰尘或花粉等，从室外空气中过滤出来，从而获得不仅是对于过敏者而言的舒适度。有规律地更换以及清洁过滤器对于保证稳定的室内空气质量以及通风装置的功效来说是必需的。

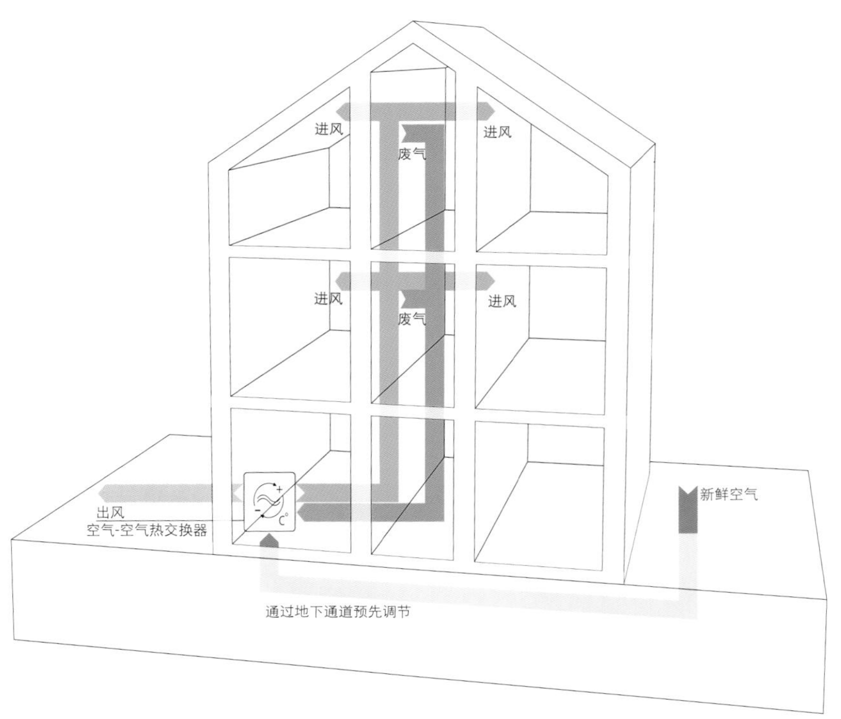

带有热回收以及通过地下通道吸风的中央舒适通风装置的工作原理

热回收

一个带有热回收功能的通风装置可以降低建筑的热需求，且可以显著降低取暖技术的尺度和范围。对于一个好的建筑设计和较高的保温标准的建筑外围护结构来说，必需的热需求非常低，建筑完全可以通过进风来进行取暖。为此，可以在通风装置中安装一个中央加热器，或者在每个出风的位置安装一个加热器。在这里，不考虑使用单纯的出风设备，因为没有热回收装置会导致较高的通风热损失。

传统的交叉换热装置通过导热性较好的金属面积将热量经由废气传递给进风，而气流之间无需进行直接接触——这可能会导致冬季的进风比较干燥。为了缓解这种情况，一项新的发展是使用一种珍贵的纸质材料作为热交换面积，它不仅可以交换热量，还能交换湿气。这样，相对较为干燥的室外空气就会被较为湿润的室内空气预先调节，从而产生一个舒适的室内气候。在室内空气技术中，加湿器由于能耗较高和存在霉变的危险而应该放弃使用。

基于极低的建筑费用，在加装机械通风装置时也可以考虑使用带热回收的非中央通风系统，它可以通过在外墙上的直径很小的钻孔直接安装。通常情况下，空气交换为短程来回操作：空气从室内被引向室外，将所包含的热量传递给一个存在于气流中的存储介质；之后，气流变换方向，再把室外空气导入室内，同时将存储介质中包含的热量传递给进风。这个短程来回操作系统的热回收率可达 90%。

热泵

通过一个热泵可以将环境能量，如空气、土壤以及地下水，可能情况下也能将废热和废水中所包含的热能借助热交换系统抽取出来。这些热量通过泵循环提升到对于取暖以及制冷适合的温度水平，在这些热量用于取暖和制冷之前，经过一个存储器——它可以使系统运行保持相应的恒定，持续不断地满足交换的需求并保证较高的能量效率。

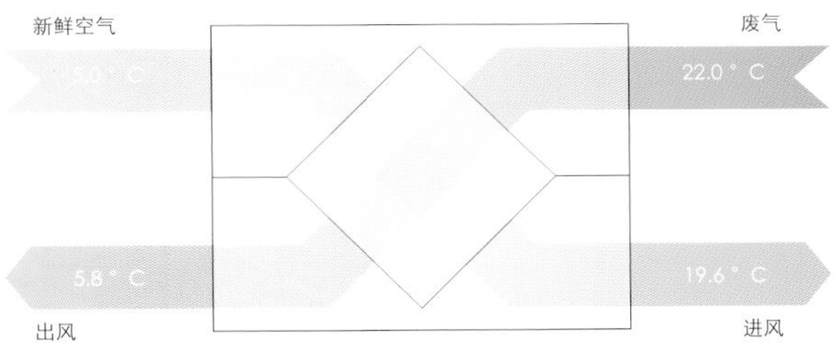

一个热交换器的工作原理

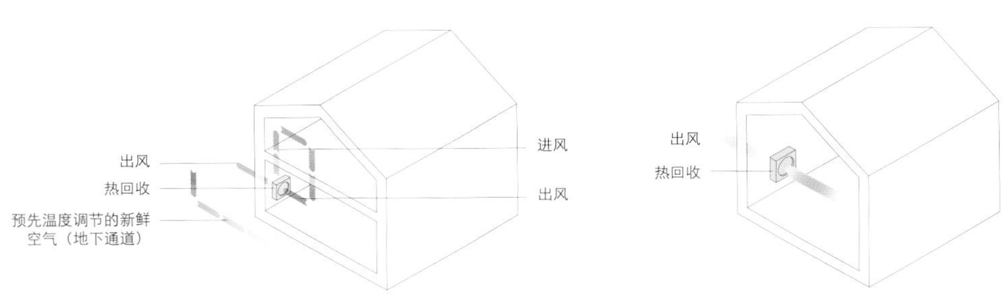

带有热回收功能的通风装置的工作原理

通过热回收装置通风示意

热泵的工作原理与冰箱的工作原理相同。这里所采用的冷媒的蒸汽被压缩到用于取暖和生活热水所需要的温度；因此，利用一个较低温度水平来给建筑进行温度调节提高了整个系统的能效——这是使用较大的取暖面积的前提。在这种情况下，建筑构件的激活就显得特别合理：将整个建筑构件，即较大的表面面积用于向相应的空间传递热量和冷量。为此，在实体的建筑构件中排入管道，用于流通取暖和制冷的媒介，使得建筑构件成为取暖和制冷的面积。使用地暖也是利用热泵的一个值得推荐的解决方案。

在使用热泵进行制冷时，有主动式和被动式两种制冷方式。被动式制冷是将建筑中所含有的热量通过热交换器从取暖循环中抽取出来，传递给地热桩或水。主动式制冷中热泵的功能正好相反，就像一个电冰箱主动地生产冷量，用于冷却建筑，并将热量相应地排给周围环境。

使用空气作为媒介时，室外空气中的热量通过热交换器传递给热泵中的循环水。与其他取暖和制冷系统相比，它的安装费用和初始投资极低，即便是在冬季室外空气温度较低的情况下，也能达到较高的能效。使用地热以及地下水或地表流动水作为媒介的系统超过了使用空气作为媒介的热泵系统，它基于全年恒定的温度，能够提供相比之下更高的效率。

热泵压缩过程的类型同样影响整个系统的效率。所谓“效率”(COP)给出热量释放和功率输入的比例关系。年功率描述一年中在设定条件下热泵的平均功率。

使用热泵为独立式住宅及较大的小区进行能量供给都是比较合理的，特别是直接使用由主动式建筑或其临近环境中所生产的可再生能量为热泵提供运行用电。

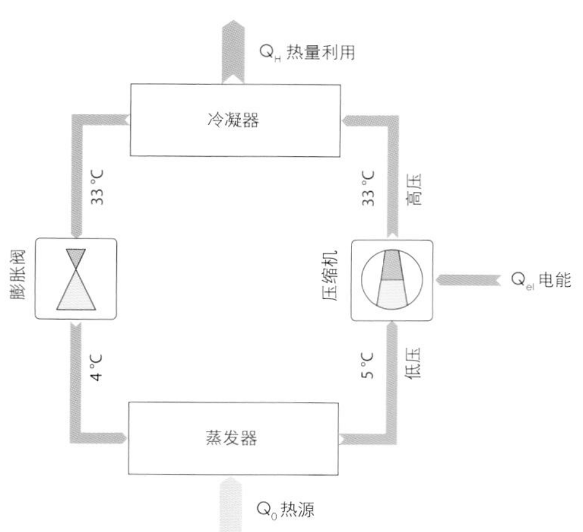

热泵的工作原理

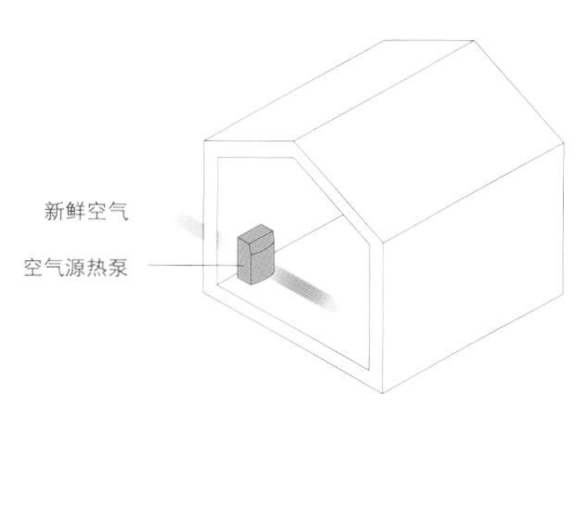

带有热回收的通风示意图

废热

热回收（WRG）

主动式建筑不可或缺的通风装置通过热回收装置从出风中获得能量，从而使通风热损失最小，以此帮助建筑降低对取暖热量和制冷的需求。一个热回收装置的效率通过温度改变度来表示——它描述进出风之间、出风与室外空气之间的温差，并用比例关系表示。对于不同的热回收系统，温度改变度的关键值如下：

交叉气流平板交换器 50%～70%

旋转热交换器 50%～80%

交叉相对气流平板交换器 70%～90%

在挑选热回收装置时通常会选择交叉相对气流平板交换器，因为它提供较好的经济性且维护成本折中。与之相对应，旋转热交换器的投资以及维护费用（生命周期成本）较高，它的优点是提供冷凝器回收湿气，但为了避免霉变发生，对满足卫生条件的维护要求较高。高效的交叉相对气流平板交换器更多用于小型的非中央通风装置——它从建筑中导出一股气流，较热的气流被引入一个陶瓷的可以加载热负荷的热交换器；在一段时间间隔之后，气流被反转，涌入室内的新鲜空气通过被加载的热存储质进行预先调节。

一个通风装置应该具备旁路，可以根据即时的室内外空气温度自动开启，以便根据需求可以使空气绕过热交换器，例如，当夏季用不着热回收时，就可以用到它。

废水的热回收（AWGR）

从污水中，例如从工业废水和家用污水中，回收热量，至今为止所用甚少，所以潜力很大。源头可以是建筑自己产生的污水，也可以是工业废水或是小区的地下污水系统。不同源头所使用的热回收技术是有区别的。需求较小时，如一幢住宅的用量，可以使用直接在建筑中与主污水管整合的系统。污水管的外壁被净水进水管所环绕，无需其他技术组件，进水即被温暖的污水加热，也就是被预先调节，再被引入到家用热水加热装置。

如果污水流量相对持续恒定，一幢主动式建筑需要的总热量也可以利用小区污水系统的废热供给。温度达 40℃的污水中的热量可以通过一个热交换器被抽取出来，并借助热泵提升至所需要的温度水平。为此，所采用的热交换器也是有区别的。为了保证维护成本最低，热交换器被直接整合在排污管的外壁中。

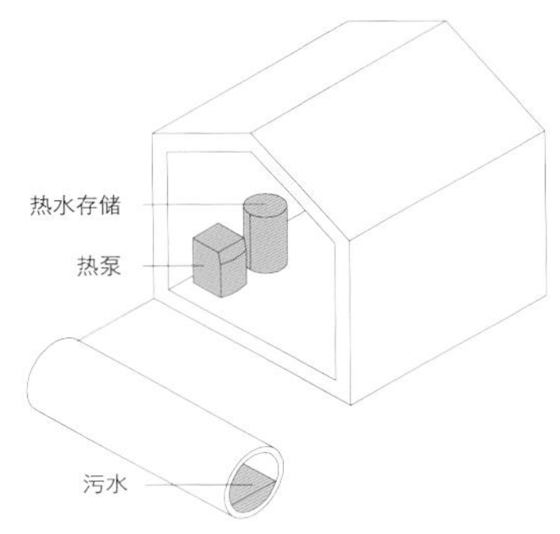

污水的热回收利用示意图

电能、热和冷的获取

热电联动（kWK）

一个热电站可以通过热电联动（kWK）将燃料同时转化为电能以及热能（用于取暖和生活用热水），这与单纯燃烧加热相比可以从根本上提高效率；但是，热电联动动力站的合理利用有一个前提，即需要同时具有对电能和取暖热能的需求。

通常情况下，在热电联动中马达通过使用燃料驱动一个发电机，少数情况下也可以使用蒸汽马达或燃木蒸汽马达。另外还可以把一个燃气锅炉和斯特林马达相结合用于发电。热电联动还可以通过使用生物质，如沼气，可再生地运行。

在燃烧过程中产生的余热被用于取暖和加热生活用水，这种能量载体的双重利用决定了热电联动的高效性。取决于设备和使用功能，热电联动装置的能量转换的损失大约在10%左右，而要生产同样多的电能和热能，使用传统的将产电和产热分离的方式则需要用到更多的燃料。

所生产的电能如果没有被自身系统直接利用，可以借助一个电池设施进行缓冲存储，以便后续使用，或者输入公共电网。电力供应可以利用这种输入公共电网的可能性对非中央热电联动设施进行中央控制，用于平衡公共电网的荷载波动，并更好地服务于用电高峰期。由此，热电联动设施更多地用于对能量需求较高的建筑，如多户住宅和办公建筑，并由相应的能量供给者来运营。这类设施高能效的优点可以通过比较优惠的使用费让用户也能从中受益。

以自用为目的的热电联动设施主要是由那些持续的用能大户使用，如工业设施、医院以及多户住宅。一个虚拟的相邻用户的联动，如一个居住区的建筑群，也有可能使用热电联动设施。这里，取暖和电能的基本负荷可以由热电联动来供应，以夏季的热需求作为能耗参考值，使得一个持续不变的系统运行尽可能地达到更多的小时数。中间值和高峰值则通过一个或者多个独立的取暖锅炉来覆盖。

对于住宅用小型的热电联动装置来说，由于基本需求不能保持不变，只能达到极低的能效。这些小型热电联动系统通常将燃气加热装置与斯特林马达组合成一个设备。一个热存储器作为缓冲器把产生的不能及时使用的热量储存起来，以便后续使用。更大的缓冲器可以使热电联动装置运行得更持久，因而能够提高整个系统的效率。

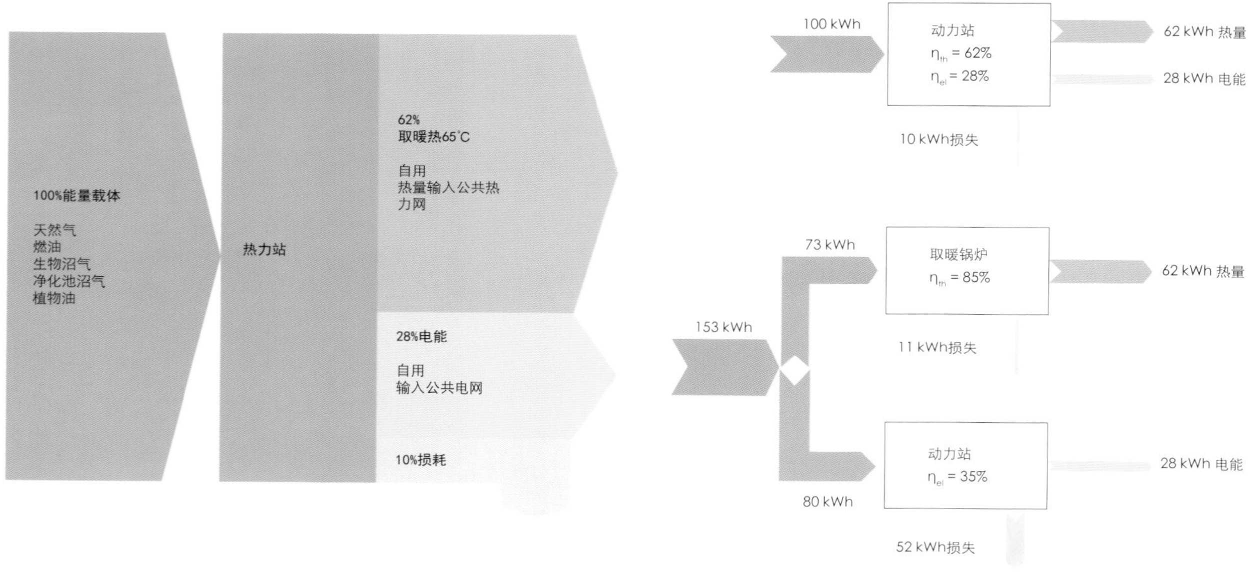

热电联动系统的能量转换效率

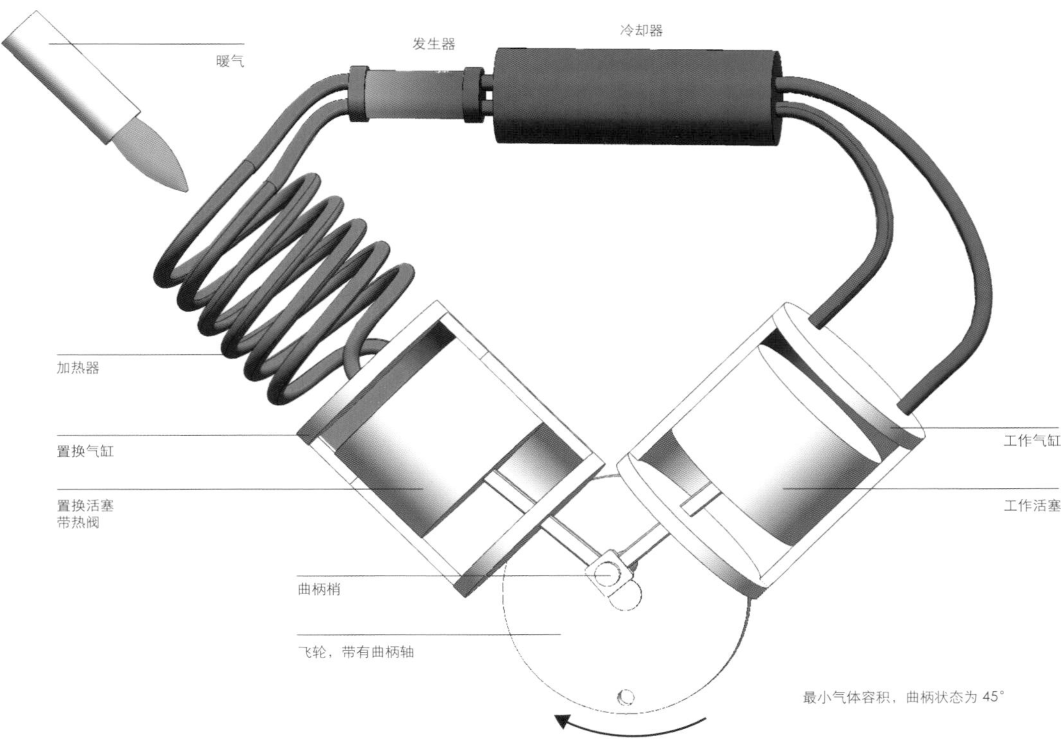
冷却器
发生器
暖气
加热器
置换气缸
置换活塞
带热阀
曲柄梢
飞轮，带有曲柄轴
工作气缸
工作活塞
最小气体容积，曲柄状态为 45°

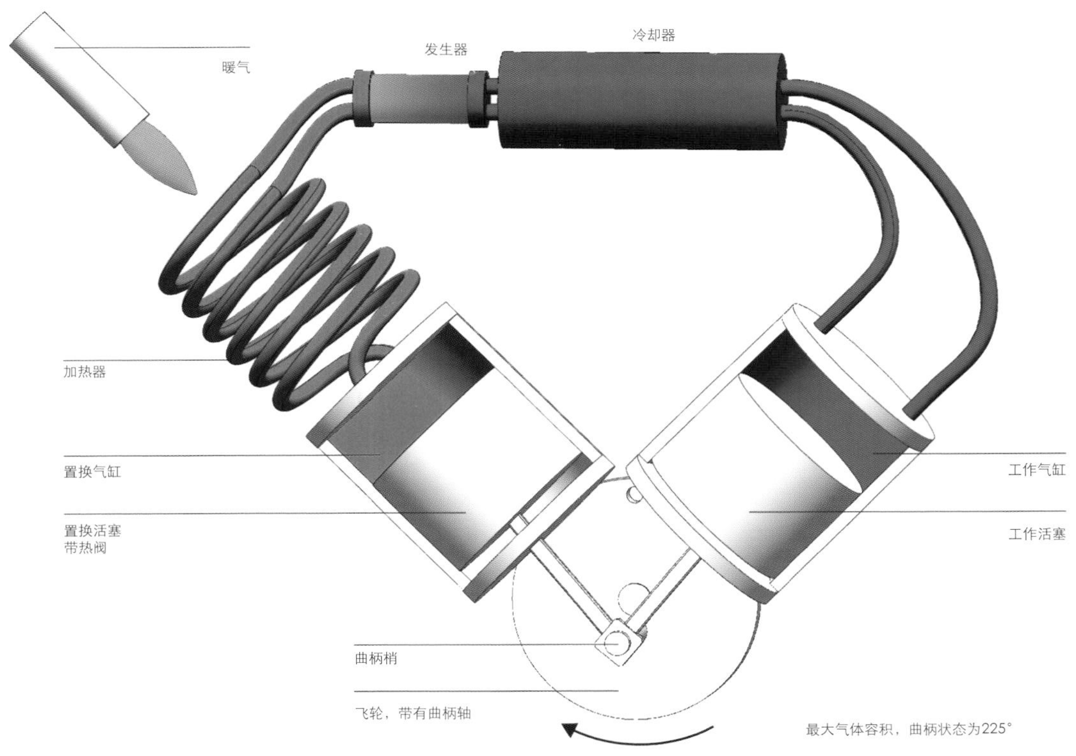
冷却器
发生器
暖气
加热器
置换气缸
置换活塞
带热阀
曲柄梢
飞轮，带有曲柄轴
工作气缸
工作活塞
最大气体容积，曲柄状态为225°

斯特林马达的工作原理

热冷电联动（KWKK）

热冷电联动系统是在热电联动的基础上再加一个吸收式制冷机（AKM），它可以将热电联动系统中产生的热量转化为冷量用于供冷。

吸收式制冷机是一个两种材料的系统，借助一种受温度影响的冷冻溶剂来运行。冷冻剂以溶剂循环方式在温度较低时被另一种材料吸收，在温度较高时又被释放出来（解除吸附）。这个过程利用的是第二种材料取决于温度的可释放性，只有在使用那些在一定的温度下不断溶解的材料时才能完成。可用的材料有溴化锂——吸水，或者水——吸收氨气，这样，水可以像氨气那样作为冷冻剂。这个制冷的过程被称为“热压缩过程”。

冷量被存储在一个缓冲器中，用于持续的不间断制冷；同时，一个具有合适规格的存储器还可以使吸收式制冷机如所希望的那样持续和高效地运行。和压缩式制冷机相比，这种制冷方式消耗的初级能量值很低。

利用太阳能光热或地热来生产热量，用可持续的吸收式制冷机来生产冷量，这二者相结合同样也是可以实现的。

吸收式制冷机的应用领域主要是那些必须要制冷的建筑，如工业设施、计算中心、宾馆等。

燃料电池

目前差不多所有的已知生产电能的方法都要燃烧一种燃料，也就是先生产热量，再用热能产生运动，最后借助一个马达生产电能。这些电能生产方式由于热损失较高，所以效率较低。

与之相对应，燃料电池可以通过一个持续的氢元素（可以通过分裂天然气或者沼气得到）和氧元素的化学反应，生产持续的电能和热能。在燃料电池中，由于氢元素和氧元素之间化学反应较为剧烈，所以要避免它们的直接结合：被导入的氢元素在电极处借助催化剂分解为带正电的质子和带负电的电子；质子通过薄膜向阴极移动，电子则通过电流流向阴极；在阴极处，质子和电子与引入的氧元素结合成水分子。在燃料电池运行时，达到 60℃～ 1000℃的运行温度，这些热量可以用于加热生活用水和取暖。

与热电联动装置相比，燃料电池系统内部的效率有本质上的提高，燃料电池所生产的电能也比热电联动装置生产的热能比例要高；因此，燃料电池更适合用在对电能需求比热能需求高的地方。然而，在考量其效率的时候，不能忽略为得到其燃料——如氢元素——所消耗的巨大能量，这样才能得到与其他技术可比较的总体评价。

在使用燃料电池为建筑供应热能和电能时，

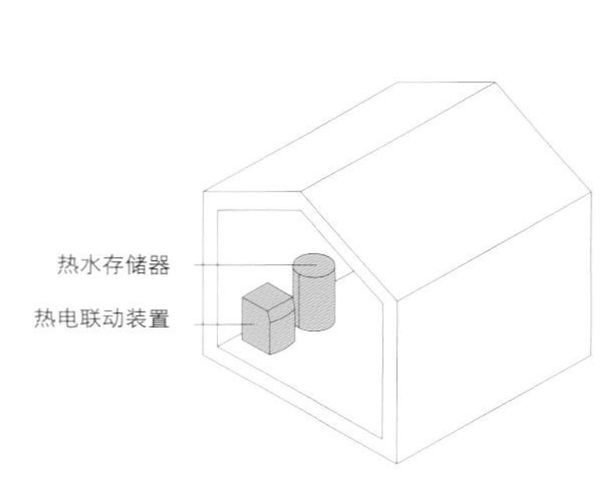

热电联动装置利用示意图

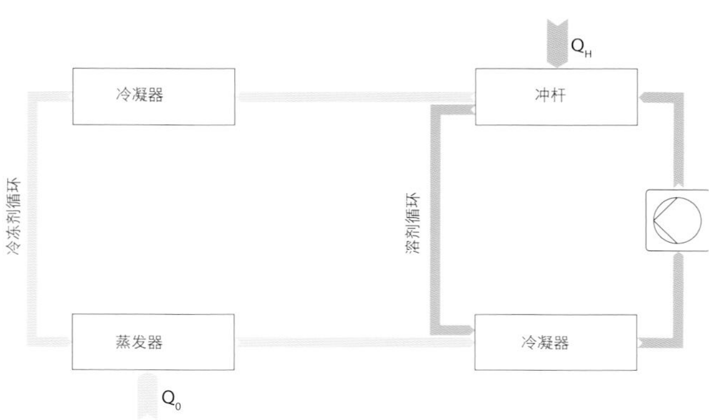

一个吸收式制冷机的工作原理

如热电联供系统一样，首先要考虑的是热能的供应。在产生热量同时所产生的电能可以自用、存储起来或输入公共电网。热能被传输到一个存储器，以便可以持续供暖，并提高燃料电池的运行时间。一个按照热工需求作为基础负荷的燃料电池热电联供装置的设置可以使系统的运行时间尽可能延长，并能优化效率，其负荷点较为稳定。一个额外的（传统的）取暖系统可以在取暖高峰值时承担多出来的热负荷。

燃料电池所生产的电能需要借助一个逆变器从直流电转化成家用电器通常能够使用的交流电。作为燃料可以使用天然气，通过一个转化装置转化成含氢量较高的气体。

与热电联动相对比，燃料电池的初级能量消耗要低25%，其二氧化碳的排放量要低50%。由于这种技术的价格在不断下降，用燃料电池取代老的取暖技术给较为大型的住宅单位供能变得越来越现实，一种小型的、稳定的电功率为1～5kW的供能系统也同样发展在即。

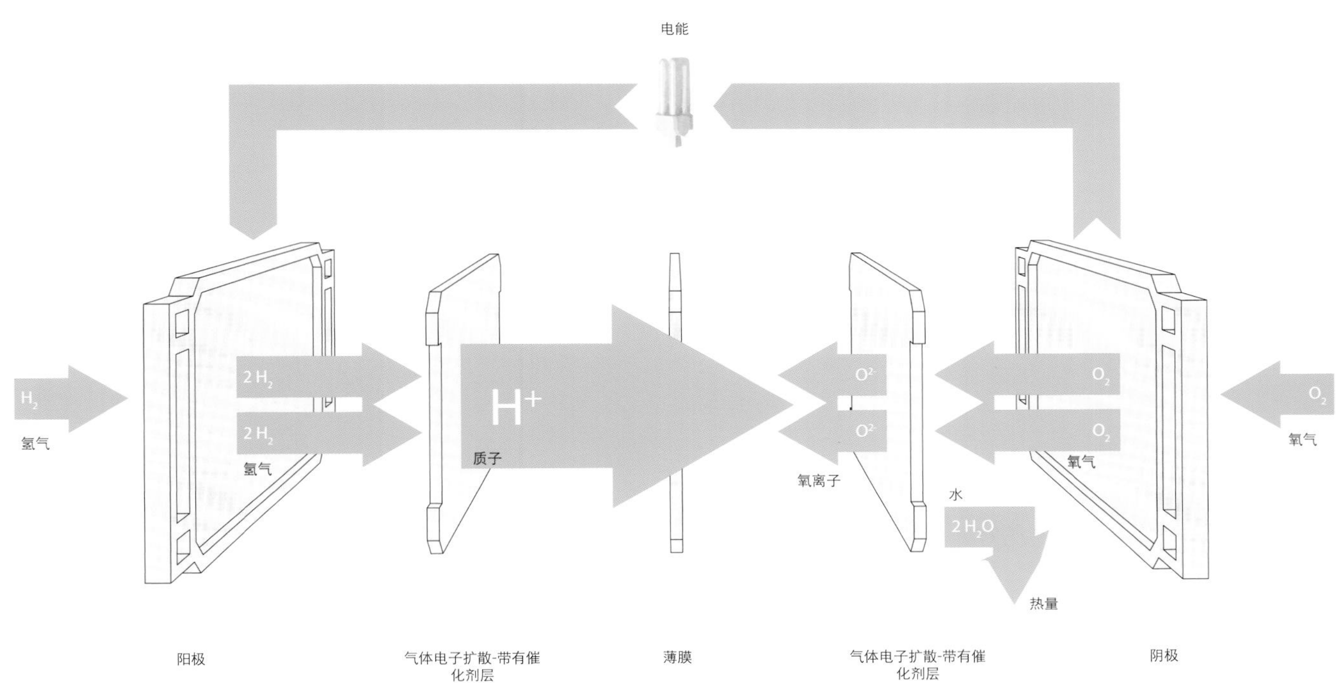

燃料电池的工作原理

存储和分配

存储系统可分为短期存储和长期存储。短期存储的作用是缓冲，以便能够对高峰负荷、需求的波动或者不利的天气区间在一定时间内（如几天）进行过渡。长期存储，比如季节性热存储，能够作为热水存储器或是地热桩存储器将能量存储几个月或以上。物理上可分为可感知的加热（如热水存储器）、潜伏的热存储器（在温度上感觉不到变化）以及热化学的吸收式存储器。

热

为数众多的存储技术使得冷量和热量的存储成为可能。这里较多地用水存储和热化学系统进行短期存储。对于长期存储，可以使用大型的热水存热器（高保温的水罐）、碎石水存储器和深埋于地下的保温水窖；另外还可以使用达 100m 深度的地热桩将热量存储于当地的土壤和岩石层中，以便需要时取用。含水土层热存储器也属于长期存储器，利用地热深入到地下水层的钻孔桩、

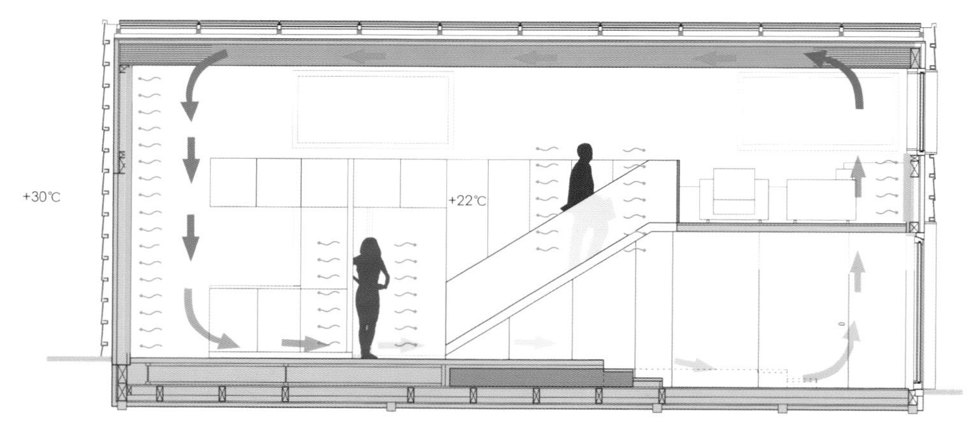

一个带有相变材料的建筑能量概念（夏季白天）：在顶板和墙壁中使用的相变材料（PCM）减少室外空气白天和夜间的温度变化，以使室内气温相对保持舒适恒定。白天室内产生的热量被存储于相变材料中，空间被相应地冷却。夜晚外部温度降低，存储于相变材料中的热量被释放出来。夜晚的冷量被存入相变材料，以便第二天可以重新再存储热量。在这个过程中相变材料不停变换自己的状态

相变材料如何影响室内空间温度

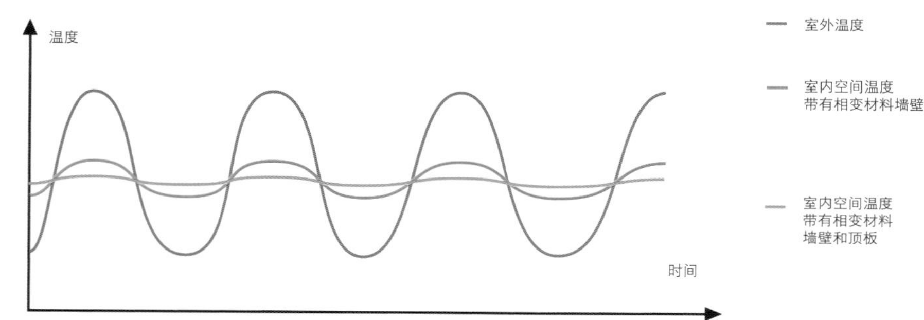

在“轻质建筑”中，没有传统的热存储质，它可以由相变材料来代替。通过相变材料可以在室内减缓外部的温度波动，产生几乎是恒温的室内环境

地下水以及环绕的土壤作为热存储介质。此外，热化学的以及潜伏的热存储也适合做长期存储。总的来说，在进行长期存储时被存储的能量会有损失，只有一部分能量可以被时间交错地使用。能量损失取决于所选择的技术以及存储的时间期限。

传统的热量存储

基于其形体紧凑，有较高热质的材料特别适合作为存储介质。由于具有良好的存储能力、易于获得、方便运输以及费用极低，水常常被用作热存储介质。这种用水做热存储介质的存储器是一个热隔绝的罐子，用于存储被加热的热水。这里要区别生活用水和饮用水存储，如果含有饮用热水，则对于卫生条件的要求较高。

热化学存储

热化学存储是指在存储的过程中发生了化学变化，在正确的前提条件下，此过程可以无休止地重复。这首先涉及吸收过程。在这里通过加热一个存储介质使之被加载，并同时释放出水分。反过来存储介质吸收水蒸气，热量则又被释放出来。

潜伏的热存储

潜伏的热存储在存储热量时从固态转化成液态，而存储介质的温度在这个变化中几乎不会升高。为了重复地存储热量，这种所谓的“相变材料”（PCM）需要将热量卸载，通过卸载介质从液态向固态转化。相变材料可以作为一体化材料中的成分，有很多应用的可能性，通过使用相变材料能够提高建筑中的存储质，从而改善室内空间气候。

冷

所有的对热存储所做的描述也同样适用于存储冷量；但是，在使用水来进行存储时需要注意，其存储冷量的能力与存储热量的能力相比较低。在室温 20℃的情况下，水可以被加热升高至 80℃，而不会蒸发。与之相对，存储冷量时只能到冰点，即温差要小很多；但在所谓的“冰存储器”中使用的冰水混合物则可以提供一个相当于升温至 77℃的较大的蓄冷空间。

湿气

以动物的、有机的和多孔的矿物质为基础的建筑材料可以通过其吸湿性用于调节室内空气的湿度。这种可以吸湿，在需要时又能快速地将湿气释放出来的能力对提供舒适度很有帮助。此外，湿度调节作用还能避免产生由潮湿引起的建筑损害，如霉变等。除了能量的效应外，获得舒适度也应该受到重视。

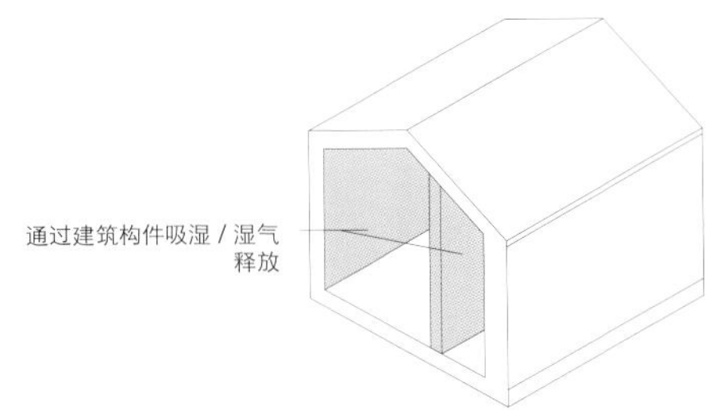

使用建筑材料调节湿度

蓄电池组，太阳能科学院，尼斯特塔尔

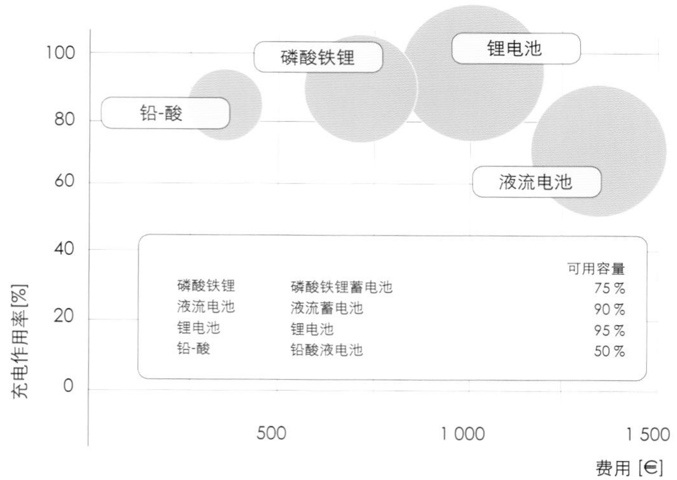

不同蓄电池的可用容量

电

通过政治上强制性能量供给的非中央化和向可再生能源更高能量占比的转化，需要更加关注电能的存储系统，因为电能的生产和消耗存在时间差。电能存储可以帮助降低能量供给系统中的波动以及缓解高峰负荷的压力。输入电网的电价变化使得自己使用自己发的电更具有吸引力。目前，不同的存储技术尚在发展中或是已经达到市场成熟度，根据应用领域和所希望的蓄电容量的不同可分为蓄电器、高压空气、甲烷化以及泵存储电站。在主动式建筑的尺度范围内，蓄电池作为存储技术特别适用。电能存储和热能存储相比更为复杂，其费用有所提高。基于对电池价格下降和电动出行率提高的可期待性，使用蓄电池存储系统作为电能的缓冲存储在未来将更为经济。

电池

建筑中的蓄电池存储系统对于能量安全度较高以及电能持续可用的国家来说还不常见。基于这个事实，目前可用的系列化产品十分有限，更进一步的在能效、产品多样性、可用性和价格方面的发展还在期待中。

除了较大型的蓄电系统，还有一些后备解决方案可以直接整合在太阳能逆变器中，这样的方案不用额外的蓄电系统或者紧急用电设备的断电平衡就可以实现。

传递

在将热量和冷量向一个空间传递时可以利用不同的传递形式。在建筑物中，最常用的是通过暖气作为进一步发展大面积取暖和建筑构件激活的手段。一个对主动式建筑来说值得推荐的通风设备也可兼有传递热量和冷量的功能。在商业和工业建筑中更多用到顶辐射取暖系统。这里对一些特殊解决方案，如气体和蒸汽辐射器、取暖导轨和顶部制冷等，不进行细致描述。

对流器

对流器是使用很少体积的水作为热传递介质的取暖器。对流器有较细的叶片以及对流用金属片，空气在这些部位被加热。最紧凑的对流加热器形式是由呈放射状排布的叶片包裹的热水管，它可以放置在壁龛里、架空地板下和结构需要的空腔中。为了提高热传递效率，可以用吹风机辅助热量扩散。使用通风设备与对流加热器相结合需要好好进行设计，因为两个系统所产生的气流可能产生相互间的负面影响。也可以将对流器用于制冷。

辐射器

与对流器相比，辐射器更大一些，因为它的单位体积进行热传递的面积相对较小，它所产生的空气涡流与对流器相比也要小很多，但辐射部分却较高。辐射器的建造方式也有所区别。可以提供较好的辐射和空气加热的系统中将带有对流片的面板结合进来，在有多个平行叶片的暖气体中，不同的层面由平行的开关控制。在一般的运行系统中，用一块板进行热传递就够了。这种技术的优点是反应极快。

辐射器的放置应该遵循使空气温度尽量均匀的原则。为了达到高舒适度，建议将辐射器放置在外墙上或靠近玻璃面处。较小的含水量导致辐射器反应较快，因此极易调节。

夜间存储炉

夜间存储系统利用夜间电价较低的情况，把一个通常是由菱镁矿物构成的热存储器加热到600℃以上。这些热量在白天持续不断地传递给室内空间。夜间存储炉的可调节性较差，并且主要使用非二氧化碳中性获得的电能，所以很难推荐这个系统。

从长远来看，这个热存储系统与一个自动控制的主动式建筑的产能和需求预测装置相结合可以帮助提高基地上生产电能的自用比例。

建筑构件激活

建筑构件激活是将有较高热存储能力的建筑构件通过其中的液体循环来进行热激活。在这里，全年循环液体的预热温度大约是23℃，根据具体需求情况可以上下浮动2℃～6℃。为了能更好地控制不同的建筑部位，将建筑分成不同的条件循环分区。这种系统非常滞后，但它优良的热存储性值得肯定。为了提高反应速度，可以使用一个热激活的吊顶板来进行补充。热激活的面积不

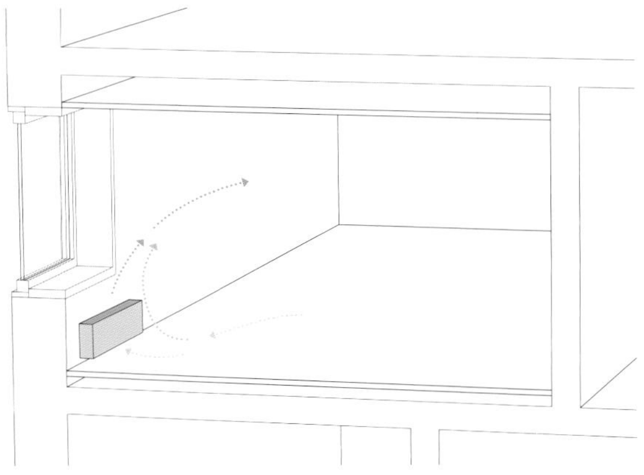

对流器的工作原理

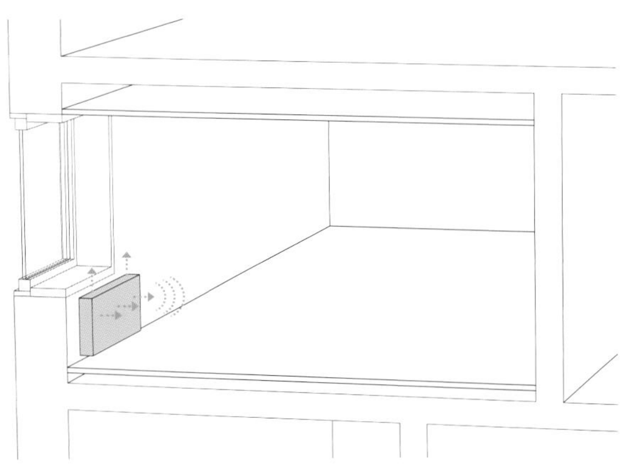

辐射器的工作原理

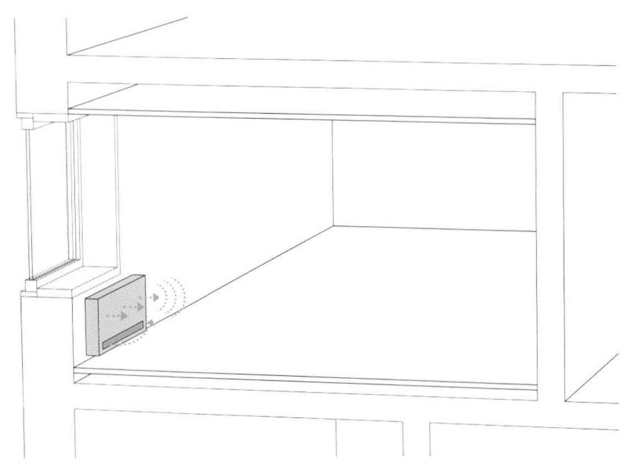

夜间存储炉的工作原理

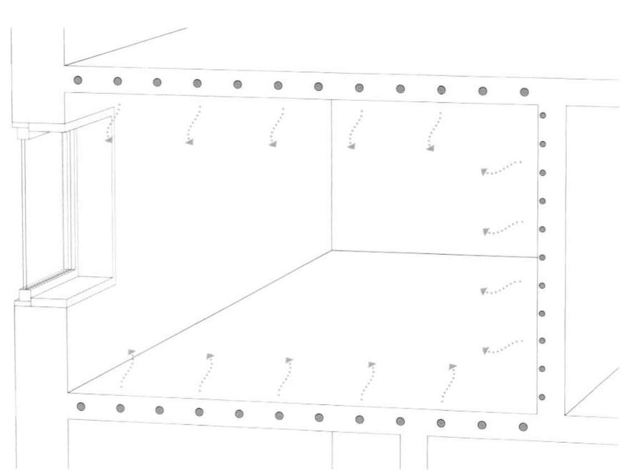
建筑构件激活的热传递工作原理

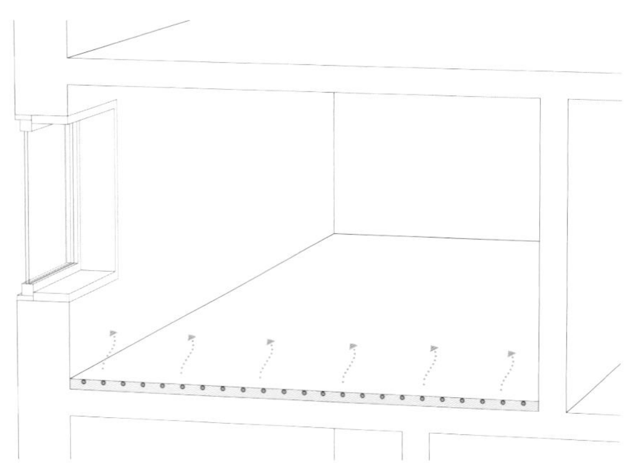
地暖的热传递工作原理

能再被其他材料覆盖，以免降低系统的效率。热辐射，特别是在建筑构件激活中产生的热辐射，对人体来说是极为舒适的，但如果超出所说的适宜温度，也会导致不舒适。同样被认为不舒适的风吸动对这种形式的热传递来说，实际上是不存在的。

建筑构件的材质和材料选择不仅影响其热存储能力，积极作用于稳定的热传递，同时还可以帮助调节湿度（如使用黏土，或者用黏土抹灰做饰面层）。

地暖

地暖，即借助流动的液体加热主动式建筑的地板面积。按照建筑外围护结构质量不同所输入的液体温度在 28℃～ 40℃之间。地暖被分成多个循环加热区，可以根据空间需要分别调节取暖热量。地暖分为干、湿两种系统。在湿系统中，灵活的合成材料的水管被浇注在地面找平层中；在干系统中，水管被预埋在有保温作用的预制板或垫子中，其所需的构造高度极低。干系统缩短了施工周期，在其上再放置所希望的地面终饰层。热量从水载体介质向地板传递，并最终传递给室内空气，与湿系统相比耗时缩短了。与建筑构件激活相比，地暖的反应时间较短，但总体来说，比辐射器要更迟缓。整合到建筑空间围护面积中的取暖系统的一个优点是塑造的自由度，不会受到空间中的物体约束。从卫生的角度来说，建筑构件激活和地暖都更有优势，它们通过极低的空气涡流避免在空间中带动灰尘。但需要避免使用保温的地板覆面层，如地毯之类，以达到较好的热传递效果。

取暖／制冷吊顶

取暖／制冷吊顶板可以用于空间的取暖和制冷，它主要适用于需要较高的灵活性以及希望地板和墙面的安装密度较小的空间。将安装有水管的金属板构件悬挂在顶板下，它的上部需要有隔绝层，以便能有目的地向空间内进行辐射。特别推荐将这种吊顶用于冷需求高于热需求的空间，因为较高的吊顶位置所形成的空气层对取暖不利。这个系统可以通过较小的分区允许用户自行控制，其维护成本很低，可以不受整个系统的限制进行局部的安装。传统形式上，这个系统很难允许修正，因为管道被埋在顶板的抹灰层里，传递热量及冷量的构件与顶板固定在一起；但是，带有容易触及的管道以及一个可以改变安装的吊顶系统也是可以实现的。

悬空吊顶板

悬空吊顶板由金属板构成，安装有用于取暖和制冷的水管。它的上部不加隔绝层，悬空挂在顶板之下，四周被空气包裹（由此，楼顶板部分的温度也被调节了），可以帮助调节周围空间的温度。与取暖／制冷吊顶板相对，由于能够更好地向室内空气进行热传递，使用较小构件尺寸的悬空吊顶板就足够了，这样可以节省费用。通常情况下，由于这个系统使用更高的输入温度，所以要求离开使用者的距离较大，以避免造成不适。悬空吊顶板在居住、办公和管理建筑中很难使用。

电暖气

电暖气直接用于墙体和地板靠近表面的地方，热传递的发生基本觉察不到滞后性，作为额外的取暖设施适合用于较小的空间，如浴室等。与之相对，仅用电暖气供暖，即便是给例如住宅功能中能耗高峰值时进行平衡供给，也是不可取的。

在主动式建筑中需要用到通风装置，以便把用过的、含有有害物质的空气与新鲜空气进行交换。它可以和一个高效的热回收装置相结合，帮助把通风热损失降到最低。这里所描述的所有机械通风类型都可用于主动式建筑。

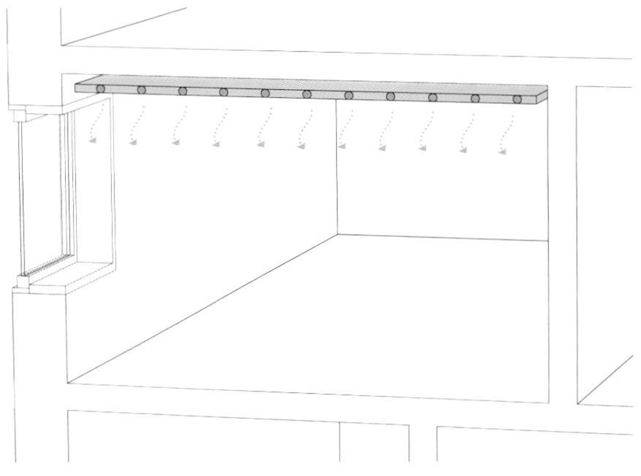

取暖／制冷吊顶的热传递工作原理

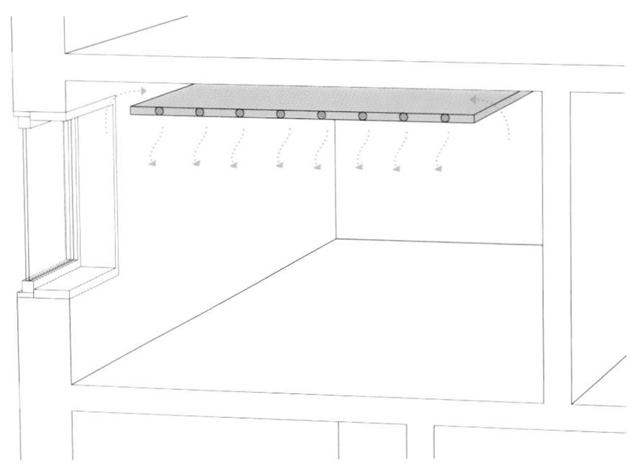

悬空吊顶板的热传递工作原理

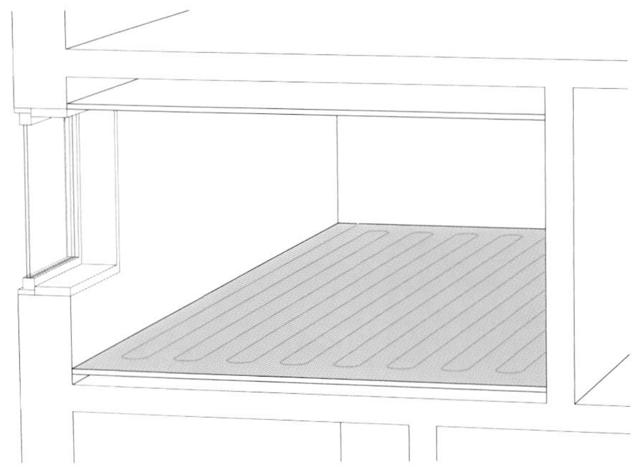

电暖气的热传递工作原理

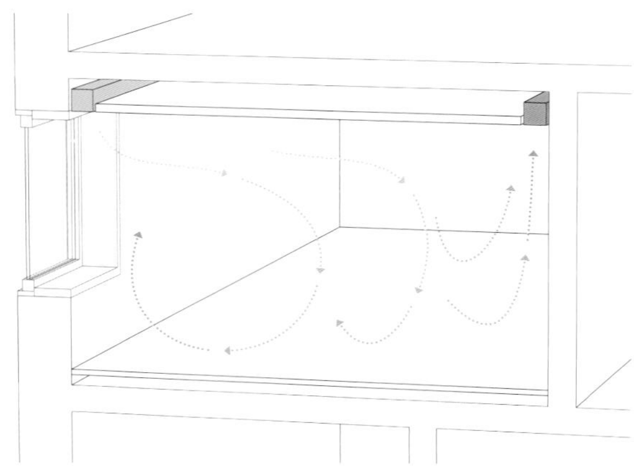

热传递工作原理——混合通风

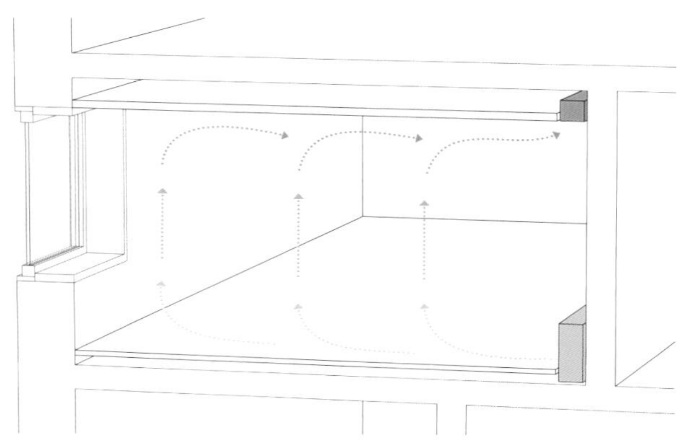

热传递工作原理——置换通风

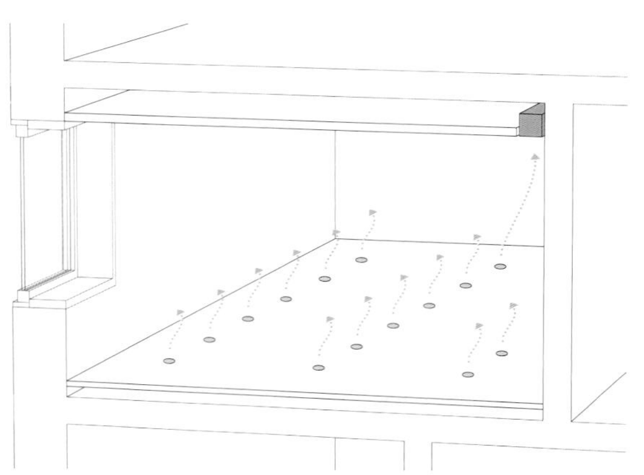

热传递工作原理——通过架空地板的置换通风

混合通风

在混合通风中，空气通过墙壁上或顶板上的进风口进入室内，被加速吹入的空气与室内空气混合成涡流。如果选择了合适的出风口位置和形式（如一个远程气阀），新风可以达到较远的水平扩散。不推荐将这种方式用于净高较高的空间，因为可能会形成不利的空气分层，不能达到温度在空间内的均匀分布。空气的排出是通过靠近地板的出风口或是借助溢出到相邻空间来完成。

置换通风

在置换通风中，由体积特别小的空气流通过靠近地面的出风槽、风口隔栅或架空地板进入室内空间，在靠近地面处形成一个大约2℃～4℃的冷空气层，这些新鲜空气沿着热表面上升，可以直接带走源头所产生的有害物质。在设计中应该知晓空间中所期待的热源，因为它直接影响热学和所需的气流体积。这样的系统不能用于取暖，其冷却的功效受限于由舒适度决定的低温下限。

夜晚通风

建筑在白天所积聚的热量可以通过较低的夜晚的温度来平衡，在这里，室内空间的夜晚自由通风是必需的。气流需要能够自由地接触到建筑的热存储质，所以不允许有其他饰面围裹热存储质的表面。自由冷却的前提是能够达到较高的通风以及设有防盗装置和天气防护措施。烟囱效应的利用和在相对的立面上开窗门可以更好地支持彻底的通风。

夜晚通风可以通过测量感应器和电子机械控制的开启自动进行，这个过程也可以通过机械方式完成。为此可使用进出风装置或者单纯带有高通风量的出风装置。

舒适通风

所谓的“舒适通风”设施主要用于住宅建筑。一个舒适通风设备在这里是中央设置的，它为起居空间和卧室提供新鲜空气，并吸出用过的废旧空气，通过溢出效应进入厨房或浴室，再被集中排出。吸入的新鲜空气需要无尘、无味，还要避免因与出风位置太近造成短路。紧凑型的通风设备包括风机、灰尘和花粉过滤层以及一个热回收装置（部分有湿气回收功能）。要对不同的使用单元进行中央控制，还需设置一个旁路，使空气在需要时可以绕过热回收装置。

非中央通风

非中央通风通常被用于更新改造项目，因为它与中央通风相比安装费用较低。在这里，热回收的效率取决于产品类型，可能比舒适通风中的热回收效率要高，这首先是指那些带有热存储的热回收系统（见第183页）。

取暖和制冷的热量分配

用水来运作的取暖系统使用封闭的水循环，还可以选择结合空气的热量和冷量传输。由于空气与水相比具有较低的存储容量，其效率要明显低下，而用水推动的传输系统效率要高很多。通风设施要根据卫生条件所要求的空气交换量来实施，如果这样也能同时满足建筑的温度调节，就可以使用空气推动的供热和供冷系统，从而无须使用一套另外的热传递系统。对于它在主动式建筑中的应用有一个极好的例子是那些需要较高的空气交换量的使用功能，它对于用户密集度较大的空间来说是不可或缺的，如办公、学校和讲习空间等。

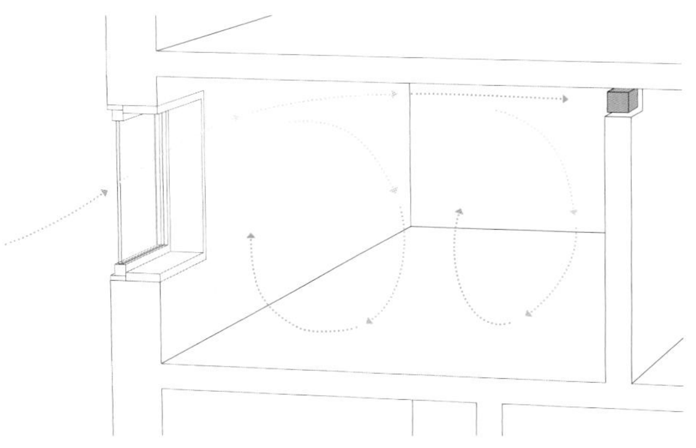

热传递工作原理——夜晚通风

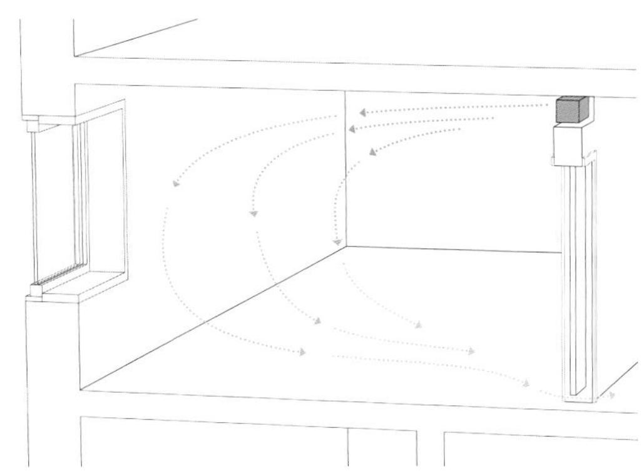

热传递工作原理——舒适通风

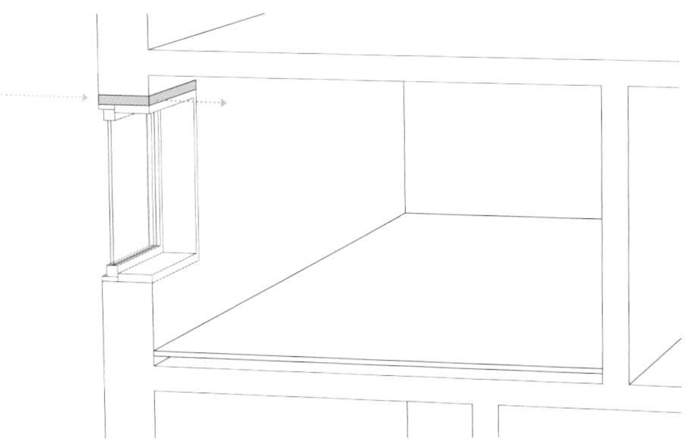

热传递工作原理——在窗区域整合的非中央通风装置

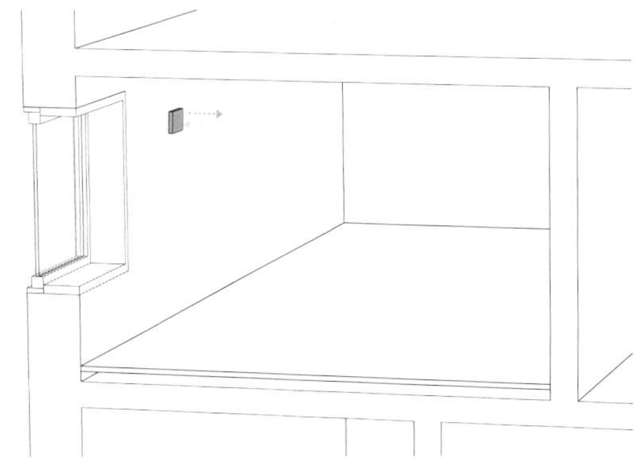

热传递工作原理——在墙体内整合的非中央通风装置

控制和调节

能量生产、分配、存储和传递技术需要通过控制和调节技术合理地相互连接，以便改善用户的舒适度和降低运行能耗。

控制是指对技术系统进行影响的单方面过程；与之相区别的“调节”是指双向的交流，它与一个反馈相连接。在控制时，将一个通过测量所得到的数据与一个固定的目标值做比较，如果二者之间有差别，就通过控制系统对技术系统的运行加以修正，直到测量值与目标值达成一致。

在目前很多常见的建筑中，由技术系统自动控制，如照明、遮阳或者暖气。为了节约能量和保证舒适度，与建筑的交流和互动变得越来越重要。这里所必需的调节过程由建筑自动化进行。

建筑自动化包括了所有的用于控制、自行调节和对建筑技术设施进行监控以及获取运行数据的设备。在一个所谓的“智能建筑”中，可以将建筑技术、技术设备和多媒体设备相互联网。原则上，一切通过电能驱动的设备都可以自动化控制。自动化控制通过时间开关、各种感应器或者借助用户可控制的单元来调控，具备这样控制功能的有室内外照明、遮阳、取暖、通风和空调、机械开关窗、语音器、关闭器、警报器，以及其他一些为数众多的家用电器、娱乐电子设备等。

建筑的自动化控制需要能对不同的、常常是互相之间竞争性的需求作出反应。例如，如果用户打开窗户来通风，这个举动将会被一个感应器捕获，传递给“通风和／或暖气”并将其下调。如果用户打算开灯，建筑控制同样在开启人工照明之前进行检查，是否有足够的自然采光以及遮阳装置是否处于开启状态。

一个建筑自动化的程度到底应该有多高是需要批判性地检验的。基本上应该针对每个过程给用户一个关于自动化的作用和意义的基本理解，并且使之有手动控制的可能。这样，比如说对于通风调节就有两种可能：一方面中央控制有四个级别（间歇开窗通风、标准通风、基础通风、无人状态）；另一方面可以按照需求来通风。在独立式和多户住宅中，基于人数相对固定，多数情况下使用有简单手动级别开关的中央控制。如果手动调控是错误的，其调控结果会影响舒适度，例如，过度调控会导致空气过于干燥。与之相对应，按照符合空气中二氧化碳含量的需求设置调控是自动执行的。在用户数量可变的条件下，应按照空间设置二氧化碳感应器。另外一个费用较低的方案是使用移动感应器。在设计调节和控制单元时，应该认真推敲，根据项目情况作出决定。

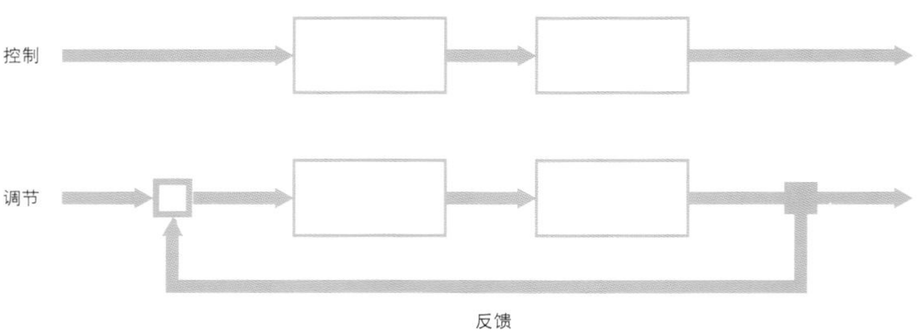

控制和调节的区别

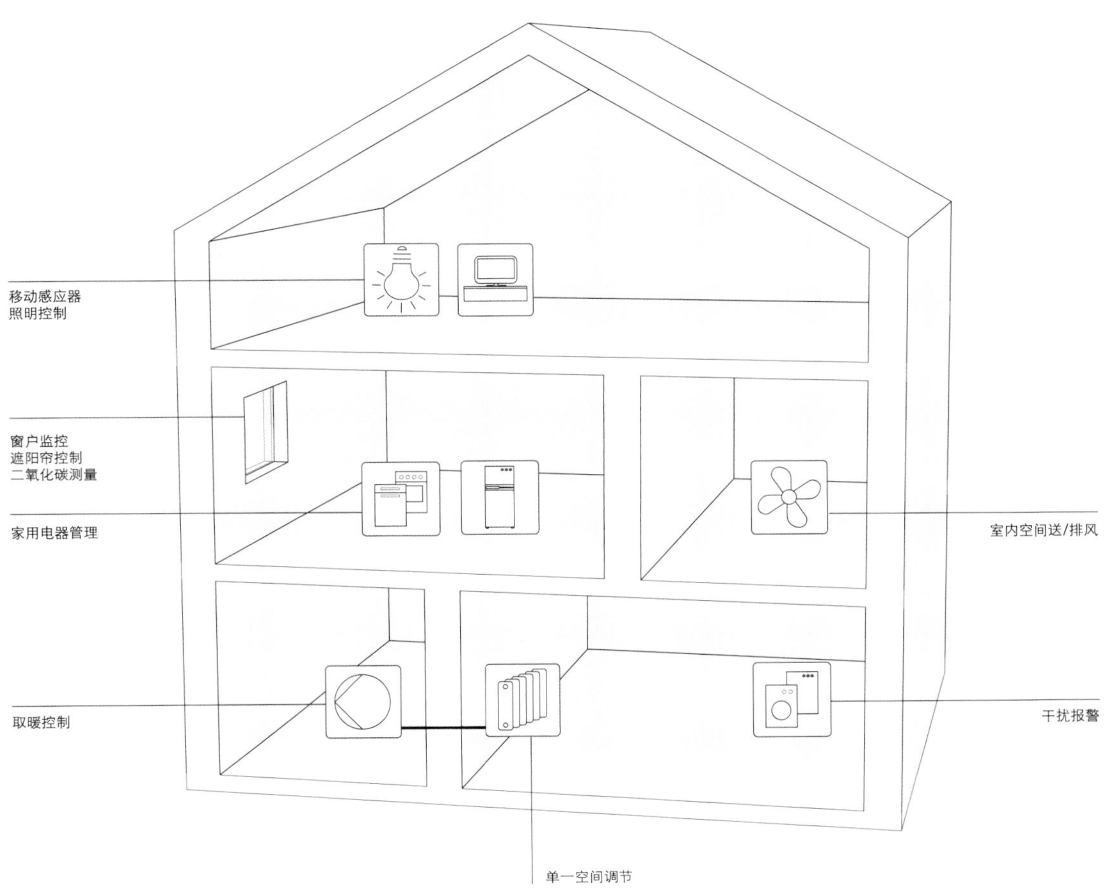
移动感应器
照明控制
窗户监控
遮阳帘控制
二氧化碳测量
家用电器管理
取暖控制
室内空间送/排风
干扰报警
单一空间调节

一个智能建筑示意图

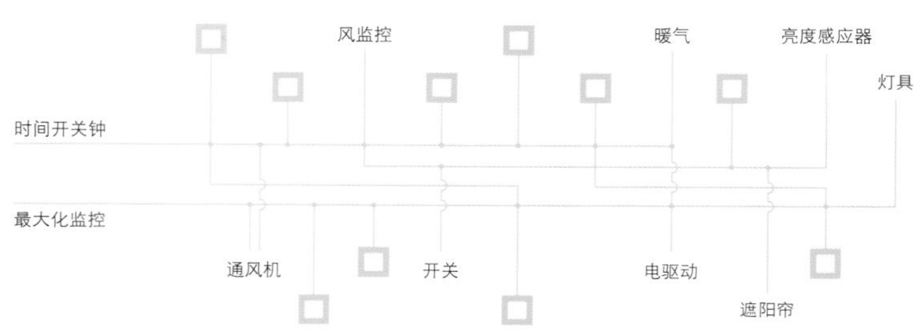

一个传统的电气安装示意图

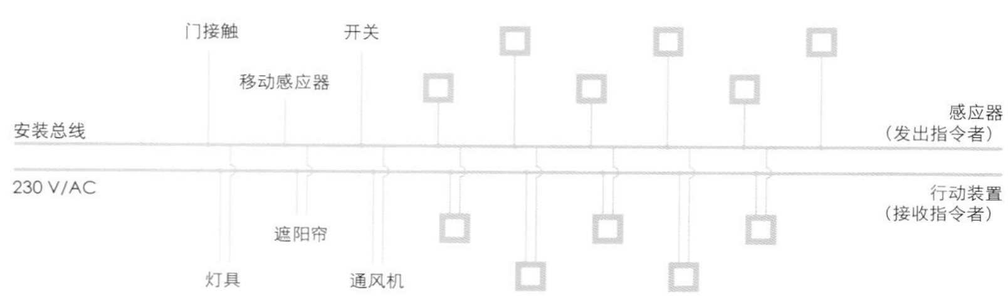

一个带总线系统的电气安装示意图

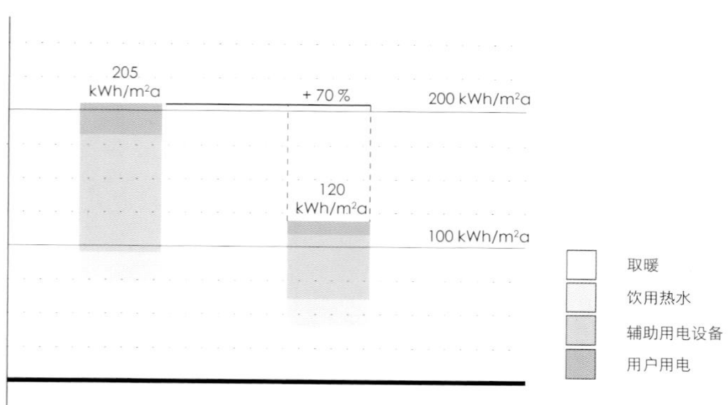

一个办公建筑通过建筑自动化所达到的年度能量节省情况

安装系统

传统电气安装的任务是准备可用的电流。通过中断电流循环，家用电器被打开或关闭。由于设备越来越多，其要求也越来越高，安装系统已经达到了它的极限。电路铺设越来越复杂、繁琐，火灾的危险性也随之上升；由于材料和工作消耗的原因，费用也随之提高了。

这里可以考虑选择使用所谓的“总线系统”。这个系统中所有的消费者（行动装置）与指令发出者（感应器）通过一根导线相互连接，这样就节省了导线。这个系统的使用前提是所使用的设备可以用于总线，即具有可编程的电子控制系统，为此，它们需要使用同样的交互用语言（例如 KNX 或者 EIB）。基于用户对舒适度、安全性、节能和节省系统运行费用等不断提高的要求，使用总线系统常常是有必要的。

一个主动式建筑通常情况下都拥有一个建筑系统技术，这里也要考虑用可再生能源进行进出风自动控制，按照自然采光情况控制人工照明，以及除了能量以外还要节省费用。能量的准备与实际的使用（运行情况）和用户行为（例如开窗通风）相适应。 这样，可以通过一个智能的建筑控制在通过自己的太阳能光电设施生产足够电量的时候，开启用电设备。这可以降低从公共电网取用的外来电量，自己生产的可再生能量的自用比例随之提高，这还会得到《可再生能源法》的扶持。通过在建筑自动化中使用智能计数器，还可以将用户自己的消费和能量供给机构的动态电价进行核对。

一个总线系统可以从外面通过互联网或智能手机控制建筑。

用户干预

用户行为对能量消耗的影响极大，实际的消耗可能会远远偏离设计值；因此，使用户了解自己的行为十分重要，要向他们解释和加强其节能意识。为此，可以使用显示触摸屏或平板电脑，向用户告知其即时能量消耗、可再生能量的生产情况以及必要时关于代价的信息。通过将这些通常被隐藏的信息可视化，用户会更关心节能，并且对自己的用能行为进行相应的调整。一个容易操作的用户界面使得居民可以游戏性地对待关于能量和技术的主题，只有在用户友好型和本能地可操作时才会得到认可。值得推荐的是，将一个传统可以手动控制的、有传统按键开关的系统用于基本供给，与之相结合再使用一个用户界面，必须要有一个容易理解的和有较好效果的图像表面。

通常情况下，用户只会去控制那些对他个人需求和个人舒适度感知有影响的过程和技术，例如阳光或眩光防护、室内空间温度，而在背后产生的过程无需可控制或可见。用户不希望觉得自己在被左右或是他的生活方式受到了限制。

一个用户界面到目前为止是比较特别的设施特征，还没有成为一个住宅或办公楼的基本配置。可以预测，在能量行为意识方面对用户界面的需求将会越来越高，它所需要的用电需求目前来看是有限的。

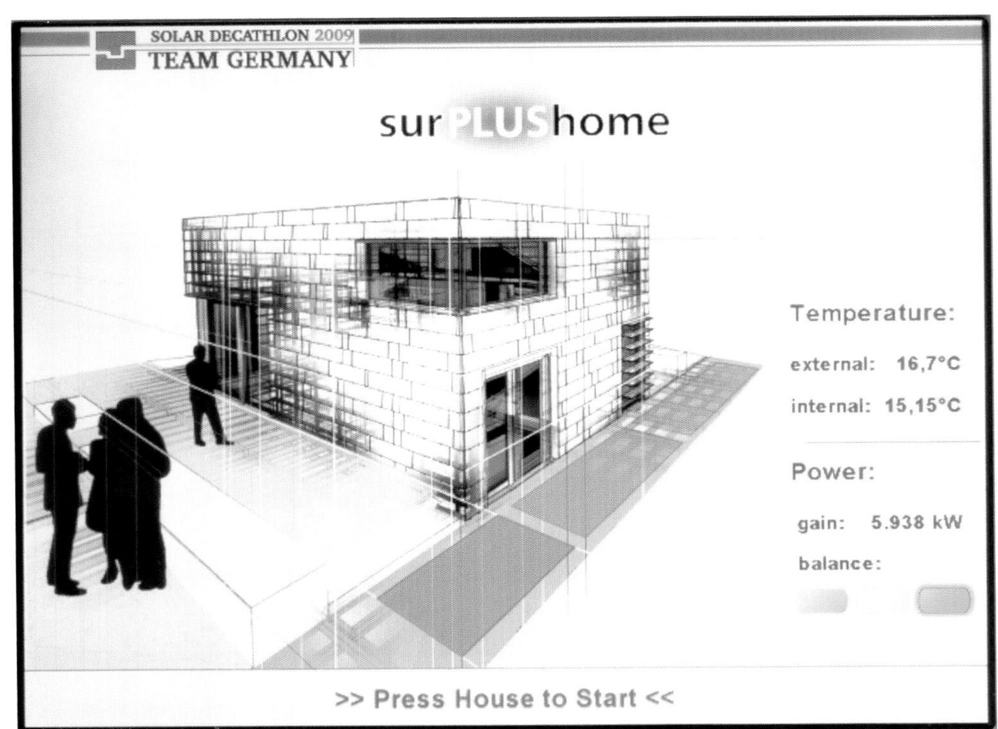

一个有红黄绿指示灯的用户界面实例，正能效住宅，“太阳能十项”竞赛 2009，达姆施塔特工业大学

为了通过用户界面产生所希望的涉及节能的成绩，可以显示如下数据：

- 能量消耗，按照不同的用能服务和用电器分列出来
- 能量产出
- 红黄绿指示灯，显示即时的平衡情况
- 温度显示
- 行为建议，例如在自己的可再生电量产出较高时使用一个耗电量较高的设备
- 天气数据和天气预报，必要时连接到互联网上

通过建筑自动化和一个用户界面进行能量管理的目标是：

- 优化能量消耗
- 使用户对节能更敏感
- 提高对自己生产的可再生能量的自用比例（通过建议、建筑自动化、荷载管理）
- 简单地获取数据和结算系统
- 游戏性地与技术相处，与建筑的身份认同

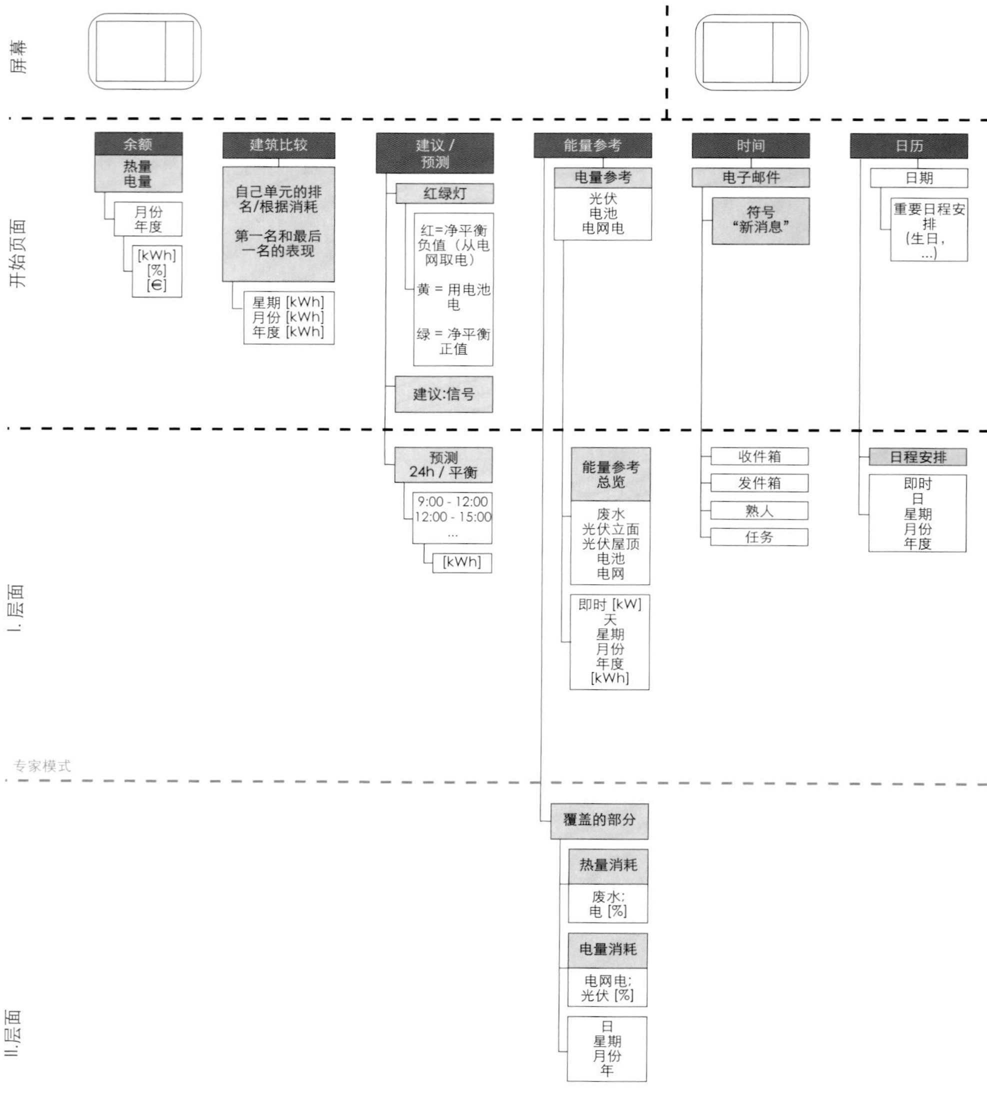

在主动式城市建筑项目中，用户界面的不同层面表达用于对用户在能量管理上人与技术契合点的调查。这样的界面显示是一个复杂的系统，包含了多个企业信息，它可以在不同层面上到达不同的目标群。在开始页面上，对于每个用户重要的和即时的数据都展示得一目了然；位于之下的第一个层面显示预测和进程；第二个层面进入所谓的“专家模式”——这是给那些对技术感兴趣的人设计的，给出不同的详细数据。

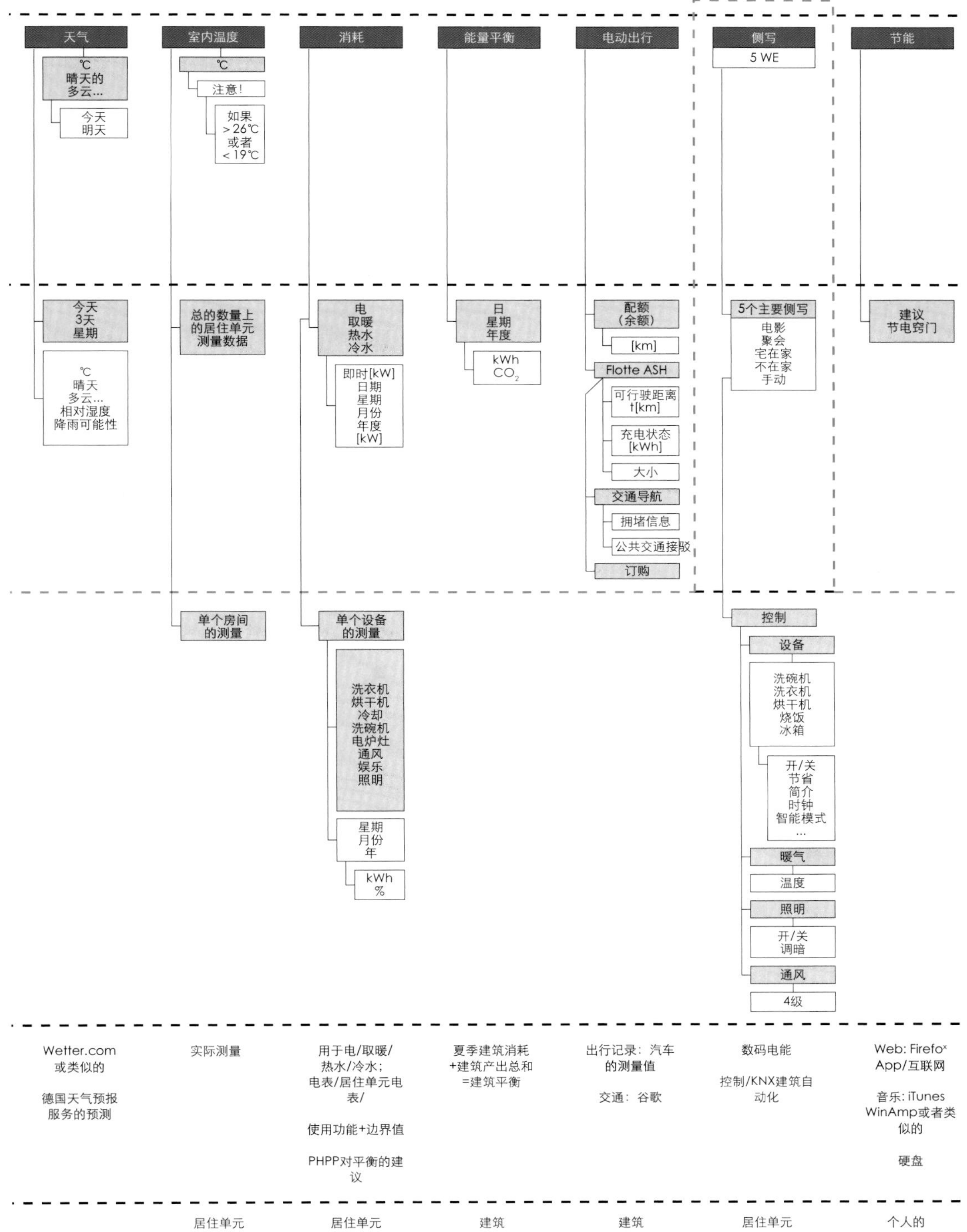

译者注：PHPP，即Passivhaus Projektierungspaket，被动式项目包

荷载管理，智能电网

不仅是建筑本身，还有服务于建筑的电网也需要一个越来越复杂的调控。到目前为止，能量生产适应于需求，而将来则需要更多考虑如何使需求适应于能量生产。所谓“荷载管理”意味着只有在更多能量便宜可用的情况下才去消费。

由可再生能源生产的能量与通过化石能源生产的能量相比，不是随时可用的。除了产生一个可以工作的系统以外，还必须设置一个所谓的“智能电网”——它包含了所有的用电消费者和能量供给者、中央的和非中央的电能生产单位。通过智能电网，可以调控生产者和消费者，它们不一定是同时发生的；通过智能电网，还可以优化电网的满负荷运营，并避免昂贵的高峰负荷。从2010年1月份开始，能量供给单位在新建建筑中必须设置电表（智能计数），因而所消耗的电能计量可以精确到秒。消费电能的设备被连接到电网上并与之进行交流，它们受控于电网做出的详细的电价分析。这样，那些对时间段要求不高的过程，如洗衣、干燥或者洗碗，就可以在电量很多且较便宜时进行。

荷载管理支持以生产为导向的系统，它使得能量在被生产的同时也可能被使用，因为这时的价格较低。这种时间上的重新分配降低了电网的负荷，电网配合完成生产和消费之间的平衡。主动式建筑作为生产能量的因素可以成为电网的一个“成员”，建筑的存储功能最终也可以整合到整个系统中去。

电动汽车在将来可以服务于存储间断性生产出来的电能，比如，在夜间可以将存储的电能输入电网或交给用户使用。将电动汽车并入能量概念可以使自己生产的电能占比增加。除了可以用作电能存储器之外，电动汽车还能稳定电网和提高供给安全度，由此它们也成为荷载管理的一个组成部分。

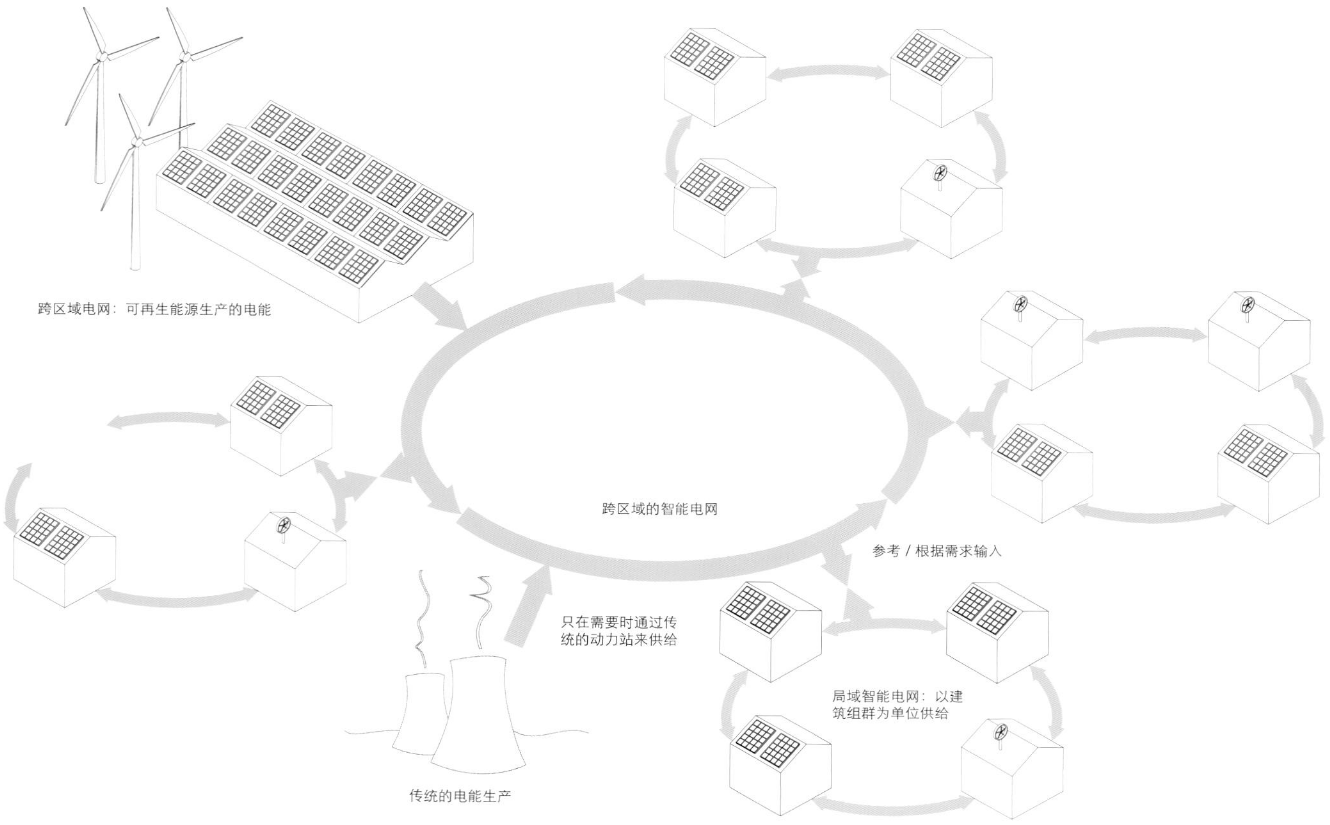

一个智能电网的示意图

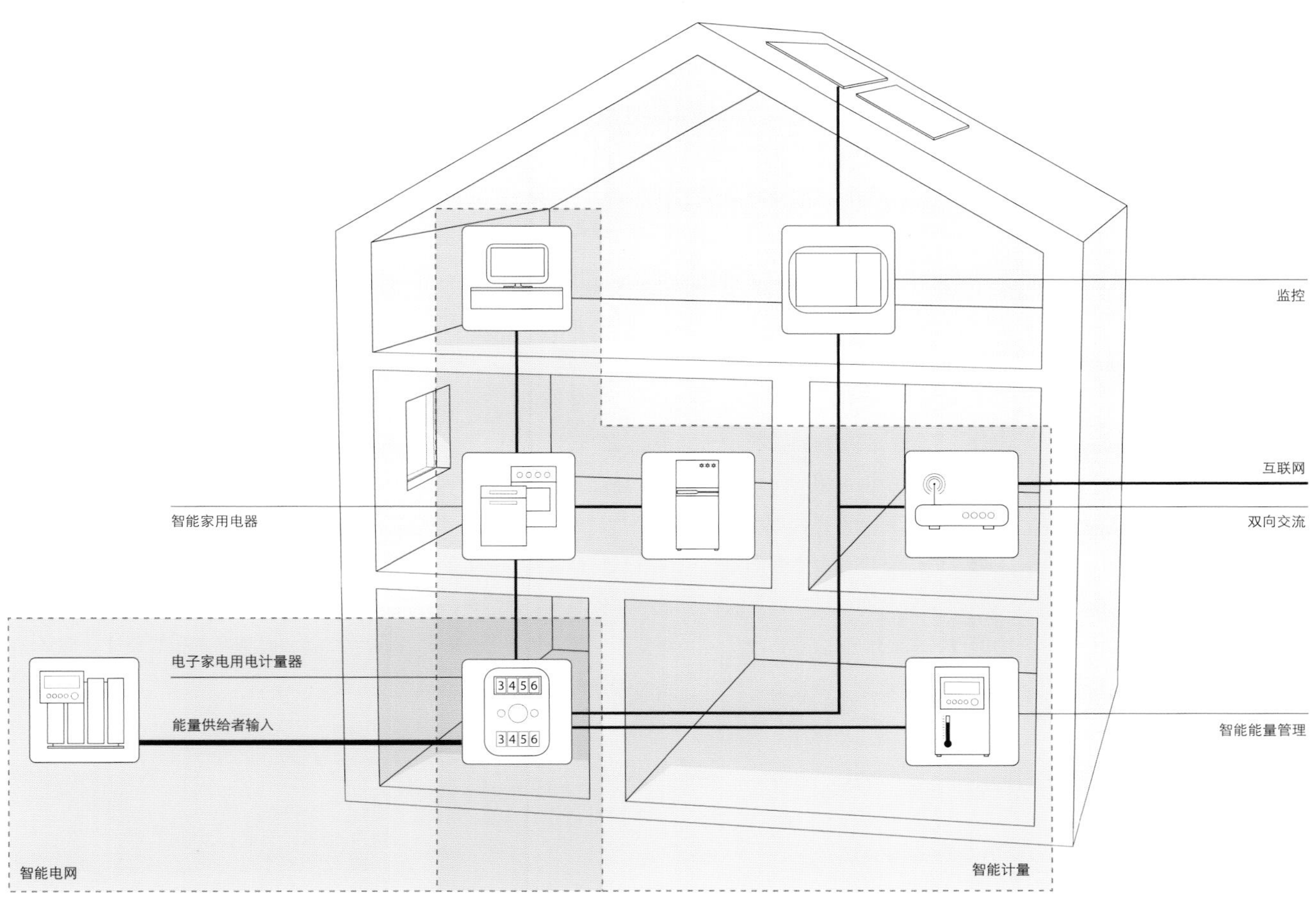

智能建筑、智能计量和智能电网三个层面的示意图，用于更好地管理私人家用能量消耗

通过自动操作进行荷载管理的问题：

- 法律与保险技术上的（通过自动启动的设备引起的损坏）
- 人与人之间的（由于自动的操作所引起的噪声干扰 ）
- 个人的（用户在某种程度上需要得到外部允许 ）
- 数据的法律保护方面（用户数据用于优化电网负荷，向电能供给单位移交并由其分析评价）

荷载管理的优点：

- 节能
- 自产能量占比最大化，从电网取电最小化
- 能量费用最小化
- 透明、精确和用户友好的用电核算

监控

监控服务于检查设备控制和调节，并在设计完成之后对其继续进行优化和管理，检验是否达到了所设定的目标。在开始监控之前，需要设定描述目标状态的基准点；在监控期间，将按照有规律的周期获取并记录现状和消耗数据；之后，与前面确定的数据进行技术上和经济上的分析比较，并作出评价；最终，需要对这些数据进行阐释，以便认知错误并对过程加以优化。如果建筑技术的设置成功，那么将继续跟踪监控系统运行。一个至少为期两年的监控是较为合理的，所观测的建筑需要在此期间按照需求来使用。这个时间周期的确定是根据第一年获取数据之后进行调整，对于控制期还需要一个比较年的数据得出的。此外，通过这样一个多年的监控，那些较为反常的气象季节，如特别冷的冬天或是特别热的夏天，可以被弱化。

在设计一个能量监控时，需要考虑建筑的框架条件，要根据基本的能量和测量概念确定必需的测量点和感应器。通过监控，系统运行不仅是对于管理者和业主、还可以在需要时对于用户和公众透明开放。在用户得知了他的行为并理解之后，他可以对此做出有节能和节省费用意识的调整。

此类数据上的测量和分析评价还可以通过质量评价来补充。在这里，通过有规律举办的对话询问用户的满意度和舒适度，以此收集用户主观的感知意见，并与季节的或者每天的运行联系起来。这些结果同样应该显示出对能量和环境的意识转变是否形成，居住／用户满意度以及其他主观的居住价值指数是否发生了变化。通过将数据上的监控和质量上的（社会学的）监控进行对比评估，可以优化建筑技术，使其适应于用户行为。此外，监控和控制、调整以及在必要时更改所使用的技术的功能。

在所运用的系统中预设的测量点

系统	必需的测量点
环境能量的主动式应用	
地热探测桩/ 地热收集器/ 地热桩	电能消耗（循环泵） 所输送的热量 所输送的冷量
抽吸井	电能消耗（循环泵） 所输送的热量 所输送的冷量
地热交换器	电能消耗（通风机） 所输送的热量 所输送的冷量
机械式夜间通风	电能消耗（通风机） 所输送的冷量
热交换器	电能消耗，循环泵，通风机，可能有 喷淋系统 泵和浴缸取暖器 所输送的热量 所输送的冷量
太阳能光热设施	太阳辐射 电能消耗（循环泵） 所输送的热量
太阳能光伏	太阳辐射 所输送的电能
热电联动设施	
燃生物沼气 热电联动	生物沼气消耗 热量生产（包括余热交换器） 电能生产（扣除自己的用电消耗之后）
燃(生物)油热 电联动	生物油消耗 热量生产 电能生产（扣除自己的用电消耗之后）
燃木热电联动	木材消耗 热量生产 电能生产（扣除自己的用电消耗之后）
燃料电池	生物沼气消耗 热量生产 电能生产
产热器 / 余热利用	
(生物)沼气锅炉	生物沼气消耗 电能生产 热量生产
燃(生物)锅炉油	生物油消耗 电能生产 热量生产
燃木锅炉	木材消耗 电能生产 热量生产
远程热	远程供热
(生物)沼气热泵	生物沼气消耗 电能生产（不连接热源*） 热量生产
电热泵 (可能反向)	电能消耗（不连接热源*） 热量生产 对于反转的热泵：冷量生产
电暖气	电能消耗 热量生产
电暖气	电能消耗 热量生产
循环一体化系统	电能消耗（循环泵） 热量获得
废气热泵	电能消耗（不连接热源*） 热量生产
制冷器	
压缩式制冷机	电能消耗（无回冷*） 制冷
吸收式制冷机	电能消耗（无回冷*） 热量消耗 制冷
(生物)沼气吸 收式制冷机	电能消耗（无回冷*） 生物沼气消耗 制冷
远程冷	远程供冷
吸收冷却器 吸收轮	电能消耗（循环泵）暖气热水， 吸收轮驱动，水准备） 水消耗 热量消耗 冷量生产
吸收 冷却液	电能消耗（循环泵）暖气热水+ 地热桩，通风机 再生驱动） 水消耗 热量消耗 冷量生产
存储（仅对于居住建筑）	
生活用水存储器	热存储入口 热存储出口 生活用水利用热 循环热损失
缓冲存储器	热存储入口 热存储出口
使用能量 TGA	
照明	电能消耗，必要时帮助性地通过运营时间和功效测量针对相应分区从平衡 DIN V 18599（例如办公，交通面积等）中分离
泵 分配	电能消耗，必要时帮助性地通过运营时间和功效测量
空气提升	电能消耗，必要时帮助性地通过运营时间和功效测量，气流体积、气流温度
运行情况	
取暖	暖气流入温度 暖气流出温度 暖气循环温度
通风	进风温度 热回收之前温度 热回收之后温度 出风温度
制冷	流入温度 流出温度

* 用于回冷以及连接热源的能量消耗分开记录。

项目篇

项目篇

如上所述，主动式建筑是建筑能量标准应和时代要求的进一步发展。它以能耗和建筑内部能量需求最小化以及被动式利用太阳辐射的原则为基础，继而主动式利用建筑以及基地环境中的可再生能源。主动式建筑整合了对可再生能源的利用，如通过建筑的主动式太阳能立面和屋顶生产能量。通过建筑外围护结构的主动式能量利用，建筑的外观形象得以新的发展，最终可以形成新的建筑文化。

本书所选用的建筑实例都对这个挑战作出了回应。它们展示了目前虽然正快速发展，但总体来说还处在发展初期的主动式建筑状况。

并非所有选用的建筑都达到了正能效建筑的标准，但由于所有的建筑都通过被动式和主动式措施的智能组合，力求达到正能效建筑的目标，因而有资格被称作“主动式建筑”。改造更新不仅为已建成建筑提供能量优化的机会，还可以改善其功能性和建筑外观形象。

所选用的项目包含了小型独立式住宅、多层住宅以及非居住类建筑，如工厂和工业建筑大厅、办公建筑、社区中心等，除了新建建筑，还有更新改造建筑。从这些实例可以看出，即便是一个能耗问题很严重的既有建筑也可以被成功地改造成能量产出大于消耗的建筑。

主动式建筑原则的落实程度取决于建筑目标、建筑形式、建筑密度以及许多其他因素。所选用实例的多样性显示出，即便是在框架条件极为不利的情况下，也可能实现主动式建筑，乃至达到正能效的标准。

Effizienzhaus Plus P., Steinbach im Taunus

Neubau eines freistehenden Einfamilienhauses

Projektinformationen	
Architekten	ee concept GmbH, Darmstadt, Stuttgart
Projektbeteiligte / Energiekonzept	ee concept GmbH, Darmstadt, Stuttgart
Bauherr	privat
Fertigstellung	2010
Standard	Effizienzhaus Plus, CO_2-neutral im Betrieb
Wohnfläche	255 m²
Endenergiebedarf (Wärme und Strom)/m² Wohnfläche	37,79 kWh/m²a
Endenergieerzeugung (erneuerbar Wärme und Strom)/m² Wohnfläche	57,92 kWh/m²a

①

Bilanzraum gem. Standard

Heizen

Trinkwarmwasser

Kühlen

Hilfsenergie (Pumpen, Ventilation)

Beleuchtung

Geräte (Haushalt, Arbeitshilfen)

②

Das Effizienzhaus Plus P. liegt am Rand des Taunus nahe Frankfurt. Die Entwicklung des Gebäudes folgte zunächst nach klassischen passiven Prinzipien: Minimierung von Energieverlusten und Optimierung von Energiegewinnen. Dazu zählen die großen Fensteröffnungen nach Süden, die Kompaktheit des Gebäudes und die hohe thermische Qualität der Hülle. Bei dem Holzrahmenbau wurde auf den Einsatz von Stahl komplett verzichtet. Neben der Wohn- und Lebensqualität hatten für den Bauherren die zukünftige Betriebs- und Versorgungssicherheit sowie die Minimierung von Umweltwirkungen und Ressourcenverbrauch Priorität.

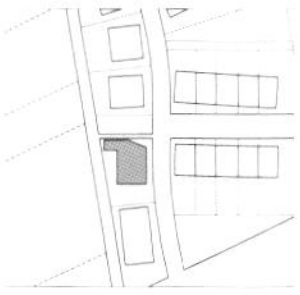

Lageplan M 1:2000

Die Solarthermie und der Wärmeentzug aus dem Erdreich decken einen Großteil der Energiebilanz des Gebäudes ab, sie stellen die gesamte benötigte Wärme zur Verfügung. Der Strombedarf (inkl. Energie für die Wärmepumpe, Haushaltsstrom und Strom für Beleuchtung) wird komplett über die Photovoltaik gedeckt, es entsteht ein Stromüberschuss über das gesamte Jahr gesehen von 85 Prozent, der in das öffentliche Stromnetz eingespeist wird.

3

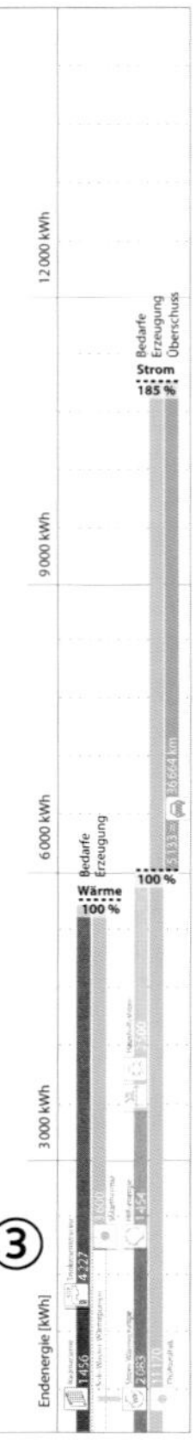

Endenergie [kWh]

3000 kWh

6000 kWh

9000 kWh

12000 kWh

Wärme 100 %

Bedarfe Erzeugung

Strom 185 %

100 %

Bedarfe Erzeugung Überschuss

③

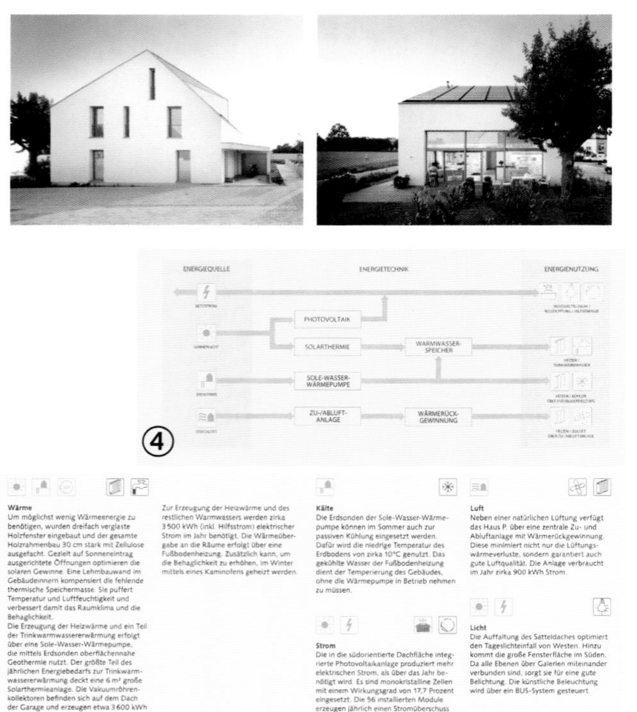

Wärme
Um möglichst wenig Wärmeenergie zu benötigen, wurden dreifach verglaste Holzfenster eingebaut und der gesamte Holzrahmenbau 30 cm stark mit Zellulose ausgefacht. Gezielt auf Sonneneintrag ausgerichtete Öffnungen optimieren die solaren Gewinne. Eine Lehmbauwand im Gebäudeinnern kompensiert die fehlende thermische Speichermasse. Sie puffert Temperatur und Luftfeuchtigkeit und verbessert damit das Raumklima und die Behaglichkeit.
Die Erzeugung der Heizwärme und ein Teil der Trinkwarmwassererwärmung erfolgt über eine Sole-Wasser-Wärmepumpe, die mittels Erdsonden oberflächennahe Geothermie nutzt. Der größte Teil des jährlichen Energiebedarfs zur Trinkwarmwassererwärmung deckt eine 6 m² große Solarthermieanlage. Die Vakuumröhrenkollektoren befinden sich auf dem Dach der Garage und erzeugen etwa 3600 kWh im Jahr.

Zur Erzeugung der Heizwärme und des restlichen Warmwassers werden zirka 3500 kWh (inkl. Hilfsstrom) elektrischer Strom im Jahr benötigt. Die Wärmeübergabe an die Räume erfolgt über eine Fußbodenheizung. Zusätzlich kann, um die Behaglichkeit zu erhöhen, im Winter mittels eines Kaminofens geheizt werden.

⑤

Kälte
Die Erdsonden der Sole-Wasser-Wärmepumpe können im Sommer auch zur passiven Kühlung eingesetzt werden. Dafür wird die niedrige Temperatur des Erdbodens von zirka 10°C genutzt. Das gekühlte Wasser der Fußbodenheizung dient der Temperierung des Gebäudes, ohne die Wärmepumpe in Betrieb nehmen zu müssen.

Strom
Die in die südorientierte Dachfläche integrierte Photovoltaikanlage produziert mehr elektrischen Strom, als über das Jahr benötigt wird. Es sind monokristalline Zellen mit einem Wirkungsgrad von 17,7 Prozent eingesetzt. Die 56 installierten Module erzeugen jährlich einen Stromüberschuss von etwa 5000 kWh.

Luft
Neben einer natürlichen Lüftung verfügt das Haus P. über eine zentrale Zu- und Abluftanlage mit Wärmerückgewinnung. Diese minimiert nicht nur die Lüftungswärmeverluste, sondern garantiert auch gute Luftqualität. Die Anlage verbraucht im Jahr zirka 900 kWh Strom.

Licht
Die Auffaltung des Satteldaches optimiert den Tageslichteinfall von Westen. Hinzu kommt die große Fensterfläche im Süden. Da alle Ebenen über Galerien miteinander verbunden sind, sorgt sie für eine gute Belichtung. Die künstliche Beleuchtung wird über ein BUS-System gesteuert.

4

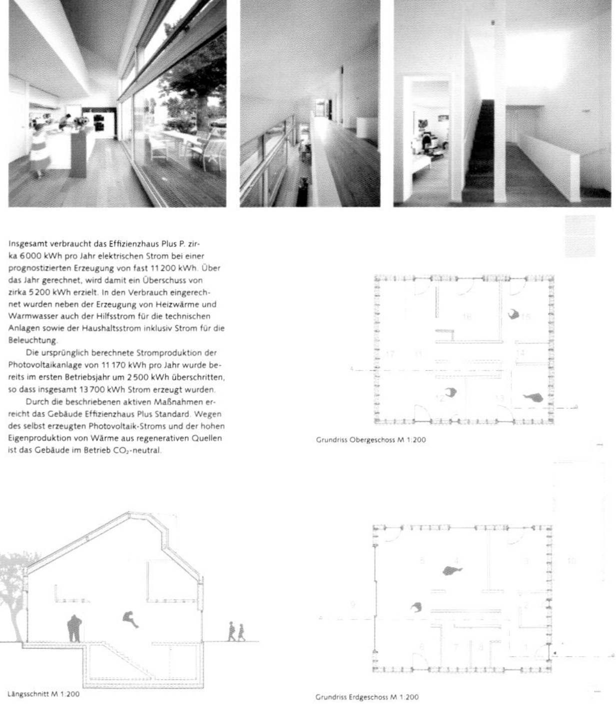

Insgesamt verbraucht das Effizienzhaus Plus P. zirka 6000 kWh pro Jahr elektrischen Strom bei einer prognostizierten Erzeugung von fast 11200 kWh. Über das Jahr gerechnet, wird damit ein Überschuss von zirka 5200 kWh erzielt. In den Verbrauch eingerechnet wurden neben der Erzeugung von Heizwärme und Warmwasser auch der Hilfsstrom für die technischen Anlagen sowie der Haushaltsstrom inklusiv Strom für die Beleuchtung.

Die ursprünglich berechnete Stromproduktion der Photovoltaikanlage von 11170 kWh pro Jahr wurde bereits im ersten Betriebsjahr um 2500 kWh überschritten, so dass insgesamt 13700 kWh Strom erzeugt wurden.

Durch die beschriebenen aktiven Maßnahmen erreicht das Gebäude Effizienzhaus Plus Standard. Wegen des selbst erzeugten Photovoltaik-Stroms und der hohen Eigenproduktion von Wärme aus regenerativen Quellen ist das Gebäude im Betrieb CO_2-neutral.

Grundriss Obergeschoss M 1:200

Längsschnitt M 1:200

Grundriss Erdgeschoss M 1:200

5

项目的表达方式 （见 206 页图例）

（1）项目上部标题处介绍了与该项目相关的信息，包括建筑师和项目参与者以及初步的特性值，如能量平衡和建筑所达到的标准值、能量需求和能量产出等，以便进行项目间的相互比较。

由于所选用的项目来自不同国家，基于不同的初级能量要素、平衡方法、平衡空间和与能量有关的面积，所消耗的初级能量间的比较几乎是不可能做出的。为了使项目之间能够具有相对的可比性，列出了绝对的年终级能量需求（图表③所示），由此计算出的年终级能量需求以及年可再生终级能量产出是按照取暖的居住和使用面积得出的（在项目信息栏①列出）。

（2）项目的平衡空间通过象形图表示，按照平衡的标准和功能的不同，考虑不同的能耗（用绿色表示）。

（3）通过项目最右侧的图表③来表达年终级能量需求和年终级能量产出，可以直观地看出能量剩余或能量不足。

这里将热量和电能分别列出。能量剩余或能量不足用百分比表示，以便能够清晰地显示出可再生电能和可再生热量的能量覆盖率。

即便是项目并没有采用电动汽车运行，所产出的能量剩余均通过转换为电动汽车行驶公里数表达，以便能够清楚地表示出它的潜能。能耗按照每百公里耗电 14 kWh 的标准计算。

（4）在项目第二页详细介绍能量概念。图表④显示出从能源到使用的能量流动关系。

（5）能量概念一栏从五个必要的方面描述能效，包括：热量、冷量、电能、空气和光线（见图表⑤所示）。

平衡的空间

能效房《节能法》	德国
被动式建筑	德国
正能效房	德国
低能耗/零能耗建筑	欧盟
瑞士低能耗建筑标准(基本型)	瑞士
瑞士低能耗建筑标准-P	瑞士
瑞士低能耗建筑标准-A	瑞士

正能效住宅 P，施泰恩巴赫，陶努斯

新建独立式住宅

项目信息

建筑师	能效概念股份有限公司，达姆斯达特，斯图加特
项目参与者 / 能量概念	能效概念股份有限公司，达姆斯达特，斯图加特
业主	私人
建成日期	2010
标准	正能效房，二氧化碳中性运行
居住面积	255m²
终级能量需求（热能和电能）/m² 居住面积	37.79kWh/m²a
终级能量产出（可再生热能和电能）/m² 居住面积	57.92kWh/m²a

按照标准的平衡空间

- 取暖
- 饮用热水
- 制冷
- 辅助能量（泵、通风）
- 照明
- 设备（家用电器、工作辅助设备）
- 电动出行

正能效住宅 P 位于法兰克福附近的陶努斯边上。建筑的发展首先遵循传统的被动式原则：使能耗最小以及对能量获取进行优化。这里采取的主要措施是朝南开大窗、建筑形体紧凑和建筑外围护结构的高热工性能。建筑采用木框架结构，完全不使用钢材。除了居住和生活质量以外，业主还选择了将来的运行和供给安全、对环境影响和资源消耗最小化。

正能效住宅 P 的年能耗为 6000kWh 电量，而预测的产能量为 11 200kWh。以全年为计算区间，剩余的产电量为 5200kWh。在消耗中，除了取暖和热水加热的能量外，还计入了技术设备以及家用电器的辅助用电，包括照明用电。

最初计算出的太阳能光伏板的产电量为每年 11 170kWh，这个数值在第一个运行年就已经达到且超出了 2500kWh，总的年产电量为 13 700kWh。

通过所描述的主动式措施，建筑达到了正能效房标准。基于自己生产的太阳能光电和来自可再生能源的高热量产出，建筑的运行是二氧化碳中性的。

总平面

太阳能光热和从土壤中获取的热量覆盖了建筑的大部分能量需求，提供了所需要的全部热能。用电需求（包括热泵所需电能以及照明用电）全部通过太阳能光伏发电装置供给。全年还有剩余量，占产能量的 85%，这部分电能输入公共电网。

终级能量[kWh]
3000 kWh
6000 kWh
9000 kWh
12000 kWh
热量
需求 生产
100 %
室内供暖热量 1456
饮用热水 4227
地源热泵
太阳能光热 3600
电能
需求 生产 余量
100 %
185 %
电源热泵 2083
辅助能量 1454
家用电器用电 2500
太阳能光伏 11170
5133 = 36664 km

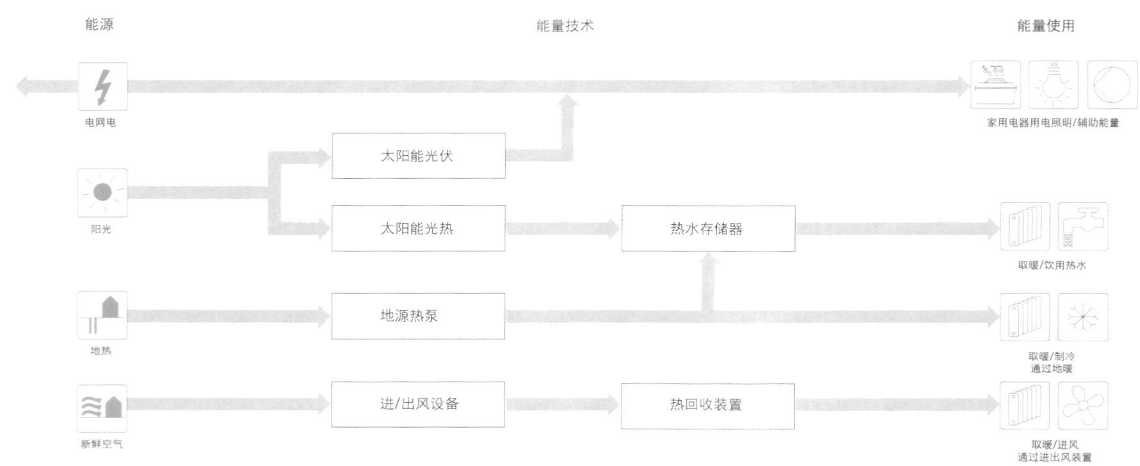

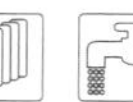

热量

为了尽可能减少建筑对热能的需求，使用了三层中空玻璃的木框窗，而木框架结构总厚度为30cm，用赛璐珞做填充保温层。开窗大小是为了尽量获取太阳能而设计的。建筑内部设置了一堵黏土墙用于平衡缺少的热存储物质，它作为温度和湿度的缓冲，改善室内气候并提高舒适度。取暖所需热量和一部分加热饮用热水所需要热量的生产通过地源热泵，用地源探测器抽取近地表地热。全年饮用热水加热所需能量大部分来自一个6m^{2}的太阳能集热器。太阳能真空管集热器位于车库的屋顶，年产热值约3600kWh。

为了生产取暖和加热其余的热水所需热量，每年还需要约3500kWh电量（包括辅助用电）。热交换通过地暖完成。为了提高舒适度，在冬季还可以额外地使用壁炉取暖。

冷量

地源热泵的地热探测器可以在夏季用于被动式制冷，即利用地源探测器大约10℃的温度制冷。地暖里被冷却的水用于调节建筑的温度而不需要开动热泵。

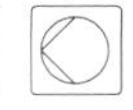

电能

整合朝南立面里的太阳能光伏设施，全年生产的电能大于建筑全年消耗的电能，这里使用的是产能效率为17.7%的单晶硅。共安装了56块光伏模块，年产电余量为5000kWh。

空气

除了自然通风以外，能效房P还有一个带热回收装置的中央进出风设备。这不仅使通风热损失降到最少，还能保障空气质量。此设备的年能耗约为900kWh电量。

光

双坡顶的设计优化了建筑西侧的自然采光，此外，大面积开窗位于南侧。因为所有楼层都通过连廊彼此连接，建筑内部各处的自然采光均良好。照明通过总线系统控制。

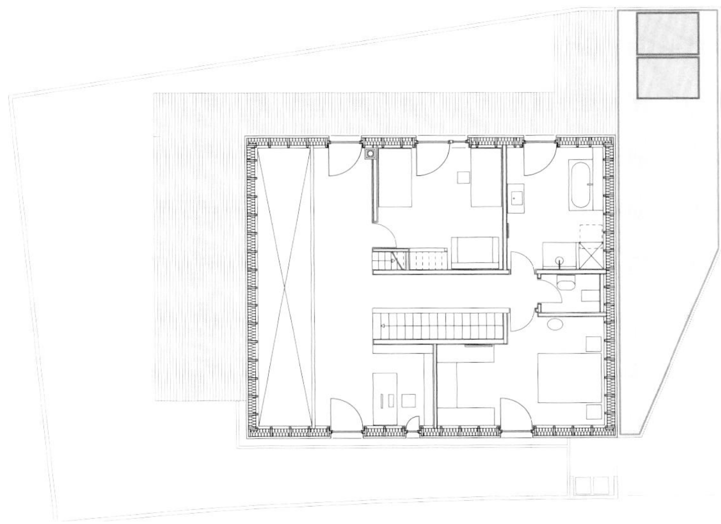

二层平面

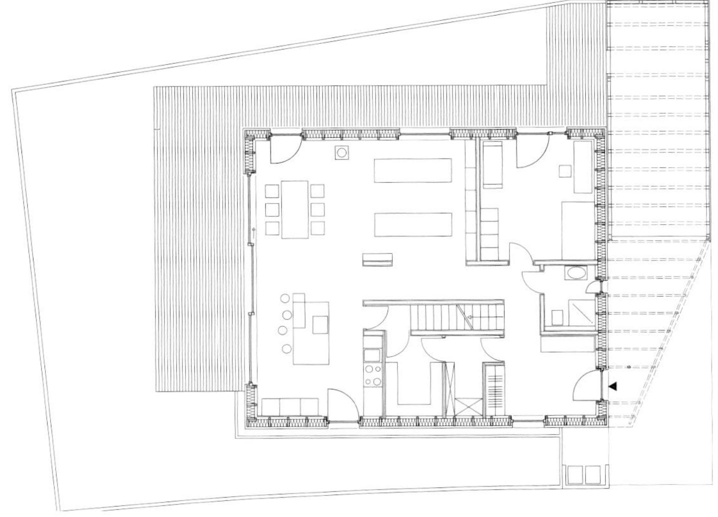

底层平面

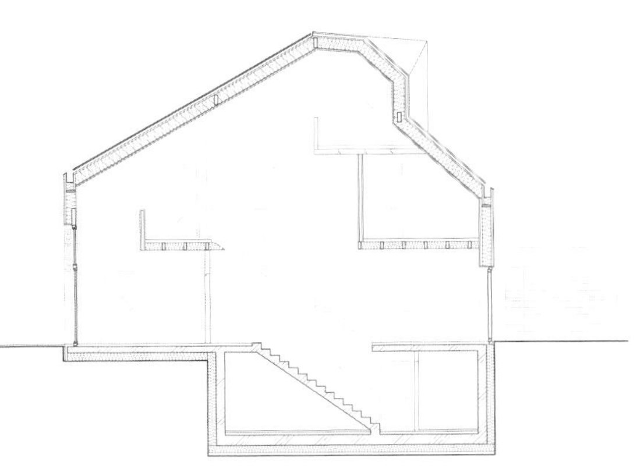

长向剖面

卢赫李维科正能效住宅，瑞士明辛根

新建独立式住宅，用于小区加大密度

项目信息

建筑师	dad 建筑师股份有限公司，瑞士，伯恩
项目参与者 / 能量概念	比尔木建筑股份公司，CTA 股份公司，3S 太阳能光伏，伯恩生态建筑材料市场
业主	私人
建成日期	2010
标准	瑞士低能耗建筑标准，正能效，二氧化碳中性
建筑面积	160 m²
终级能量需求（热能和电能）/m² 居住面积	43.65 kWh/m² a
终级能量产出（可再生热能和电能）/m² 居住面积	52.50 kWh/m² a

按照标准的平衡空间

- 取暖
- 饮用热水
- 制冷
- 辅助能量（泵，通风）
- 照明
- 设备（家用电器，工作辅助设备）
- 电动出行

这幢位于瑞士伯恩省的独立式住宅的基本要求是保护性地对待土壤和原材料，采用节能的建筑方式，以及在一个建于 20 世纪中期的居住区内采用大部分工厂预制的木结构形式来建造。任务是使新建建筑适合已有的建筑群，尽量保护原有风貌。因为可持续性的和生态的建筑不仅意味着经济性上的高能效和资源保护，还需要谨慎对待周围环境。

业主的另一个条件是将居住与工作统一在一幢建筑中，空间需要尽可能地灵活，以便在相应情况下可以适应使用功能的改变。建在山坡上的独立式住宅格局很清晰：二层是家庭的私密空间，余下的空间相互之间呈开放状态，由此产生了丰富的视线关系。建筑朝向西南，辅助空间，如技术用房和洗衣房等，位于地下室，朝向山坡一面。

按照计算，建筑生产的能量比它用于取暖、热水加热和总的用电量（包括辅助用电、家用电器用电）还要多出 24% 的能量；因此，它的运行是二氧化碳中性的。

对自然的和可持续的材料的使用，如木材、羊毛、石膏抹灰和黏土涂料保证了一个特别舒适的室内空间气候。可以呼吸的和可以扩散水蒸气的外围护结构能够帮助平衡室内的温度和湿度。

建筑师提供的数据显示出，建筑达到正能效标准仅比达到瑞士低能耗建筑标准的费用高出大约 5% ~ 10%。由于 2011 年的日照时间比年平均值多出许多，第一个运行年的能耗和产能测量显示，卢赫李维科正能效住宅的产能远远超出所预估的数值。这样产能的余量大约为 4100kWh，通过太阳能光伏板所生产的电能总量超过 10 000kWh，几乎比所需电量多出 70%。

总平面

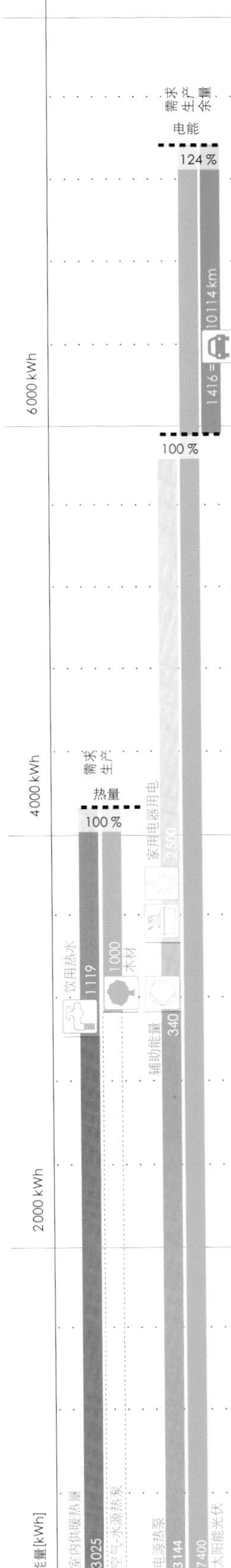

用于取暖和热水加热的能量完全由热泵和燃木锅炉生产。辅助能量、热泵所需能量、家用电器和照明所需电量通过太阳能光伏产电覆盖。按照计算年产电余量为 24%。

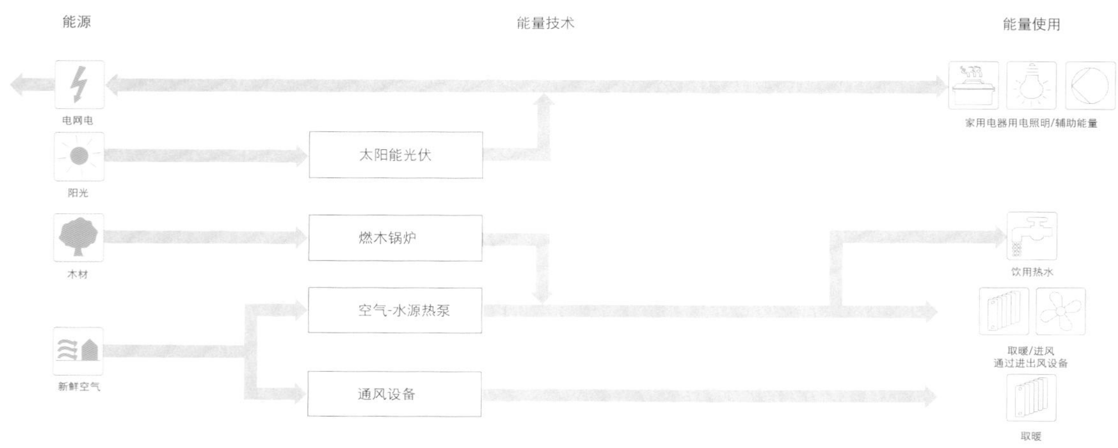

热量

建筑外围护结构采用羊毛做保温材料，达到了极好的保温效果：外墙U值为0.12W/m²K，屋顶U值为0.15W/m²K。窗户的设计和布置不仅对室内外视线做到极好的保护，还优化了太阳能被动式利用。建筑的室内使用木材和砂岩作为必要的热存储物质，用于存储太阳光热，延时释放到室内。取暖热量以及热水加热由一个空气水源热泵供给，这个热泵所使用的电来自建筑自己生产的太阳能光伏发电，一个额外的以木材为燃料的锅炉降低热泵需要供给的热需求。取暖热传递通过墙面取暖来实现。取暖和热水加热的年能耗为3150kWh。

电能

屋顶上，安装了59个单元的太阳能光伏设施采用单晶硅。这些光伏板的安装角呈5°或10°相对。尽管倾斜角较小，太阳能光伏发电的产量达到了同等面积最大产量的95%，其年产电总量为7400kWh。

  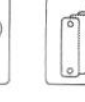

空气

带热回收功能的通风装置降低了通风热损失，它作为舒适通风，提供从卫生和节能角度来看都很理想的空气交换。通风装置有日间和夜间分区开关模式：在夜间那些仅在白天使用的区域的通风量减少。此设备的年能耗约为340kWh。

光

由于相互之间自由过渡的空间概念，使用面积如起居、厨房、餐厅和工作区是开放和明亮的。南侧立面上的大面积开窗在夏季通过出挑的屋面和外置网状遮阳帘进行防晒。冬季入射角较低的阳光则可以进入到室内深处。

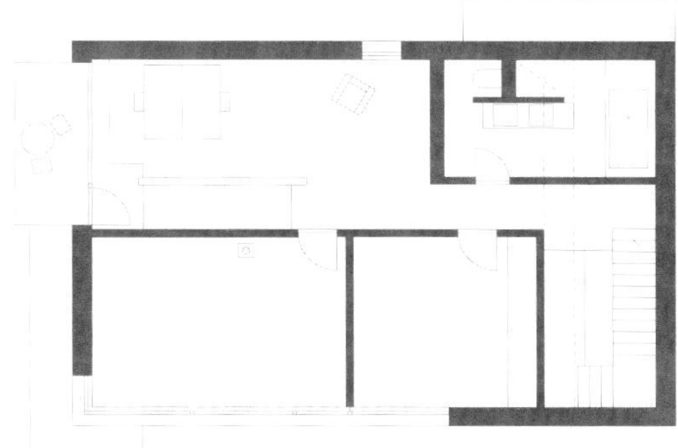

二层平面

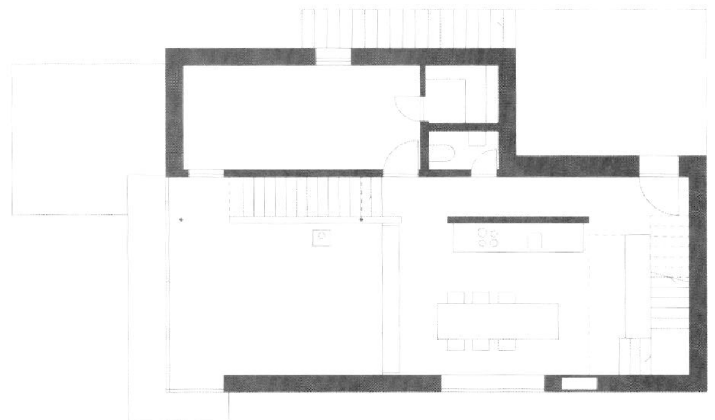

底层平面

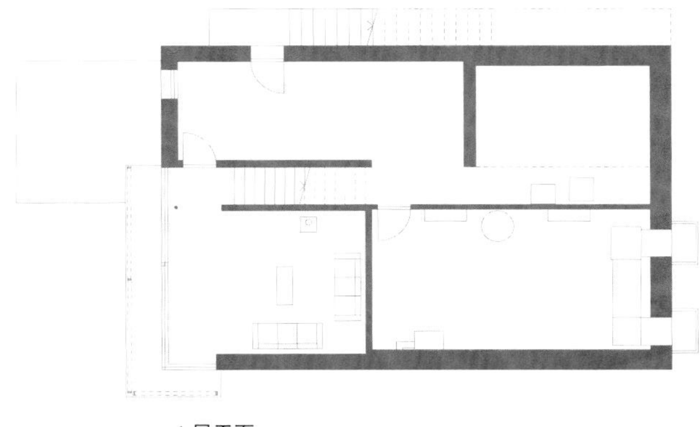

-1 层平面

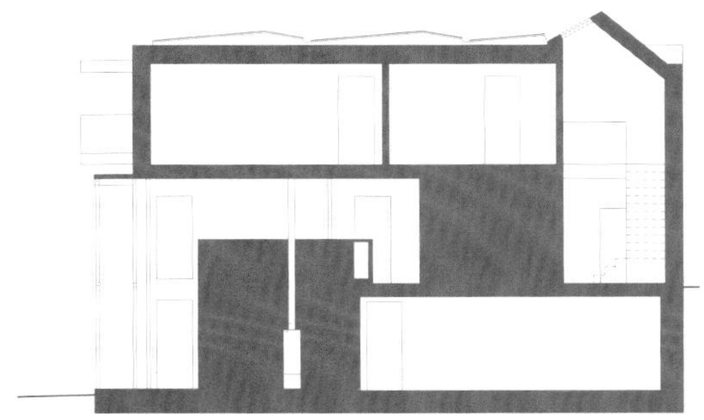

剖面

光的主动房，汉堡

双住宅之一的更新改造

项目信息

建筑师	达姆施塔特工业大学，建筑系，建筑设计与能效教研室，曼弗雷德·黑格尔教授和建筑师欧斯特曼汉堡
光线设计	彼得·安德尔斯教授，汉堡
业主	威卢克斯德国股份有限公司
建成日期	1954 / 2010
标准	零能耗房，二氧化碳中性运营
建筑面积	189m²
终级能量需求（热能和电能）/m² 居住面积	58.35 kWh/m² a
终级能量产出（可再生热能和电能）/m² 居住面积	58.87 kWh/m² a

按照标准的平衡空间

- 取暖
- 饮用热水
- 制冷
- 辅助能量（泵，通风）
- 照明
- 设备（家用电器，工作辅助设备）
- 电动出行

光的主动房项目是将一幢典型的建于 1954 年的“双住宅”建筑进行更新改造，该项目参加了汉堡国际建筑展览会，并作为试验项目为国际建筑展览会所在的易北岛威廉海姆堡区域能够成为气候中性区作出了贡献。这幢一层半的简单住宅是威卢克斯公司“样板家居 2020”项目中的一幢，此项目在欧洲范围内共建有六幢建筑。该项目的目标是为居住和工作功能在舒适的室内气候、充裕的自然光线和优化的能效方面发展出新的路径。

最初的设计想法出自达姆施塔特工业大学举办的大学生竞赛。参赛作品之一——卡特琳娜·费所做的设计方案胜出，这个方案是项目进一步发展的基础。原建筑无论是从舒适度还是空间需求方面都无法满足当前的需求；因此，在更新的同时，原来的房屋被完全改建了，并通过一幢加建建筑拓展到了 132m²。

加建部分包含了起居和就餐区、厨房以及设备用房；个人的私密空间、浴室、儿童房和卧室位于老建筑中。此外还利用新加建的部分进行能量生产。

通过更新改造，建筑总的年终级能量需求从原先的 293.6 kWh/m² 下降到了 108.4 kWh/m²。[1]

由于深色的表面吸收太阳辐射，会使自身和周围环境变热，建筑屋顶采用浅灰色水泥纤维板覆盖。浅色可以反射光并且降低环境中的热岛效应。

[1] 每平方米不取暖的居住面积所涉及的能量的面积

总平面

用于取暖和饮用热水制备的能量通过太阳能光热设施和热泵获得。

太阳能光伏设施几乎全部覆盖建筑运行用电（辅助用电包括热泵、家用电器用电以及照明用电）。

 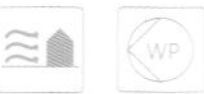    

热量

热量通过太阳能光热和从空气中抽取环境热的空气－水源热泵的组合产生。21.7m^2 的太阳能集热器位于加建建筑的屋顶。热水被存储于一个容量为 940L 的水罐中。室内取暖大部分通过地板采暖供应。

电能

75m^2 的太阳能光伏板被整合于新加建建筑的屋顶中，采用多晶硅电池，年产电量大于 7000kWh。所采用的部分光伏电池为玻璃－玻璃光伏板，位于平台处以及停车空间的顶部，产生了较好的光影效果。建筑的家用电器耗电量大约为每年 2500kWh。由于产生热量而消耗的电量大约为每年 4500 kWh，从全年观测，太阳能光伏发电覆盖了建筑的用电需求。剩余的电量被输入当地的电网。

空气

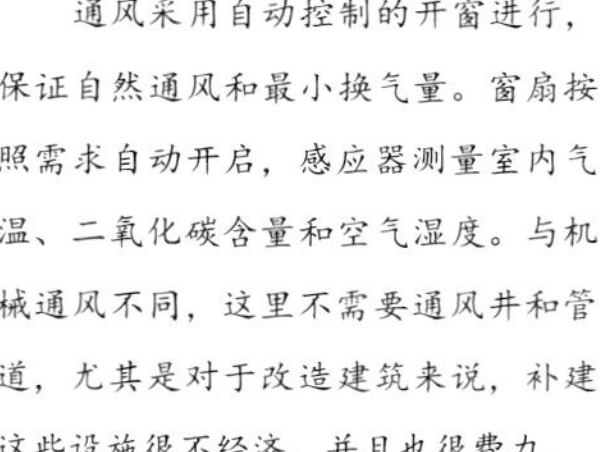

通风采用自动控制的开窗进行，保证自然通风和最小换气量。窗扇按照需求自动开启，感应器测量室内气温、二氧化碳含量和空气湿度。与机械通风不同，这里不需要通风井和管道，尤其是对于改造建筑来说，补建这些设施很不经济，并且也很费力。

光

“光的主动房”这个名称就是纲领。宽敞大方的窗扇开启和一个位于中央的多层的交通与阅读空间使得建筑室内自然光线充裕。窗扇的总面积达 90m^2，是原先建筑的四倍还多：老建筑中窗扇的面积扩大了一倍，此外，在新加建部分还有将近 60m^2 的开窗面积。由此产生了自然采光效果极好的空间，即便是在阴天也无须使用人工照明。

此外，建筑还收集雨水用于冲厕、花园浇灌和清洁。

借助智能建筑技术，将其与缜密的自然采光、通风和遮阳概念相结合，并精心设计空间布局，从全年来看，建筑用于取暖、热水和用电的总能量需求可以通过可再生能量来平衡，并有剩余。这样就使得建筑的年度能量平衡为二氧化碳中性运行。所生产可再生能量的剩余可以逐年减去光的主动房在生产、维护和拆除建筑结构时产生的碳排放。从纯计算角度讲，建筑在更新改造后的26年内即可完全抵消掉所消耗的全部能量，从而达到完全的碳排放中性。

在建筑投入使用的第一个两年内通过一个测试家庭来测量建筑的能耗，并且检测和记录室内气候。测试结果将为未来的比较项目获得认识积累。除了数量上的测量，还进行社会学的以及质量上的调研——居民对居住满意度、居住感受和舒适度等问题作出回答，由此确定用户行为的改变程度和他们能量意识的提升度。此外还可得知，这个作为零能耗建筑设计的项目在运行时是否真正做到了这点以及计算是否与实际情况相符合。

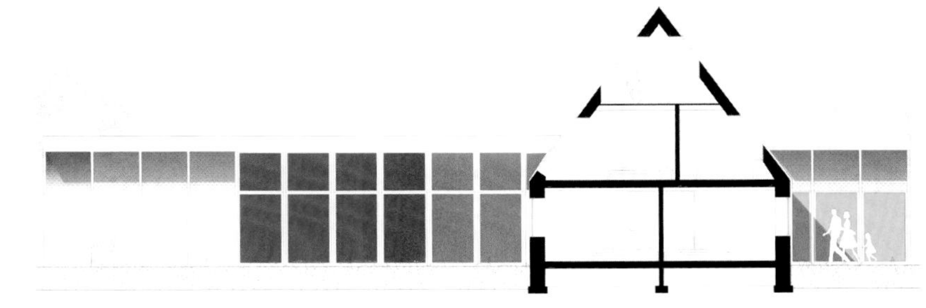

剖面

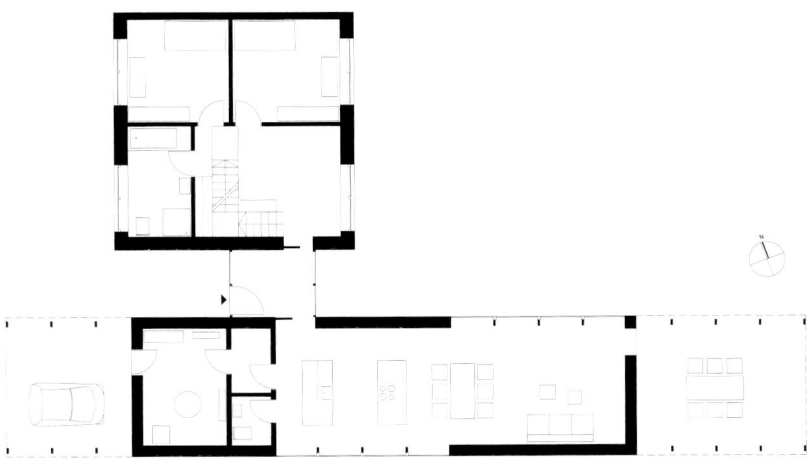

底层平面

能量+家，达姆施塔特，穆尔塔尔

联排住宅更新改造

项目信息

建筑师	朗+福尔柯伟恩（建筑师/工程师），建筑师约尔根·福尔柯伟恩，达姆施塔特
项目参与者/能量概念	工程师狄谢曼&巴拉斯。ISB工程师有限公司，建筑师弗兰克·克拉玛雷克，达姆施塔特 概念发展：达姆施塔特科技大学建筑系，结构发展和建筑物理研究所，卡尔斯滕·乌尔里希·狄谢曼教授 能量概念：达姆施塔特科技大学建筑系，结构发展和建筑物理研究所，巴斯蒂安·齐格勒
业主	私人
建成日期	1970 / 2012
标准	正能量包括电能正能效房
建筑面积	187 m^2
终级能量需求（热能和电能）/m^2 居住面积	35.57 kWh/m^2a
终级能量产出（可再生热能和电能）/m^2 居住面积	52.84 kWh/m^2a

按照标准的平衡空间

- 取暖
- 饮用热水
- 制冷
- 辅助能量（泵，通风）
- 照明
- 设备（家用电器，工作辅助设备）
- 电动出行

“能量+家”是一个建于1970年的老建筑更新改造项目。通过2011—2012年进行的改造，建筑初级能耗从408kWh/m^2a降低到23.9kWh/m^2a[1]，建筑达到了正能效房标准。所生产的电能的余量被输入公共电网，或用于给电动汽车充电。这个项目属于德国联邦交通、建筑和城市发展部（BMVBS）“建筑、城市和空间研究所”（BBSR）的未来建筑研究倡议项目。

改建除了能量优化以外，还需要改善建筑空间质量。建筑增加了一个阳光房，此外，由于不再使用之前的燃油锅炉，地下室里多出一个可用空间，这样可使用的居住面积从158m^2增加到187m^2。

建筑通过总线系统来控制。通过一个触摸屏，可按需求控制和预设光线、遮阳、取暖和通风模式。住户可以通过监控，随时调取和检查即时的建筑的能量获取和消耗，这能够使用户对其能量行为变得更敏感。“能量+家”处于一个为期两年的监控中，此科研的跟踪过程不仅包括测量和分析，还包括用户采访。

[1] 每平方米不取暖的居住面积所涉及的能量的面积

总平面

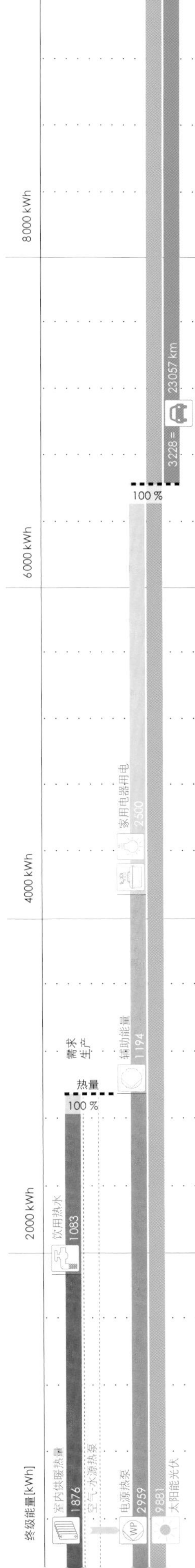

用于取暖、饮用热水、照明、家用电器用电和辅助用电的总能量需求由太阳能光伏发电供给。这里多出来的产电量用于给电动汽车充电。

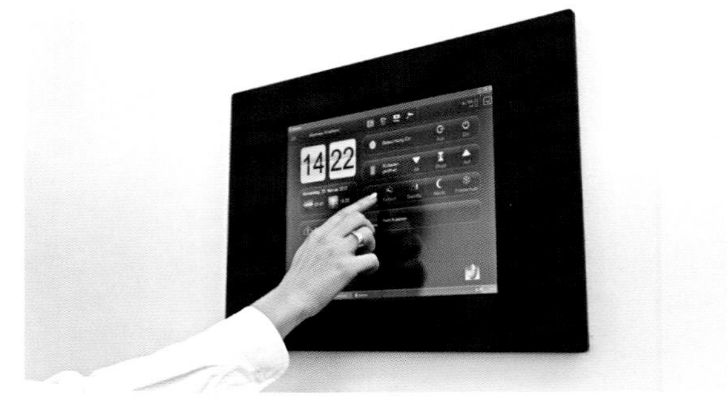

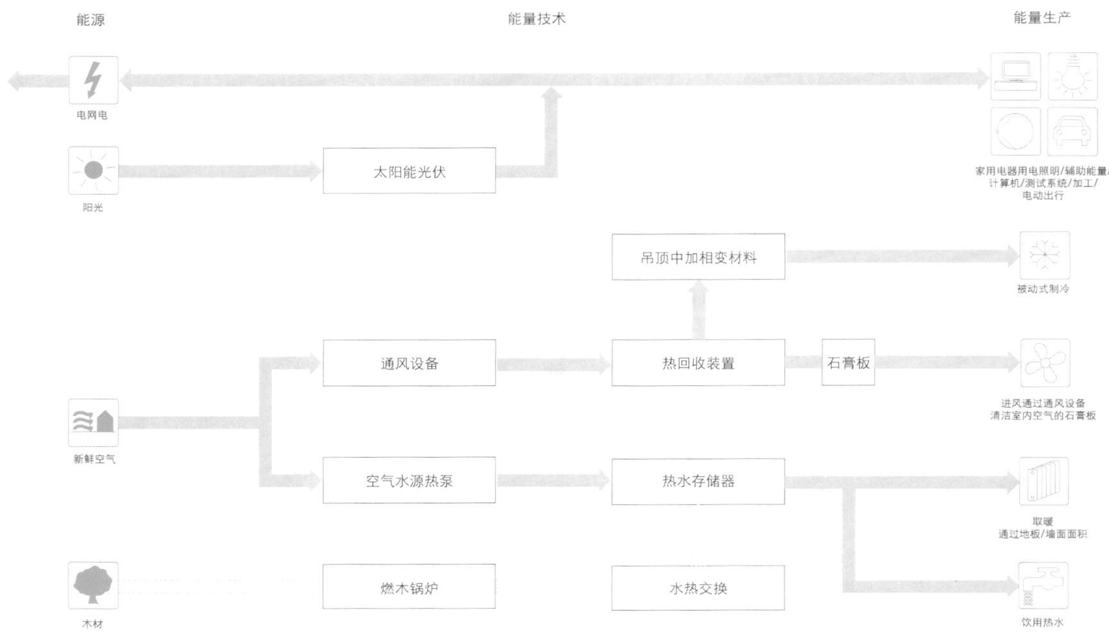

热量

建筑能耗通过新的保温措施（改造后外墙平均U值为0.18W/m²K）——使用三层玻璃窗（U值为0.78W/m²K以下）和一个可控制的带热回收的通风装置而大大降低了。

通过热传递造成的热损失从1.50W/m²K降低到0.289W/m²K。这样建筑外围护结构的保温属性就改善到因子5。

光

老建筑中的窗户面积对充分的自然采光来说不够大。通过移除窗下部的墙体并安装落地窗以及屋顶开窗将老建筑的窗地比提高了大约30%。光线可通过连接垂直交通空间的楼梯进入地下室。由于建筑位于一块坡地上，地下室的其余空间可通过西立面自然采光。此外所有的地下室空间都与花园连通。

电能

特别高能效的家用电器可以帮助省电。建筑的年耗电量为6650kWh：其中1880kWh用于空间取暖；1080kWh用于热水加热；3690kWh用于家用电器，包括照明。在屋顶上整合安装了95m²的太阳能光伏设施，采用单晶硅，其峰值功率为12.6kW，其年产电总量为9880kWh——这样在覆盖建筑总的年能耗需求后还剩余3230kWh能量。用这些余量可以供给一辆每百公里耗电为14kWh的电动汽车每年行使23 000公里。

空气

带热回收功能的机械进出风装置使通风热损失最小化。为了改善室内空间的气候质量，使用了对室内空气有清洁作用的石膏板。天然的矿物质材料成分可吸收空气中的有害物质并将其消解。

冷量

为避免建筑在夏季可能发生的过热，在吊顶里（如走廊位置）加入了盐水相变材料，用于被动式制冷和提高室内的舒适度。

底层平面

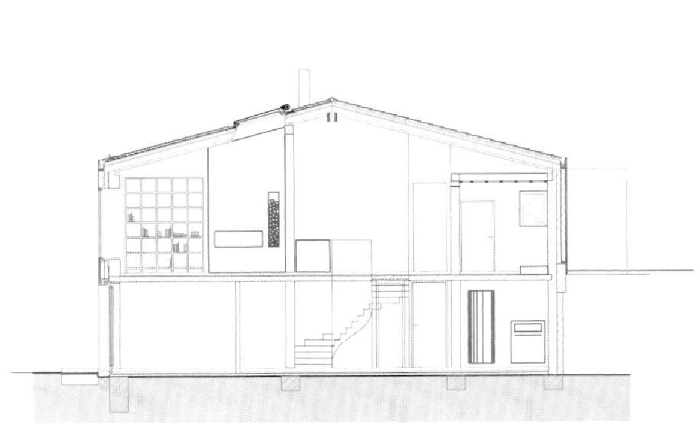

剖面

零能耗住宅，荷兰德里卑尔根

将一幢老别墅改造成能量中性的示范建筑

项目信息

建筑师	Zecc 建筑事务所 ，乌得勒支
能量概念	OPAi – 一个星球建筑学院，阿姆斯特丹
业主	私人
建成日期	2010
位置	德里卑尔根 ，荷兰
标准	零能耗住宅
建筑面积	150 m^2
终级能量需求（热能和电能）/m^2 居住面积	41.32kWh/m^2a
终级能量产出（可再生热能和电能）/m^2 居住面积	39.00kWh/m^2a

按照标准的平衡空间

- 取暖
- 饮用热水
- 制冷
- 辅助能量（泵，通风）
- 照明
- 设备（家用电器，工作辅助设备）
- 电动出行

这幢位于乌得勒支省、建于 1920 年的独立式住宅通过更新改造达到了取暖和热水制备的零能耗标准。可再生能源覆盖了所有包括热泵在内的能量需要，从而诞生了荷兰的第一幢能量中性的保护性建筑。

红色砖墙立面和白色木窗框是当地较普遍的建筑形象，相应地对老砖石建筑的改造是十分谨慎的。相关的提升建筑能量与质量的改造措施从沿街一侧不易被察觉到，因为大部分的建筑改造位于内部以及背后的加建建筑内。

砖砌别墅通过加建建筑以及主体建筑背向街道一侧的屋顶进行能量供应。加建建筑的地下室用于安置技术设备，屋顶上安装了太阳能集热器来获取能量。从街道一侧可以看见的立面保留了原有外貌，未做改动。加建建筑通过它现代的、方形的，以及大面积玻璃的立面形象与老建筑明显区别开。一道缝隙在保护性建筑立面上将两个建筑体量分开。

用来改造这幢年代久远的砖砌建筑的材料经过了特别谨慎的挑选。在可持续的框架下特别考虑了生态和自然的层面以及可循环利用性。这样仅选用了无害的材料，例如亚麻用于保温，黏土用于内墙抹灰。新加建建筑的抹灰里加入了磨碎的从附属老建筑上拆下来的砖块。为了保护资源，将雨水收集起来作为灰水利用。

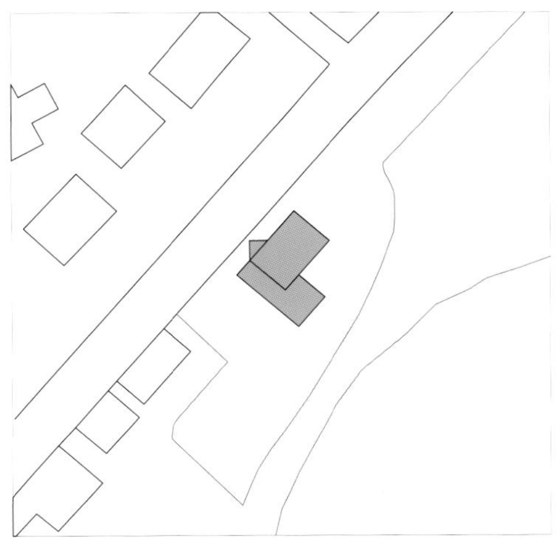

总平面

取暖和热水制备所需的能量完全由太阳能光热和热泵提供。辅助能量，包括热泵用电在内的电能需求的 90% 通过太阳能光伏发电涵盖，而家用电器用电和照明用电未考虑在内。产电量没有剩余。

8000 kWh
6000 kWh
4000 kWh
2000 kWh
需求 生产
热量
100 %
饮用热水 1501
太阳能光热 2815
需求 生产 逆差
电能
100 %
348
90 %
辅助能量 500
终级能量[kWh]
室内供暖热量 4197
地源热泵
电源热泵 2883
太阳能光伏 3035

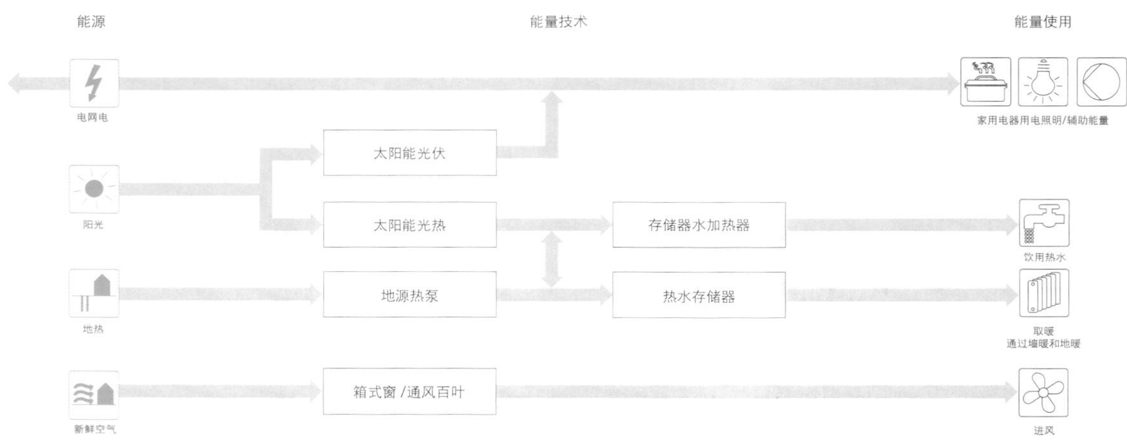

热量

为了减少热损失和提高舒适度，将从街道一侧可见的三个立面从内部进行了热保温处理，采用木纤维板做保温材料，用黏土做面层抹灰。为了保留老的窗扇和细部，窗扇的内侧额外安装了隔热玻璃。它们的尺寸略大于老的窗扇，颇有橱窗的效果，透过它们可以看到老窗的细部。建筑的背部借助于第二堵墙从外侧进行了保温处理，它采用木立档结构，在立档间使用亚麻填充，立档与原有墙壁之间用一层软木纤维板贴紧。第二堵墙壁上的窗的处理方式与室内窗扇相似。老窗扇前新安装的隔热玻璃板的尺寸大到足以看到里面老的砖墙和原有的窗框。屋顶采用亚麻进行保温，位于底层楼板之下的空间使用无毒的、可循环利用的玻璃碎粒来填充。

建筑技术设备位于新加建建筑的地下室内，包括一台热泵、一台取暖热水缓冲存储器以及一台饮用热水加热存储器。存储器通过两套热源供应热量。在夏季主要是通过太阳能光热，集热器安装在加建建筑的屋顶，从下面看不到。三个真空管集热器收集太阳能供应取暖热水缓冲存储器以及饮用热水加热存储器所需热量。太阳能覆盖掉饮用热水加热的一半能量和取暖能耗需求的五分之一。在冬季主要使用第二套系统——地源热泵，由一个地热交换器为其提供地热能。热泵覆盖了剩余的饮用热水加热所需要的能量以及几乎全部的取暖年能耗需求。热量向室内空间的释放大部分通过墙暖，在一些区域则是通过地暖。

电能

如果不使用太阳能光伏装置的话，能量中性的保护性建筑的理念就无法实现。太阳能光伏板被安装在老建筑朝向南侧的屋顶上。由于这一侧是面向花园的，朝向街道一侧的被保护的立面未受影响。总共使用了17块多晶硅光伏板，其最大功效为3.74kWp，光电转化率为14%。建筑自己所生产的电能以年度平衡计算足够驱动热泵。在日照充足的白天，产电量会有剩余，这部分电量被充入公共电网。从计算角度来讲，家用电器用电和照明用电取自电网。

空气

建筑内部的双层墙体不仅有热保温的作用，同时还是建筑通风系统的组成部分。室外的新鲜空气通过位于新旧窗户之间的通风百叶槽口进入，在那里被预热后上升。温暖的空气通过窗上部的通风槽口进入居住空间。排风则通过中央控制，集中通过浴室排出。这种原则相比传统的通风装置，优点是管道的布置及其长度一目了然，并且无需其他额外的措施。在花园一侧的立面上没有使用这个自然通风系统。

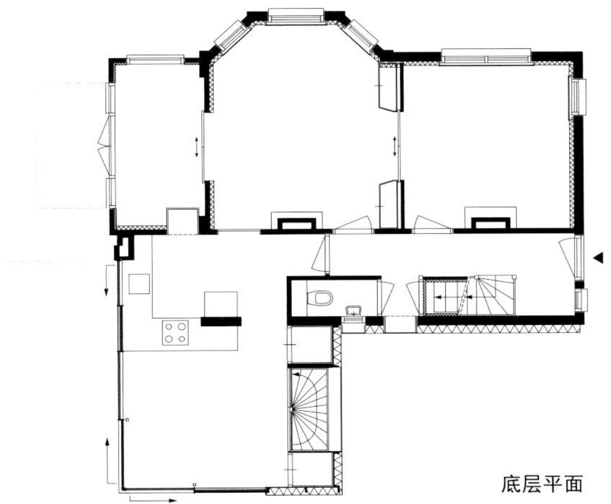

底层平面

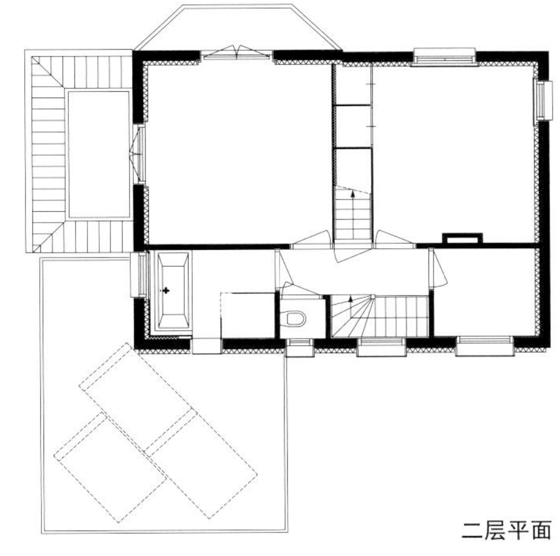

二层平面

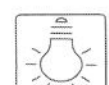

光

在新加建的建筑中，立面几乎是全玻璃的厨房、用餐和居住空间内光线十分充足。此外，新加建建筑的角部采用玻璃推拉门，可以全部推向一侧，这样，角部区域就可以与室外的平台连为一体。

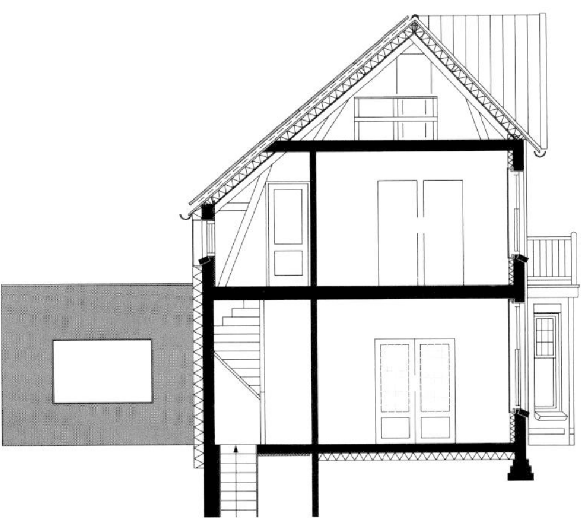

剖面

住宅商业综合建筑，瑞士苏黎世

在市中心的两幢居住和商业建筑

项目信息

建筑师	“为建筑学奋斗”股份公司，瑞士苏黎世
项目参与者 / 能量概念	建筑技术：设计论坛，瑞士维恩特图尔 建筑物理：阿姆斯忒恩和瓦尔特赫尔特股份公司，瑞士苏黎世
业主	私人
建成日期	2012
标准	瑞士低能耗建筑标准 -P- 生态
建筑面积	3370 m² 和 2150 m²
终级能量需求（热能和电能）/m² 居住面积	21.63 kWh/m² a
终级能量产出（可再生热能和电能）/m² 居住面积	24.73 kWh/m² a

按照标准的平衡空间

取暖

饮用热水

制冷

辅助能量（泵，通风）

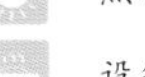
照明

设备（家用电器，工作辅助设备）

电动出行

这两幢分别为五层和六层的建筑位于苏黎世建筑较为密集的内城区。拆除原有的建筑后，新建建筑填补了穆勒巴赫街上留下的缺口，并拓展了沿着胡夫巷建造的围合式建筑，并由此产生了一个安静的绿色的内院。

在穆勒巴赫街的新建建筑是一幢商业办公建筑，灵活的平面布局使其功能也可改变为住宅。由于其安静的区位，后面位于胡夫巷的建筑用作纯住宅功能是最适合的。这两幢建筑共包含 15 个居住单元和 6 个办公单元。

两幢建筑都采用木结构方式建造。承重的外墙由大尺度的木框架构件和层压木柱构成，楼梯间核心和地下室墙体则采用可循环利用的光面混凝土。沿街一侧墙体采用深色调的页岩外饰面，与浅色调的有框的推拉窗扇形成较强的对比。在位于内院一侧的朝南立面中，整合了深色的太阳能集热器以及浅黄色的立面板。

通过主要以可再生能源利用为主的能量概念以及生态的材料选择，建筑达到了瑞士《低能耗建筑 -P- 生态标准》。

在设计开始的时候，将目标定位在不仅使建筑运行所消耗的能量最小化，还要尽量减少建筑材料所耗费的灰色能。建筑运行的全部能耗（不包括家用电器和照明用电）被建筑自己生产的电能和热能所覆盖。

在内城地区，由于较高的建筑密度，建筑立面和屋顶常常是处于阴影区，或者由于封闭的建造形式而面积较小，这使得可再生热量和可再生电能的生产不足。这个建筑实例显示出，即便在类似的内城地区，并且是多层建筑，也可以做到建筑能耗完全从基地上和通过建筑外围护结构来覆盖。

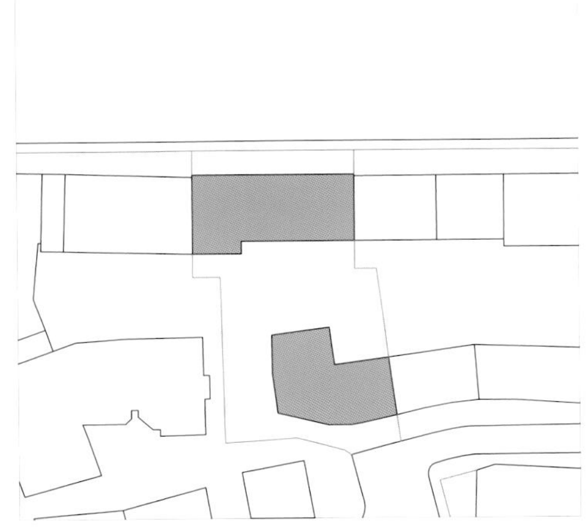

总平面

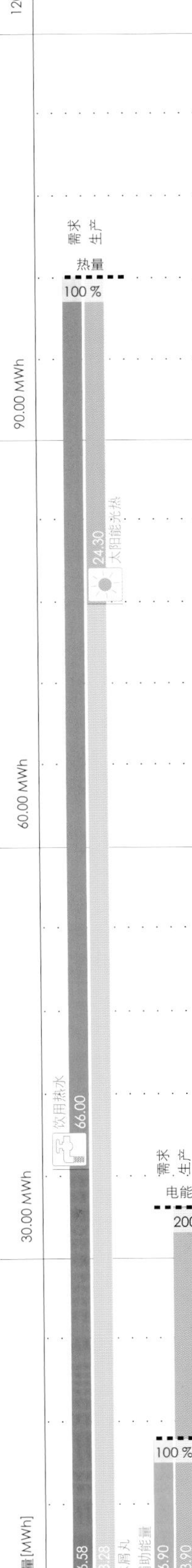

室内空间取暖和热水供应需要的能量由木屑丸和太阳能光热提供。太阳能光伏所发的电比辅助能量对用电的需求多出一倍多。家用电器和照明的用电需求未计入。

热量

三层玻璃的木/金属窗由于其较高的g值可以最大限度地获取太阳能。外墙和屋顶采用24cm厚的矿棉保温层。在阳台和平台区使用了高效的真空保温板以降低构造高度和避免冷桥出现。

加热饮用水和取暖所需要的热量来自于木屑丸锅炉和太阳能集热器的组合装置。两层高的木屑丸仓储空间位于穆勒巴赫大街上的商业居住综合建筑的地下室里。

建筑使用了两套太阳能集热系统。在面向内院、朝南一侧的立面上整合进了95m^{2}的平板集热器，它们很好地融入了立面的造型。位于胡夫巷的建筑屋顶上安装了效率更高的真空管集热器，面积为20m^2。立面上所安装的集热器面积几乎是屋顶上安装的5倍，但产热效率仅比它多出50%。

为了优化系统，在两幢建筑中都安装了热水存储装置。除了穆勒巴赫大街的建筑里容量为7700L的中央存储器之外，胡夫巷建筑里还有一个容量为3000L的存储器。热存储器是基于所需要的不同温度为轮换式存储器来考虑的。两处太阳能光热装置都向自己单独的存储器存入热量，从那里再为热水制备和地板采暖提供热量。

虽然胡夫巷建筑的面积较穆勒巴赫大街建筑的面积更小，但其饮用热水的需求量更大。这是由于不同的使用功能决定的：胡夫巷建筑的绝大多数是居住功能，而穆勒巴赫大街建筑主要是办公。

冷

以外置的推拉遮阳板形式存在的遮阳构件用于避免夏季建筑内部过热。建筑制冷则通过一个通风装置、地热探测器在夏季预调节空气的温度来完成。

电能

为了使建筑所需要的电能大部分由建筑自己生产，两幢建筑的屋顶上都安装了太阳能光电板，它们每年的产电量大约为34 000 kWh，足以覆盖两幢建筑里通风装置和辅助电的用电需求，并且还有剩余。照明和家用电器用电则从公共电网取用。

空气

为了简化规则，每幢建筑都设有独立的通风装置。借助地热探测器和一个热交换器，空气可选择地在冬季被预热、在夏季被预冷。居住建筑和办公建筑的空气量可以分别调节，用户可以用一个开关选择所希望的换气量，之后由一个总线系统通过一个活门开关来调节气流量。

光

东侧立面上的大窗和西南立面上整层通高的落地窗为空间带来均匀的自然采光。

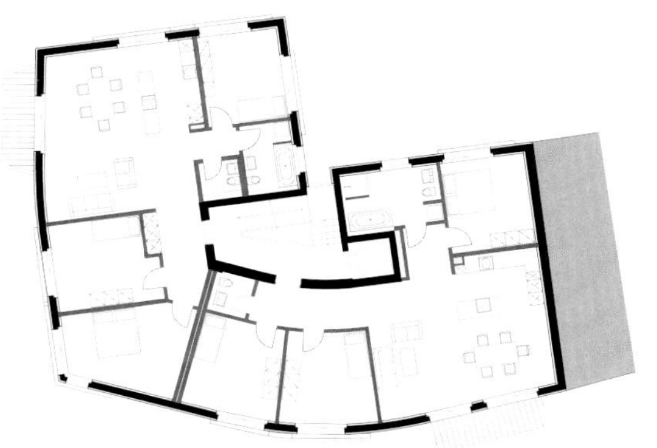

胡夫巷建筑　二层平面

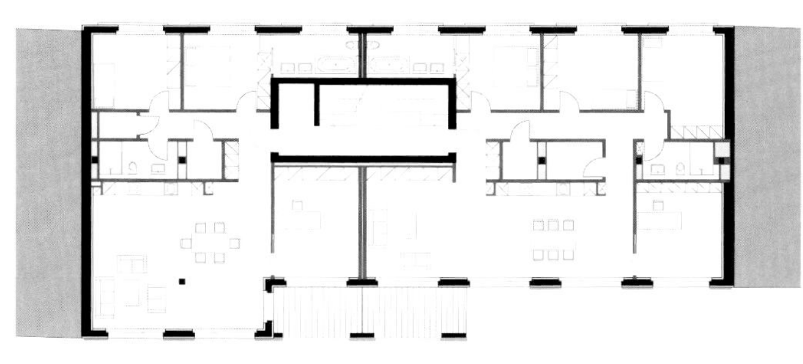

穆勒巴赫大街建筑　六层平面

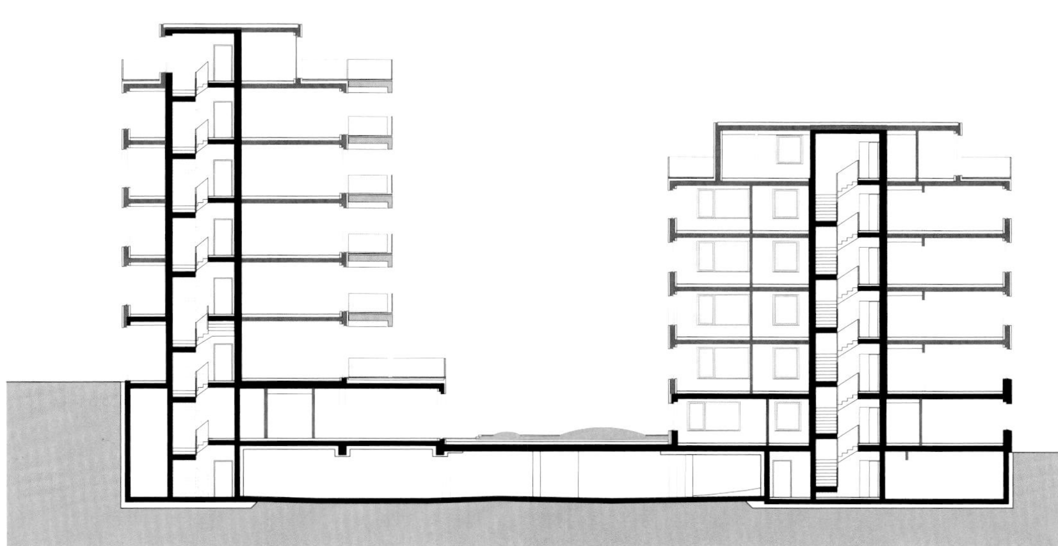

剖面

动力站 B，瑞士本瑙

一个新建的多户住宅建筑

项目信息

建筑师	grab 建筑师股份公司，瑞士阿特多夫
项目参与者 / 能量概念	暖通设计：阿每那，瑞士维特图尔 房屋技术：设计论坛，瑞士维特图尔 建筑物理：因特普，瑞士苏黎世 萨尼欧不动产，瑞士阿特多夫
业主	私人
建成日期	2009
标准	瑞士《低能耗建筑 -P- 生态标准》
建筑面积	1380 m²
终级能量需求（热能和电能）/m² 居住面积	41.67 kWh/m² a
终级能量产出（可再生热能和电能）/m² 居住面积	54.35 kWh/m² a

按照标准的平衡空间

- 取暖
- 饮用热水
- 制冷
- 辅助能量（泵，通风）
- 照明
- 设备（家用电器，工作辅助设备）
- 电动出行

动力站 B 是一幢多户住宅建筑，位于苏黎世湖附近，共有 7 个居住单元。它符合严格的瑞士《低能耗建筑 -P- 生态标准》。建筑能耗通过被动式措施和高效的技术被极大地降低，乃至所采用的主动式太阳能系统除了覆盖建筑全年的总能耗以外还有剩余。动力站 B 所生产的年平均能量大约多出建筑所需能量的 25%。

由于从项目最初就采取了整合设计，建筑可以达到瑞士《低能耗建筑 -P- 生态标准》。设计的出发点是简单易行的设计措施，如紧凑的建筑形体和空间朝向阳光面等。居住空间位于东南侧，辅助空间，如浴室和楼梯间则朝向东北。为了满足较高的生态质量要求，建筑材料的选取均按照天然材料和可循环利用原则。建筑的外部形象上尤其注重整合能够获取太阳能的建筑构件。此外还设置了容量为 20 000L 的储水池来收集雨水，用于进行绿地浇灌和冲厕。

一个项目的成功取决于居民的居住行为，能源站 B 的用户可以通过相应的显示屏对其能耗进行检测和控制。通过积极的鼓励措施加强了租用者的能量意识，并且使能够他们坚持节能的做法。

单一的组件通过相互协调后确定，建筑不仅达到了瑞士《低能耗建筑 -P- 生态标准》，还达到了正能效的标准，并且创造了较高的居住舒适度。通过太阳能光伏和光热设施高标准的整合，建筑的外部形象也十分引人注目。

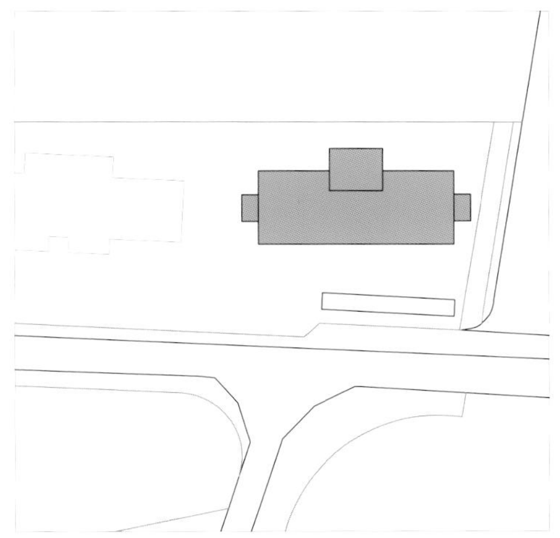
总平面

空间取暖和饮用热水通过不同的技术获得（燃木锅炉、热泵、废水热回收和太阳能光热设施），所产生的热能余量（大约 30%）用于给临近建筑供热。同样，太阳能光伏设施每年的产电量也高于建筑自身辅助用电、家用电器用电和照明用电总和的 30%。多余的电量充入公共电网。

终级能量 [MWh]
40.00 MWh
30.00 MWh
20.00 MWh
10.00 MWh
热量
需求 生产 剩余
129 %
100 %
室内供暖热量 14.00
饮用热水 21.00
排风热泵
2.00 WRG
木材 7.00
30.00 太阳能光热
10.00 = 输入近程供热网
电
需求 生产 剩余
130 %
100 %
电源热泵 2.00
辅助能量 3.50
家用电器用电 17.50
照明 1.50
32.00 太阳能光伏发电
7.50 = 53 571 km

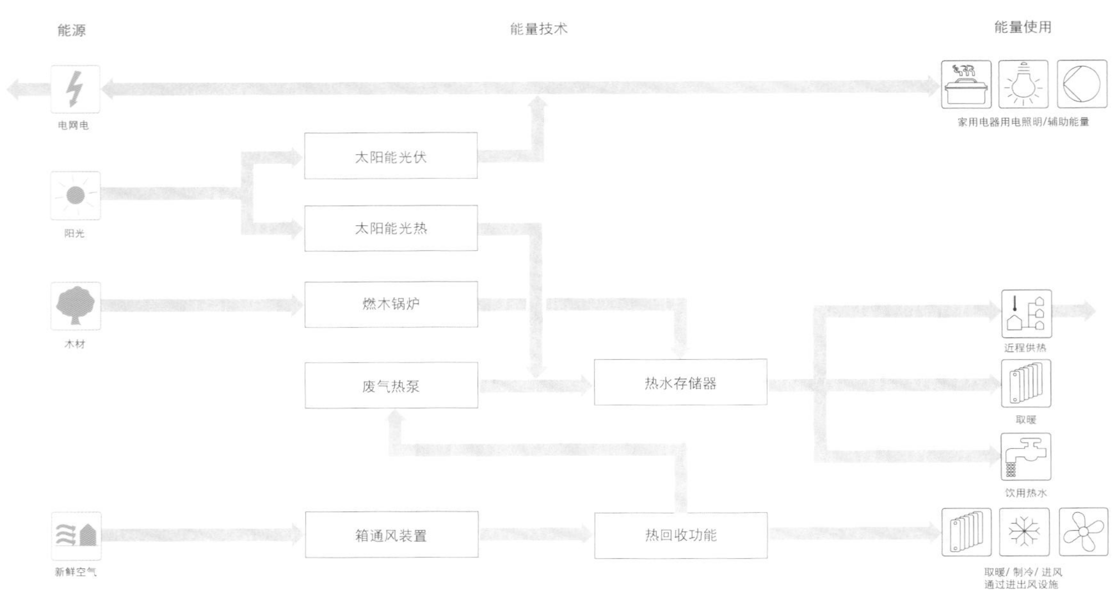

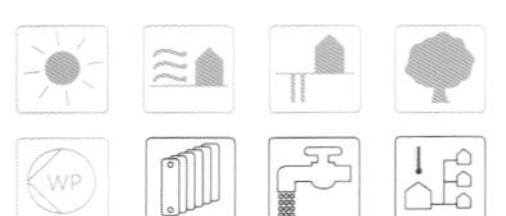

热量

动力站B是作为混合结构的建筑来实施的。木材和混凝土相结合，并将这两种材料的优点合二为一。立面和屋顶上使用预制的和高保温的木构件，外挂在钢筋混凝土承重结构上。由混凝土构成的建筑核心部分不仅起到承载作用，还协同使用黏土粉刷层的墙体作为热存储质，由此产生了一个热和湿的缓冲区，调节室内温度和湿度变化。

无冷桥且气密的建筑构造在这里十分重要。立面上采用43cm厚的纤维素作为外保温，U值可以达到 0.11 W/(m²K)。西向立面上较大的开窗面积可以收集太阳能，而在东北侧立面上则只开较小的窗扇，以减小热损失。窗户为三层中空玻璃。

在西南侧立面上安装了150m²的平板集热器，与通层高的窗扇交互设置，同时还起到天气防护作用。这些集热器用于取暖和热水制备。通过全年计量，借助容量为24 000L的季节性热存储器，这些设施提供了建筑所需热量的60%。

在夏季太阳能光热设施生产的热量有较多剩余，剩余的热量通过一个近程供热管道输送给临近的建筑使用。

小型燃木锅炉提供额外的舒适度，其中使用一个水循环的吸热装置，可以从排放的废气中回收50%的热量。此热量用于供应浴室中的横管取暖器、家用热水和容量为3000L的缓冲存储器。此外，废水中的余热也被回收。热泵、燃木锅炉和废水热交换器加起来，每年总共生产15 000kWh能量，太阳能集热器生产30 000kWh热量，建筑的年度产热量剩余为10 000kWh。建筑室内采暖通过地暖。当热量供给中断时，则使用空气水源热泵作为供能的安全后备。

冷量

外置的百叶为所有的窗扇遮阳，以避免夏季室内过热，此外，并未采用其他制冷技术措施。已有的建筑构件热存储质足以达到舒适的室内气候。

   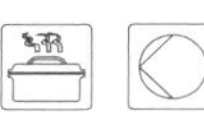

电能

在建筑的西南侧立面、屋顶和凉亭屋顶共整合了260m²的太阳能光伏板，同时也作为建筑的防水面层使用。所安装的设施用于覆盖建筑所有与家用相关的用电需求，其年产电量为32 000kWh。这比所需要的用电量多出来7500kWh，这部分剩余电量被输入到公共电网。所有的家用电器均为A+或A++能效等级，所以十分省电；此外，洗衣机和干衣机还有热回收功能。洗碗机和洗衣机与热水管网相连，这样所需的热水就不通过电能，而是通过太阳能集热器装置来供给。

  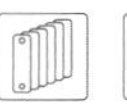 

空气

一个带有热回收控制的居住空间通风系统降低了建筑取暖的热需求。通风设备中心位于建筑的地下室内。新鲜空气通过地热管道先被预热，一个交叉气流热交换器使得通过排风产生的热损失最小。窗扇仅装有旋转合页，因此不能上旋或下旋，仅允许涌浪式通风。这样可以极大地降低通风热损失，而并不限制开窗通风。

光

顶层的住宅通过山墙部位的大窗以及此区域中全采用玻璃外立面的楼梯间进行自然采光。

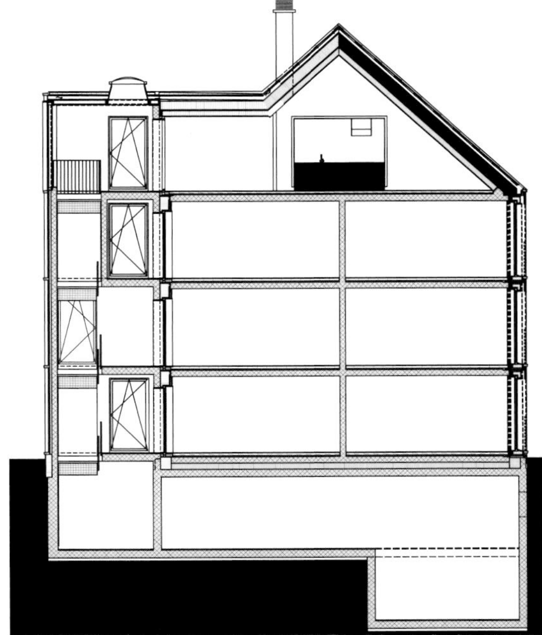

剖面

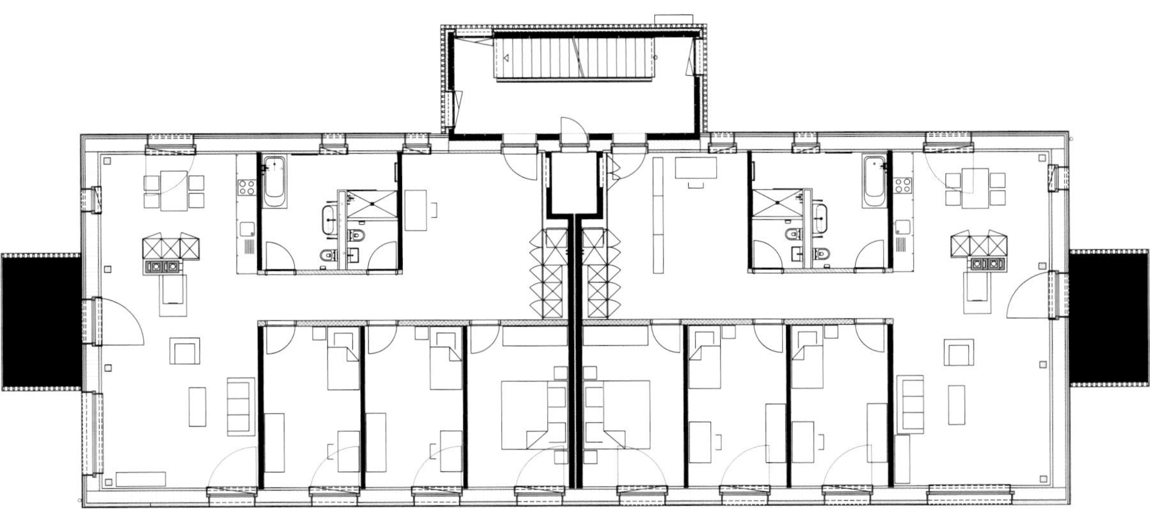

二层平面

多户住宅，瑞士杜本多夫

新建多户住宅建筑

项目信息

建筑师	“为建筑学奋斗”股份公司，瑞士苏黎世
项目参与者 / 能量概念	尼奥夫能量技术，瑞士苏黎世
业主	私人
建成日期	2008
标准	零能耗，瑞士《低能耗建筑 -P- 生态标准》
建筑面积	727 m²
终级能量需求（热能和电能）/m² 居住面积	53.96 kWh/m² a
终级能量产出（可再生热能和电能）/m² 居住面积	39.46 kWh/m² a

按照标准的平衡空间

- 取暖
- 饮用热水
- 制冷
- 辅助能量（泵，通风）
- 照明
- 设备（家用电器，工作辅助设备）
- 电动出行

位于杜本多夫的多户住宅建筑共有 6 个住宅单元，是 2008 年苏黎世省第一批按照瑞士《低能耗建筑 -P- 生态标准》授予证书的建筑之一。为能够达到瑞士《低能耗建筑 -P- 生态标准》，不仅要将建筑能量需求降低到最小，还需要按照生态要求选择材料，并且需要特别关注好的室内气候和居住健康质量。

建筑朝南的立面开窗面积较大，并且设计了较大的阳台，以便被动式利用太阳能。辅助空间朝向北侧和街道，那里的立面则较为封闭一些。

为了缩短建造工期，地下室为可循环利用的混凝土构件和木结构均事先预制好。这些材料与同类功能的实体结构相比含有较低的灰色能。

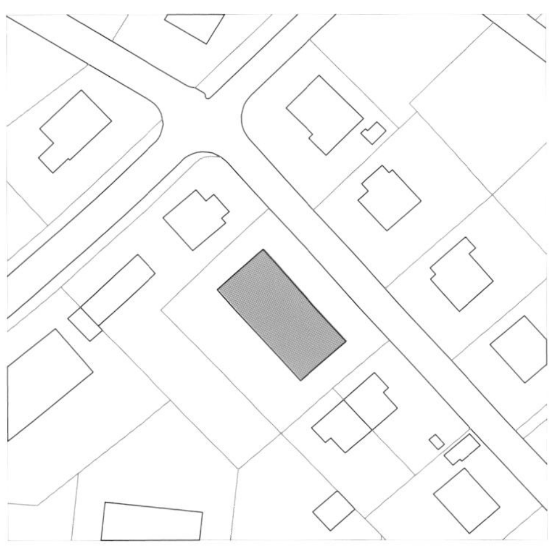

总平面

用于取暖和热水制备所需的热量由太阳能光热设施和热泵提供。辅助能量（包括热泵所需能量）、照明和家用电器所需的电能的一半为太阳能光伏设施所覆盖。

终级能量[MWh]
热量 需求 生产 100 %
电能 需求 生产 逆差 100 %
52 %
20.00 MWh
15.00 MWh
10.00 MWh
5.00 MWh
取暖热量 8.31
饮用热水 15.19
空气水源热泵
太阳能光热 6.44
电源热泵 6.03
辅助能量 0.68
家用电器用电 15.05
太阳能光伏 11.22
10.54

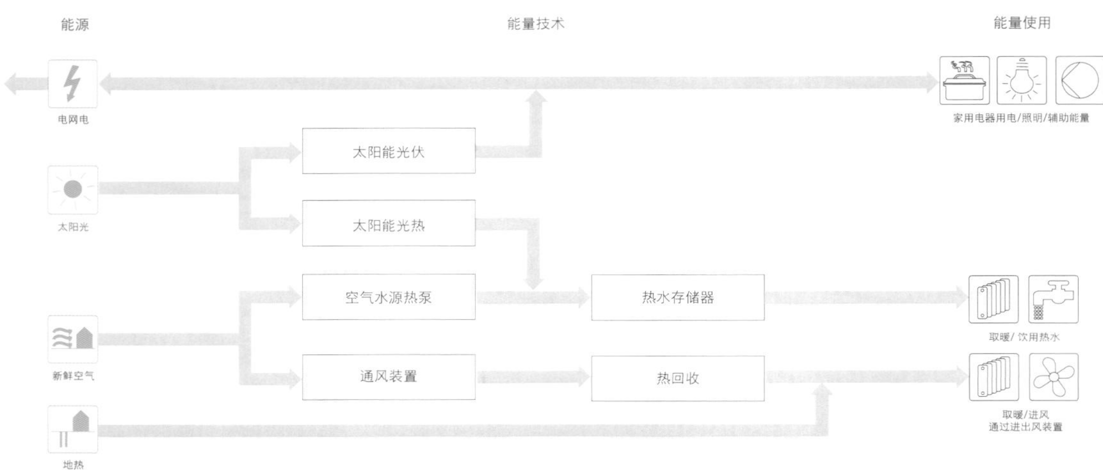

热量

热量生产通过一个空气水源热泵以及楼梯间玻璃顶上面的真空管集热器来实现。共安装了 $14m^2$ 的真空管集热器装置，每年生产能量超过 6000 kWh。热泵生产 4 倍于其所用的电量的热量，它在生产 3.3kW 电功的同时还产生 11.7kW 的热功。真空管集热器和热泵为大约 1800L 容量的热水存储器供应热量，通过一个地暖和浴室里的小型暖气设备为室内供暖。全玻璃的楼梯间将建筑分为业主的“私人使用”部分和“出租单元”部分，其功能有如一个温室。通过楼梯间顶上的真空管集热器加热饮用热水，并作为遮阳构件避免楼梯间在夏季过热，另外还能产生一种特殊的光影效果。木材－混凝土复合楼板与水泥砂浆抹面一起构成建筑的热存储质。此外，天然的油页岩饰面板也是极佳的热存储质。为得到一个尽可能密闭和保温的外围护结构，使用了 U 值为 $0.7W/m^2K$ 的三层中空保温玻璃的木窗。窗框的外侧还额外加了保温。建筑注重无冷桥构造设计，不取暖的地下室与其上的区域进行了热工隔离处理。

  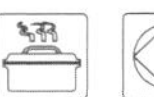 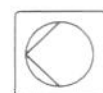

电能

在倾斜角为 45° 的双坡屋顶的朝南方向上，安装了一体化单晶硅太阳能光伏设施，总面积为 $94.5m^2$ 的光伏板以 14kWp 功效每年生产 11 220 kWh 电量，这样可以平衡掉用于取暖和制备热水的热量以及空调的用电需求。剩下的用电需求只有部分被可再生能源覆盖。太阳能光伏板作为建筑整合构件也同时具有外围护功能。

空气

通风装置具有废气热回收功能，其进风先通过地热探测桩进行预热。新鲜空气被引入起居室和卧室，废气则经由厨房和浴室被抽出。两个建筑分设热回收率为 90% 的通风设备。通过机械通风避免了热损失，并提高了空气质量。

光

为了使照明用电需求尽可能小，在楼梯间内安装了移动感应器、自然采光控制装置和 LED 灯具。南侧的大面积开窗以及角部的窗扇能够将光线尽量引入建筑内部。

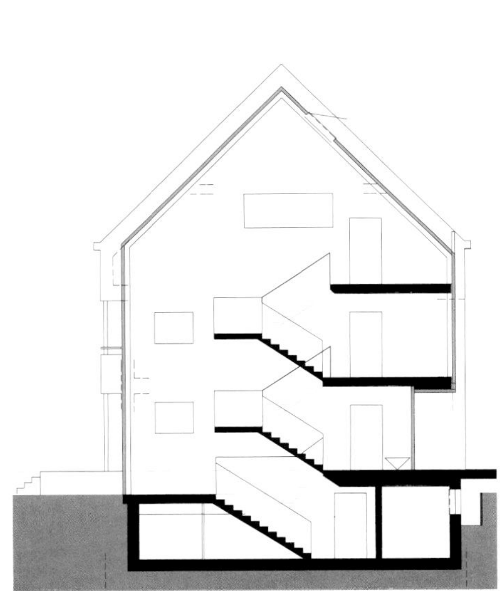

剖面

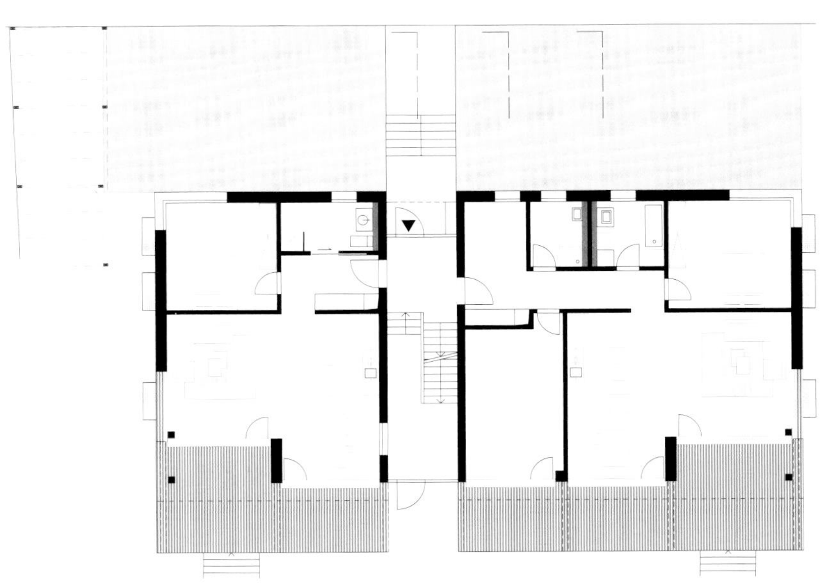

底层平面

11

正能效建筑，卡泽尔

新建办公建筑

项目信息

建筑师	建筑师施太因·何默思·威尔茨， 卡泽尔，法兰克福
项目参与者 / 能量概念	能量设计：建筑师施太因·何默思·威尔茨，卡泽尔，法兰克福 结构设计：工程师拉尔夫·贝尔特格斯，工程师欧斯布尔格；保罗·特劳登，尼特尔 空调技术：布里施设备建造，瓦尔德拉赫
业主	私人
建成日期	2009
标准	被动式建筑，正能效
建筑面积	227.38 m²
终级能量需求（热能和电能）/m² 居住面积	35.21 kWh/m² a
终级能量产出（可再生热能和电能）/m² 居住面积	37.38 kWh/m² a

按照标准的平衡空间

- 取暖
- 饮用热水
- 制冷
- 辅助能量（泵，通风）
- 照明
- 设备（家用电器，工作辅助设备）
- 电动出行

这幢正能效建筑位于特里尔附近路维尔塔尔市的卡泽尔区。这是建筑师为自己设计和实施的一幢办公建筑，可容纳12个人办公，如果需要的话，稍作改动即可将其变成居住建筑使用。项目是按照被动式建筑的理念设计的，通过利用太阳能的获取和自己生产的电量，建筑达到了正能效的标准。

这幢长条形的木建筑有着一个坡度较陡的屋顶，其山墙面对着街道。建筑的形式和材料选择都来源于当地的传统建造方式，尤其是外立面所用到的材料，除了橡木以外，页岩是当地典型的建筑材料。这些石材来自位于几公里以外的采石场，既用于外立面，也用于室内。承重的木结构构件在室内没有附加的终饰面。

能量概念的基础是以电作为主要能源，建筑年能量需求的计算值大约8 500kWh，全年的能量消耗可以通过自己生产的电量覆盖。类似这样只考虑用电的概念只有在办公建筑的热水加热和取暖需求较小时才相对合理。由于较高的室内热量获取，如通过用户和计算机、打印机和复印机等设备，办公建筑中的取暖能量需求和住宅建筑相比很低。

建筑通过使用木层叠构造方式减少了在施工现场安装的时间，因而和传统建造方式相比节省了工期。通过使用生态的和本地的建筑材料保护了资源、改善了二氧化碳排放平衡。今后变更使用功能的可能性同样是符合可持续发展要求的。

总平面

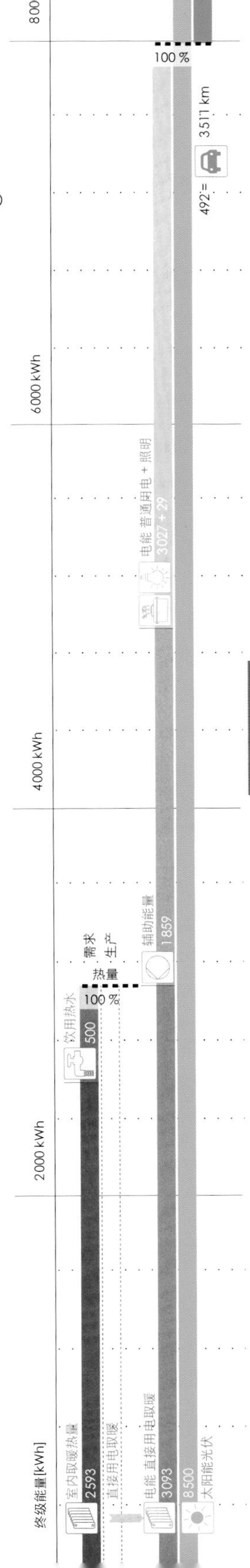

所有的能量需求都通过可再生的太阳能光伏设施来生产，室内的热量通过直接用电供应，热水通过电加热器加热。太阳能光伏板还额外生产足够的电量提供辅助能量，用于一般的用电需求和照明用电，之后，还有6%的剩余电量。

热量

建筑所采用的被动式措施除了36cm厚的使用木纤维板对赛璐珞保温层进行补充保温的外墙外，还采用了三层玻璃窗。建筑外围护结构的U值分别为 $0.11W/m^2K$（外墙、屋顶、底板）和 $0.78W/m^2K$（窗户）。大面积的开窗（大多数采用固定玻璃）朝向南侧和西侧，优化了对太阳能的获取。通过使用“玻璃在窗框之外”的构造，即最外侧的第三层玻璃盖在窗框的外侧，开窗看上去好像无框一样，消失在结构层中。

位于二层的五扇倾斜窗扇的窗框采用真空构造来保温。小的面向南侧的窗台空间在立面上形成序列感，并且部分可以供人歇坐。这幢办公建筑采用木层叠结构建造，所有的承重的构件都是实木板。实木结构和部分深入到室内的页岩墙体构成热存储质，它们在夏季削弱室内温度峰值，并平衡过渡季节的早晚温差。取暖所需热量由一个用电驱动的电暖气供给，热水是通过非中央式的电热水器来制备，这要使用约3000kWh的太阳能光伏所发的电。

在这里，试验性地采用非中央乙醇火炉来进一步降低取暖需求。乙醇火炉除了作为热源的功能外，还创造一种舒适的气氛，使得“热”是可见的。

冷量

建筑不进行主动式制冷。在夏季制冷直接通过通风装置——进风通过一个地热交换器被预冷。

光线

通过位于底层的大玻璃窗，门厅部位的光线十分充足。门厅上部的通高空间将两个办公楼层连接在一起，其他的办公空间均从中受益，光线在室内被良好地分配。位于二层的较小的出挑窗主要是出于视线和入口立面效果考虑。建筑放弃总的空间照明方式，采用每个工作位的独立照明，而每个工作位的人工采光均可单独进行调控。

空气

带热回收的通风装置供给必要的空气，并将通风热损失降低到最小。此外，通过有目的的布置可开启窗扇，也可以进行自然通风。

电能

朝北的屋顶覆盖铜饰面板，朝南的屋顶则全部覆盖太阳能光伏板。近 $50m^2$ 的太阳能装置由40块单晶硅光伏单元组成，其能量转化率为18%。安装的太阳能光伏设施的总功率为9kWp，每年的产电量约为8 500kWh，其中约三分之一用于实际的用电需求，三分之二用于取暖和热水加热（包括辅助能量）。

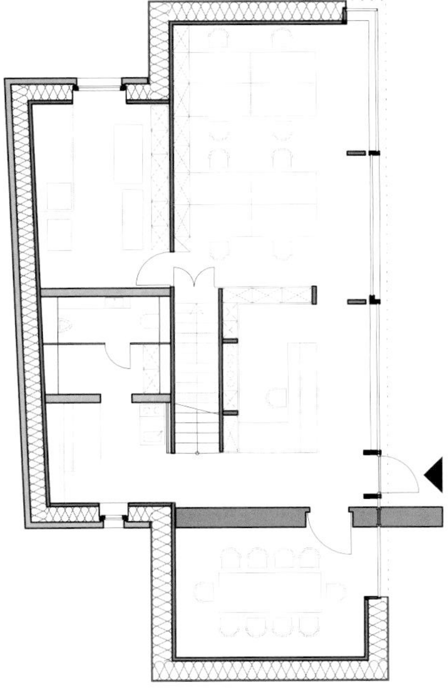

底层平面

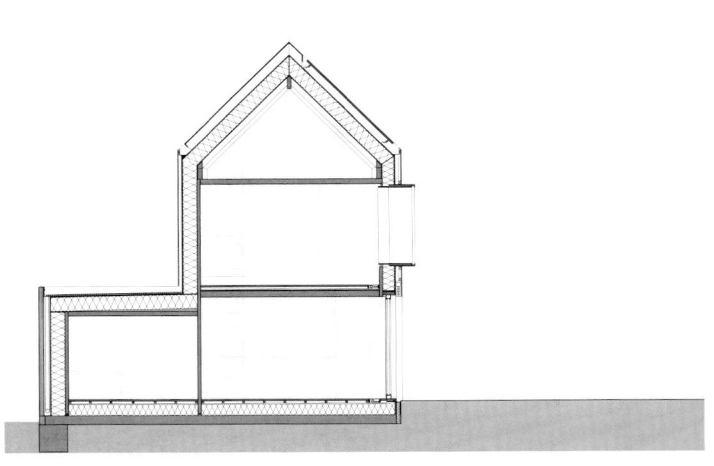

剖面

"设计 s"大厅，弗莱增 - 普令

一个作为木工作坊的新建建筑

项目信息

建筑师	建筑师德皮施，弗赖辛
项目参与者 / 能量概念	建筑师德皮施，与业主一起
业主	"设计 s"木工作坊，理查德·施太因策尔，普令
建成日期	2010
标准	零能耗建筑
建筑面积	1128 m²
终级能量需求（热能和电能）/m² 居住面积	310.67 kWh/m² a
终级能量产出（可再生热能和电能）/m² 居住面积	313.79 kWh/m² a

按照标准的平衡空间

取暖

饮用热水

制冷

辅助能量（泵，通风）

照明

设备（家用电器，工作辅助设备）

电动出行

零能耗的木工作坊"设计 s"大厅位于慕尼黑机场附近。由于它紧凑的体量和东、南、西三面封闭的立面，其热损失和夏季可能发生的过热问题基本上都被最小化了。三面封闭的立面用黑色油漆的杉木做面层，北侧立面采用可循环利用的聚碳酸脂中空肋骨板。建筑的大部分平面遵循开放、灵活的概念，这里主要是安放机器和车床的空间。沿着南立面，在大厅里层高较低处是安放喷漆设备、办公空间和仓储空间。

建筑的经济性在设计和施工时对建筑师和业主来说是首选。由于使用预制的大尺度木构件以及预制钢筋混凝土，建造时间缩短到仅为 5 个月。因为业主和将来的用户是相同的，木工作坊自己进行了大部分的立面、门窗以及室内装修等的施工。在大厅的内部使用未经处理的杉木作为结构构件和终饰面材料。设备技术适应使用功能，也就是说，作坊生产的垃圾被用于取暖。

降水可以通过基地上的渗水沟渠和水槽渗入地下，用以补足地下水，减轻对排水管道和净化装置的压力。木工作坊总的热量和用电需求为就地生产的可再生能量所覆盖。木材废料的热值利用不仅节省了原材料，还改善了工作大厅运行中二氧化碳排放的平衡。

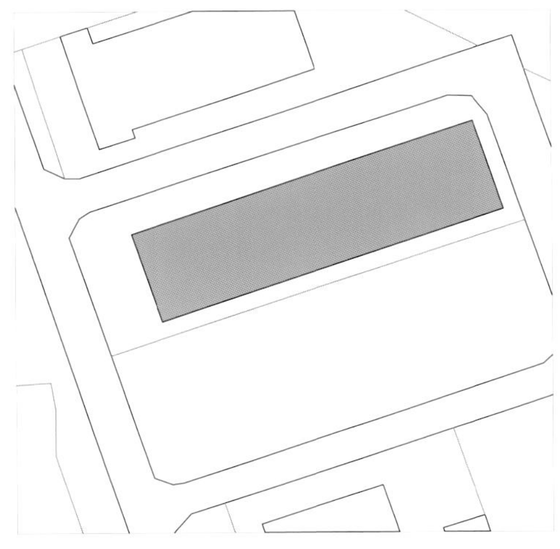

总平面

空间里的热量完全通过自己生产的木屑丸作为燃料覆盖。极少量的热水制备需求未被考虑，因为它可以全部通过不间断加热器来完成，其能量消耗被包含在用电需求中。太阳能光伏设施生产的电能比用电需求多出 5%。

需求
生产
热量
100 %
240.00 MWh
180.00 MWh
120.00 MWh
60.00 MWh
需求
生产
剩余
电能
105%
100 %
一般用电
照明
3.52 = 25 214 km
终级能量[MWh]
室内热量 284.41
木颗粒燃料 284.41
辅助能量 4.25
太阳能光伏 69.55

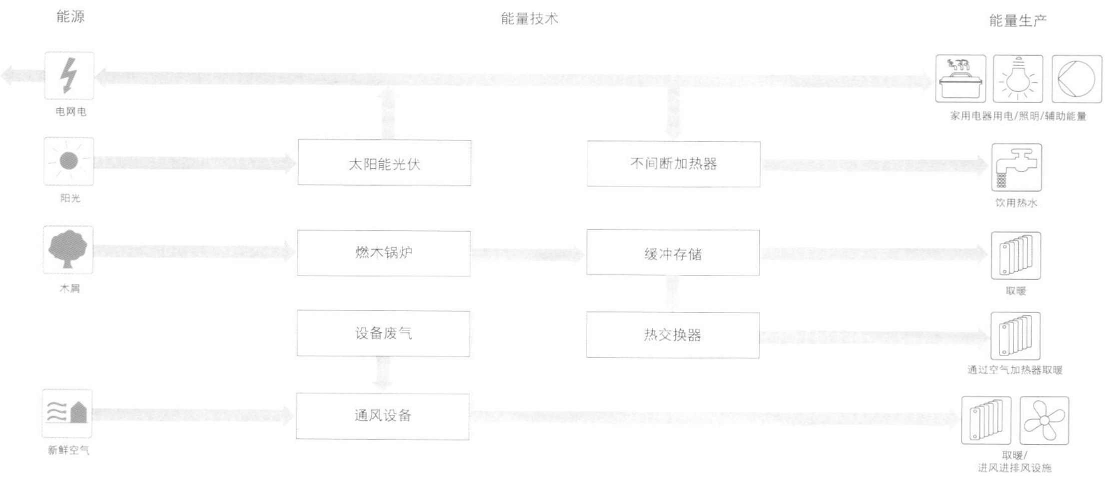

    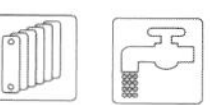 

热量

建筑南立面和西立面上的窗户均采用三层玻璃，带有提升折叠式外遮阳。基于极好的保温，外墙的U值为0.18W/m²K（屋顶用矿棉作为核心保温材料）和0.90W/m²K（北侧的聚碳酸酯中空肋板）。

用于喷漆空间所需求的取暖材料是就地生产的。在加工过程中产生的木屑被吸起来，就地压成木屑丸作为燃料，在一个100kW的带缓冲存储的木屑丸锅炉里燃烧。空间取暖通过暖气装置和顶板的空气加热器。一个顶板空气加热器借助热交换器将热水中的热量向空间传递。一个鼓风机来分配空间中的热空气。极少的热水需求通过一个不间断空气加热器来制备。

电能

建筑朝向东、西两侧的缓坡屋顶完全被太阳能光伏板覆盖，从檐口到屋脊，包括穿透部位。通过将屋脊向北侧偏移，产生了一个不对称的坡顶，其较大的面积都朝向南面，这样优化了光伏设施的产电量。这样颜色较暗的屋顶与立面的黑色木墙板和谐地成为一个统一的整体。太阳能板并非导水结构，其下部有屋顶的一层防水表皮，这样可以保证太阳能板的背部通风，对它的产能效率有利。安装的太阳能薄膜电池面积为1035m²，峰值为74kWp。太阳能光伏设施的年产电量为70 000kWh，覆盖了所有的照明用电、建筑技术和机器用电。余下的3500kWh电量输入公共电网。

空气

由于费用的原因，采用带热回收的通风概念。通过回送从机器处吸走的空气为大厅通风。办公空间通过位于南立面和西立面的窗户进行自然通风。

光线

北立面上的聚碳酸酯中空肋骨板以及三扇进出货物用的大玻璃门保证室内有最大的自然采光量。另外，它们还产生了类似橱窗的展示效果，对向外看的视线也很有利。半透明的立面材料可以扩散光线，使得大厅内部照度均匀，并且通过非直射的北侧进光避免产生眩光。优化的自然采光为建筑节省了人工照明的能耗。

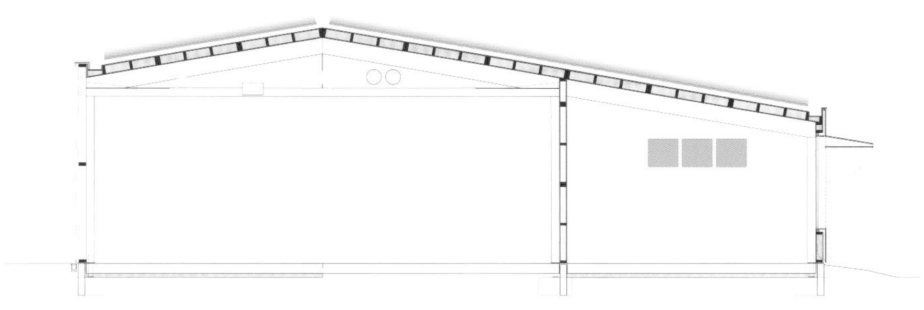

横剖面

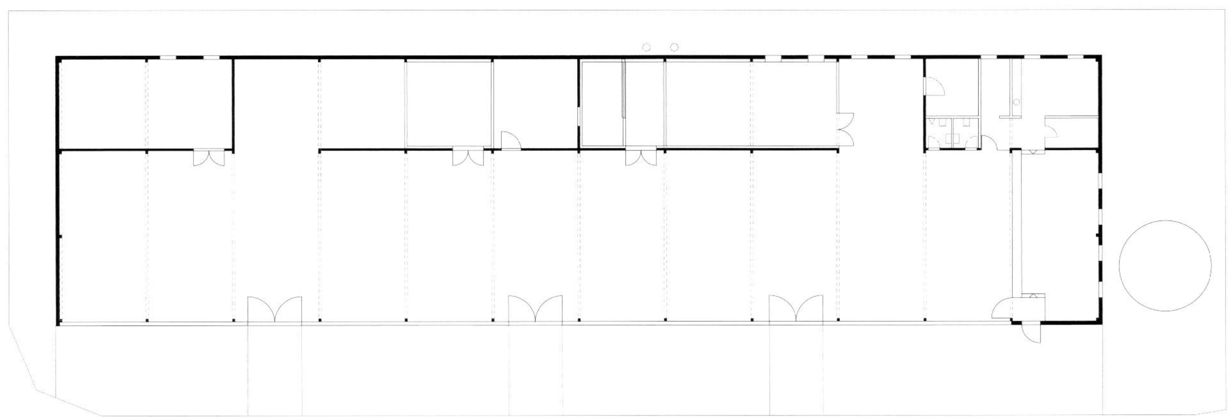

平面

SMA SOLAR
ACADEMY

太阳能科学院，尼斯特塔尔

新建研讨会和培训建筑

项目信息

建筑师	HHS 规划师＋建筑师，卡塞尔
项目参与者 / 能量概念	IB 戈尔德曼，哈比希茨瓦尔德－厄伦能量设计，不伦瑞克 寅木泰克德国股份有限公司 & 有限合伙制公司，卡塞尔－瓦尔道
业主	SMA 太阳能科技股份公司，尼斯特塔尔
建成日期	2010
标准	二氧化碳中性，正能量
建筑面积	1400 m^2
终级能量需求（热能和电能）/m^2 居住面积	190.49 kWh/m^2a
终级能量产出（可再生热能和电能）/m^2 居住面积	249.78 kWh/m^2a

按照标准的平衡空间

- 取暖
- 饮用热水
- 制冷
- 辅助能量（泵，通风）
- 照明
- 设备（家用电器，工作辅助设备）
- 电动出行

太阳能科学院是首批二氧化碳中性、能量自给自足的非居住类建筑之一。这意味着，它不需要从电网取电即可运行。除了利用可再生能源，将技术和能量需求最小化是其能量概念的主要手段；因此，在设计阶段就已经将用户对建筑的要求做了详细的阐述。在进一步的设计发展过程中，对这幢培训建筑总的能量消耗以全年为周期进行了模拟，并做了优化。

由于太阳能科学院位于洪水受淹区，建筑需立在桩上。为了使建筑的室外空间环境更亲人，将架起的建筑底部如立面一样做成了白色。浅色反射日光，可以间接为所遮盖的区域照明。此外，还安装了 300 个 1 ～ 2W 的 LED 灯，在夜间或天光变暗时，为室外照明。为了使能量概念在培训建筑中可以被人看见和感受到，在入口处设置了一个显示屏，即时显示当前的能量消耗和节省的二氧化碳排放量。此外，用户和来访者还可以参观位于二楼的技术中心以及存放蓄电池和逆变器的空间。

太阳能科学院从投入使用时起就开启了一个监控装置。一年以后，它清楚地显示出模拟结果与实际使用情况出入很大，在某些地方需要进行再优化。下一个阶段，不仅需要优化设备，还需要对建筑运行系统进行改进。

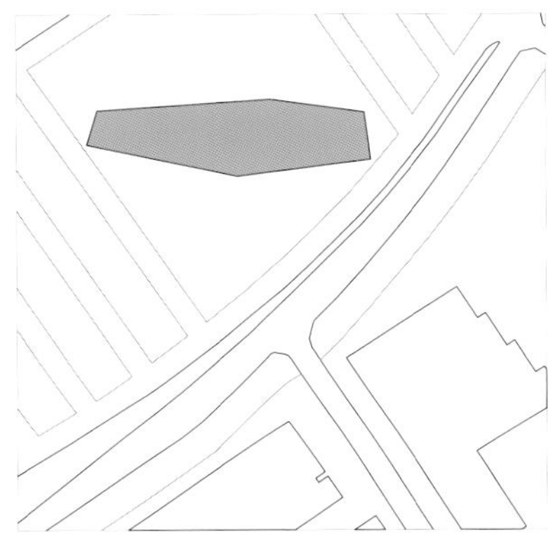

总平面

室内空间取暖和热水制备的总热量需求以及用电需求的一半都通过使用生物燃气的热电联动装置所覆盖。此外，太阳能光伏设施生产出比所需电量多出 80% 的电能，为了提高可再生能源的自用占比，这部分电能被存储在蓄电池中。

需求 生产 剩余
电量
180 %
160.00 MWh
需求 生产 剩余
热量
100 %
120.00 MWh
83.00 = 592 857 km
100 %
饮用热水 79.52
一般用电 21.66
80.00 MWh
128.42 太阳能光伏
40.00 MWh
终级能量[MWh]
室内取暖热量 83.31
162.83 热电联动装置热量
辅助能量 82.20
58.44 热电联动装置电能

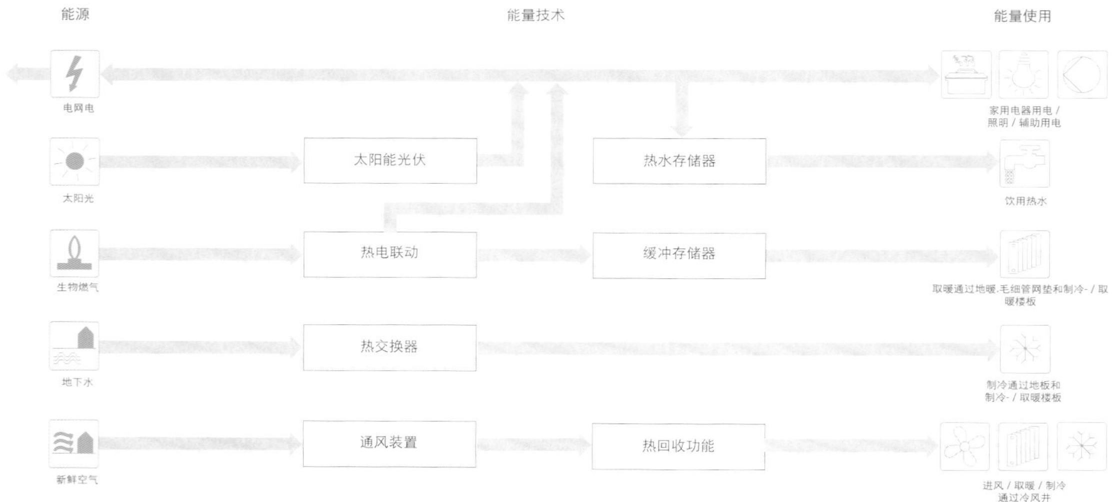

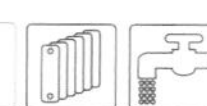

热量

这个研讨会建筑通过一个用转数控制的热电联动装置进行供暖。热电联动装置是专门为这个建筑研发的，使用生物燃气可以保证运行系统的二氧化碳中性：一个 4m^3 的缓冲存储器接收所产生的热量，用于覆盖在寒冷的冬季产生的热需求峰值。

底层的供热通过其上的楼板辐射暖气，二层的供暖主要是通过地暖。研讨空间有额外安装于楼板内的取暖 / 供冷寄存器。设备间完全通过通风装置来进行空调，其高效的旋转式热交换器具有 83.5% 的热回收效率。用电运行的台下存储装置为餐厅区域的饮用热水供应提供保障。所有其他部位的洗手池处均无热水供应。

冷量

系统采用地下水制冷，从 40m 深的地下深井，设施为建筑抽取冷量。与传统的制冷机不同，此解决方案中由于运行所需的电能极少，因而更具有经济和生态意义。用于制冷所需的最大水量为 16 m^3/h。水经由一个热交换器进入地板和楼板内的取暖 / 供冷寄存器。

由于此系统在高峰时段不能为研讨空间提供足够的冷量，在声学墙板构造后面额外安装了毛细管网垫，同样由地下水供冷。之后，热空气从顶板吸入，经由墙板后侧被冷却，从靠近地板的位置又被送回到室内。

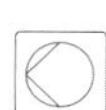

电能

大面积的与立面和屋顶整合设计的太阳能光伏设施不仅能使太阳能科学院的建筑系统运行做到能量上的自给自足，而且还是从远处就能看见的建筑外部造型构件。在南侧立面上，装有单晶硅玻璃 - 玻璃光伏板模块，屋顶上则大部分安装标准的单晶硅光伏板模块，总共装有 95kWp 的光伏设施。此外，在室外还后继种植了 8 颗谓的“太阳能树”，其功效大约为 43kWp。这样，基地范围内可用的太阳能效总共为 138kWp。多余的产电量被存入 4 个蓄电池，它们合在一起的蓄电量为 160kWh，可供建筑满负荷运转使用 3 小时。对于太阳能光伏装置不能产生足够电量的情况，由热电联动装置来给建筑提供所需的剩余电量。如果蓄电池组完全充满电，还剩余的电量会被直接充入公共电网。

除了可再生电能生产，能量概念还包含使建筑内部设备的用电需求最小化。例如，研讨空间内的插座可以关闭（减少待机耗电）；节能手提电脑和投影仪装有节能开关等。此外，为降低消耗峰值，当电梯启动时，未使用的电器，如手提电脑充电器或者餐厅区域的电热水器会自动被关闭。由于用户无法感知这种自动化方式，因此不会影响其使用舒适度。

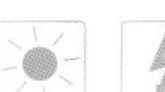

光

南立面上，太阳能光伏电池之间的空隙允许门厅处进行自然采光，并且产生极强的光影效果。北立面是一个不规则的窗洞立面，有较大的开窗面积，为室内提供了看向绿色尼斯特谷地的视野。在整个建筑中仅使用日光灯和LED灯。照度根据日光的强度调控以优化灯具的用电消耗。除了在场感应器系统外，人工照明系统中还有时间控制装置。人工照明的颜色（绿色或红色）显示出电存储的的充放电状态：室内被红色照亮时，说明蓄电池在放电。

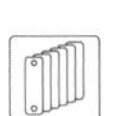

空气

在过渡季节，当气温介于15℃～22 ℃之间时，研讨空间采用自然通风，辅以机械排风。在所有其他的运行状态下都通过二氧化碳浓度感应器持续监测室内空气的污染程度，由建筑技术相应的控制通风装置调控换气率，以达到卫生要求。 此外，通风装置还安装有高效的风扇和一个旋转式热交换器。通过北立面吸入新鲜空气，经两度过滤后被引入热交换器，根据需要被预热或预冷。出于能耗的原因放弃了对室内空气的加湿和除湿，通过在地面高度的冷风井以极低的速度向室内吹入新风。

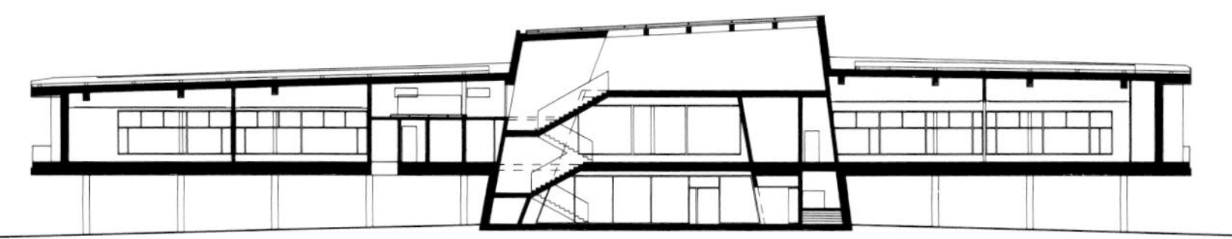

剖面

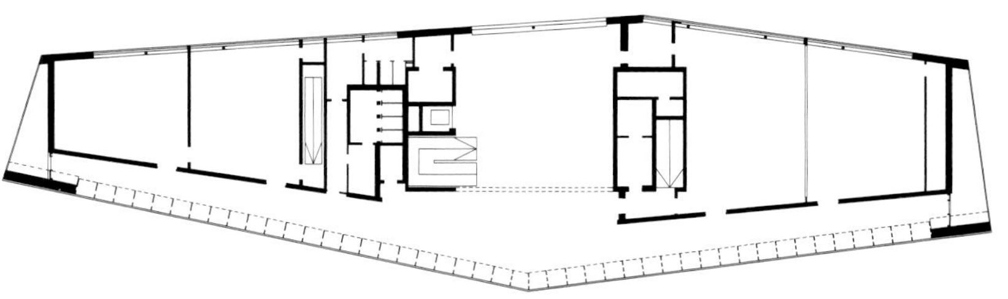

平面

镇中心建筑，奥地利卢德施

新建研讨会和培训建筑

项目信息

建筑师	建筑师赫尔曼·考夫曼，ZT股份有限公司，奥地利施瓦扎和
项目参与者 / 能量概念	能量设计：协同股份有限公司，奥地利多恩比恩 建筑物理k：DI 贝尔哈德·维特哈斯 结构：玛德－弗拉茨民用技术股份有限公司，布雷根茨（钢筋混凝土建筑）和墨尔茨－克雷－伙伴ZT股份有限公司，多恩比恩 电气：DI 威廉海姆·布鲁格，布卢德施 建筑生物：IBO － DI 卡尔·托格勒博士
业主	卢德施镇，房地产管理有限公司 & Co. KEG
建成日期	2005
标准	被动式建筑
建筑面积	3125 m²
终级能量需求（热能和电能）/m² 居住面积	77.26 kWh/m² a
终级能量产出（可再生热能和电能）/m² 居住面积	29.31 kWh/m² a

按照标准的平衡空间

- 取暖
- 饮用热水
- 制冷
- 辅助能量（泵，通风）
- 照明
- 设备（家用电器，工作辅助设备）
- 电动出行

位于阿尔卑斯山北麓的卢德施镇早就需要一个可以组合不同使用功能的镇中心建筑，包括诸如咖啡屋、管理用房，以及住宅这样的功能。新的U形镇中心建筑满足了这个要求，它将小镇广场用玻璃顶覆盖，使之免受日晒雨淋。

卢德施的镇中心建筑按照被动式建筑标准设计建造，进行了相应的热工优化，除此之外，还关注用于建造所需的初级能量，并使之尽量降低。用于建筑的材料多是本地生产的木材，这样除了可以降低运输能耗外，还降低了造价。

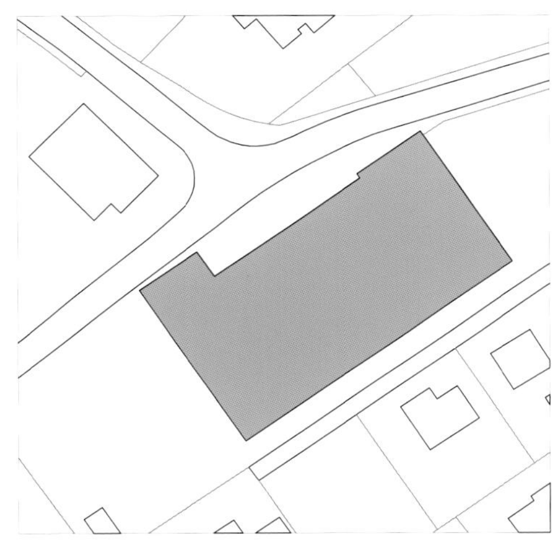

总平面

建筑同样注重使用生态环保材料，例如使用羊毛毡和纤维素做保温材料。木构件的连接不用木胶，以保证材料可以循环利用。

这个项目属于奥地利“未来建筑”研究项目的框架范围，项目的目标是发展和实现可持续建筑。同时，还需要显示出与奥地利当前的传统建筑方式相比，在相似造价条件下，在全生命周期内更高的能效、更多地使用可再生能源、更多地使用可再生的原材料和考虑用户需求的高效材料利用等都是可能实现的[033]。所有的项目领域都进行了双重的不同质量的招标，这样可以比较传统结构方式和所希望的生态建造方式之间的造价差异，其结果是生态材料选择的造价仅多出1.9%。

由于项目的重点并没有仅仅放在“生态”这一个方面上，而是通过对造价的关注也考虑了经济性，同时市民也密切参与了决策过程，可以说，此项目是一个全方位成功的可持续的项目。

建筑热能需求的大部分通过小镇自身的生物质远程供热站供给。剩下的大约15%通过太阳能光热设施生产。电能的需求只有10%通过太阳能光伏所覆盖，余下的需求则取自公共电网。

终级能量[MWh]
160.00 MWh
120.00 MWh
80.00 MWh
40.00 MWh
需求
生产
缺口
电能
100 %
热量
100 %
饮用热水 5.57
12.87 太阳能光热
普通用电 123.04
149.85
10 %
室内取暖热量 70.03
62.73 远程供热
辅助能量 42.81
16.00 太阳能光伏

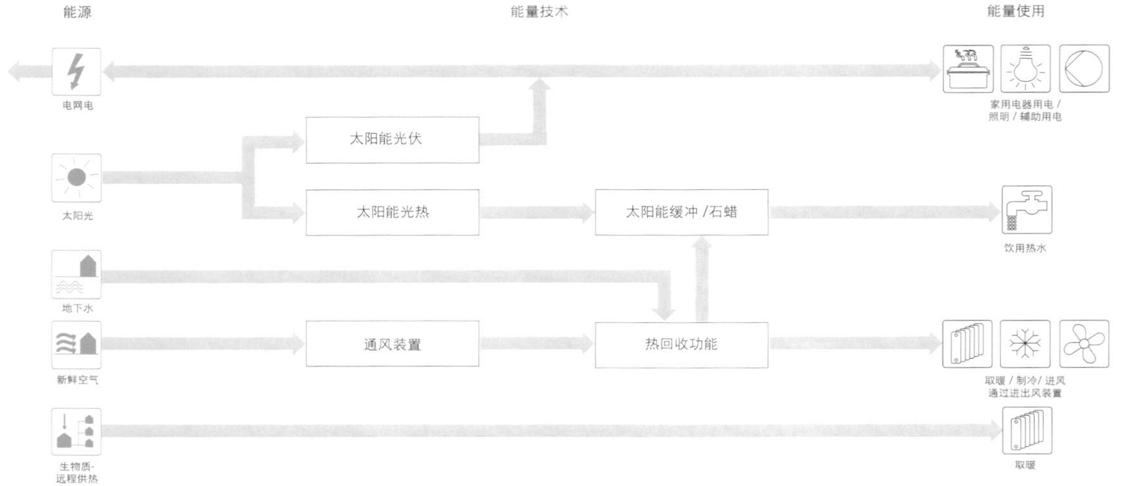

  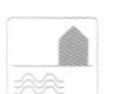  

热量

通过一个极好的热保温（外墙U值为0.11W/㎡K），通过三层中空玻璃和建筑物围护结构极高的密封性以及安装有热回收功能的通风装置可以使建筑对热能的需求极低。冬季，进入室内的冷空气先经过一个水温保持恒定的地下水井而被预热。

在屋顶上安装了30m³的太阳能集热器用于饮用热水的制备。这部分太阳能热水还通过一个热交换器用于预热室外空气以及支持供暖。为此，通过太阳能生产的热量借助使用石蜡工作的相变存储器来缓冲。使用石蜡的存储器的蓄能潜力远远高于同等体积的使用水媒的存储器。

此建筑首先通过空气取暖，仅在门厅、底层和地下层的走廊里以及物理诊疗室部分设置了使用水媒的暖气管以补充提高舒适度。

如果建筑自身产生的热量不够，多出来的热需求则通过小区自己的生物质远程供热来弥补。

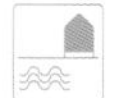  

冷量

这幢轻质的木结构建筑在夏季需要制冷，为此将通风装置与地下水泵连接在一起。恒温的地下水在夏季为新鲜空气提供被动式制冷。地下水设施的设置使得当生物质远程供热不再运行时，会自动启动一个热泵，完全由这个热泵为建筑供暖和制冷。镇中心的规模大约相当于22幢独立式住宅建筑，但用于空调所需要的能量却基本上等于2幢这样的独立式住宅建筑用于制冷的能量。

  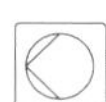

电能

位于市民广场上方的面积为350m²的坡屋顶由120块半透明的太阳能光伏板组成，单晶硅电池，每年生产16 000kWh电量，大约相当于5个独立式住宅建筑的年用电需求。太阳能光伏设施的功能有多项，可以此节省费用。为市民广场加顶是小镇的要求，整合进去的太阳能设施能够产电，并且为广场提供遮阳的同时还可以提供天气防护。所有的供给功效都由一个计量器测量，测量结果作为计算机控制的能耗基础。

空气

由于建筑中不同的使用功能（会议空间、餐饮空间、住宅），对新鲜空气的需求也不同。建筑被相应地分成5个区，每个分区均有根据其需求独立设置的带有热回收功能的通风设备，这样就提高了设备的作用率。此外，由中央机房空间排出的废气用于预热室外空气。

光

由于基地稍微有些坡度，位于东南向的地下层可以引入顶光，这样位于此处的俱乐部空间就能自然采光。市民广场的顶是玻璃的，整合了点状的太阳能光伏模块，因此，广场上有遮阳，但不会完全没有光线。建筑的照明和遮阳通过一个总线系统自动监控和调节。

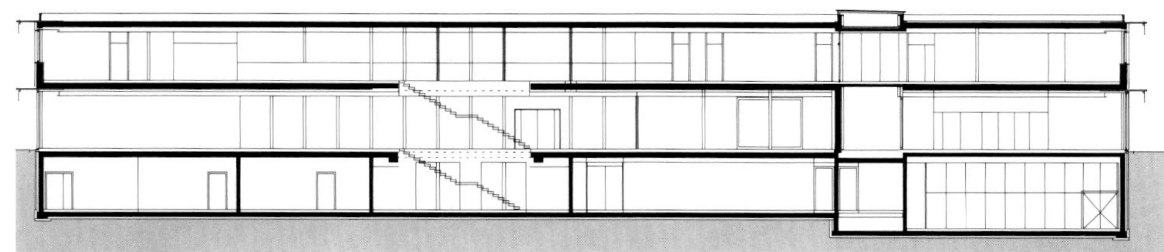

剖面

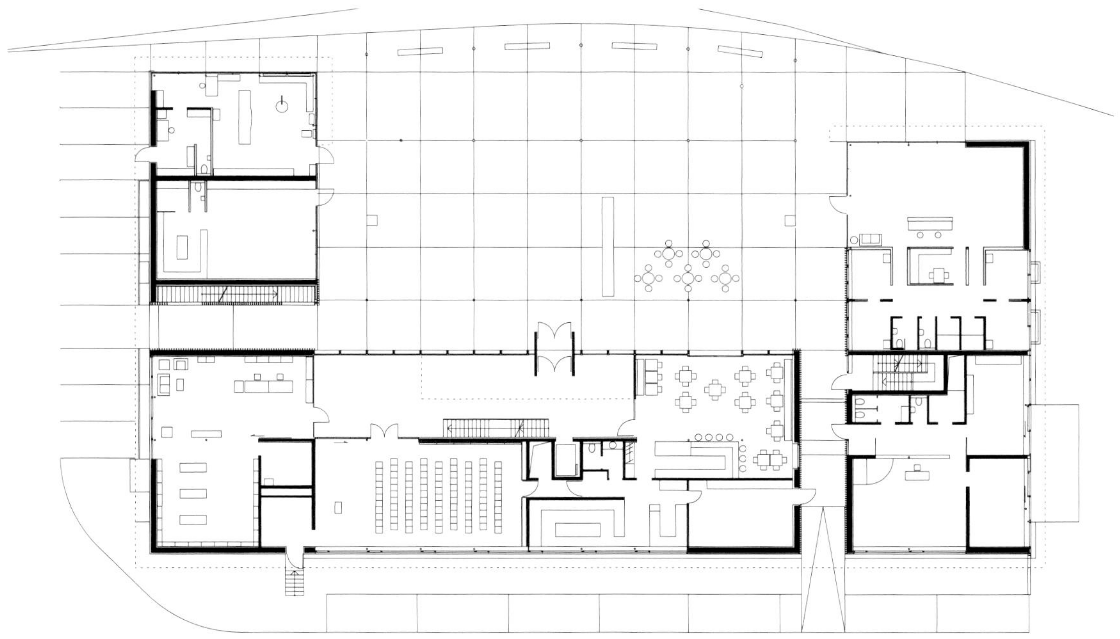

底层平面

太阳能建筑 01，卡塞尔

新建生产大厅建筑

项目信息

建筑师	HHS 规划师 + 建筑师，卡塞尔 IB 豪斯拉顿，deNETe.V.，卡塞尔
项目参与者 / 能量概念	EGS- 设计，斯图加特
业主	SMA 太阳能科技，卡塞尔
建成日期	2009
标准	二氧化碳中性运营
建筑面积	25 700 m^2
终级能量需求（热能和电能）/m^2 居住面积	407.04 kWh/m^2 a
终级能量产出（可再生热能和电能）/m^2 居住面积	229.07 kWh/m^2 a

按照标准的平衡空间

- 取暖
- 饮用热水
- 制冷
- 辅助能量（泵，通风）
- 照明
- 设备（家用电器，工作辅助设备）
- 电动出行

太阳能建筑 01 这个二氧化碳中性运行的生产大厅建筑是为 SMA 太阳能科技设计建造的。建筑中共有 450 个工作位置，SMA 太阳能科技也因此成为世界上最大的逆变器工厂。与居住建筑不同的是，在工业建筑中用于制冷和通风的能耗要远远大于取暖能耗，同时，生产车间里消耗最高的能量是电能。不仅建筑的运行需要二氧化碳中性，生产也需要二氧化碳中性，与这样的要求相对应的挑战性极大。

要做到这些，首先要将建筑运行的能量需求与生产的能量需求降到最低；接下来就要考虑将余下的能量需求通过可再生能源来覆盖。

在实际操作时，这个概念意味着生产大厅的建筑外围护结构首先需满足低能耗建筑的标准。建筑的形式要有利于使能量损失最小化，并且能够优化能量的获得。

通过不同的可再生能量载体的组合，使得所有的组件能够很好地共同作用，满足所有的工业生产所需要的热量、冷量、风压和电能。它们可以按照需求来控制，并可以协同作用。其结果是，二氧化碳中性的运行是可以做到的，并且可以达到按照《节能法》（2007）新建建筑节能 36% 的目标。

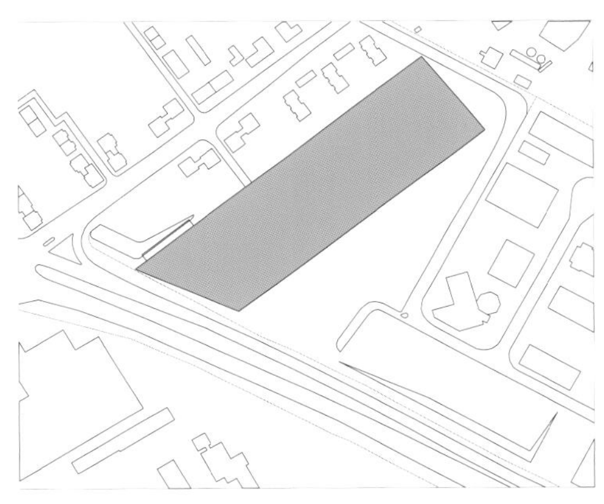

总平面

用于建筑室内取暖和制冷的总能量需求通过工厂自己的使用燃气运行的热电联动装置所产生的热量来提供，其余能量需求则通过远程供热覆盖。太阳能光伏设施和热电联动装置覆盖了总电量需求的 36%，其余的电量需求则由生态电提供。

电能
需求 生产
100 %
6400 MWh
4800 MWh
2607 普通用电
3200 MWh
热量
需求 生产
100 %
423 远程热能
4574 二氧化碳中性的电网电
36 %
937 太阳能光伏
1600 MWh
终级能量 [MWh]
3218 室内取暖热量
2795 BHKW Wärme
4636 辅助能量
1732 BHKW Strom

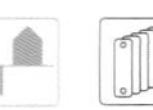
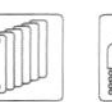

热量

建筑外围护结构达到了一个中等的U值$0.42W/m^2K$。这个办公和生产建筑的终级能量需求大约$410kWh/m^2a$。与传统的类似的工业建筑相比，通过坚持使用压缩空气、废气和测试柜中的余热，其消耗每年可降低大约2 300 000kWh。专为生产大厅设置的使用生物燃气的热电联动装置生产2795MWh的热量，已经完成了所需热量的大部分。当电站需要维护时，会由一个同样使用生物燃气的冷凝式锅炉来取代它完成此项任务。余下的热量需求大约为423MWh，通过远程供热来覆盖。为了能使热能供应持续不断，将热源与一个水存储器相连接，这样就可以克服供应瓶颈，使产能高峰在之后能够被应用以及提高热电联动装置的运行时间。

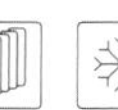

空气

大厅被划分成若干个分区，分别装有进出风装置，由这些装置来分配从室外引进的新鲜空气并进行取暖、制冷和气流混合。气流量可以根据需要进行调节。在机械通风以外，办公空间还可以通过可向内倾斜窗扇进行自然通风。

电

建筑运行和生产的全部电能需求大约每年7243MWh，使用创新科技可以事先降低能耗1133MWh/a。为了覆盖用电需求，建筑安装了若干个使用多晶硅电池片的太阳能光伏设施。这些设施一部分安装在屋顶上，一部分则被整合到屋顶结构之中，每年的产电量为937MWh。作为玻璃－玻璃光伏电池模块整合进工厂大厅的光伏板不仅生产电能，同时还为大厅提供自然采光和遮阳。运输内院的加盖屋顶和雨蓬同样装有玻璃－玻璃光伏电池模块，除了天气防护的功能，它们还能生产电能。

可再生电能被直接输入公共电网，对建筑的二氧化碳平衡起到积极的作用。使用生物燃气驱动的热电联动装置除了供热以外，还输送了所需电能的24%。剩余大约4500kWh电能需求从地方城市的水力发电站生产的生态电中取用。

光

生产电器元件需要较高的照度，如1000Lx。这里使用的高效灯具以及大面积的自然采光可以使用电需求最小化。简单的措施，如在大厅里采用顶光和与办公空间内楼层通高的窗扇，都大大降低了对人工采光的需求。人工照明的概念是将灯具在EIB/KNX总线系统中连接，这样它们即可通过在场感应器被高效地控制。

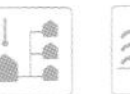

冷量

一个用于建筑空调的吸收式制冷机给一个缓冲存储器提供能量。它通过热电联动装置产生的热量来驱动，如果有额外需求时，由一个用电驱动的压缩式制冷机来支持。这台制冷机也同样与缓冲存储器相连，将所生产的热量和冷量通过取暖和制冷的帆形构件释放到需要空调的办公空间。

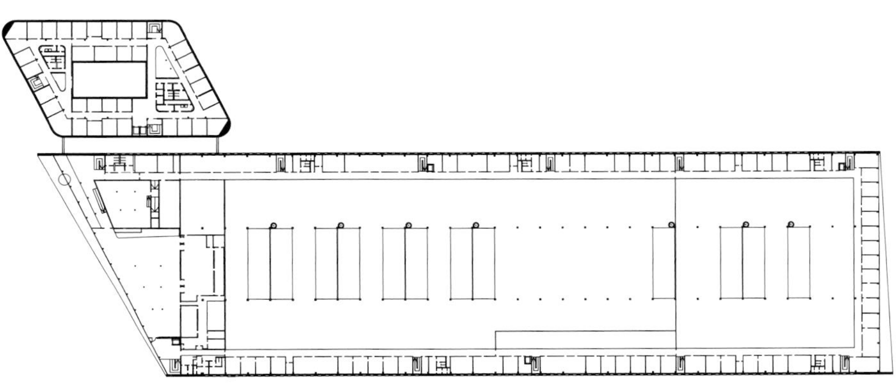

底层平面

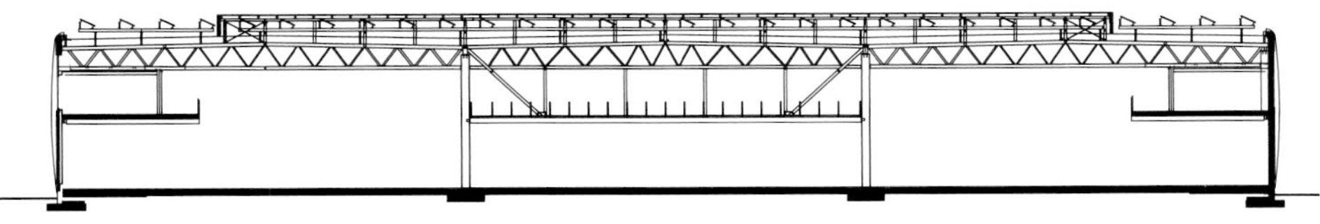

横剖面

环境竞技场，瑞士诗普莱顿巴赫

新建展览大厅建筑

项目信息

建筑师	建筑师雷内施密特，瑞士苏黎世
项目参与者 / 能量概念	环境技术：W. 施密特股份公司，瑞士格拉特布鲁格，建筑自动化：柯福来股份公司，瑞士洛尔，通风工程：碧昂斯卡工程股份公司，瑞士斯普赖滕巴赫，建筑物理：曾德+卡林股份公司，瑞士暖通工程师威特图尔， HLS 工程股份有限公司，瑞士苏黎世
业主	环境竞技场股份公司
建成日期	2012
标准	瑞士低能耗标准 P，二氧化碳中性运营，正能量
建筑面积	11 000 m²
终级能量需求（热能和电能）/m² 居住面积	41. 61 kWh/m² a
终级能量产出（可再生热能和电能）/m² 居住面积	76. 50 kWh/m² a

按照标准的平衡空间

取暖

饮用热水

制冷

辅助能量（泵，通风）

照明

设备（家用电器，工作辅助设备）

电动出行

在瑞士斯普赖滕巴赫通往苏黎世的主要街道上一幢展览性建筑——环境竞技场落成，它同时也是举办活动的场所和创新科技的展示主体，环境领域的企业在此展出他们的产品。此外，在建筑中还有研讨会空间、一个饭店和一个商店。这幢四层建筑的展览面积环绕一个三层高的可容纳 4000 人的竞技场。这里的展览分为长期和短期，范围涉及自然和生命、能量和流动性、建造和更新、可再生能源等领域。所展现的科技也是建筑能量概念的组成部分，并为整个建筑提供自己生产的电能和可再生热能。

项目的一个特殊之处在于建造期间就已经十分重视二氧化碳中性。施工用电部分通过建筑集装箱上安装的太阳能光伏设施和起吊机上面安装的风力发电设施来生产，建筑机械和机动车使用生物燃气、生物柴油或用过的食用油。建筑基坑的挖掘是分批的，挖出来的土被运输到附近的混凝土工厂作为骨料加工使用。钢结构是被作为循环利用钢材来建造的，其余的材料也绝大部分为自然材料。为了节省建材，尽可能地减少垃圾的产生。基于这个原则，例如切割栏杆扶手余下的部分可以（作为与栏杆相反的形式）用于室外。

环境竞技场建筑及其周边环境所生产的可再生能量比其自身所消耗的取暖、制冷、通风和照明能量多出一倍以上。

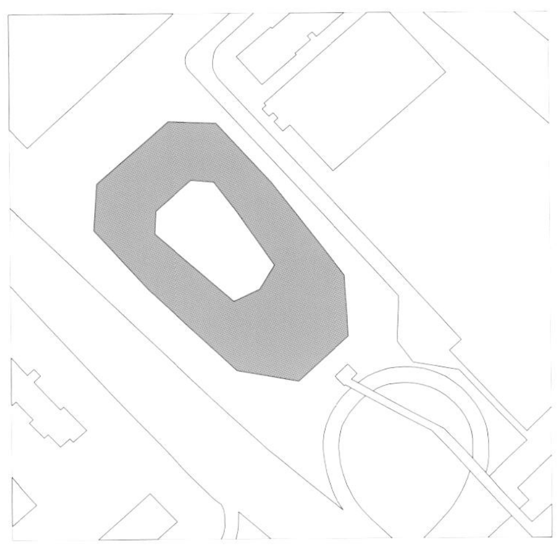
总平面

通过将多个科技进行组合，生产的热能剩余量为48%。这些热量被存入近程热网。对电能的需求通过使用生物燃气驱动的热电联动装置以及太阳能光伏设施来满足，其产电量多出自身用电需求的 2.5 倍。

热量

基于外墙和底板极佳的保温以及采用了三层中空玻璃，建筑的外围护结构达到平均U值0.2W/ m^2 K。这些措施以及有热回收功能的通风装置都有助于降低建筑对取暖热量的需求。为了能给建筑提供足够的热量，使用了不同的系统，它们同时也具有展示功能。部分取暖所需热量由一个使用生物燃气的热电联动装置产生，余下的热量需求由空气水源热泵、地热桩水源热泵（地热探测器）——它们均从地下水中抽能量，以及一个使用热电联动装置余热的热泵来覆盖。此外，系统还连接了一个使用木屑丸和碎木的燃木锅炉。所产生的热量被输入一个容量为70 000L的水存储器和一个位于底板之下的土壤寄存器，其通道总长度为9km。

建筑的混凝土核心和基础作为热存储质总长60km的水管迂回穿过全部混凝土，通过这种建筑构件热激活的系统来给建筑供暖。在这里可以进行较大面积的热交换，从而降低了建筑对取暖能量的需求。

饮用热水通过一个22m^2的太阳能光热设施来加热。它由8m^2的平板集热器、10m^2的真空管集热器以及一个目前尚未投入使用的4m^2混合集热器组成。集热器每年生产21 000kWh的热量。如所描述的，热量一部分通过建筑构件热激活的面积、一部分通过通风装置分配到建筑中。多余的热量输入近程热网为邻近建筑服务。不同的系统一共生产 350 000kWh的可再生热量。

冷量

环境竞技场的制冷装置是借助于联邦官方天气预报和瑞士气候学的气象数据以及使用状态数据自动进行调控的。和取暖热量一样，所需求的冷量也由不同的系统提供。这里有通过大地寄存器和地下水的直接制冷 、一个逆转的热泵和一个通过太阳能光热和废热驱动的吸收式制冷机设备。

产生的冷水在混凝土构件里的水管中循环并带走空间中的热量。冷量，同热量一样在另一个容量为70 000L的存储器和大地寄存器中进行过渡性存储。

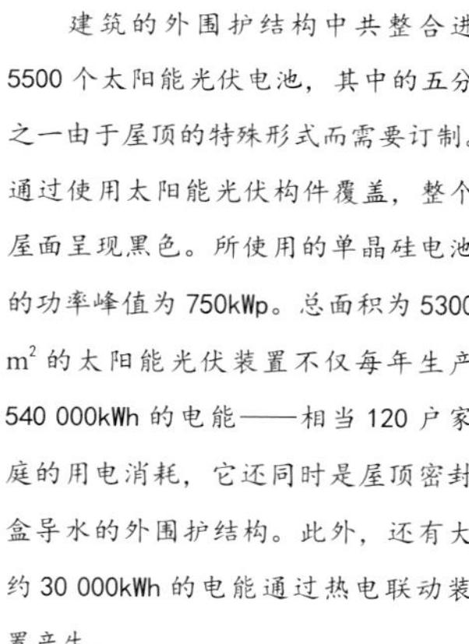

电能

建筑的外围护结构中共整合进5500个太阳能光伏电池，其中的五分之一由于屋顶的特殊形式而需要订制。通过使用太阳能光伏构件覆盖，整个屋面呈现黑色。所使用的单晶硅电池的功率峰值为750kWp。总面积为5300 m^2的太阳能光伏装置不仅每年生产540 000kWh的电能——相当120户家庭的用电消耗，它还同时是屋顶密封盒导水的外围护结构。此外，还有大约30 000kWh的电能通过热电联动装置产生。

空气

这幢总体积超过 200 000m^3 的建筑的通风也采用了不同的技术，通过若干个非中央通风装置和中央的以及非中央的局部空调机来实现，这些装置均带有热回收功能。此外，还可以通过局部切换空调机的旁路开关进行自然通风。事先经过预调节处理的空气通过一个进风取暖或制冷装置被分配到建筑中。

光

为了尽量减少照明用电，除了设置时间段控制和移动感应器之外，还安装了自然光线感应器。此外，还通过玻璃纤维缆索将太阳光引入建筑内部较暗的区域。

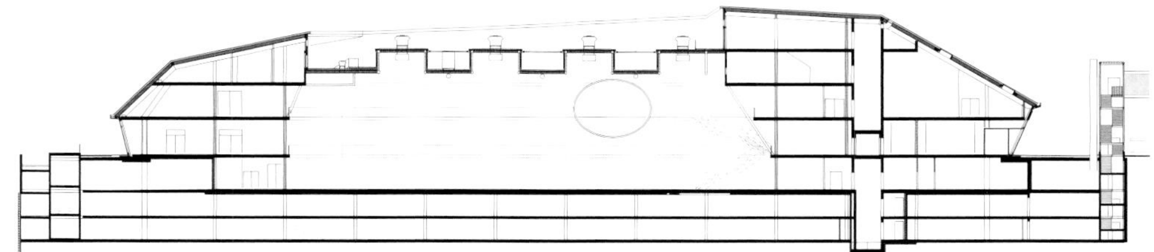

剖面

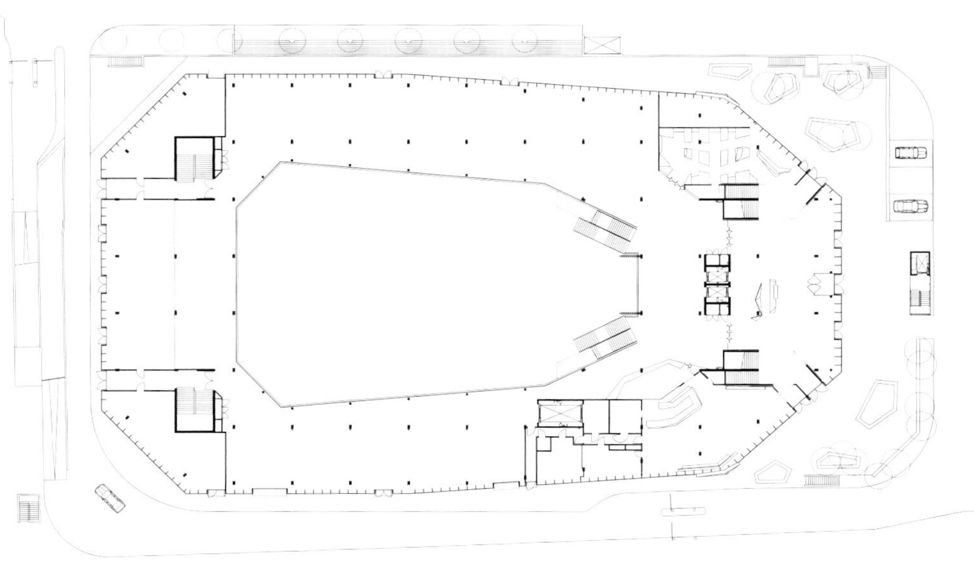

平面

独立式住宅
多户住宅
正能效住宅 P
卢赫李维科
光的主动房
能量+家
德里卑尔根住宅
穆勒巴赫街综合建筑
动力站B
面积
[m² 居住及面积]
相当于 50 m²
255
160
189
187
150
5520
1380
热量需求
终级能量
（kWh/m²a）[1]
饮用热水
室内取暖热量
150
120
90
60
30
0
22.29
25.90
43.61
15.82
37.99
18.58
25.36
可再生热量生产
终级能量
（覆盖率 %
以 每平方米和每年
为计量基础）
100 %
100 %
100 %
100 %
100 %
100 %
129 %
考量范围
电能需求
终级能量
（kWh/m²a）[1]
23.67
37.40
36.84
35.58
35.27
3.06
17.75
可再生电能生产
终级能量
（覆盖率 %
以 每平方米和每年
为计量基础）
185 %
124 %
101 %
148 %
90 %
200 %
130 %
电量剩余
电动汽车可行驶公里数
相当于 1 000 km
36664
10114
700
23057
0
121429
53571
年初级能量需求
按照相应的规范标准
（kWh/m²a）[1]
[1] m² 居住以及使用面积
27.00
38.00
167.30
23.90
未规定
15.25
45.00

非居住类建筑

	杜本多夫多户住宅	卡泽尔正能效建筑	“设计s”大厅	太阳能科学院	卢德施镇中心建筑	太阳能建筑01	环境竞技场
	727	227	1128	1400	3125	25700	11000
	32.32	13.63	252.14	116.31	24.19	125.21	21.76
	100 %	100 %	100 %	100 %	100 %	100 %	137 %
	29.93	35.27	58.53	74.19	53.07	281.83	19.84
	52 %	106 %	105 %	180 %	10 %	36 %	260 %
	0	3511	25214	592857	0	0	2501007
	66.00	118.16	94.00	47.70	45.00	366.46	22.60

前景

主动式建筑为通往气候中性的建筑和可持续的城市铺平了道路。它利用建筑的被动式属性以节省能耗，也同样利用了每幢建筑所特有的生产能量的本领。一个主动式建筑既节省又可主动获取——损失的能量通过可再生能量得以补充。

这种策略中还有什么其他的可能性吗？本书最后一章将借助获取能量的单个建筑来谈谈关于主动式建筑必要的和有意义的进一步发展。

性能

如前文所描述的，和被动式建筑不同的是，主动式建筑并不给出建筑外围护结构的质量要求或者建筑能耗不允许超过的数值，而其与正能效标准的区别是，没有一个固定的关于建筑每年生产的能量一定要高于其所消耗的能量的要求。

主动式建筑放弃这些标准的规定是出于多方面的考虑。每幢建筑都有所不同，这基于建筑的地理位置、气候条件或地质条件，以及它在城市

不同的年使用能量需求（kWh/m²a）—《被动式建筑标准》

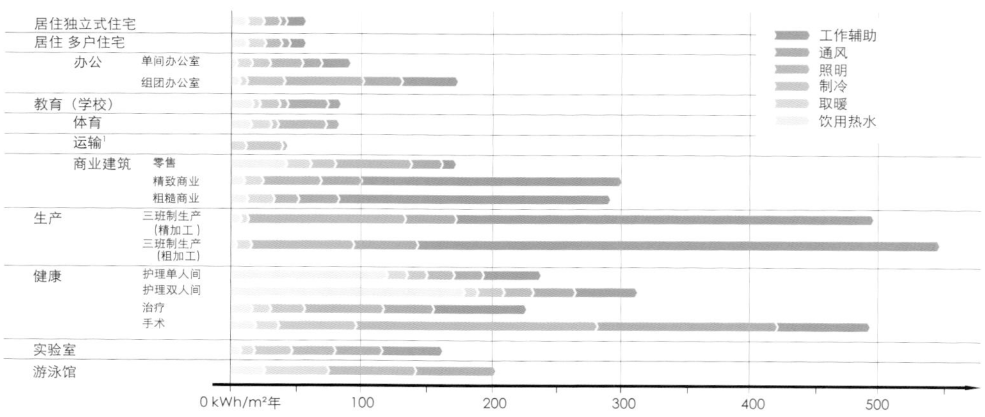

[1] 不带冷藏的建筑

不同的年初级能量使用需求（kWh/m²a）—《被动式建筑标准》

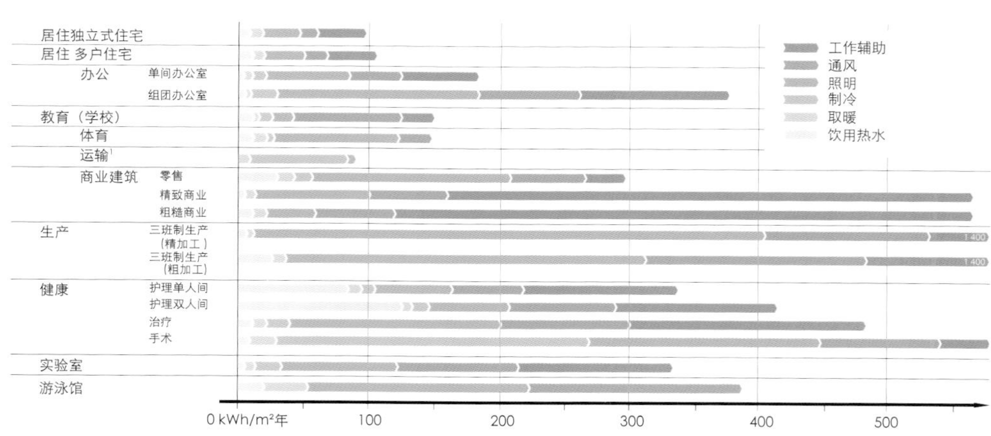

[1] 不带冷藏的建筑

所选择的使用功能的典型能量需求

空间中的区位和很多其他一些或多或少适合使用环境能量的范畴。还有另外两个对于建筑是否适合成为能量的收集者，或者是否有条件生产过剩能量的重要的建筑属性：使用功能和建筑高度（或建筑的层数）。

使用功能决定了建筑的能量需求——不管是取暖、质量、通风、辅助能量、照明的需求，或者是建筑中所有的被用到的设备的能耗。同样，使用功能还决定了内部人员和设备的负荷。根据使用功能种类不同，单位面积的能量需求也不同。如运输大厅或健身大厅的能量需求很低；学校或居住建筑的能量需求居中；能量需求较高的比如实验室建筑等。

仅看这些实例就可得知，能量标准只有按照使用功能的种类来定义才有实际意义。所选择的使用功能的典型能量需求表（见第270页）也说明了这一点。建筑层数也就是建筑高度决定了一幢建筑应该用哪个表面来从周围环境中收集、获取能量。如一幢单层建筑，由于它较大的外表皮面积，特别适合于从它与土地的接触面、它的屋顶以及有限制地从墙面收集能量。一幢独立式的、一到二层高的住宅或者一个运输大厅就可以通过这些方式来多方面地利用可再生能源生产其所需要的能量。

一幢主动式建筑的能量属性取决于它的使用功能和层数；多数情况下所生产的能量高于其自身能耗。

一幢多层的建筑每平方米使用面积上分摊的外表皮面积很小。其屋顶面积较小，而墙面面积较大，但墙面面积比屋顶从周围环境中获取的能量要小。由于多层建筑通常也会身处建筑密度较高的城市空间，建筑之间屋顶和墙面的阴影遮挡还会进一步影响能量的产出。

主动式建筑的能量属性除了取决于地理位置等条件外，还取决于其使用功能和它的层数或建筑高度。很多使用功能，例如一般高度的学校建筑、独立式住宅或者多户住宅等适合实现正能效标准，能够做到通过可再生能源生产出多于建筑自身所需的能量。与之相对，对于实验室建筑或者办公建筑则较难，甚至是不可能达到这样的标准。下图显示了一些使用功能和建筑高度在现今经济和技术前提下可以实现哪些主动式建筑的能量属性。这些能量属性通过建筑材料质量和可再生能量科技的发展会进一步有所提高。

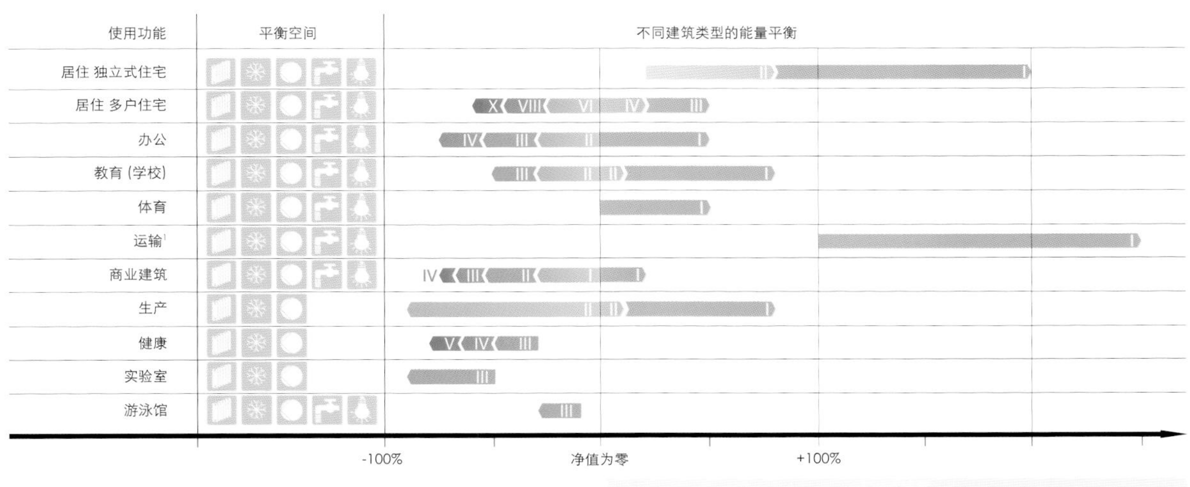

[1]不带冷藏的建筑

取决于使用功能和建筑层数的主动式建筑能量标准

主动式城市集合住宅，法兰克福

新建集合住宅

建筑师：HHS 建筑设计股份公司

研究 / 能量概念：达姆施塔特工业大学，建筑设计与能效教研室，曼弗雷德•黑格尔教授和施太柏斯能量、建筑和太阳能技术传递中心（STZ），诺伯特 • 费舍尔博士教授

业主：ABG 法兰克福住宅参股股份有限公司

完成日期：2014

地点：法兰克福

按照《节能法》涉及能量的面积：8764m²

每平方米涉及能量面积的能量需求：28.8kWh/m²a

每平方米涉及能量面积的能量供给：30.3kWh/m²a

这幢主动式城市集合住宅建筑位于法兰克福市的内城区，共有 72 个居住单元，于 2014 年建成。建筑按照年度平衡中建筑的总能量需求全部自己生产来设计，按照德国联邦交通、建筑和城市发展部（BMVBS）的定义，它可以成为正能效房。对建筑用电量的覆盖是通过立面和屋顶上整合进去的太阳能光伏板产电来完成的。与独立式住宅相比，多层集合住宅的产能重点从屋顶移到立面。对于立面整合太阳能产能构件来说，阴影遮挡、主动式技术在建筑造型理念上的整合极为重要。

太阳能薄膜电池对较弱光线的利用率较高、对温度升高的敏感性较小，并且形式上较为统一，这是它对于立面整合的潜力所在。较大的产能潜力是屋顶，可以用高能效的太阳能光伏板。这里使用单晶硅高效电池，产能效率为 19.5%。

热量的制备借助热泵，利用街道下面排污管道内的废水热量。

为实现按照 BMVBS 定义的建筑正能效标准，需要建筑年能耗最终为负值。通过所发展的能量概念和所选择的太阳能光伏理念，建筑的产能不论是对初级能量和终级能量来说都是有剩余的。

终级能量平衡的剩余为 13 146kWh/m² 年。如果将这个剩余电量用于给电动汽车充电的话，可以支持每年 93 900km 的绿色出行。

法兰克福城市集合住宅建筑的研究示例性地显示出在目前比较困难的条件下（即在一块极为狭窄的基地上建 8 层建筑）发展主动式建筑，到底能做成什么样。

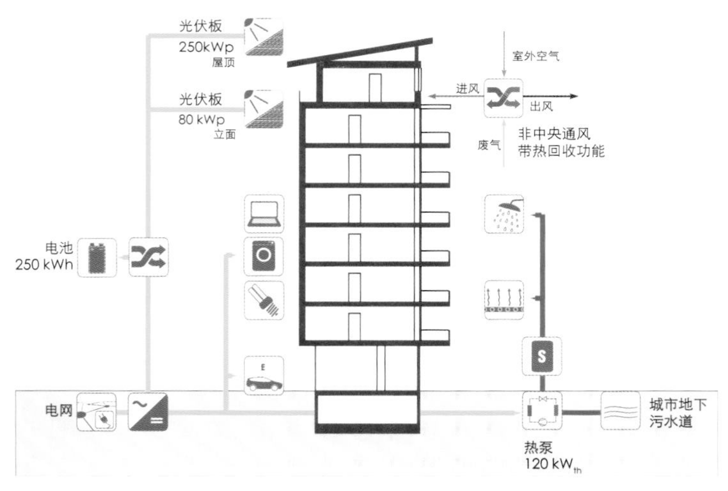

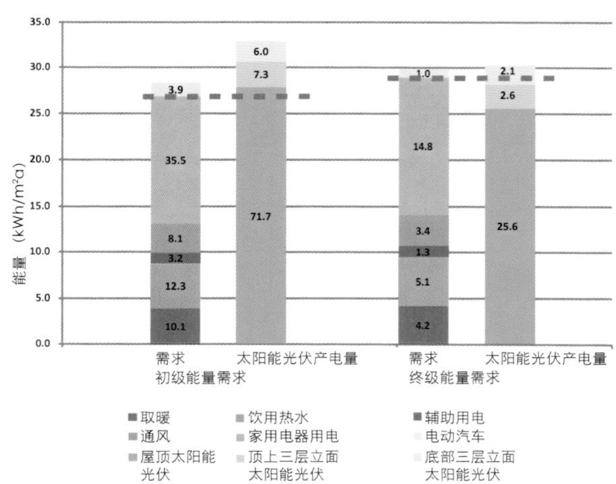

很明显的是，今天有很多新建建筑的大部分能量需求已经通过可再生的方式生产，甚至还能做到产能有余量。如果我们严肃对待欧盟、美国政府和许多其他国家制定的政治目标的话，大约在2020年，正能效建筑就是普遍标准。当然标准要根据所描述的建筑属性有所区别。我们应该好好建议业主今天就遵循这个标准；否则的话，因为建筑的寿命较长，用不了十年，他们的投资就会因面临亏损而需要重新估值了。

用户和运行

可持续能量并非是持续可用的，它的产出和消耗不能完全在时间上相吻合。一个较好的平衡是首先在周围环境中能量可用时来使用它。所谓的“用户界面”也就是互动的信息系统，可以即时地给出环境能量何时可用以及可用的范围多大等信息。用户相应地被激活，他们无须固定在某时使用运行系统，例如洗碗机、洗衣机和烘干器等。用户可以手动或自动地连接到有内部存储能力的系统，如冷冻定时钟、冰箱或热水存储器。层级价目表可以帮助奖励使用可再生能量。

这些用户界面的目的是使用户对节能更敏感，提高建筑自己生产能量的自用率。它能够影响自我意识，但不能强制和必须使用这样的用户界面。这样的人与技术的结合点应该更多地支持像游戏一样对待建筑和能量，加强用户与建筑、功效之间的认同。

主动式建筑既是生产者又是消费者，它使用户能够更加敏感地对待建筑和能量。

就地自用所生产的能量可以通过建筑内置的存储器进一步得以提高。建筑的被动式存储能力是首选，因为这样就不再需要额外的建筑和技术成本。此外，还可以使用热存储器和蓄电池，这同样可以继续提升自产能量的自用比例。

用户界面用于表现能量生产和消耗的实例，主动式城市集合住宅，法兰克福
建筑设计：HHS建筑设计股份公司

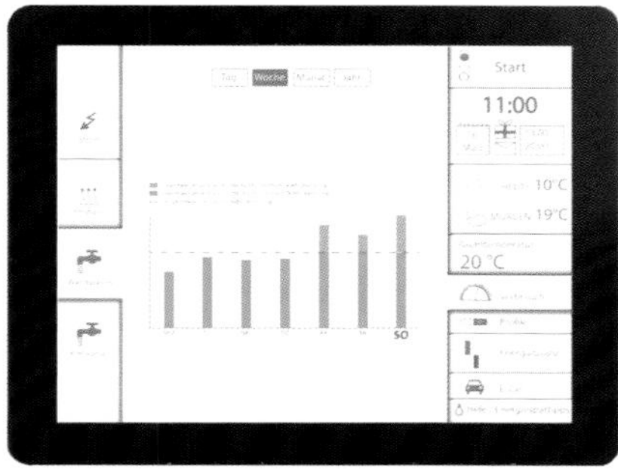

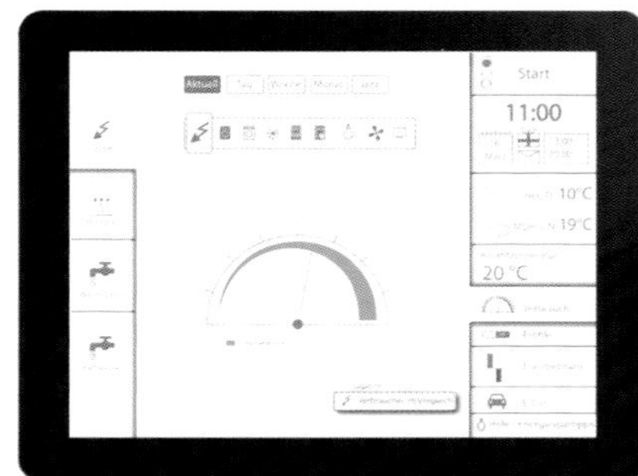

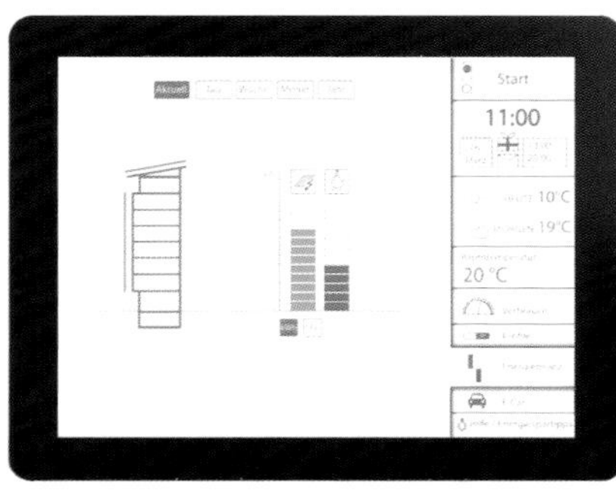

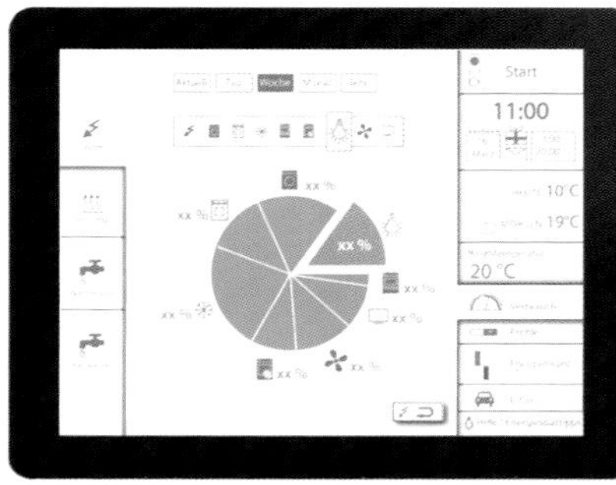

办公+居住建筑，达姆施塔特(1900/2007)
改造设计：建筑师欧普斯，达姆施塔特

改造后的主动式建筑

目前，世界上发达国家新建建筑量极少，比如，德国每年新建建筑只占既有建筑的0.55%左右。因此，气候友好型和向可持续化转型的驱动杠杆在于既有建筑能量的更新改造上。

建筑改造往往达不到新建建筑措施所能达到的能量质量，结果常常不尽如人意，并且建筑改造的前提花费非常巨大，如不保温的底板或者热桥，达不到与新建建筑有可比性的质量。然而，建筑外围护结构质量的改善却是提高使用舒适度和降低能耗的一个基本前提条件。

为了避免误解，一个老的居住建筑在屋顶上加了太阳能集热器、一个学校建筑补建了地热装置和热泵，或者一个屋顶上安装了太阳能光伏板的工厂建筑——就像矗立在原野上屋顶上加装了太阳能板的库房一样——都不是主动式建筑。一个改造后的建筑要称得上“主动式建筑”，必须是通过建筑措施改善了建筑和使用的质量，并且与获取能量的技术措施处于一个合理的比例关系。并非是只有改善了的能量平衡才算数，还有全面的建筑评价，特别是关于使用功能和城市关系方面的评价。

因此，从一开始就并不是每幢建筑都适合被改造成主动式建筑。在这里，首先要检查一下“值得作出这样的努力吗？”“所述区位是否在将来也还富有吸引力，区位条件是否受到人口年龄变化和未来迁移趋势的影响？”“建筑能否提供功能上的良好前提，使之能够适应未来的要求？”“它的结构技术现状能够保证没有危险吗？”。

如果这些还有其他一些问题都得到正面的回答，就可以将这个建筑改造成主动式建筑。一个既非保护性建筑，也不属于保护性建筑群的组成部分，并且没有特别的造型上的优势以及城市环境中的象征性标志物，对于这样的建筑的主动式改造可大胆一些，完全可以改变其外部形象。这种做法的前提是，每个技术上的改变必须同时提升城市环境的质量，“不美一定要改”。

对于保护性建筑或者一幢在周围团体记忆中有特殊作用的建筑来说，改造的做法是不一样的。在这里要尽量保留建筑最主要的外部形象特征；提升能量特性改造的措施需要局限在不可见的部位。即便如此，也可达到明显的改善效果。使用诸如新的窗户或者箱式窗、屋顶保温，必要时采取内保温和高效的建筑技术等措施都可以为建筑物做不少事情。在相应情况下，可再生能量的获取可以集中在地热或者不影响建筑外部形象的太阳能利用上。

改造应该整体考虑。除了能量属性外，可利用性和外部形象也需要改善。

现有建筑可以在全面改造时进行扩建和加层。一个有格调的对比和新老对话可以同时体现历史和现今，可以结束对这种设计任务普遍存在的忧虑。以此为延续，新的加建部分可以是一幢主动式建筑，所产生的能量也能提供给老建筑使用。

建筑改造的任务一直都是要提升质量。一幢改造过的建筑一般要等 30 年或者更长时间之后才会再次被改造。仅改善了一半、刚刚达到目前的要求的改造是不够的。如果我们想要达到 2050 年二氧化碳中性的政治目标，现在的每个建筑改造项目就都应该达到这个目标。

从主动式建筑到主动式城市

如前所述，主动式建筑关注节能和单个建筑的消耗。建筑节省能量并降低对环境的负荷，并且获取可再生能量，其目标是和建筑相关的自给自足。

当一个地方缺乏或者远离中央供给和排放系统时，自给自足就是必需的，比如在偏远的地方、在岛屿或是像岛屿一样孤立的系统中。岛屿式运行系统必须通过能量获取来平衡能量需求，甚至是以单独建筑为单位。

有相邻建筑的房屋，在一个城市关系中的建筑不需要上述形式的自给自足。在这里，与其他建筑形成联盟，主动式建筑的优势才能真正发挥出来。经过精心设计并优化了使用功能，主动式建筑的年产能量可以大于其所消耗的能量，根据不同的功能和建筑密度甚至可以多出好几倍。以时间轴来考量，有时候建筑产生的能量低于其即时所消耗的能量，而有的时候情况又会反过来，即所生产的能量多于其即时所消耗的能量。尽可能多的部分通过建筑内部的存储器来平衡，进一步的平衡是通过与公共供给网络相连来实现的。

如果能量平衡的边界不是以单幢建筑来划定，就有了更多的可能性。通过相互连接，能量生产和存储的潜力将极大地提升。在一个邻里单位中、在一个城市局部或是城市中，供需关系比起单幢建筑可以更简单地得到平衡。不同的负荷相互叠加，它们不同的使用高峰期（如居住建筑、办公建筑、学校、购物中心）起着本质上的改善作用。白天较少用到能量的居住建筑目前就已经通过网络向办公、学校和其他功能的建筑传输其利用太阳能生产的电量。一种使用功能的能耗降低可以成为其他建筑的能源（如工业建筑的废热和冷却塔的废热可以用于居住建筑的热水供应）。

城市中的主动式建筑是联网的。它们与相邻建筑互换能量并进一步改善自身的平衡。

在这种共同作用中主动式建筑、改造更新的建筑和未改造的既有建筑都可参与，也就是说分别作为产能建筑和纯粹使用能量的建筑。城市中的空地也可以以多种方式进行能量供给，如生物质的能量利用或通过近地表的地热利用装置。如果把城市周边区域和乡镇纳入考虑的范围，也包括对那些未建区域的可再生能量潜力联网的考量。

智能管理的网络大大提高了邻里的、城市局部的和城市层面的自用比例。所需要的微电网或智能电网从电力的角度来讲已经具备了，但其智能化控制从虚拟动力站的含义上来说还不具备。从热量和冷量的方面来看，可以完善小型近程热网；对于更大一些的热网则需要从更长远的角度进一步考量服务于建筑的能量设施升级是否可以或者应该极大地降低其能耗，以及这样做的后果是否使得热网或供冷网络的建设无论从经济上还是技术上都没什么意义了。

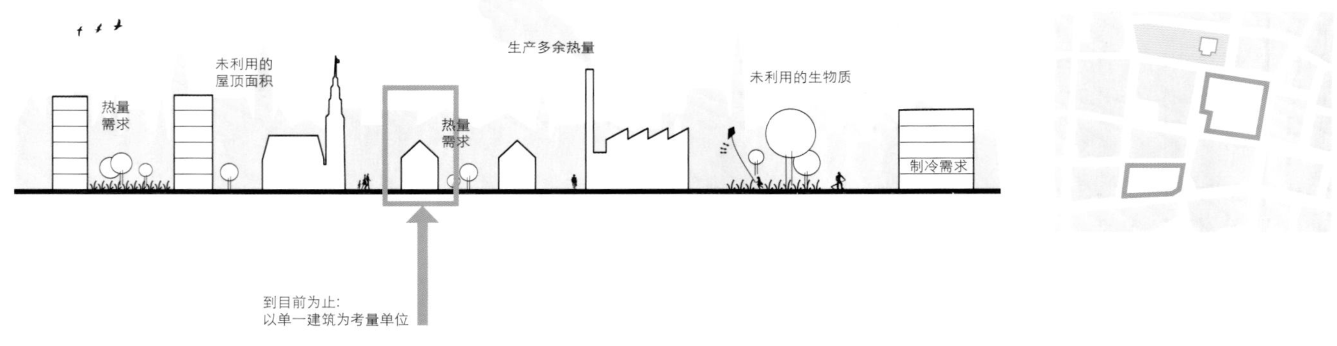

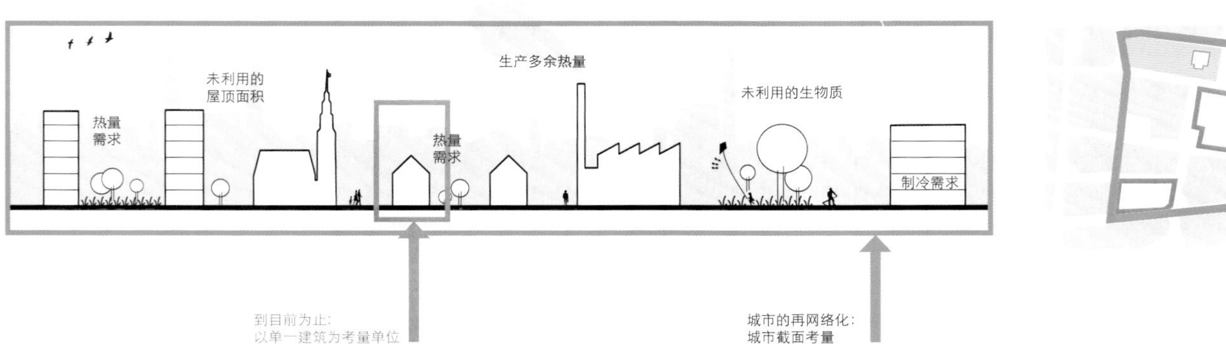

能量平衡边界的拓展：从单一建筑到邻里组群

可持续建筑导则

当能量节省和环境友好型的能量获取的潜力完全用尽时，主动式建筑则向可持续建筑的发展方向迈进了重要的一步。考虑气候转变、世界人口继续增长和所显示的资源紧缺的要求，必须要全面考量建筑所消耗的资源——远不止建筑运行这一点。

材料选择

通过有意识的材料选择，设计者可以从本质上影响下一代对建筑材料和建筑构件的使用和再利用。这些材料具有极大的循环利用潜力吗？它们特别耐久吗？它们是由可生长的原材料构成的吗？这些以及另外一些问题都是针对新的与主动式建筑理念相关的材料选择决定和多次利用必须要回答的。对于那些必须要作出的决定来说，考虑使用寿命和掌握生态平衡数据是有帮助的，这样才能总结性地考量建筑及其运行在全生命周期过程中对环境产生的负荷。

构造

一个智能的构造总是以材料消耗最小化为目的。一个可逆转的构造不使用粘结和三明治板构造，它可以使建筑在其生命周期末期的拆除简单化，并且其部件和建筑材料有可能完全再利用。不需要太多维护以及方便维护的构造就可以使建筑构件的更换操作简易可行，并且不构成破坏，也不会损坏其他还能正常使用的建筑构件而导致其过早被更换。放弃对涂刷、上漆和外包的使用，使得建筑构件可以作为单一类型的部件被循环利用。对所使用的材料和产品的备案使得维护、处

能量平衡边界的拓展：汉堡威廉海姆堡的原弗拉克地堡在汉堡国际建筑展览会的框架下被更新改造，并作为能量地堡来使用。它具有公共开放功能（博物馆和咖啡店）和技术功能（技术中心）。能量地堡拥有一个使用生物质的热电联动装置、一个太阳能集热装置和一个太阳能集电装置，以及一个用于给周边居住区提供取暖和热水制备的能量存储器。设计：HHS 建筑设计股份公司，卡塞尔

理以及再利用这些在建筑中只是暂时“存放”的材料更为容易。

选址

一个适合的区位的选择对于能量价格增长、人口的转变和城市化扩大的背景有着极为重要的意义。此处需要提出这样的问题：“这个区位即便是在人口下降的长期发展趋势下也是有吸引力的吗？”“花在交通上的消耗是否将与建筑相关的有利的能量平衡或者环境友好的生态平衡化为乌有？”“这个区位所必需的技术和社会基础设施从长远来看是否有保障？”很多空间基于单位家庭人口总数降低、人口迁移和其他的人口发展而去密度化。对于车行较高的经济的和时间的消耗也要打一个大大的问号。

建筑任务书

如“设计基础”一章所描述的“回弹效应”显示，高能效和可持续性通过不断提高的面积需求又被抵消掉了，对于居住建筑来说尤其如此。在过去的 50 年里人均居住面积几乎翻了 3 倍。高空间质量的使用面积、巧妙的建筑形式和分区、灵活的使用功能中性的平面布置等要素可以有效减小对面积进一步扩大的要求。未来可能需要将能量和资源的需求以个人为计量单元，就像瑞士的“2000 瓦社会”模型所执行的那样。

主动式建筑要求超越能量问题之上的思维模式，可持续性是目标。一个有效的资源保护要以人为考量的基础才能成功。

设计与造型

无论是建筑改造还是新建建筑都要提出一个问题，就是需要将能量获取系统成功地整合到建筑中去。某些不考虑周围景观的风力发电园区，通过将谷仓草草地覆盖上太阳能板而对农业用地造成的形象损害，以及一些学校建筑和工业建筑简单粗暴地大面积在斜屋顶上铺设太阳能板都对可再生能量的公众接受度造成了负面的影响。早期的一些建筑整合的尝试也有类似的结果。需要时间和细致的工作才能找到令人信服和值得推广的解决方案；必须有彻底的细部工作来将新的建筑构件和系统整合进建筑，并将改变了的要求和新技术通过一个较好的形式密集化。

这里需要高强度的发展工作和整合设计。首先要在可持续和高能效的含义上巧妙地置入传统的设计要素，如对于城市空间、使用功能和高能效适合的建筑形式、一个巧妙的开窗设置、一个实体和透明的适当的比例关系、吸收热量和湿气的材料等。

设计过程还会继续面对在此之外的更多要求。在进行关于这方面的不同寻常的自由讨论中还有机会发展新的东西。需要找到建筑学新的表达方式以服务于可持续的和高能效的建筑，使用新的建筑材料或者找到不同寻常的相互组合关系，创造新技术的智能化应用的新形式。

当主动式建筑配置优良，以及可持续的产品设计和建筑引人入胜时，能量转换才会成功。

好的高能效和可持续的建筑造型对于建筑师和其他设计者来说将是未来一段时间内极大的挑战。因为它不仅涉及面积生态和能量效率——只有当一幢建筑被城市的社群和它的使用者所喜爱时才真正是可持续的。只有这样，它才会被持续使用，也只有这样，为之提高能效和使用寿命长久的材料的花费才真正值得，社群和个人也才会对其建成环境有归属感。主动式建筑要做到这一点，只能多不能少。

结语

“前景”一章显示了主动式建筑的发展和主动式城市具有的极大潜力。摆在我们面前的任务是众所周知的。它只有在所有参与者、建筑师和工程师、房地产企业、政府管理部门和市政、银行和建筑的用户紧密合作下才能完成。必须准备接受由于资源短缺和能量转换对我们提出的要求。需要大量投入创造力以实现新的、技术的和造型令人信服的解决方案。我们深信，做到这些的前提条件已经存在。我们要积极利用它，并将其转变成社会所希望的和对地球有利的机会。

附录 1：专业术语汇编

A

A/V-Verhältnis
表面积 / 体积比

热工性能的外围护结构表面积 A 和整个建筑的体积 V 之比。表面积 / 体积比表达了一幢建筑的紧凑程度。当表面积 / 体积比的数值为 1.00 时，意味着每立方米的体积相对应 1 平方米的外围护结构表面积。对于独立式住宅建筑来说，通常情况下表面积 / 体积比为 0.6 ～ 1.2；行列式联排住宅为 0.5 ～ 1.00；多层的紧凑的单元式住宅可以将此比值降低到 0.3。

Absolute Luftfeuchte [g/m³]
绝对湿度

绝对湿度是一定空气容量可以包含的水蒸气总量，用每立方米空气中含水的克数表示。空气容量可以容纳的最大湿度总量限定了绝对湿度的最大值。绝对湿度是指单位体积的空气中含有水蒸气重量的实际数值。在一定气压和一定温度的条件下，单位体积的空气中能够含有的水蒸气是有极限的，若该体积空气中所含水蒸气超过这个限度，水蒸气会凝结而产生降水。

Absorber
吸收器

吸收器是太阳能集热器的一部分，通过承载液体（水 + 防冻剂）吸收照在上面的太阳辐射热，通过使用黑色的吸收器或者更好的选择性镀层来实现一个较高的作用率。

Absorption
吸收

在吸收时，一种材料接纳了比如热量或者湿气等，这些物质即被吸收（如吸收式制冷机等）。

Adiabate Kühlung
蒸发冷却

蒸发冷却是未来通过蒸发产生的冷量给空间进行空气调节的一个过程。在这个过程中并不需要降温的气流直接被加湿，而是将一股其他的气流加湿；因此，它是一个间接的过程。蒸发冷却仅采用空气和水作为产生冷量的源头，即使用可再生能量。蒸发冷却从原则上可以与出汗相比——出汗时水分被蒸发，身体里的热量通过这个过程被带走。

Amortisationszeit [a]
投资回收期

投资回收期是指一项已经做出的投资通过运行中的节能措施而被收回所需要经过的时间。能量的投资回收期描述了诸如生产产能设备所消耗的能量被生产出来要运行的年限。使用可再生能量作为驱动的设备的能量投资回收期可能是几个月或者几年。按照这个定义，那些传统的动力站永远也达不到能量投资回收期的一个点，因为它们的运行需要继续投入使用初级能量；因此，能量投资回收期对这些动力站没有意义。

Anergie, Exergie [kWh]
无用能，㶲

无用能表示那些不能再做功的能量，也就是一个工作过程不能直接利用的能量，例如环境热。它需要通过㶲被激活。

无用能给出，当人们把一个在现有的环境中处于空气动力学平衡状态的系统变成一个新的绝对零度 (T=0K) 环境中的平衡时，可以最大获得的机械功的量。由于这个环境不存在，无用能是不可用的（不能工作）。

和无用能相对的是㶲，它给出在环境参与下，当系统和环境达成空气动力学的平衡时能够最大获得的机械功的量，即一个与环境处于平衡状态的系统不是没有能量的，而是没有㶲，并且一直包含有一个无用能。对于比环境温度高且在环境压力之上的系统，无用能 + 㶲 = 能量。

Arbeitszahl [-]
热泵功率

热泵功率（或热泵年功率）描述热泵的能量效率。用热泵所产生的热量除以所消耗的电能就得出热泵功率。它给出的是收获和耗费的比例关系，即作用率。

B

Bauteilbezogener mittlerer Wärmedurchgangskoeffizient[W/m²K]
基于建筑构件的平均导热系数

基于建筑构件的平均导热系数给出单一建筑组件的平均热传递系数。这个单一建筑构件的平均 U 值是通过建筑构件的热传递损失总和除以各自的构件面积得出的商数。在《节能法》里，要求导热系数的最大值由相应的建筑构件的平均值得出，这样，对不透明的和透明的建筑构件的要求也不同。

Beleuchtung
照明

用人工光线照亮一个空间或物体被称为“照明”。如果照明不是通过人工光线而是通过太阳光，那么只有在使用了技术手段的情况下，如使用镜子来引导光线时才被称为“照明”。

Beleuchtungsstärke [lx]
照度

照度 E，单位 lx，其值为照在表面构件上的光束量除以这个构件的面积。

Bio-Methan-Herstellung
生物沼气生产

在进行生物沼气生产时，氢元素与二氧化碳产生了热化学合成（甲烷化），由此产生的生物沼气可以被存储起来，并入公共天然气网，以便在需要时被取出将其转化为热能使用。由电能向甲烷转化的作用率在 60% 左右，也就是说由 1 度电可以生产能量值相当于 0.6 度电的甲烷。

Blower-Door-Test/ Differenzdruckmess-verfahren
“门洞风机”测试/压差测量法

“门洞风机”测试是一个对建筑外围护结构气密性的检测方法。一个建筑的气密性是建筑《节能法》规的一项重要要求。“门洞风机”测试并非强制性的。如果借助于“门洞风机”测试可以证实最低要求以及风气密度，在热需求计算过程中就能使用较小的最低换气量和由此产生的较小的通风热损失。

Break-Even-Point
盈亏平衡点

盈亏平衡点是指在经济中的一个点——在这个点上，一项生产（或者一个产品）的投入和产出同样大，因而既没有产生盈利，也没有产生亏损。在盈亏平衡点之上，产生盈利；在之下，产生亏损。

C

CIS-Zellen CIS, CIGS, CIGSSe
铜铟镓硒太阳能电池

CIGS(也写作 CIGSSe 或 CIS)，即铜铟镓硒太阳能电池是一种太阳能薄膜电池技术，名称来源于所使用的材料元素铜 (Cu)、铟 (In)、镓 (Ga)、硫 (S)、硒 (Se)。在应用中，这些元素有不同的组合方式，最重要的实例是 $Cu(InGa)Se_2$（铜铟镓二硒化物），或者 $CuInS_2$（铜铟二硫化物）。

CO_2-Speicher
二氧化碳存储器

可以再生长的原材料被当作二氧化碳存储器，因为它们在生长过程中借助光合作用将二氧化碳转化为生物质。在将其转化为热能或是燃烧时，被固定于材料中的对气候有害的二氧化碳会再被释放出来。

D

Diffuse Strahlung
漫反射

漫反射是指那些从各个方面照射到我们的太阳光线，这些光线是太阳的直射光被云层、雾、山体、建筑物等反射后发散出来的。

Diffusion
扩散

扩散是两种物质在没有外力作用下的混合。在建筑里是指水蒸气的运输，以及热量总是从较热的一面向较冷的一面转移，在不同湿度的区域之间产生水蒸气转移（水蒸气扩散）。温度、气压和相对湿度影响扩散的速度和由此产生的水蒸气扩散的总量。

Direkte Strahlung
太阳直射

直接照射在集热器上的太阳辐射，比漫射强度高，但从全年来看有集热器接收的太阳直射和漫射基本相同。

Dynamische Gebäudesimulation
动态建筑模拟

为了确定非居住建筑在夏季室内的太阳热负荷，经常会进行动态建筑模拟。对天气和进程的情况进行编程，以便对被动式和主动式的冷负荷做出检测。

E

Endenergie [kWh]
终级能量

能量的每次转换和运输都会产生损失。终级能量是指包括了设施和配送的损失或者运输到建筑边界的能量在转换之前的总量。

Energie [J] / [Wh]
能量

能量是物理的状态变量，描述在一个事先需要定义的系统里面所存储的功或是此系统的做功能力。能量一般由焦耳（J）或者瓦特小时（Wh）作为测量单位。能量既不会凭空产生，也不会凭空消失，它只能从一种能量形式转化成另一种能量形式；因此，在一个封闭的系统中，能量是守恒的。能量的形式分为以下几种：机械能、热能、电能和磁能、电磁振动能量、化学能、核能。能量是无用能和㶲的总和。

Energiebedarf/ Endenergiebedarf[kWh/m²a]
能量需求/终级能量需求

一幢建筑的能量需求是在制作能量证书或者《节能法》证明时，对它在规范要求下得出的建筑所需的能量值。它服务于建筑保温标准和建筑设备技术之间的比较。

Energiebezugsfläche (EBF)[m²]
耗能面积

在非居住建筑的能量平衡中用于计算的面积是不同的，确定耗能面积 (EBF) 时的使用面积按照德国《工业标准》（DIN277）来评估：主要辅助面积 (HNF+NNF) 以 100% 计入；交通核功能面积以 60% 计入；楼梯间、管道井以及不取暖的面积不计入。

Energiebilanz
能量平衡

一幢建筑所有的能量获取和损失的总和。

Energieeffizienz
能效

能效是对一幢建筑能量质量的评价，具体通过将其能量需求的特性值与参考特性值（例如《节能法》的要求）进行比较或者将其能量消耗特性值与比较值（例如同样功能建筑的平均值）之间进行比较得出。

Energieinhalt
能量值

能量值是一定数量的某种可燃材料完全燃烧时所获得的热量值。

Energieeinsparverordnungen 2002, 2004, 2007, 2009 (EnEV)
《节能法》(2002)，(2004)，(2007)，(2009)

用于取暖建筑的节能法规。德国《节能法》主要的要求值取决于建筑的紧凑度表面积 / 体积比的年初级能量需求 Qp。到目前为止，拓展的平衡框架将取暖设备法和热保温法合在一起。

Energieverbrauch [kWh/a]
能量消耗

能量消耗是一幢建筑实际消耗的能量的测量值。

Entropie
熵

熵是一个热动力的物理量，它通过热传递和热动力进程中不可逆转的过程来计算，并且被直观地表达出来。

Erneuerbare Energien
可再生能量

可再生能量是指从那些不会在人类存在的过程中被消耗掉的源头产生的能量。以集热器、光伏板和自然采光形式获得的太阳能以及风能、水能和生物能都属于可再生能量。

Erneuerbare-Energien-Gesetz (EEG)
《可再生能量法》

2000 年，《电能并网法》被《可再生能量法》(EEG) 所取代。通过 EEG，对优先购买、传输和偿付由可再生能源获取的电能做出了相关规定。

Erneuerbare-Energien-Wärmegesetz (EEWärmeG)
《可再生能量热能法》

此项法律的目的是为了在热能领域内支持可再生能量，到 2020 年将可再生能量在取暖、热水制备、制冷和过程热中的使用占比提高到 14%。为了达到这个既定目标，法律明确规定，对使用面积超出 50m2 的新建建筑（在 2009 年 1 月 1 日之后提出的建筑申请）必须有一部分热能是通过可再生能量载体，即太阳能光热、生物质、环境热或者地热来覆盖。

EU-Gebäudericht-linie 2010/31/EU
《欧盟建筑指南》(2010/31/EU)

在欧盟建筑业占总能量消耗 40% 和联合国《京都议定书》中关于气候变化的义务的背景下，产生了《欧盟建筑指南》，用于达到所要追求的目标。《欧盟建筑指南》(2010/31/EU) 针对建筑的总能量效率（EPBD2010，欧洲建筑物的能源性能指令），是《欧盟建筑指南》(2002/91/EG) 的修改版，由欧洲议会发出。

Eutrophierung (Überdüngung)
富营养化

富营养化或者富营养化潜力 (Eutrophication Potential) [$kgPO_4^{3-}$-当量] 是指营养物质的积累。在过度加肥的水体中可导致鱼类死亡翻转，也就是说导致水体的生物性死亡。在富营养化的土壤里，生长的植物会出现组织的弱化和对环境影响抵抗力下降的征兆。较高的营养成分还会引起地下水和饮用水中磷酸盐水平升高，会产生对人体有害的磷酸物质。富营养化潜力综合了与磷酸作用相比较的物质。

Exergie
㶲

见“无用能”。

F

Freie Enthalpie
自由焓变

自由焓变是所有化学的、生物的和生物化学的过程的驱动力。它给出一个过程中是否在系统和环境中产生能量交换，以及这种交换是否可逆的信息。G 是在恒定压力和恒定温度下的过程的最大可用功。

Fossile Energieträger
化石能量载体

化石能是通过很长时间积累下来的能量载体中含有的，并且在人类的时间尺度上不可再生。化石能量载体通过生物的、物理的过程，如地心和地壳的变化，经过漫长的时间自然形成。天然气、原油、褐煤和硬煤以有机的碳化合物为基础，在燃烧时不仅以热能的形式将能量释放出来，根据化石燃料的组成和纯度不同还会有其他的燃烧产物，如二氧化碳、二氧化氮、煤烟以及其他的化学物质被释放出来。原油一如既往地还是世界上最重要的能量载体，我们所需要的能量的 40% 都来自原油。化石能量载体是可以用尽的。

Funktionsäquivalent
功能等同

功能等同表示同样功能性能的材料层厚度。只有在保持功能等同时才能对建筑材料的环境影响直接进行相互比较。

G

Gegenstrom-Wärmetauscher
逆流热回收器

逆流原理是热传递的一个基本原则。在这里，将两种温度不同的材料——通常是水或者空气——从相对的方向引向对方，这样，热量可以向另一个流体方向或者材料转移。

Gesamtenergiedurchlassgrad (g-Wert)
总能量通过率

一片玻璃的总能量通过率 (%) 描述太阳的得热 (使用)。在一扇窗（玻璃）的 g 值是 0.56 时，最大只有 56% 的太阳辐射可以被利用。

Globalstrahlung
全球辐射

全球辐射是指落在水平面上的太阳辐射。它包括了直射和漫射，并且取决于地理纬度、季节以及云层和大气颗粒情况。太阳入射角越高，辐射强度越大。在天空中有云的情况下，落在地表的太阳辐射为漫射，此时欧洲中部的全球辐射在 100W/m² 以下，而在晴朗的夏季，白天可以达到大约 700W/m²。德国全球辐射全年的总量为 900 ～ 1200kWh/m²。

Graue Energie
灰色能

灰色能是指在生产或准备一项产品或服务时直接或间接消耗的能量。它与专门的生产和准备地点相关联。按照灰色能的定义可以将其分为“可再生的”和“不可再生的”。

H

Heizenergiebedarf [kWh/m²a]
取暖能量需求

按照《节能法》的定义，年取暖能耗 Q 是指一幢建筑按照德国《节能法》(EnEV) 计算方式每年用于取暖、通风和热水制备需要的能量。它的计量单位是 kWh/m²a 或者 kWh/m³a。

Heizgradstunde [kKh]
取暖度小时

见“取暖度日”，更准确的平衡，用“小时”代替“天”来计量。

Heizgradtag [Kd/a]
取暖度日

一个取暖度日借助于取暖界限温度 15℃（由 VDI 指南 2067/ 德国《工业标准》(DIN 4108T6) 制定）和室内温度 20℃确定。在被动式建筑中，取暖边界温度由于滞后性为 9.5 ～ 11℃之间。在被动式建筑设计包 PHPP 中，能量平衡是按照标准气候 84 kWh/a 的取暖度日来做的（在 四月至九月间采用取暖期方法）。

Heizkurve
取暖曲线

外部环境温度和用于给需要取暖的面积取暖所必需的预热温度的关系通过取暖曲线来描述。取暖曲线取决于建筑，并且通常情况下通过对系统运行进行调试来确定。设置通过调节暖气设施进行，在考虑了室外温度情况下确定预热温度。

Heizlast [kW]
取暖负荷

取暖负荷是一个发热装置能够产生的最大取暖功效。一年中最冷的日子（通常是在一月和二月）决定了最大取暖负荷。这是达到室内舒适度所必需的功效。

Heizleistung [kW]
取暖功效

取暖功效是一个发热装置在某个时间内（例如 1 小时）所发出的可用的取暖热量。它的单位是千瓦 (kW)。取暖功效至少要相当于取暖负荷。

Heizwärmebedarf (pro m²) [kWh/m²a]
取暖热需求

取暖热需求（HWB）是计算出的在一个取暖期内需要供给建筑的能量值，以便能够达到并保持所希望的室内温度 (例如通过暖气设施)。

Heizwärmebedarf [kWh/a]
取暖热需求[kWh/a]

每年用于室内取暖所使用的能量。它按照规范要求进行计算，表示一个使用能量。

Hilfsenergie [kWh/a]
辅助能量

辅助能量是用于取暖、制冷和饮用热水系统等所需要的热泵、通风机、调控等运行的能量。

I

Infrarot-Thermografie
远红外线热敏成像

远红外线热敏成像是借助一个专门的照相机（热敏成像相机）摄下一幢建筑或物体所辐射出的热能，使之可见。为了能够理解这个过程，重要的是要知道每个温度高于绝对零度的物体都会在远红外线区域内辐射热量。这导致了即便是冷的物体，例如冰，也会有远红外线的辐射。温度越高，远红外线的辐射越强，在远红外线热敏成像图上的显示就越红（蓝色 = 冷，红色 = 热）。

Interne Wärme-gewinne
室内空间的得热

通过使用用电设备、计算机、人工照明，以及人进行炊事均会产生热量，并传递给室内空间使之变暖。这部分所谓的室内空间的得热作为能量贡献在被动式建筑的设计中被考虑进去。

Isothermen
等温线

等温线是指那些通过计算得出的把一个建筑部件中温度相同处连接起来的线条。它用于清楚了解热的状态，并使之可见。

J

Jahresarbeitszahl
年功率

一年内所生产的热能（kWh）与压缩机和辅助电源设备以及为连接热源所消耗的电能（kWh）之间的比例关系。年功率越高，使用环境能的能量消耗就越低，热泵的运行就越经济（见“功率”）。

Jahresnutzungsgrad
年使用率

年使用率给出一个取暖设备的负荷程度。一个设置很好、尺度合适的系统工作起来很节省，如果尺度设置过大就会产生不理想的年使用率。

Jahres-Heizenergie-bedarf [kWh/m²a]
年取暖能量需求

年取暖能量需求是一年中必需供给建筑用于取暖和热水制备的能量，其中也考虑了通过取暖设备产生的损失。

Jahres-Heizwärme-bedarf [kWh/m²a]
年取暖热量需求

年取暖热量需求是每年用于为整个建筑取暖（不考虑用于热水制备的热量）所需要的热量。

Jahres-Primärenergie-bedarf [kWh/a]
年初级能量需求

年初级能量需求 Qp [kWh/a] 是一年内用于取暖、通风和热水制备所需要的初级能量，其中考虑了所有的能量获取和损失。

K

Kapillarwirkung
毛细管作用

毛细管作用是指建筑材料中的孔隙产生的可以运输一种液体的驱动力。

Kaskadenspeicher
层级存储器

层级存储器是多级的存储存储系统。例如，加载一个存储器用于日间的需求，余量存入另一个存储器，需要时可以将其开启。

Kompaktheit des Ge-bäudes (A/V) [m²/m³]
建筑的紧凑度

见“表面积 / 体积比”。

Kondensations-kraft-werk
冷凝式动力站

冷凝式动力站是传统的热力站，在其中将热能转化为电能。它专门用于产生电流能，并不继续使用所产生的余热，而是将余热通过冷凝器或冷却塔释放到周围环境中，借助制冷设施将离开冷凝涡轮机的、温度和压力都比较低的水蒸气冷凝。这种动力站的作用率在 40% ～ 60%。和冷凝式动力站相对的是热电联动动力站。

Konzentratorzelle
集中器模块

集中器模块将入射的太阳辐射集中（反射）到一个较小的多层模块（2 层 /3 层）中，可以产生目前可达到 40.7% 的极为高效的作用率。

Kühllast
冷负荷

冷负荷是指一个空间内以对流形式向外导出的必要的热量，以达到所设计的室内空气要求或保持其水准。按照 VDI2078（VDI，德国工程师协会。——译者注）规定冷负荷可分为外部冷负荷和内部冷负荷。

Kunstlicht
人工光线

人工光线是与自然采光相对、通过人工光源产生的光线。

kWh
千瓦时

对千瓦时能量或者物理功的简称。1 千瓦时表示在 1 小时时间段内的能量或者物理功为 1000 瓦特。

L

Langzeitspeicher
长期存储器

长期存储器是接收热量并且将其存储若干星期或若干月份的存储器。每年的加载周期相应较短。

Latentwärme-speicher
相变热存储器

这种存储器在加载和卸载过程中不改变其可感知的温度，而是改变其热存储质的凝聚状态。多数情况下是利用热存储质从固态到液态（以及反过来）的过程，因为此时体积变化很微小。热存储质可以在潜在的热容量之外被加载和卸载，只有在这之后能量流才会引起温度变化。相变热存储器即组合敏感的和潜在的热量存储。

Lebenszyklusanalyse (LCA)
全生命周期分析

全生命周期分析 (LCA，Life Cycle Assessment) 是用于分析一种材料全生命周期的资源消耗和环境影响的工具。它给一种材料的生命道路做出平衡，从原材料获取、生产到加工阶段，根据情况还可能包含运输、使用、再利用和垃圾处理。平衡的边界对能够从一个全生命周期分析得出的信息是决定性的。

Lebenszykluskosten
生命周期费用

生命周期费用描述一个产品从想法的产生直到从市场上撤回所产生的全部费用。此处仅考虑了投资和支出，并未将售卖形式的积极回报列入。

Leistungszahl (COP)
性能系数

热泵的性能系数 (COP，Coefficient of performance) 是动力站中冷凝器的热量释放和压缩驱动所消耗的电量的商数，它给出的是作用率。随着喷雾器和冷凝器之间温差的增大，电运行效率增高，因为需要压缩的强度变大了。

Luftfeuchtigkeit [%]
空气湿度

空气湿度描述大气混合物中水蒸气的含量。如果水蒸气含量以室内空间为参照，则指的是“室内空气湿度”。“绝对空气湿度”是指在 1 立方米空气中实际含有的水蒸气，单位是 g/m³。通常使用百分比表示“相对空气湿度”，它是指当下的水蒸气含量与在同等温度和压力下最大的可能的水蒸气含量的比值。

Luftkollektoren
空气集热器

以空气为热量载体的太阳能集热器。

Lüftungswärmeverlus-te[kWh/m²a]
通风热损失

通风热损失描述一幢建筑因通风而产生的损失：较热的室内空气被较冷的室外空气所取代，并需要将温度提升到室内气温。如果把热传递损失也计入，就得出所必需的取暖热需求。

Luftwechsel [1/h]
换气

换气是每单位体积的空气流量。比如“一个 3 倍的换气”意味着室内空气的总量在 1 个小时内被更换了 3 次。

Luftwechselrate [1/h]
换气率

换气率以 1/h 为单位，是指室内空气量或建筑内空气量在 1 小时之内被更换频率的数值，它对建筑物的通风起作用。例如，换气率 =15/h，即室内空气或建筑物内空气的总量在 1 小时内被更换了 15 次。

M

Mikroklima
微气候

微气候是指距离地面 2 米高范围内的空气层或者在一个小型的边界明确的区域内（例如一个城市中的建筑之间）形成的气候。

Mindestluftwechsel
最小换气量

最小换气量是出于保证建筑卫生需要而为建筑的净容积提供的最小进风量。居住建筑的最小换气量需要根据德国《工业标准》（DIN1946-6）得出，非居住建筑则参照德国《工业标准》（DINEN13779）。

N

Nahwärmenetz
近程供热网

近程供热描述建筑间用于取暖的热量传递和转移。与远程供热相对，近程供热只通过相对较短的距离传递。近程供热网受到政策的支持，因为它提供了将非中央生产的热能向用户运输的可能性，以此在区域内可以建成一个热能生产系统。由于其整体热效率较高，因而能创造较高的价值。

Kalte Nahwärme
近程冷量

近程冷量的原则在于提升近地表的地下水，通过热泵将其热量提取出来（用于取暖）或将热量注入其中（用于制冷），之后再将其回灌到地下水系统中。

Netto-Stromerzeugung
产电净值

产电净值是在一个设备的发电机端所测量出的产电量减去为了使其运行所必需的能量消耗。

Nutzenergie [kWh]
使用能量

能量的每次转换和运输都会有损失。使用能量描述的是不包含设备和分配损失的能量值，即在能量需求处实际可用的能量，例如空间热量。

Nutzenergiebedarf
使用能量需求

使用能量需求表示的是取暖和制冷的能量需求。它是计算得出的用于保证一定建筑区域内设定的室内热工条件的热量或冷量需求。此外，还有用于照明的使用能量需求，它相当于根据所需要的照明质量计算得出的使用状况的能量需求。另有饮用热水使用能量需求，这是按照使用状况计算得出的在每个建筑区域内用于准备饮用热水的能量需求。

Nutzungsgrad
使用率

一个设备或装置的使用率表达在一定时间内可用能量与引入能量的比例关系。在所选定的时间段内可以包含间歇、空转、启动时间和关机时间。对于以热电联动方式生产电能的装置，可用使用率或整体使用率来表达所释放的全部使用能量（电量和热能释放的总和）和所引入的能量关系。这和电能使用率不同，后者只考虑所产生的电能。由于使用率是通过热量需求一起来确定，并因此会随季节不同变化较大，因而对设施进行评估时通常使用年使用率。需要注意的是，使用化石能用于热水制备的使用率特别低，尤其是保温条件很好的建筑，可能会因此降低年使用率；所以，使用太阳能进行热水制备是更合适的选择。

Nutzwärme
[kWh]
使用热量

可以直接使用的热量即使用热量。扣除生产、存储、分配和转交的损失之后，在室内可被使用的终级能量。

O

Ökobilanz
生态平衡

生态平衡是在材料消耗的基础上，对一个产品的生产和生产过程进行所产生的环境影响的换算（例如碳排放）。它不仅涉及建筑产品，它是一个普遍适用的程序，可以用于每个过程，例如一项服务、一套生产过程或者一个整体的经济单位（如企业）等。

Ozonbildungspotential
(POCP)
[kg C2H4-Äquivalent]
臭氧形成潜力

臭氧形成潜力（POCP，Photochemical Ozone CreationPotential，kgC_2H_4-当量）是一个用于评价近地表臭氧形成的数值，以乙烯的（C2H4）的效果为参照。

P

Peak-Oil
峰值油

峰值油用以描述全世界范围内所有传统可开采的原油资源被耗尽一半时达到的最高点。

Phase Changing
Material (PCM)
相变材料

相变材料 (PCM) 是基于外部影响（光线、压力、水或者温度）可以双向改变其凝聚状态的材料。它们具有通过结晶作用从液态转变成固态的属性，此时能够将之前温度较高时吸收的热量释放出来，相变材料因此被作为潜在的热存储物质使用。

Photovoltaik (PV)
光伏发电

光伏发电 (PV) 是指将辐射能量——主要是太阳能——直接转化为电能。

Primärenergie
[kWh]
初级能量

初级能量是指以自然资源里的能量形式或者能量载体存在的可用能量。

Primärenergiebedarf
[kWh/m²a]
年初级能量需求

初级能量需求额外给系统本来的能量需求命名的能量需求，是通过此前累积的系统边界之外的过程链在能量载体的获取、转换和分配产生的（初级能量）。它描述能量使用的效率和资源保护型的做法。相应的能量需求在考虑所参与的能量载体后，与一个初级能量系数相乘得出能量平衡。

Primärenergiefaktor
初级能量因子

通过获取、转换和运输一个能量载体产生的损失借助一个初级能量因子来表示，用于在评价初级能量的时候做参考。在不同国家和不同的平衡系统中，能量因子是不同的。

Primärenergiein-
halt(PEI)[MJ]bezie
hungsweise[kWh]
初级能量含量

一种建筑材料的初级能量含量（PEI，单位 MJ 或 kWh）描述的是用于生产和使用这种材料必需的对能量载体的耗费（资源）。在这里可区分为“不可再生”的初级能量（褐煤、硬煤、天然气、原油、铀等）和“可再生”的初级能量（水利、风能、太阳能、生物质的太阳能利用等）。

Prozesswärme
过程热

过程热是用于技术过程和程序的热量。过程热通常通过燃烧过程或者电能产生。最好的情况是将废热作为过程热利用。

Pufferspeicher
缓冲存储器

缓冲存储器服务于将热能进行短期的中间存储，以对热量需求或者热量生产不均衡的昼夜变化进行过渡。

R

Reboundeffekt
回弹效应

在能量经济中，回弹效应指的是能效提高的节能潜力无法实现或只有部分可以实现。如果能效的提高反倒提高了消耗（也就是说回弹效应超过了 100%），即为适得其反。

Referenzgebäudever-
fahren
参照建筑法则

从《节能法》（2009）以来，对参照建筑法则设定了最大允许值。这个法则以其相同建筑类型（几何形体、朝向、使用面积、标准建筑部件和设备技术）的一个建筑的最大标准值为导向。一直悬而未决的对建筑表面积 / 体积比的证明被删除。

RelativeLuftfeuch-
tigkeit
相对空气湿度

相对空气湿度用百分比表示，表示一个系统（空间）即时的含水量与最大可能含水量的比例关系。

Ressourcen
资源

资源是物质的或非物质的财产。在建筑业通常指通过现行的可用的技术可能性可以获取的原材料的数量。

Rohdichte
[t/m³ bzw. kg/dm³]
毛密度

一种材料的密度是其质量和体积的商数，单位是 t/m³ 或者 kg/dm³。毛密度是指多孔材料包含了孔隙的体积的密度（例如加气混凝土）。

S

Schadstoffe
有害物质

有害物质是指对环境（人、动物和植物）产生有害作用的物质。其中包括二氧化碳、二氧化硫和氮氧化物。二氧化碳是一种无色无味的气体，物体燃烧时产生，是温室效应的原因之一。只要减少使用燃料就可以降低二氧化碳的排放。二氧化硫是一种难闻的、对皮肤产生刺激和有毒的气体，在燃烧含硫物质（煤炭、木材等）时产生，是产生酸雨的原因之一。氮氧化物对呼吸有害，也是产生酸雨的原因之一。

Schwimmbad-
kollektoren
游泳池集热器

简单的吸热装置用于热水加热，例如无覆盖物的黑色管子。

Sekundärenergie
[kWh]
次级能量

次级能量是指在初级能量载体转换成所谓的“净能量载体”后还剩下的能量形式。次级能量通常有如下特征：

- 良好的可仓储性（例如焦炭、精炼油）
- 良好的可运输性（例如电能）
- 较高的能量密度（例如焦炭）
- 简单的 / 便宜的生产（煤球）。

通常情况下，这些属性中的一项是优选的，取决于地点和应用目的。次级能量生产的副产品常常也是可用的次级能量（例如，生产汽油时产生的燃气或者热能是生产电能时的副产品，它们可以作为过程热或远程热被继续使用），但在实际中，这些副产品并不会都被利用。

Smart Grid
智能电网

智能电网的概念包含了对产电单位（中央的非中央的）、能量运输者、存储和电能消耗者的联网和控制。智能电网一方面通过时间和空间上统一的消耗来体现，另一方面它控制并非同步的产电者和消耗者。通过智能化的电网可以优化网络的负荷，避免昂贵的峰值负荷，目标是在高效和可靠的系统运行基础上实现安全的能量供给。

Solare Kühlung
太阳能制冷

太阳能制冷是指压缩制冷机的驱动热量主要是通过太阳能光热系统产生。

Solare Wärmegewinne
[kWh/m²a]
太阳能光热获取

通过透明的建筑构件，如窗户，短波的太阳辐射进入到建筑内部，在照射到地板上时，被吸收并转换成长波的辐射热。由于这些长波辐射不能透过玻璃（与温室效应相比），所以它们被留在室内。太阳能光热获取取决于窗户的尺寸和朝向、其能量透过率，以及遮阳情况和洁净程度。

Solarer Deckungs-an-
teil [%]
太阳能覆盖率

太阳能系统能量中有用的部分在建筑物的总热能需求中所占的百分比。

Solarkollektor
太阳能集热器

在一片玻璃背后有一个吸收装置，由表面涂了较暗颜色的金属板构成。它吸收太阳辐射，并将其转换成长波的热辐射。为了使这些热量不流失，集热器的侧面和背面均有极好的保温（平板集热器）或者被制成真空（真空管集热器）。热量通过一个液态（防冻盐溶液）被引导到细小的管子内，并最终通过一个热交换器传递给水存储。

Solarspeicher
太阳能存储

通过太阳能供给的存储器。服务于天气不好的时段和能量需求的昼夜变化。

Solarthermie
太阳能光热

将太阳辐射转化为可用的热能。太阳能光热通过一个太阳能集热器被收集起来，用于加热热水或者支持建筑的取暖。

Sole
盐溶液

盐水溶液作为热载体，例如在热泵中的使用。

Sorptionskältesysteme
吸收制冷系统

吸收制冷系统属于主动式制冷技术，它利用大部分由太阳能驱动的热工制冷系统。吸收制冷机的原理是蒸发制冷：在封闭循环系统中循环流动的冷媒处于极低的压力和温度状态下时会被蒸发（气化剂）。

sorptiv -> Sorption
吸附的->吸收

一种建筑材料通过吸收可以将空气中的湿气积聚于其表面。对湿气的吸收和释放取决于空气湿度。

Speicherkollektoren
存储集热器

平板集热器带有整合的热水存储器。

SpezifischeWärmekapazität
[J/kgK]
比热

这个材料特性给出了将 1 千克的材料温度提高 1K 所需的能量值。比热决定一种材料的热存储能力。保温材料基于其极其微小的质量，通常只有很低的热存储能力。较重的保温材料，如木纤维保温板（毛密度 >100kg/m³），可以在有过热倾向的区域（例如整修过的屋顶阁楼）通过其较高的存储能力改善夏季的热防护。

Spezifischer Transmissionswärmeverlust
特殊的热传导损失

为了计算特殊的热传导损失，将建筑外围护结构全部构件的热传导损失累加，为此将每种建筑构件的 U 值与其用于建筑外围护结构的面积相乘，其结果除以外围护结构的总面积，得出建筑的平均 U 值。此数值也可以被称为“建筑外围护结构的总的加权平均 U 值”，而正式的叫法是“专门的起热传导作用的热传导面积的热传导损失”。在老建筑中，这个数值常常在 1.00W/m²K 之上；在新建筑中，需按照表面积 / 体积比的不同不超过某个规定数值；对于独立式、双独立式和联排住宅，此数值常规为 0.50 ～ 0.60W/m²K。

Standortklima
区位气候

在能量计算时，可以将建筑的区位以不同的方式进行考虑。出于可比性的原因，对《节能法》的规范计算需要以德国标准区位的气候为准。对于个性化的优化，经常可以给出更准确的区位及其气候影响。

Suffizienz
适度的充裕

适度的充裕是指一个能量和资源自觉的消费度量，其中个体通过较低能量需求的服务替代那些能耗较高的服务以优化其消费行为，例如通过召开视频会议来避免飞机旅行或者较低人均居住面积。

T

Tageslicht
自然光线

自然光线是可见的太阳光线，即天然的光线。

Tageslichtquotient
自然采光量

自然采光量是用于评价室内空间自然光线供给质量的辅助工具。法规上对于计算能量平衡并非必要（对空间的要求可以参阅工作区规范和德国《工业标准》（DIN 5034））；但是，对自然采光量的计算对于提高建筑的能效是有好处的。自然采光量取决于外部空间的可用照度和室内实际可用的照度。

Tandem- bzw. Tripel-Zellen
串联或三重电池

这种太阳能电池由两个或三个薄膜层构成，它们相叠于基层之上。每个涂层都针对一个光谱进行了优化。

Thermische Energie [I]
热能

热能是指一种材料中所存储的由分子或原子的不规则运动所产生的能量。它是一个状态值，并且是内部能量的一部分。热能在国际单位体系中用焦耳（单位 J）表示。口语中热能被不太确切地表达成“热”或“热量”，甚至与温度混淆。引入热量会提升原子的平均动能，从而提高热能。导出热量会降低热能。如果两个温度不同的系统相遇，它们会通过热交换相互调整，直到温度相同。如果没有额外的辅助，热能不会从一个温度较低的系统向温度较高的系统流动。

Thermografie
热敏成像

温度分布通过一个热敏成像图变得可见。热成像原本是一个接触技术——热敏纸通过与温暖的面积接触而被着色，现今，这个概念通常被用于远红外线热敏成像，也见“远红外线热敏成像”。

Tiefengeothermie
深层地热

深层地热在深度大于 400 米、温度高于 20℃的地下部位就开始了，但从深层地热的本质性含义来说，则是指那些深度超过 1000 米、温度高于 60℃的地热。

Transmission
传导

传导是指通过一个建筑构件以表面辐射和对流形式发生的热传递。传导通过 U 值和建筑面积来计算。

Transmissionswärmeverluste Ht´
[kWh/a]
传导热损失

传导热损失也被称为“传热损失”，它包含了由于温度不同而通过全部的外围护结构从内向外传递的能量值。建筑构件对于热传递有一个热阻，此能力通过建筑构件的传热系数或者简称 U 值来表示。

Treibhauseffekt
温室效应

温室效应是对一个星球通过大气中的温室气体和水蒸气而变暖的口语表达。此概念原本是用于描述当受到阳光照射时，通过玻璃板或者在一个玻璃暖房的内部温度会升高。现今，此概念的含义更广泛，人们把被太阳照射的大气内的热量积聚作为大气的温室效应来描述，因为这二者的物理基础相近似。

Treibhauspotential (GWP)
温室效应潜力

温室效应潜力 (GWP，Global Warming Potential, Greenhouse Warming Potential) 描述会产生温室效应的气体排放。通过这些气体，从地表辐射出的远红外线被反射回来并部分回到地表，这个过程在自然界也会发生。产生的这些气体在对流层内得到加强，成为全球气候变暖的原因之一。
温室效应潜力包括了和二氧化碳作用相关的所有气体。由于气体在对流层的停留根据气体种类而不同，所以要给出所观测的时间段——通常是 100 年，但也可以是 50 年或 20 年。（相对）温室效应潜力也被称为“二氧化碳当量”（总是将二氧化碳作为比较值），给出了有多少可以确定的温室效应气体对温室效应起了推动作用。

U

U-Wert [W/m²K]
U值

U 值是热传导系数（旧称“k 值”）。U 值是材料和建筑构件特有的属性，它是一个建筑构件的热保温能力的量度，给出了墙体两侧温差为 1K 时通过 1 平方米墙面的热量值。U 值的单位是 W/m²K。U 值越小，热传导就越低，热保温性能就越好。不同构造之间的热保温属性可以直接进行比较。在《节能法》中规定了建筑外部构件至少要达到的 U 值。

V

Vakuum-Isolations-Paneel (VIP)
真空保温板

一个真空保温板 (VIP) 的热保温效率极高，其原理与真空保温杯的原理相近，是通过板内部的真空（将导热的媒介（空气）抽出）而使得以对流形式进行的热量传输和热传递大大降低。真空保温板主要是由孔隙开放的材料（例如硅酸）构成，热保温的性能和传统保温材料相比大约提高 5 ～ 10 倍。缺点是设计费用的提高，而且需要尽可能地将真空保温板设计和制作到正好合适的尺寸，因为现场进行调整是不可能的。

Vakuumröhrenkollektoren
真空管集热器

真空管集热器是一个太阳能集热装置的一部分，用于热水制备。它由并列排放的直径为 65 ～ 100 毫米的玻璃管组成，玻璃管内包含具有选择性涂层的吸收物质。

Versauerung
酸化

酸化（AcidificationPotential, kgSO_2- 当量）的产生主要是由于空气中的有害物质转化成酸，由此使得降水的 pH 值降低。

Versauerungspotential
酸化潜力

酸化潜力是一个重要的环境指数。通过降水（pH 值的降低），使土壤、水系、生物和建筑物均受到损伤。酸化潜力以二氧化硫当量的形式给出。酸雨对建筑造成的可见的次级效果是金属构件被腐蚀度的提高以及天然石材的裂解。

Virtuelles Kraftwerk
虚拟动力站

虚拟动力站描述将小的、非中央的动力站——例如太阳能设施、小型水利发电站和生物沼气设施、小型风力发电站和小功率热电联动动力站等——连接在一起，形成一个可以共同控制的联合体。

Volumenstrom V[m³/h]
体积流率

体积流率是指单位时间通过特定表面的流体体积，例如一个通风装置的空气体积流率。理想情况下，它应该由卫生要求的最小值确定。

Vorlauftemperatur
流动温度

一个供循环取暖的流动热水的管子的温度。

W

Warmwasserspeicher (WWS)
热水存储器

热水存储器 (WWS) 有不同的种类（例如层叠式存储器）。它们的共同点（区别于通过式加热器）是保存热水。

Wärmebrücken [W/m²K]
冷桥

冷桥显示了一个建筑的标准构造中在热保温方面的薄弱部位，可以是点式的、线性的或者呈面积的。冷桥可以区分为几何的（外转角处））、结构的（穿透处，如不间断的阳台板、建筑构件接头）和材料的。

Wärmebrückenfreies Konstruieren
无冷桥构造

为了简化计算，在被动式建筑中引入了简单的无冷桥构造标准，而当冷桥热损失 UWB ≤ 0.01W/m²K 时可以不予考虑。这需要事先对可能产生的冷桥进行考虑，并找出解决方案。在设计阶段就必须认识到冷桥，并进行处理，因为如果在建筑已经建成后再进行整改，即便是技术上可行，也会更费力，费用也会更高。

Wärmedämm-Verbundsystem (WDVS)
热保温集成系统

热保温集成系统 (WDVS) 是一种用于外墙外保温的多层构造——贴附于外墙的保温材料和特殊的抹灰构造组合在一起。热保温集成系统特别适用于带有抹灰或者混凝土立面的既有建筑改造。

Wärmedurch-gangs-koeffizient[W/m²K]
传热系数

见“U 值”。

Wärmedurchlasswider-stand[m²K/W]
热阻

热阻是 U 值的倒数。它给出了一个建筑构件温差为 1 开尔文时在 1 平方米面积上发生的热流阻力。建筑构件的热阻越大，其热保温的性能就越好。

Wärmekapazität
热容

见“比热”。

Wärmeleitfähigkeit[W/mK]
导热能力

导热能力，也被称为“导热系数”，是一个材料属性。一种材料的导热能力给出了在一个时间段 t 内、在温差为 T 时通过面积 A 的热量值。

Wärmequellen
热源

每个以一种形式（辐射、对流）释放热量的物体都被称为“热源”。热源在冬季可以对热量获取有利，而在夏季则作为热负荷有不利作用。

Wärmerückgewinnung
热回收

热回收（WRG）是对一个过程种释放大量热流的热能再利用的集合概念。热回收的基本目的是使初级能量消耗最小化。除了能源产业的需求，生态要求在此也是首要因素。热回收具有可再生能源的特性。

Wärmerückgewin-nungsgrad
热回收率

热回收率给出热交换器的效率，例如一个有热回收功能的通风装置。它作为作用率，是考量一幢建筑总的建筑技术水平的一个十分重要的参数。

Wärmeschutzvergla-sung (WSVG)
热防护玻璃窗

热防护玻璃窗 (WSVG) 也被称为“隔绝玻璃”或“热保温玻璃窗”，是指至少有双层玻璃的窗户，用于改善热保温。玻璃之间的空间充斥惰性气体——通常是氩气或者氪气，此外，还使用具有额外属性的玻璃，例如防晒玻璃、防噪声玻璃，等等。

Wärmeschutz-verordnung 1977 | 1984 | 1995 (bis 2002) (WSchV)
《热保温细则》（1977），（1984），（1995），(—2002)

这是关于在建筑外围护结构范围的节能热保护细则。目标是在能量价格升高背景下通过建筑措施降低能量消耗，首先是针对新建建筑，然后针对既有建筑。《热保温细则》最初与取暖设备细则关联生效，2002 年，它被《节能法》所取代。

Wärmeträger
热量载体

承担将热量从集热器向存储器传递任务的液体或气体被称为“热量载体”。在太阳能装置中，通常使用水和防冻剂的混合物，以使集热器在冬季不会被冻住。

Wärmeübergangs-koeffizient [W/m²K]
传热系数

传热系数或导热系数是一个线性参数，它确定相邻面积之间热传递的密集程度。传热系数单位是 W/m²K，是一种材料对外部环境安排的特征数。传热系数越大，材料边界的热保温性能就越差。它的倒数是热阻 RS，其单位为 m²K/W。

Wärmeübergangs-widerstand [m²K/W]
热阻

热阻 Rs，单位 m²K/W，是传热系数的倒数。热阻越大，热保温性能就越好。建筑构件内外表面的热阻均分别给出一次，这些特性值与单一的建筑构件层的热阻一起得出总的热阻。

Watt (peak) [kWp]
瓦特(峰值)

峰值意味着最大功率，通过瓦特（峰值）来描述太阳能电池的最大功率。标准条件下，太阳能光伏电池板置于 1000W 的垂直太阳辐射下，这样以电能形式传输出来的功率即为太阳能光伏板的标准功率，并作为瓦特（峰值）或者 Wp 标示出。所有太阳能光伏板的瓦特（峰值）总和即为太阳能装置的总的标准功率，在居住建筑里，这个数值通常是几个 kWp。对于 1kWp 的功率，大约需要 8m² 的太阳能光伏板（在作用率大约为 12.5% 的情况下）。峰值功率不能给出装置的输出。在莱茵 - 迈因河地区，大约每 kWp 可以获得 800 ～ 850kWh 的输出；在布莱斯高，则超出 1000kWh，而在雾气较重或类似的地区，电能输出值也可能低于 600kWh。

Wirkungsbilanz
作用平衡

在生态平衡中，紧接在生命周期平衡之后就要做一个作用平衡，它为生命周期平衡的所有材料和能量消耗过程列出单独的排放。为了更好地进行评价，不同的排放种类被按照生态作用类别（例如会产生温室效应的）编排成组，此后得出所谓的“当量”，以与一种“主导性”的有害物质的比例关系来证明产生的所有有害物质的作用。有超过 30 种的“主导性”有害物质作为参照点。如果在生命周期平衡中没有过程独特的数据，即可以利用数据库中可比过程的平衡边界，这种更换过程需要在生态平衡中证明其可追溯性。

Wirkungsgrad [%]
作用率

作用率给出了产生的功率和输入的功率在理想的运行状态下的比例关系。一个转换过程的作用率（例如在动力站或者取暖装置中）是指所产生的可用能量与用于转换过程的输入能量之间的比例关系。

Wirkungsgrad einer Solarzelle bzw. eines Moduls
一个太阳能电池或者模块的作用率

这个作用率表达有多少射入的光量被转化成了可用的电能。

Wohngebäude (WG)
居住建筑

居住建筑是指所有的有居住功能的建筑（例如独立式住宅、多户住宅），宾馆不算作居住建筑。

Z

Zuluftkühlung
进风制冷

与建筑可以通过进风取暖一样，建筑也可以在夏季通过进风制冷，比如说，用一个压缩式制冷机。

Zonierung
分区

一个平面早期的、有意义的分区具有较高的能量和费用节省潜力，因此不仅要注意不同的功能，还要注意防火、隔声、温度和通风属性。

附录 2：参考文献和图片来源

[001] Die Grenzen des Wachstums. Bericht des Club of Rome zur Lage der Menschheit. Aus dem Amerikanischen von Hans-Dieter Heck. Stuttgart: Deutsche Verlags-Anstalt, 1972.

[002] Blaser, Werner; Heinlein, Frank: R 128 by Werner Sobek. Architektur für das 21. Jahrhundert. Basel: Birkhäuser, 2002.

[003] Arch + 157 (9/2001) (Sondernummer über Haus R 128).

[004] Braungart, Michael; McDonough, William: Cradle to Cradle. Re-Making the Way We Make Things. London: Vintage, 2009.

[005] Michaely, Petra; Schroth, Jürgen; Schuster, Heide; Sobek, Werner; Thümmler, Thomas: F87: Mein Haus – mein Auto – meine Tankstelle. greenbuilding 6/2012S, 19-23.

[006] Sobek, Werner; Brenner, Valentin; Michaely, Petra: Das Gebäude als Ressourcenspeicher: Recyclinggerechtes Bauen in der Praxis. DETAILGreen 1/2012, 48-52.

[007] Brown, Lester R.: Plan B 4.0. Mobilizing to Save Civilization. New York: Norton, 2009.

[008] Scheer, Hermann: Energy Autonomy. The Economic, Social and Technological Case for Renewable Energy. London: Earthscan, 2006.

[009] Droege, Peter (ed): Urban Energy Transition. From Fossil Fuels to Renewable Power. Oxford: Elsevier, 2008.

[010] Moewes, Guenther: Weder Hütten noch Paläste. Architektur und Ökologie in der Arbeitsgesellschaft. Basel: Birkhäuser, 1995.

[011] Girardet, Herbert: Creating Sustainable Cities. Green Books. UK: Totnes, 1999.

[012] Lehmann, Steffen: Low-to-no carbon city: Lessons from western urban projects for the rapid transformation of Shanghai. Habitat International, Issue "Low Carbon City". Oxford: Elsevier, 2012, 1-9.

[013] Deloitte Touche Tohmatsu (DTT): Report for the World Economic Forum 2011, Risks Report: The Consumption Dilemma: Leverage Points for Accelerating Sustainable Growth. Davos, April 2011.

[014] Lehmann, Steffen; Crocker, Robert: Designing for Zero Waste. Consumption, Technologies and the Built Environment. Earthscan Book Series. London: Routledge, 2012b.

[015] Head, Peter/Arup: Entering the Ecological Age: The Engineer's Role, based on The Brunel Lecture Series. London, 2008.

[016] Lehmann, Steffen: The Principles of Green Urbanism. Transforming the City for Sustainability. London: Earthscan, 2010.

[017] Hegger, M; Fuchs, M; Stark, T; Zeumer, M: Energie Atlas. Basel: Birkhäuser Verlag/Edition Detail, 2007.

[018] Gibler, K. & S. Nelson 2003. Consumer behavior applications to real estate education. Journal of Real Estate Practice and Education 6, 63-83.

[019] Jansen, S.T., H.C. Coolen & R. W. Goetgeluk (Hg.) 2011. The Measurement of Housing Preferences and Choice. Heidelberg: Springer.

[020] Richter, P.G. (Hg.) 2004. Architekturpsychologie. Eine Einführung. 2. Aufl. Lengerich: Pabst Science Publ.

[021] Bär, P. 2008. Architekturpsychologie: Psychosoziale Aspekte des Wohnens. Gießen: Psychosozial-Verlag.

[022] Daniels, K. 1996. Technologie des ökologischen Bauens. Grundlagen und Maßnahmen, Beispiele und Ideen. Basel: Birkhäuser.

Daniels, K. 2000. Low Tech – Light Tech – High Tech: Building in the Information Age. Basel: Birkhäuser.

[023] Silbermann, A. 1966. Vom Wohnen der Deutschen. Eine soziologische Studie über das Wohnerlebnis. Frankfurt: Fischer.

[024] Silbermann, A. 1991. Neues vom Wohnen der Deutschen (West). Köln: Verlag Wissenschaft und Politik.

[025] Silbermann, A. 1993. Das Wohnerlebnis in Ostdeutschland. Eine soziologische Studie. Köln: Verlag Wissenschaft und Politik.

[026] Harth, A. & G. Scheller 2012. Das Wohnerlebnis in Deutschland. Eine Wiederholungsstudie nach 20 Jahren. Wiesbaden: Springer.

[027] Stevens, S.S. 1975. Psychophysics. Introduction to its Perceptual, Neural and Social Perspectives. New York: Wiley.

[028] Wegener, B. (Hg.) 1982. Social Attitudes and Psychophysical Measurement. Hillsdale: Erlbaum.

[029] Jasso, G. & B. Wegener 1997. Methods for empirical justice analysis: framework, models, and quantities. Social Justice Research 10: 393-430.

[030] Keeney, R.L. & H. Raiffa 1976. Decisions with Multiple Objectives: Preferences and Value Tradeoffs. New York: Wiley.

[031] Arrow, K.J. 1963. Social Choice and Individual Values. 2. Aufl. New Haven: Yale University Press.

[032] Gylling, G., M.-A. Knudstrup, P.K. Heiselberg & E.K. Hansen 2011. Holistic evaluation of sustainable buildings through a symbiosis of quantitative and qualitative assessment methods. Pp. 11-16 in M. Bodart & A. Evrard (eds.), Architecture and Sustainable Developement. Proceedings 27th International Conference on Passive and Low Energy Architecture, vol. 2. Louvain: Presses univ. de Louvain.

[033] Wehinger, R.; Torghele K.; Mötzl G.; Bertsch, G.; Weithas, B.; Gludovatz, M.; Studer, F.; al.: Neubau ökologisches Gemeindezentrum Ludesch; Berichte aus Energie- und Umweltforschung; 51/2006

Allgemeine Literatur- und Quellenangaben

Active House-Allianz, „Active House – Ein Pflichtenheft. Gebäude, die mehr geben, als sie nehmen".

Daniels, Klaus. Low Tech - Light Tech - High Tech. Bauen in der Informationsgesellschaft. Basel, 1998

EnergieSchweiz für Gemeinden, Stadt Zürich, SIA Schweizerischer Ingenieur- und Architektenverein, „2000-Watt-Gesellschaft – Bilanzierungskonzept", März 2012.

EU-Gebäuderichtlinie 2010/31/EU, Bundesministerium für Verkehr, Bau und Stadtentwicklung, „Wege zum Effizienzhaus Plus", Berlin, 2011.

Hausladen, Gerhard u.a.: ClimaDesign. Lösungen für Gebäude, die mit weniger Technik mehr können. Callwey, 2005#

Hausladen, Gerhard u.a.: ClimaSkin. Konzepte für Gebäudehüllen, die mit weniger Energie mehr leisten. Callwey, 2006

Hegger, Manfred u.a.: Energie Atlas. Nachhaltige Architektur. Detail, 2007

Herzog, Thomas u.a.: Fassaden Atlas. Detail, 2004

Hegger, Manfred u.a.: Wärmen und Kühlen. Energiekonzepte, Prinzipien, Anlagen. Birkhäuser, 2012

Lenz, Bernhard u.a.: Nachhaltige Gebäudetechnik. Grundlagen, Systeme, Konzepte. Detail Green Books, 2010

Lüling, Claudia: Energizing Architecture. Design and Photovoltaics. Jovis, 2009

Voss, Karsten u.a.: Nullenergiegebäude. Klimaneutrales Wohnen und Arbeiten im internationalen Vergleich. Detail Green Books, 2011

www.agenziacasaclima.it

www. minergie.ch

www.passiv.de

摄影师	页码
Sebastian Schels	封面
Amparo Garrido	31, 32
A. T. Schaefer	17 右下
Alex Buschor	263 右下
Allreal Generalunternehmung AG	44 上下
Andreas Schöttke	50 下
Anett-Maud Joppien	34, 35 左上和右上
BMVBS	157 第 1 排左
BMVBS, Frank Ossenbrink	14 下
Bruno Helbing	262, 263 右上和左下
Bruno Klomfar	87, 109, 252, 254, 255
Christel Derksen	149 下，224 ,226, 227
Christoph Vohler	266-267
Cida de Aragon	40
CLAYTEC	160
Constantin Meyer	149 中，151 中和下，157 第 1 排右和第 2 排左，163, 248, 250 左上和右，256,258
dadarchitekten GmbH, bern	149 上 ,151 上，212, 214, 215
Department of Energy, SD, Kaye Evans Lutherodt	132
diephotodesigner.de	220, 222, 223
Dieter Leistner	18
Eibe Soennecken	35 下，92, 109 左，208, 210, 211
Gerd Aumeier	9
Getty Images	173
Hannes Guddat	139 右下
HHS Planer+Architekten, Kassel	251 左下
HOCHTIEF Solutions AG	59
ina Planungsgesellschaft mbH	
Jens Willebrand	172
Johannes Hegger	157 第 2 排右、第 3 排左和右，157 第 4 排左至第 5 排
kämpfen für architektur ag, Zürich	90, 228, 230, 231, 236, 238, 239
Koch+Partner Architekten und Stadtplaner, München	273
Linda Blatzek	240, 242, 243
Loomilux 2012 - 3D-Visualierung für die Möckernkiez eG	26
Magistrat der Stadt Linz	20 左
Matthias Koslick	16 上
Michael Egloff	260, 263 左上
o5 architekten bda	140 右上
opus Architekten, Darmstadt	272
Peter Bartenbach	19
Peter Bonfig	21, 22 下
Peter Keil Photography	33
privat	45 下
Roland Halbe	16 下
Rolf Disch SolarArchitektur, Freiburg	24, 25, 26, 29
Ruben Lang	14 左上
Sanjo Group, Altendorf	96, 232,235
Sebastian Schels	146, 244, 246, 247
SMA Solar Technology AG	188
Stefan Moses	23 上
Thomas Ott	4-5, 127, 129, 159, 177
TU Darmstadt, FGee, Leon Schmidt	84, 128, 130, 131, 134, 134-135, 137 下，139 左下
TU Darmstadt, FG ee, Simon Schetter	136, 137
Ulrich Schwarz	12, 13
Velux	46, 47,50 上，53,94, 216, 219 下左
VELUX /Adam Mørk	51, 109 中，218, 219 左上和右
Verband Privater Bauherren (VPB)-Regionalbüro Emsland/ Johannes Deeters	158
Verena Herzog-Loibl	20 右
Viessmann	54, 55
Walter Unterrainer	171 上
Zooey Braun	15

来源	页码
Active House Alliance	95
Architekten Hermann Kaufmann ZT GmbH, A-Schwarzach	255
Architekten Stein Hemmes Wirtz, Kasel/ Frankfurt	243
Bundesanstalt für Geowissenschaften und Rohstoffe 2007; BMWi Arbeitsgruppe Energierohstoffe 2006	65
Bundesministerium für Wirtschaft und Technologie	66
Collaborative Future, Adelaide	40
dadarchitekten GmbH, CH-Bern	215
Daniels, Klaus. Technologie des ökologischen Bauens. Grundlagen und Maßnahmen, Beispiele und Ideen, 2. erweiterte Auflage, Birkhäuser Verlag, 1999	107 右
Deppisch Architekten, Freising	247
DGNB Deutsche Gesellschaft für Nachhaltiges Bauen	103
ee concept GmbH, Darmstadt/ Stuttgart	211
Katharina Fey, Entwurfsverfasserin/ VELUX Deutschland GmbH	219
grab architekten ag, CH-Altendorf	235
Hegger, Manfred u.a.: Energie Atlas. Nachhaltige Architektur. Detail, 2007.	108, 118, 121
Hegger, Manfred u.a.: Energie Atlas. Nachhaltige Architektur. Detail, 2007. nach: Pistohl, Wolfram: Handbuch der Gebäudetechnik. Planungsgrundlagen und Beispiele. Düsseldorf, 2007	123 下
Hegger, Manfred u.a.: Energie Atlas. Nachhaltige Architektur. Detail, 2007. nach: Behling, Sophia u.a.: Sol power. Die Evolution der solaren Architektur. München, 1996	106 左
Hegger, Manfred u.a.: Energie Atlas. Nachhaltige Architektur. Detail, 2007. nach: BINE Informationsdienst: Basis Energie 21. Kraft und Wärme koppeln. Bonn, 2006	182
Hegger, Manfred u.a.: Energie Atlas. Nachhaltige Architektur. Detail, 2007. nach: Daniels, Klaus. Low Tech - Light Tech - High Tech. Bauen in der Informationsgesellschaft. Basel, 1998	110, 115 上
Hegger, Manfred u.a.: Energie Atlas. Nachhaltige Architektur. Detail, 2007. nach: Stark, Thomas: Untersuchungen zur aktiven Nutzung erneuerbarer Energie am Bespiel eines Wohn- und eines Bürogebäudes. Stuttgart, 2004	166 下
Hegger, Manfred u.a.: Energie Atlas. Nachhaltige Architektur. Detail, 2007. nach: Stark, Thomas. Wirtschaftsministerium Baden-Württemberg (Hrsg.): Architektonische Integration von Photovoltaik-Anlagen. Stuttgart, 2005	123 上，166 上
Hegger, Manfred u.a.: Wärmen und Kühlen. Energiekonzepte, Prinzipien, Anlagen. 2012	268
HHS Planer + Architekten AG, Kassel	71, 251, 259, 270 左上和右
HHS Planer + Architekten AG, TU Darmstadt FG ee	164, 188
HOCHTIEF Solutions AG	56, 57, 58, 59
IBA Hamburg / bloomimages	275
ina Planungsgesellschaft mbH	76, 78—83, 85—87, 89, 91, 93, 102, 104, 112—113, 114, 119, 120, 122, 142, 143,
ina Planungsgesellschaft mbH. TU Darmstasdt, FG ee. eigene Darstellung auf Basis von Daten des Statistischen Bundesamtes	101
ina Planungsgesellschaft mbH. TU Darmstasdt, FG ee. Nach: Staubli/OeJ	97
ina Planungsgesellschaft mbH. TU Darmstasdt, FG ee. Nach: Staubli/OeJ	98, 99
IPCC Expert Meeting Report: Towards New Scenarios (2007)	64 下
kämpfen für architektur ag, CH-Zürich	231, 239
Lang + Volkwein Architekten und Ingenieure, Darmstadt	223
Leitfaden für das Monitoring der Demonstrationsbauten im Förderkonzept EnBau und EnSan	203
Lend Lease, Sydney	36-37, 38, 39
Lenz, Bernhard u.a.: Nachhaltige Gebäudetechnik. Grundlagen, Systeme, Konzepte. 2010	196 中和下
Lenz, Bernhard u.a.: Nachhaltige Gebäudetechnik. Grundlagen, Systeme, Konzepte. 2010. nach Wolfgang Rönspieß, Berlin	196 上
Lüling, Claudia: Energizing Architecture. Design and Photovoltaics. Jovis, 2009	168, 170
o5 architekten bda - raab hafke lang	14, 140 中和下，141
Prof. Dr. Lutz Katzschner, Universität Kassel, Stadt- und Regionalplanung. nach: Welsch 1985	117 下
Projektgruppe Stadtklima Osnabrück 1998, S. 52	124

来源	页码
René Schmid Architekten, CH-Zürich	263
Rolf Disch SolarArchitektur, Freiburg	28, 29 上
Steinbeis Transfer Zentrum EGS Stuttgart; TU Darmstadt, FG ee	270 下
TU Darmstadt, FG ee. ina Planungsgesellschaft mbH	70, 105, 109, 115 下
TU Darmstadt, FG ee. Ina Planungsgesellschaft mbH. nach: Adolf-W. Sommer, Passivhauser – Planung-Grundlagen-Details-Beispiele, Verlagsgesellschaft Rudolf Müller GmbH & Co. KG, Köln 2008	88
TU Darmstadt, FG ee. nach: Datenreport 2011 der Stiftung Weltbevölkerung	63 下
TU Darmstadt, FG ee. nach: Hauser, Gerd. Zertifizierungssysteme für Gebäude. Der aktuelle Stand der internationalen Gebäudezertifizierung. Detail Green Books, 2010	68
TU Darmstadt, FG ee. nach: Hegger, Manfred u.a.: Energie Atlas. Nachhaltige Architektur. Detail, 2007.	145, 147, 158 下
TU Darmstadt, FG ee. nach: Hegger, Manfred u.a.: Energie Atlas. Nachhaltige Architektur. Detail, 2007. nach: Stark, Thomas. Wirtschaftsministerium Baden-Württemberg (Hrsg.): Architektonische Integration von Photovoltaik-Anlagen. Stuttgart, 2005	162
TU Darmstadt, FG ee. nach: Institut für Energiewirtschaft und Rationelle Energieanwendung (IFR); Universität Stuttgart; Bundesverband Solarwirtschaft; U.S. Solar Photovoltaic Manufacturing: Industry Trends, Global Competition, Federal Support	67
TU Darmstadt, FG ee. nach: Intergovernmental Panel on Climate Change; Jean Robert Petit, Jean Jouzel, et al.: «Climate and atmospheric history of the past 420.000 years from the Vostok ice core in Antarctica»	64 上
TU Darmstadt, FG ee. nach: Statistisches Bundesamt	63 中
TU Darmstadt, FG ee. nach: Statistisches Bundesamt, Statistisches Jahrbuch 2011; et al.	63 上
TU Darmstadt, FG ee. nach: Stiebel Eltron aus «Energie für den täglichen Bedarf gewinnen»	180 左
TU Darmstadt, FG ee. nach: Vaillant Deutschland GmbH & Co.KG	168，169
TU Darmstadt, FG ee. nach: www.chemie-am-auto.de/brennstoffzelle, 20.01.2013	185
TU Darmstadt, FG ee. Nach: www.erdoelzeitalter.de	117 上
TU Darmstadt, FG ee. Nach: www.umweltbewusst-heizen.de	125
TU Darmstasdt, Fgee. nach: http://www.oocities.org/peterfette/histo.htm, 20.01.2013	183
US Department of Energy	116
Velux	52，53
Vereinigte Nationen, World Population Prospects: The 2010 Revision, 2011; Statista 2012; Murck, Environmental Science; Energy Watch Group	62
Werner Sobek	17
www.2000watt.ch	43, 44, 42
Zee Architekten, NL-Utrecht	223

“项目篇”中所有的图纸由相应的建筑师事务所提供。本章中的总平面图是在此基础上由延斯·施伟／纽伦堡制作。

所有未列出的图片均由帕特里克·匹克／达姆施塔特工业大学制作。基础来源在图片索引中列出。

后记

2016年5月的一天下午，我辅导的2018“中国国际太阳能十项全能竞赛”团队里的一名学生忽然问我，是否知道曼弗雷德·黑格尔（Manfred Hegger）去世了，她说是在达姆施塔特工业大学的网络平台上看到的这则消息。两天后，这个不幸的消息得到了“可持续建筑教研室”中其他教授的证实。

我认识曼弗雷德·黑格尔教授（以下简称黑格尔教授）已经很久了。21世纪初，我在德国达姆施塔特工业大学（Technische Universität Darmstadt）读博士，那时候黑格尔教授也刚到这所大学里教书。由于研究方向不同，我只是大致知道他主持高能效建筑教研室，并没有更多的接触。2007年和2009年，黑格尔教授带领的团队连续获得两届“美国国际太阳能竞赛”冠军。随后，获奖建筑在德国的各个联邦州进行巡回展出，默克尔总理亲自到访。项目的成功给黑格尔教授的团队和达姆施塔特工业大学带来了赫赫声誉。2013年夏，在同济大学和达姆施塔特工业大学两校战略合作伙伴间举办的“同济大学·达姆日”活动中，我再次回归德国母校，并和李振宇院长一起走访了黑格尔教授的教研室。那时候的黑格尔教授临近退休，但仍有20几名科研人员在教研室中工作。他的团队是当时达姆施塔特工业大学里最强的科研教学队伍。2014年夏，我带着一组同济的建筑专业研究生参加了黑格尔教授举办的“可适应外表皮”的暑期国际训练营，通过两周的密切合作对他的团队有了更深入的了解。2015年，黑格尔教授光荣退休，我邀请他来同济做学术报告，期间他赠送给李振宇院长一本书——《主动式建筑：从被动式建筑到正能效房》。李振宇院长当时就说，“我们应该把它译成中文”。

正值书译到一半，黑格尔教授辞世。还记得当时告诉教授我决定翻译这本书时，他半开玩笑地以手掩面，表示这个工程太浩大了，他无法想象我一个人怎么完成，因为他写这本书时有一个团队。是的，翻译科技专著，尤其是这样一本前沿的、内容涵盖面极广的专著不是一件容易的事，更何况还有来自其他各方面的困难，但我认为所有的付出都是值得的。一切外在的、物质的都将失去，包括著书的人；但是，他所著的书会继续留存后世，即使只有极少数的人会读到并从中受益。仅以此书的出版纪念我所尊敬的黑格尔教授。

曲翠松

2017年12月

图书在版编目（CIP）数据

主动式建筑 ：从被动式建筑到正能效房 /
（德）曼弗雷德·黑格尔（Manfred Hegger）等著 ；
曲翠松译．-- 上海 ：同济大学出版社，2018.4
（建筑·城规设计教学前沿论丛 / 伍江主编）
书名原文：Aktivhaus——Vom Passivhaus zum
Energieplushaus
ISBN 978-7-5608-7693-1

Ⅰ．①主… Ⅱ．①曼… ②曲… Ⅲ．①建筑设计—
节能设计 Ⅳ．①TU201.5

中国版本图书馆 CIP 数据核字（2018）第 013508 号

设计基础参考书

主动式建筑　从被动式建筑到正能效房

Aktivhaus　Vom Passivhaus zum Energieplushaus

【德】
曼弗雷德·黑格尔　卡洛琳娜·法弗洛克
约翰内斯·黑格尔　伊萨贝尔·帕西格
曲翠松 译

责任编辑　武　蔚
责任校对　徐春莲
装帧设计　陈梦梦
出版发行　同济大学出版社 http://www.tongjipress.com.cn
　　　　　地址：上海市四平路 1239 号 邮编：200092 电话：021-65985622
经销　全国各地新华书店
印刷　上海安兴汇东纸业有限公司
开本　889mm×1194mm 1/16
印张　18
字数　576 000
版次　2018 年 4 月第 1 版　2018 年 4 月第 1 次印刷
书号　ISBN 978-7-5608-7693-1
定价　180.00 元